新一代超声速民机声爆技术研究与发展

徐 悦 瞿丽霞 李 岩 等 编著

航空工业出版社

北 京

内 容 提 要

本书结合超声速民机最新研究进展，介绍了超声速民机技术发展概况、超声速民机适航要求和标准体系、超声速民机声爆预测方法及可信度评估、超声速民机声爆风洞试验技术、超声速民机声爆飞行试验技术、超声速民机低声爆设计方法、声爆主观响应评价等内容，并对超声速民机后续发展进行了展望。本书面向已经具备飞行器设计、空气动力学、计算流体力学等方面基础知识的读者，可作为科研院所研究人员、高等学校教师和研究生的参考用书。

图书在版编目（CIP）数据

新一代超声速民机声爆技术研究与发展/徐悦等编著. --北京：航空工业出版社，2024.9. --ISBN 978-7-5165-2962-1

Ⅰ. V271

中国国家版本馆 CIP 数据核字第 2024ED8878 号

新一代超声速民机声爆技术研究与发展
Xinyidai Chaoshengsu Minji Shengbao Jishu Yanjiu yu Fazhan

航空工业出版社出版发行
（北京市朝阳区京顺路 5 号曙光大厦 C 座四层　100028）

发行部电话：010-85672666　010-85672683　　读者服务热线：010-85672635

北京富泰印刷有限责任公司印刷　　全国各地新华书店经售

2024 年 9 月第 1 版　　2024 年 9 月第 1 次印刷

开本：787×1092　1/16　　字数：475 千字

印张：19.5　　定价：118.00 元

《新一代超声速民机声爆技术研究与发展》

编著者 （按姓氏笔画排序）

王　迪　王　浩　王天波　王宇航
兰子奇　乔建领　李　岩　李　典
杨晓军　冷　岩　宋亚辉　张　青
张力文　陈　黎　郝　璇　郝海兵
钟　敏　徐　悦　韩　硕　韩忠华
樊高宇　瞿丽霞

前言

高速是交通强国的重点发展方向之一，也是世界民机未来的趋势之一。超声速民机能大幅提升运输效率，必将成为未来世界航空领域新的战略高地，但声爆不达标仍然是制约其投入商业运营的核心问题。世界各航空强国在新一代超声速民机研制过程中无一例外均需要攻克低声爆设计这一核心技术难题。

针对超声速民机研制对低声爆设计技术的迫切需求，编者及其研究团队重点开展了高可信度声爆数值模拟技术，声爆标模风洞试验技术，高可信度声爆数值模拟软件的验证、确认、校准，以及声爆抑制与优化设计技术等研究内容，突破了近场声爆信号高精度数值模拟、真实大气特性的远场声爆预测、多种扰动影响下风洞空间压力信号高精度测量与辨识、兼顾气动特性的声爆抑制与低声爆优化设计等关键技术，形成了高可信度声爆数值模拟软件、超声速民机典型模型及风洞试验数据库、超声速民机低声爆反设计/优化设计平台框架等关键性成果。本书结合超声速民机最新研究进展，对上述研究成果进行了全面系统的总结，以期为我国未来超声速民机的研制提供有价值的参考。全书对超声速民机技术发展概况、超声速民机适航要求和标准体系、超声速民机声爆预测方法及可信度评估、超声速民机声爆风洞试验技术、超声速民机声爆飞行试验技术、超声速民机低声爆设计方法、声爆主观响应评价等进行了系统论述，并对超声速民机后续发展进行了展望。

全书共 8 章。其中，第 1 章由徐悦、陈黎、李岩、王天波编写，第 2 章由杨晓军、张青编写，第 3 章由瞿丽霞、李典、郝海兵、韩硕、王浩编写，第 4 章由冷岩、王迪、郝璇编写，第 5 章由宋亚辉、樊高宇、瞿丽霞、徐悦、兰子奇编写，第 6 章由韩忠华、张力文、郝璇、乔建领编写，第 7 章由韩硕、徐悦、王宇航编写，第 8 章由徐悦、瞿丽霞、杨晓军、钟敏、冷岩、宋亚辉、韩硕、李典编写。全书由徐悦、瞿丽霞统稿并审校。

本书面向已经具备空气动力学、计算流体力学等方面基础知识的读者，可作为科研院所研究人员、高等学校教师和研究生的参考用书。

本书的出版得到了中国航空工业集团各级领导、专家以及中国航空研究院科研管理部门的大力支持，在此一并致谢！除已在编著者名单中出现的人员以外，还有其他做出贡献的项目团队成员，在此致以诚挚的感谢！

新一代超声速民机从研制到真正进入市场实现商用，涉及多学科多领域交叉，涵盖面较广。限于编者的经验和水平，书中难免存在不足和疏漏之处，敬请广大读者批评指正。

编著者

2024 年 4 月

目　录

第1章　超声速民机技术发展概况

进入21世纪以来，地球村继续变小，世界各地联系越来越紧密，人们的出行也随之不断增加。而民航客机作为一种重要交通工具，已经成为人们日常生活，尤其是远程出行中越来越不可或缺的一部分，人们在享受着民机带来的安全、高效、便捷、舒适的同时，对于其未来发展，也给予了越来越多的关注。目前以美国波音系列、欧洲空客系列等为代表的高亚声速民机技术已经相当成熟，在安全性、经济性、舒适性、环保性等方面均达到了很高水平。但对于跨大洲大洋的长距离航线来说，高亚声速民机的飞行时间动辄达十余小时，在舒适性、快捷性方面存在难以突破的瓶颈。相比之下，超声速民机的飞行速度至少达到亚声速民机的两倍，可极大缩短空中飞行时间。因此，多年来国内外民用航空业界人士一致认为，世界民机未来发展的一个重要方向就是进一步提高飞行速度，向超声速甚至高超声速民机方向发展，以缩减空中旅行的时间。为此，目前美国、俄罗斯、欧洲其他部分国家、日本均在加紧进行新一代超声速/高超声速民机的研发工作。但鉴于苏联图–144、欧洲"协和"号（Concorde）等世界第一代超声速民机"技术成功、商业失败"的教训，目前以美国为代表的各超声速民机研制国纷纷采取了一种较为明智务实的举措：放弃先前企图一步到位，力求在所有性能指标上全面达到甚至超越"协和"号等第一代超声速民机的思想，近期关注重点主要放在体型重量[①]较小、飞行速度较慢、航程较近，解决经济性/环保性问题的相对难度更低的超声速公务机（STCA）/小型客机上，而将发展大型高超声速民机的目标推迟到更长远的将来去实现。在这样的思想指导下，近年来美国、俄罗斯、欧洲其他部分国家、日本等相继提出了一系列超声速公务机/小型客机方案，并取得了不同程度的进展，其中美国处于明显的领先地位。可以预见，随着美国、俄罗斯、欧洲其他部分国家、日本等国超声速民机研制计划的进展，继图–144、"协和"号之后的新一代超声速民机将会在21世纪的第三个十年内面世。

1.1　发展超声速民机的重要性和现实意义

回顾世界民用航空发展史，民航客机的飞行速度一直呈不断提高的态势，其诞生之初的时速仅为数十上百千米，到20世纪50年代美国波音707喷气客机面世后，将飞行速度提高到高亚声速。但是自此以后，现代民机的飞行速度就停滞不前，并一直持续至今。尽管这期间也曾出现过苏联图–144、欧洲"协和"号等超声速民机，但二者均只是昙花一现，被视作"技术成功、商业失败"的典型，没能大量投入商业运营，其后继机也迟迟不能面世。尽管这样，超声速民机对世界各国工业界、航空公司和普通乘客始终具有强大

① 本书中的重量均为质量（mass）概念，法定单位为kg、t等。

的吸引力，其研发工作也一直没有停止，这主要是因为超声速民机所具备的高空高速飞行性能，使其在与传统亚声速民机的竞争中拥有众多独特优势。

1.1.1 节省旅途时间，提高出行效率

在“时间就是金钱，速度就是生命”的现代社会，人们生活与工作节奏明显加快，对交通工具快捷性的要求也越来越高，而飞机在这方面具有天然的优势。通过进一步提高民机飞行速度，发展超声速民机，将可以极大地提高人们的出行效率，避免将太多时间耗费在交通工具上，而可将其转用于工作、生活或娱乐。尤其是对于一些政府要员和商界人士来说，他们对于外出过程中耗费在空中飞行上的时间长短尤为敏感，因此对超声速甚至高超声速民机的需求也更加迫切。

此外更重要的是，在经济全球化的时代背景下，大力发展并广泛使用超声速民机，将可以使城市与城市之间、地区与地区之间、国家与国家之间的联系更加紧密，有力促进世界各地的经济、科技、文化交往和人员往来，进一步加速人流、物流、资金流、信息流、技术流的流动，打造数量越来越多、覆盖面积越来越大的“X 小时经济圈”，对世界经济发展发挥强大助推作用。

1.1.2 进一步提高空中旅行的舒适性

随着社会经济的发展和民众生活水平的提高，人们对空中旅行舒适性的要求也越来越高，以致传统亚声速民机越来越难以满足人们需求。

一方面，尽管目前民机在提高乘坐舒适性方面已经考虑得相当周到，在舱内环境、座椅设置、娱乐设施、空中服务等方面已经非常完善，但长时间飞行所带来的疲劳感却始终是无法消除的，并且这种疲劳感将随着飞行时间的延长而表现得越来越明显，这个问题只能靠提高民机速度、实现超声速甚至高超声速来解决。例如，目前以波音747 为代表的跨洋高亚声速客机的巡航飞行马赫数为 0.85 左右，完成从东亚到美洲、到欧洲的飞行均需要十多个小时，这对乘客来说明显有些过长，即使客舱再宽敞、机上娱乐设施再完备，也很难消除乘客的旅途疲劳感，因此非常有必要将其缩减到 6h 甚至更短时间内。

另一方面，尽管目前高亚声速民机的飞行高度较以往的螺旋桨飞机有了很大提高，进而使乘坐舒适性有了巨大改善，但由于这类飞机的飞行高度仍处于平流层的底部（通常高度为 10000m 左右），飞行中难免会遇到气流影响而产生的颠簸摇摆，进而影响乘坐舒适性，今后超声速民机的巡航飞行高度将会在目前基础上有巨大提高（“协和”号巡航高度可达 18000m），从而可以有效避免空中气流和恶劣天气对乘坐舒适性的影响。

1.1.3 有效应对地面高速交通工具的竞争

速度是民机相对于地面交通工具的天然优势，也是其在高票价的情况下与后者竞争的底牌所在，但随着高速公路、高速铁路等地面高速交通方式的发展，飞机在这方面的优势正日渐被削弱。目前地面高铁的时速已经超过 300km，并正在向 500km 发展，这与部分支线飞机，尤其是涡桨支线飞机的平均时速已经相差无几，再考虑到机场通常距离市区比车站更远，安检等耗费时间往往也更长等因素，至少在支线航空领域，实际上飞机相对于

高铁的速度优势已经相当微小了。不仅如此，目前国内外均已开始研究可以在地面真空管道内实现超声速行驶的超高速列车，并酝酿开通跨国境甚至洲际的运行线路，这类超级高铁一旦被投入使用，飞机在干线航空、洲际航线上的速度优势将难以维持。在这样的时代背景下，只有进一步提高民机的飞行速度，实现超声速甚至高超声速飞行，才能继续维持与地面高速交通工具相比的速度优势。

1.1.4　优化航路航线，扩大国家空域容量

随着世界经济不断发展，全球范围内民航客货运输量连年快速攀升，尤其是在民航运输比较集中的发达地区，普遍飞行流量巨大，航路航线飞机密度高，导致这些地区的空域使用率趋于饱和，调配难度日益增大，很容易造成飞行冲突。今后随着超声速民机的大量投入使用，这种状况将会在相当程度上得到改观。因为目前的喷气客机、涡桨客机，以及其他通用飞机的飞行高度均局限在中高空以下空域（目前喷气客机的实用升限一般为 10000m 左右），而今后超声速民机的飞行高度将会提高到超高空，高超声速民机甚至将会进一步提高至临近空间。因此对于今后的超声速/高超声速民机来说，除了起飞、爬升、下降等阶段外，将不必与传统民机争夺飞行空域，由此可以在确保民机飞行安全顺畅的前提下成倍扩大国家空域容量，进一步拓展民航运输的发展空间。

1.1.5　发展超声速民机对我国的现实意义非常重大

对我国来说，由于历史原因，在超声速民机研发领域的技术基础较为薄弱，在使用领域则基本为空白，这与我国 GDP 位居世界第二、民航运输总量位居世界第二、影响力正日益上升的大国地位极不相称，同时也与我国航空工业、工业制造业，乃至国民经济的快速发展不相适应，研发具有我国自主知识产权，并与世界先进水平同步的超声速民机有必要尽早提上议事日程。

从我国国民经济和社会发展的实际需要来看，尽早研发超声速民机并将其投入使用，将非常具有现实意义：有助于形成覆盖全国的“首都 100 分钟经济圈”，全面提升首都的辐射带动功能，缩小国内地区差距，实现区域协调发展；有助于打造覆盖亚太地区的“首都 200 分钟经济圈”，加强我国同周边、亚太地区各国的交往并实现区域经济一体化发展；有助于形成覆盖世界主要国家的“全球一日经济圈”，促进我国同世界各国在经济、文化、科技等领域的交流与合作，顺应我国经济深度融入世界经济的趋势。

通过研发超声速民机，还将可以顺应市场需求，进一步完善我国民机产品谱系，形成“支线飞机—窄体干线飞机—宽体干线飞机—大型宽体飞机—超声速民机”的完整格局，为我国今后开拓国内外民机市场奠定更加坚实的基础。尤其是对于目前正在不断增长的公务机市场和洲际航线市场来说，前者因为乘客多为富豪、商界/政界高层人士，普遍对高票价不敏感而更看重节省时间带来的价值，后者则因为高速飞行在时间节省/效率提高方面的效果比中短航线更加显著，因此均对超声速民机有较大的需求。

此外，与其他大型民机一样，超声速民机的产业链条很长，可以带动机械制造、电子、冶金、化工、材料、能源、信息等多个产业部门的发展和技术进步；同时，超声速民机作为世界民机领域的“巅峰”产品，代表着全球工业制造业的最高科技水平，也是一个国家科技工业水平和综合国力的重要标志。因此对我国来说，发展超声速民机，不仅可

以充分发挥其对国家经济和科技发展的带动作用，而且对我国航空工业、高科技领域，乃至整个国家形象的提升也将具有重大现实意义。

1.2 世界超声速民机发展历程及近况

回顾世界民用航空发展史，对于超声速民机的独特性能优势，人们很早就有了明确的认识，对这类飞机的追求也由来已久，最早甚至可以追溯到20世纪50年代。当时随着喷气发动机、后掠翼等先进技术的广泛应用，战斗机、轰炸机等军用飞机相继实现了超声速甚至两倍声速飞行，美、苏、英、法等国随即纷纷开始了超声速民机的研制，以期抢占未来超声速民用航空运输市场。到20世纪70年代，苏联、欧洲相继研制出图－144、“协和”号等世界第一代超声速民机并投入商业运营。尽管由于安全、经济、环保等，这批飞机目前均已退出商业运营，但由于超声速民机所具备的高空高速飞行性能，使其在与传统高亚声速民机的竞争中拥有后者难以比拟的优势，因此这类飞机对相关各国工业界、航空公司和普通乘客始终具有强大的吸引力，在“协和”号、图－144飞机问世不久后，其后继机的研发工作就被提上了议事日程。尤其是从20世纪90年代中期起，世界范围内再次出现了一股延续至今的超声速民机研制热潮，美国、俄罗斯、欧洲其他部分国家、日本等均开始了新一代超声速甚至高超声速民机相关技术研究。

1.2.1 美国超声速民机发展历程及近况

美国在超声速民用运输机研究领域具有悠久的历史，最早甚至可追溯到20世纪50年代初。早在1952年，美国第一种（同时也是世界第一种）超声速战斗机F－100尚在研制中，以波音公司为代表的部分飞机制造商就已开始进行超声速民机相关技术的早期研究。随后，波音、道格拉斯等飞机制造商，以及美国国家航空航天局（NASA）等科研机构相继提出了一系列超声速民机技术方案，其中除了大型超声速民机外，也包括小型超声速喷气公务机。

到20世纪60年代初，由于欧洲在超声速民机研发方面取得了明显进展，英、法两国开始合作研制“协和”号超声速民机，为了确保自己在先进民用运输机领域的地位不被欧洲超越，美国联邦航空局（FAA）正式决定研制本国的超声速民机。出于对未来民用航空运输市场的预测以及与“协和”号等潜在对手竞争等原因，美国将该机定位为一种比“协和”号外形尺寸更大、起飞重量更重、飞行速度也更快的大型高速远程超声速民机。1964年，波音、洛克希德－马丁、北美等三家公司的方案参加了最后阶段的竞标。其中：洛克希德－马丁公司的L－2000方案采用双三角翼布局，载客量为220人；北美公司方案则与该公司先前推出的XB－70“女武神”高空高速轰炸机比较类似，后者具备“双三”（即飞行马赫数为3以上，升限30000m以上）的卓越飞行性能。最终波音公司提出的波音2707方案赢得竞标，并于1967年5月获得制造原型机的合同。

与欧洲“协和”号载客量仅为100～140人、巡航马赫数仅为2.04、航程仅能勉强飞越大西洋相比，波音2707的载客量可达250～350人、巡航马赫数可达2.7、航程可确保飞越太平洋，其各项性能指标全面超越竞争对手。该机最初还计划采用先进的可变后掠机翼，但后来因为超重等原因，改用了双三角固定翼设计。波音2707项目启动后曾在技术方面取得一些进展，但由于使用维护成本高昂、噪声/声爆影响环境、排放物对高层大气造成污染等问题难以得到有效解决，因而业界对其市场前景并不看好，再加上同期亚声速喷气客机的发展成熟，最终该项目在尚未造出原型机的情况下于 1971 年被迫下马。

在这之后，NASA 仍在进行超声速甚至高超声速民机相关技术研究。从 1986 年开始，NASA 开展了一项名为“国家空天飞机”（NASP）的研究计划，企图研制一种可以水平起降、具备军民两种用途、以超燃冲压发动机为动力的高超声速空天飞机，但该计划后来于 1995 年被中止。在 20 世纪 90 年代初，NASA 还着手实施了“高速研究/高速商用运输机”（HSR/HSCT）研究计划，并将其定位为一种 300 座级、巡航马赫数为 2.4、航程超过 10000km（可横跨太平洋）的大型超声速民机，但该计划最终也于 1999 年被取消。

为了抢占世界民机技术发展的制高点，维持美国在相关领域的领先地位，美国国家航空航天局（NASA）近年来已经着手研究未来民机的长远发展问题，并对今后 20 ~ 30 年内先进民机（包括亚声速和超声速两类飞机）的发展做了规划，将其按时间顺序分为 N + 1、N + 2 和 N + 3 三个阶段（即三代）。其中 N 表示当前（即 Now），N + 1、N + 2、N + 3 分别代表近期目标、中期目标和远期目标。从这一“三步走”发展战略出发，NASA 将未来 N + 1、N + 2 和 N + 3 代超声速民机分别定位为超声速公务机、小型超声速民机和大型超声速民机，并且各代飞机的平台性能指标和需满足的节能环保标准将逐步提高。其中的 N + 1 代超声速喷气公务机（SSBJ）作为 NASA 整个超声速民机发展“三步走”战略中首要和关键的一步，日益引起美国国内各界的关注和重视。以此为契机，美国超声速民机的发展也迎来了一个新高潮。

目前美国正在开展三型飞行马赫数为 1.6 ~ 1.8、载客量为 8 ~ 18 人的超声速公务机的研制。其中，超声速航宇国际（SAI）公司的“安静超声速运输机”（QSST）采用了一种外形独特、类似盒式机翼的布局，可有效缩减超声速飞行时的声爆强度，该机原计划 2018 年交付使用，但目前进度已经超期；阿尔利昂（Aerion）公司的 AS2 超声速公务机是在该公司先前的“超声速喷气公务机”（SBJ）方案基础上改进发展而来的，将原来的双发布局改为三发布局，并且换装了通用电气公司专门研制的新型 Affinity 涡扇发动机，同时机身也有所增大，该机原计划于 2023 年交付使用，但目前进度也已超期；斯派克航宇（Spike Aerospace）公司的 S – 512 超声速公务机采用了细长机身、大后掠翼、无平尾、双发动机尾吊布局，并且取消了客舱窗户以减轻机身重量，需要通过摄像头向乘客展示外面场景，但由于技术方面问题，该机的交付使用时间同样也由原计划的 2023 年大幅推迟。与此同时，美国博姆技术（Boom Technology）公司正在研制一种名为“序曲”（Overture）的小型超声速民机，该机外形与“协和”号相似，采用细长机身、无平尾、大后掠三角翼布局，配装三台发动机（两台吊挂在机翼下，一台位于垂尾根部），载客 55 ~ 75 人（另一种说法是 65 ~ 80 人），巡航马赫数可达 2.2，航程达 8300km。“序曲”一经推出就很快获得英国维珍银河公司、日本航空公司等至少 5 家航空公司的数十架订单，目前该机的研制工作正按计划进行中，为此博姆技术公司还专门制造了一架编号为 XB – 1 的缩比验证机进行相关的技术验证测试，该验证机已于 2024 年 3 月 22 日成功完成首飞。除了上述超声速民机/公务机研发项目外，美国波音公司还于 2018 年 6 月推出了一种高超声速民机的概念方案，该机将采用大后掠三角翼、双垂尾、乘波体布局，略小于波音 737 客机，飞行马赫数可达 5，飞行高度将超过 29000m。按照波音公司当时的计划，该机将在 21 世纪第二个十年中期开始进行技术验证机飞行测试，在 2040 年前后实现商业运营。

为了推进新一代超声速民机的研发工作，尤其是尽早解决未来超声速民机商业运营中至关重要的声爆问题，目前 NASA 还在实施一项名为“低声爆飞行验证机”（LBFD）的研究计划，并推出了一型名为 X－59“安静超声速运输机”（quiet supersonic transport，QueSST），用于各种低声爆设计技术的验证测试的技术验证机，以提高这些技术的实用化水平，同时帮助建立商用超声速飞行声爆强度标准，从而促进新一代超声速民机的研制开发。X－59 飞机上集成了美国多年来在低声爆研究领域的众多技术成果，其声爆强度的削减是通过优化气动外形来实现的。为此，X－59 除采用了与“协和”号、图－144 超声速民机类似的细长机身和大后掠角三角翼外，还引入了一系列声爆削减措施：机头细长尖锐，呈长矛状，可以将飞行中头部方向产生的强激波分解为多个弱激波；在主翼前方安装有一对固定鸭翼，可以有效阻止机身各处产生的多个弱激波汇集成强激波；采用了现代飞机上罕见的无风挡埋入式座舱，可以避免传统座舱结构对机身前/中部气动外形的破坏，尽量保持整个机身外形的光顺平滑从而减少强激波的产生；独特的背负式进气道位于后机身上方，可以通过宽大的主翼对发动机进气口激波进行屏蔽；除了位于机身后部的传统平尾外，还在垂尾顶部加装了一个外形与其相似、但面积却小得多的微型平尾，由此可以在一定程度上削减尾部声爆信号强度。X－59 通过采用这样的独特气动外形设计，可有效避免机体各个部位产生的激波在传播过程中叠加，最终只形成一个强度较弱、人耳不太敏感的 S 形波，由此可大幅削减声爆强度。按照 NASA 的评估当 X－59 在 16764m（55000ft①）高空以马赫数 1.42 的速度巡航飞行时，其传到地面上的声爆强度仅为 75PLdB，在人的感觉中仅与一辆小轿车车门关闭时的声音相当；相比之下，“协和”号超声速民机飞行中所产生的声爆强度高达105～110PLdB。按照 NASA 的安排，X－59 由洛克希德－马丁公司下属、以推出各种新奇前沿飞行器而著称的“臭鼬工厂”（Skunk Works）负责研制，其初始设计工作始于 2016 年 2 月，2024 年 1 月 12 日完成全机制造并首次对外公开展示，按计划将在 2025 年内完成首次试飞。

1.2.2 欧洲超声速民机发展历程及近况

与美国一样，欧洲的英、法两国也是在 20 世纪 50 年代初就开始了超声速民机的早期探索研究。而在超声速民机的正式研究开发方面，英、法两国甚至还要早于美国。

1954 年，英国政府和航空工业界开始对未来超声速民用运输机的相关概念进行探讨。1956 年，英国成立了超声速运输飞机委员会（STAC），并开展了一系列超声速民机设计研究。随后，英国布里斯托尔飞机公司相继推出了布里斯托尔 198 和 233 两种超声速民机方案，前者采用三角箭形机翼、细长机身布局，安装有 8 台涡轮喷气发动机，能以马赫数 2 的速度飞越大西洋，后者则为前者改进型，发动机改为 4 台，载客量 100～110 人。在此期间，法国也一直在进行超声速民机相关概念及技术的研究。在 20 世纪 50 年代末，法国达索航空公司、北方航空工业公司及南方航空工业公司均推出了自己的超声速民机方案。其中，南方航空工业公司的“超级快帆”（super caravelle）方案尤其受到政府的青睐，其主要性能指标与英国布里斯托尔 233 方案非常接近。考虑到两国各自设计研制两种性能类似的超声速民机会造成很多浪费，英、法两国政府和航空工业界均认为有合作研制的必要。

① 1ft≈0.305m。

1961 年 9 月，英、法两国开始就新型超声速民机的研制展开谈判。1962 年 11 月，英、法两国政府正式签署协议，决定合作研制“协和”号超声速民机。“协和”号的研制商为英国飞机公司（BAC）和法国南方航空工业公司（Sud Aviation），采用细长机身、S 前缘三角翼、无尾翼布局，其动力装置为 4 台“奥林匹斯”593 大推力涡喷发动机，并采用了当时非常先进的模拟电传飞行操纵系统。该机载客 92 ~ 128 人，能够在 18300m（60000ft）高度上以马赫数 2.04 的速度巡航飞行，但航程只能勉强确保飞越大西洋。“协和”号于 1969 年 3 月完成首飞，1976 年 1 月正式投入运营。但由于时间延误和成本超支，该机原定的大部分订单被取消，最终只是法国航空公司和英国航空公司各自订购了 7 架飞机。由于声爆问题一直没有得到解决，“协和”号被多国禁止在其国土上空进行超声速飞行，其商业超声速飞行只能跨洋（大西洋）进行，由此极大地限制了商业运营范围。因此“协和”号尽管是世界唯一长期进行商业运营的超声速民机，但其经济性相当差，需要英、法两国政府补贴才能维持运营飞行。到 2000 年 7 月，该机发生严重坠毁事故，加上随后“9 · 11”事件的冲击，最终于 2003 年全部退役，商业运营一共 27 年。

欧洲在航空领域保持着技术创新的传统，他们对于未来民用航空的重要发展方向之一——超声速/高超声速民机也一直予以高度重视。自“协和”号于 2003 年退役以来，英、法等国就一直在探讨该机后继机的发展。2005 年 9 月，空中客车公司（简称空客公司）曾提出一种载客 250 人、时速约 2400km、最大航程可达 9600km 的大型超声速民机方案，尽管该方案没能付诸实施，但随后欧洲陆续实施了多个超声速飞行器技术研究计划，为今后研发新一代超声速民机奠定了坚实的基础。

从 2005 年春季开始，欧洲航天局开始分两阶段实施“长期先进推进概念与技术”（Lapcat）计划，研究提高民机飞行速度、缩减其空中飞行时间的有效技术手段。在该计划的第一阶段（Lapcat Ⅰ），研究人员对马赫数分别为 4.5、5 和 8 的三种概念飞行器进行了前期研究；在第二阶段（Lapcat Ⅱ），研究人员进一步对马赫数分别为 5 和 8、载客量均约 300 人的两种飞行器开展后续研究。

在 2011 年巴黎航展期间，欧洲 EADS 公司公布了一种巡航马赫数为 4、巡航高度为 32000m 的“零排放近高超声速运输机”（ZEHST）概念方案，该机可通过在不同飞行阶段分别采用 3 种不同类型的发动机，并且使用新型生物/液氢燃料来减少排放、降低噪声，从而满足今后世界各国对民机环保性的苛刻要求。按计划，ZEHST 将在 2020 年后进行技术验证，到 2050 年左右可投入使用。

同样是在 2011 年巴黎航展期间，英国 Hypermach 公司推出了一种名为“声速星”（SonicStar）、平飞马赫数达 3.6（今后可进一步提高到 4）的超声速喷气公务机方案。该机为了满足节能环保方面的要求，采用了一系列创新技术，其中最具特色的有两项：可削减超声速飞行时声爆强度并降低气动阻力的等离子体气动控制技术，针对今后飞行环境而专门优化设计的 S – MAGJET 4000X 电动 – 燃气涡轮混合动力发动机。目前最新进展显示，“声速星”将于 2025 年首飞，并预计 2028 年投入使用。

1.2.3　苏联/俄罗斯超声速民机发展历程及近况

苏联作为拥有雄厚科研生产实力的传统航空强国，对超声速民机的发展非常重视，以米格、苏霍伊、图波列夫为代表的多家著名飞机设计局从 20 世纪 50 年代就开始了对这类飞机的研究探索，并推出了一系列技术方案甚至民机产品，其中最著名的就是图－144大型超声速民机。

图－144的气动布局与欧洲同期研制的“协和”号比较相似，也采用了双三角机翼，但机翼前缘没有后者那样复杂，并且在机头两侧增加了一对可收放的鸭翼。此外，图－144外形尺寸稍大，载客量（140人）和巡航速度（马赫数为2.4）也均超过了“协和”号，航程则与“协和”号相当（6500km）。图－144于1968年12月完成原型机首飞（比“协和”号早3个月），1976年12月正式投入商业运营，1977年11月开始承担客运服务。与同期面世的“协和”号一样，图－144存在当时超声速民机所固有的油耗高、航程短、载客少、使用成本昂贵、起降噪声大、声爆问题严重等众多性能缺陷，因此最终也没能大批生产交付。到1978年5月发生一起机毁人亡的严重事故后，该机很快就停止了客运而仅承担货运服务，此时距其首飞还不足10年。到1987年，图－144最终全部退出商业航线飞行。

除了图－144这样的大型超声速民机外，苏联还在同期开展了外形尺寸和重量相对较小较轻的超声速公务机的探讨研究。从目前公开的资料来看，世界第一种超声速喷气公务机概念就是由米格设计局在20世纪60年代初推出的，在时间上要早于西方同类飞机。该机是由著名的“双三”性能战斗机——米格－25的原型机Ye－155改进设计而来的，其动力装置等主要子系统及机载设备可以与米格－25系列飞机保持最大程度的通用。在Ye－155原型机基础上，米格设计局重点对该机前机身进行了重新设计，将其加长加宽，以便在驾驶舱之后设置一个可载客5～7人的客舱。在客舱内，沿着机身的一侧靠窗位置布置有6个座位（分成6排，每排仅1个座位），另一侧则为过道。客舱舱门设置在机身左侧，紧挨着驾驶舱后部。除了用于要员运输外，该机还可承担货运任务，此时需将客舱内的座椅拆除，将其转换为可运载700～1000kg货物的货舱。由于机身加宽，该机的燃油携带量也较原型机大幅增加，从而有助于增大航程。按照设计，该机以马赫数为2.35（2500km/h）的巡航速度飞行时，航程可达3000～3500km。同时，该机将可以在未经铺设的二级跑道上起降。米格－25改公务机方案提出来后，曾获得米格设计局领导的赞赏，苏联空军也一度对该机表示了相当兴趣。1963年，该机以米格设计局自筹经费、自担风险的研发方式，开始了初期设计工作。但是由于该机航程相对较短，用途也比较有限，再加上要完成该机的研制工作还存在众多的技术问题有待解决，米格－25改公务机研发计划最终于1965年被中止。

在推出图－144大型超声速民机之后，苏联从1979年开始着手研制可载客300人、航程10000km的新一代图－244超声速民机。该机采用了更先进的气动布局、动力装置、机体材料和航电系统，其性能较图－144大幅提升，但由于苏联解体带来的一系列影响，该机研制工作在1993年中止。

与美国类似，目前俄罗斯也将超声速民机研究重点放在技术难度相对较小、成本费用也相对较低的超声速公务机上，并在20世纪90年代至21世纪初的十多年间，先后推出了一系列超声速公务机概念方案。其中主要包括：米格设计局的米格70.1“多用途远程截击机”（MDP）改型、米格210方案，图波列夫设计局的图－344（由图－22M轰炸机改型）、图－444方案，苏霍伊设计局的S－21、S－51方案。但由于资金、技术和市场等方面原因，这些超声速公务机方案最终均没能转入正式研制。

到 2012 年 3 月，俄中央流体动力研究院、苏霍伊设计局、“土星”科学生产联合体、格罗莫夫飞行试验研究院等机构合作启动了新一代超声速公务机/旅客机的概念研究，其中包括 6～8 座、12～16 座、60～80 座等不同级别的飞机。该项目由俄罗斯工业及贸易部主导开展，是其运输－2011（transport－2011）研究项目的一部分。按照计划，来自上述各机构的专家将研究和确定今后新一代超声速公务机/旅客机的基本技术性能需求（尤其是机场噪声、声爆强度等指标），并在此基础上对新机的气动布局、外形尺寸、重量、主要结构材料、噪声/声爆抑制措施，以及部分子系统的性能（包括发动机、进气道、尾喷管等）进行初步评估。专家们强调指出，为了满足今后越来越严格的适航和环保要求，新一代超声速公务机/旅客机起飞/降落时的机场噪声应与同期亚声速飞机保持相当的水平，以确保其可以在普通民航机场使用；同时，这类飞机在超声速巡航飞行时产生的声爆强度也必须得到有效控制，以确保其可以在大陆上空，尤其是城市等人口密集区上空进行超声速飞行。根据上述需求，近期俄罗斯媒体上出现了一种新型“静音”超声速公务机的概念图。从其外形来看，该机明显采用了一系列抑制噪声和声爆的设计，例如：机头尖锐、机身细长；四台发动机并排安装在飞机后机身上部，其进气口设计非常独特；采用双垂尾布局，使发动机喷口置于两片垂尾之间，可有效屏蔽噪声辐射并减轻声爆强度。

为了进一步推进超声速民机的研发工作，俄罗斯还于 2020 年 6 月专门新建了一家超声速民机研发机构——“超声速”（Supersonic）世界级科学中心。该中心由中央空气流体力学研究院（TsAGI）发起组建，巴兰诺夫中央航空发动机研究院（CIAM）、莫斯科大学（MSU）、莫斯科航空学院（MAI）、俄罗斯科学院克尔德什应用数学研究所（KIAM RAS）、俄罗斯科学院乌拉尔分院彼尔姆联邦研究中心（PFRC UB RAS）、国家航空系统科学研究院（GosNIIAS）等六家科研机构及高校参与，设置有空气动力学及概念设计、气动声学及振动、强度及智能结构、燃气动力学及动力系统、人工智能及飞行安全等五个实验室，主要承担超声速民机研究基础设施建设、气动外形设计、模型吹风测试、样机制造试飞等任务，以解决商用超声速飞行必需的基础科学技术问题，使新一代超声速民机在飞行、排放和噪声等方面性能获得质的提升，为其今后的大规模生产运营扫清障碍。

回顾图－144 之后俄罗斯（苏联）新一代超声速民用运输机的发展历程可以看出，尽管历经坎坷，屡受挫折，但是经过长期不懈的努力，目前俄罗斯航空工业界已经在相关领域取得了巨大进展，并建立起雄厚的技术储备，为今后新一代超声速公务机/旅客机的研发奠定了坚实的基础。与此同时，俄罗斯也没有放弃其由军机改型发展超声速民机的传统做法，一直在探讨在图－22M、图－160 等型轰炸机基础上派生发展超声速公务机的可行性，并于近期推出了相关的初步技术方案。在这样的时代背景下，俄罗斯航空工业界对新一代超声速民机的发展前景充满信心，认为其面临的主要技术障碍将会在不久的将来得到全部解决，并预测其新一代超声速公务机/小型客机将很可能会在今后 10 年内正式面世。

1.2.4　日本超声速民机研究发展历程及近况

日本多年来一直在致力于新一代超声速民机技术的研究开发。为了对相关技术进行研究验证，日本宇宙航空研究开发机构（JAXA）在 1997—2006 年间主导实施了“国家超声速运输机试验”（NEXST）计划，随后又开展了后续的“静音超声速技术论证”（S3TD）计划。在这两项计划中，JAXA 以无人机作为空中试验平台，对超声速减阻、气动外形优化、复合材料、飞控系统、动力装置等技术进行了验证测试，其目的是使飞行器具备低声爆、低噪声、低排放、超声速巡航的飞行能力，以促进新一代超声速民机的研制。在S3TD等计划所验证的技术基础上，JAXA提出了一种高升阻比、低噪声、巡航马赫数为2以上、载客200～300人、航程为11000km的超声速民机方案。与“协和”号飞机相比，该机声爆强度降低50%、噪声降至1/10、氮氧化物（NO_x）排放降至1/4，而运营后的票价仅相当于目前波音747客机的1.3倍。

在自行研制的同时，日本也在寻求与欧美国家在超声速民机技术领域展开合作。2005年日本与法国曾联合提出了一种“协和”号后继机概念方案。到2011年，日、法两国再次推出了一种外形与“协和”号相似、载客60～100人、采用3组7台发动机（可在不同飞行阶段使用不同发动机）、航程为“协和”号的2倍左右、噪声和氮氧化物排放也大大改善的超声速民机方案。该机目前仍处于初步研究阶段，其原型机预计将在2020年后面世。

1.2.5 中国超声速民机研究发展历程及近况

中国对超声速民机的研究处于刚刚起步阶段，近年来开展了数量有限的超声速民机关键技术预研工作。2019年，中国航空研究院提出的“绿色超声速民机设计技术”入选了当年中国科协20个重大科学问题和工程技术难题。随后，由中国航空研究院牵头，联合西北工业大学、中国航空工业空气动力研究院（简称航空工业气动院）、中国航天空气动力技术研究院（简称航天十一院）、中国航空工业西安航空计算技术研究所（简称航空工业计算所）等研究机构，针对超声速民机声爆预测和低声爆优化设计问题开展协同攻关，初步突破了高可信度声爆预测、声爆风洞试验、低声爆优化设计等关键技术，形成了高可信度声爆预测软件、超声速民机低声爆研究共用模型和数据等系列研究成果。

为了加快促进我国超声速民机领域的技术研究与发展，在2023年第六届航天航空航海产业发展论坛上，中国航空研究院联合研究团队首次面向全行业公开发布了具有自主知识产权的超声速民机低声爆研究共用模型（low－boom aircraft common research model，LARM）和数据。该模型基于飞行马赫数为2.0、高度为18km、150t量级大型超声速民机巡航构型进行设计，具有细长机身、海鸥形机翼和T形尾翼（T尾）等低声爆布局特征。LARM作为我国首次公开发布的自研超声速民机低声爆布局模型，为后续开展超声速民机概念方案设计，以及声爆预测与评价、适航与绿色环保要求等相关理论、方法与技术的发展提供了参考，对于我国超声速民机技术的发展具有里程碑意义。

1.3 制约世界超声速民机发展的主要问题

1.3.1 超声速民机的声爆问题

声爆问题一直是制约超声速民机投入商业运营的最核心、最关键的问题，也是新一代超声速民机发展的首要技术门槛。声爆是由飞行器在超声速飞行时产生的激波/膨胀波系在大气中演化并传播到地面引起的一种声学现象。地面声爆强度与机体周围的激波与膨胀波分布、传播时的大气条件密切相关。较强的地面声爆会严重影响生态环境和人类正常的生活，严重时甚至破坏建筑物。第一代超声速民机在设计时未考虑声爆问题，导致声爆强度过大而不满足环保性的要求，成为了导致其商业运营失败的最重要原因之一。以“协和”号超声速民机为例，其巡航阶段的声爆强度高达 108PLdB，导致多国禁止其在陆地上空超声速飞行。NASA 在“N + 3”代规划中对超声速民机巡航阶段的声爆水平的限制为不超过 70PLdB。现阶段在国际民用航空组织（ICAO）尚未出台关于声爆强度的指标要求的前提下，NASA 制定的这个标准成为了重要的参考。目前世界上最先进的低声爆设计水平仅能达到 80 ~ 85PLdB，与“N + 3”代规定的指标仍有较大差距，而每降低 1PLdB 都意味着能量大幅地减少。为了将声爆降低到可接受范围，满足未来的适航标准，获得超声速民机的运营许可，声爆机理、预测技术和抑制技术仍是最核心的关键问题。

1.3.2　超声速民机的动力问题

性能优良的发动机是超声速民机能够持续以高燃油效率进行超声速巡航的保证。“协和”号和图 - 144 的发动机耗油率高、噪声大、氮氧化物排放量大，进而造成了其经济性差、环保不达标等问题，是加速其商业运营失败的主要原因。未来超声速民机的推进系统要求在亚声速和超声速下都具备高推重比、低油耗、低噪声和低排放等特点。然而，现有高亚声速民机广泛使用的大涵道比涡扇发动机无法用于超声速飞行，现有超声速军机常用的小涵道比涡扇或涡喷发动机在亚声速下的油耗高、污染物排放大、噪声大。因此，为缓解亚声速飞行和超声速巡航的动力矛盾，需要兼顾两者优势，以提高燃油经济性和环保性。从相关各国在此领域的研究情况来看，迄今为止世界上尚无发展成熟并且可同时满足超声速和亚声速条件下的推重比、耗油率和排放等要求的发动机，需待以美国为代表的部分发达国家在研的变循环发动机成熟后，才能在一定程度上满足这样的要求。

1.3.3　超声速民机的减阻问题

超声速减阻技术是提高超声速民机经济性、保证其商业运营成功的关键。第一代超声速民机商业运营失败的一个重要原因是经济性差。超声速民机的运载能力相较于现有的主流高亚声速民机存在较大差距，体现为其载重系数（载重/最大起飞重量（MTOM））较低，航程较短。在航程相当的情况下，超声速民机的载重系数仅为高亚声速民机的 1/4 左右，这一特点严重制约了超声速民机的商载效率和经济性。从这一角度看，超声速民机虽然具有显著的速度优势和舒适性优势，但是其经济性相较于现有的高亚声速民机差距较大。造成其经济性差的最主要原因之一是其巡航气动效率较低。巡航升阻比对耗油率有重要影响，并直接支配航程。根据 NASA 的研究，未来超声速民机的巡航升阻比需要达到 8.5 ~ 9 才具备较好的市场竞争力，而“协和”号的升阻比仅为 7.5 左右。要提高巡航升阻比以满足未来超声速民机商业运营的经济性，就需要针对超声速民机开展精细化的减阻设计研究。其中，对摩擦阻力和激波阻力的减阻技术需要着重研究。针对这两类阻力的研究，对于提高新一代超声速民机的经济性至关重要。因此，超声速减阻问题是新一代超声速民机发展中的关键问题。

1.3.4　超声速民机的适航问题

开展新一代超声速民机的适航符合性验证研究，并进一步制定其适航标准对超声速民机重返民用运输业至关重要。民航运输业经过多年发展，对于广泛使用的亚声速民机已有相当成熟的适航论证标准和方法。在以“协和”号为代表的第一代超声速民机商业运营期间，国际上曾有临时性的适航标准，但并没有制定出包括结构和机载系统设计等在内的完备的超声速民机的适航标准，因而无法保证其飞行安全。第一代超声速民机退出民用空中运输舞台已有20年，而随着航空运输业的发展，对于新一代超声速民机的性能指标要求也出现了巨大的变化。不过目前尚无一套成熟的、完备的适用于新一代超声速民机的适航标准。出于超声速民机发展的迫切需求，亟须制定出适应新一代超声速民机的适航规章、标准和程序。除此之外，工业部门也需发展与之配套的适航符合性验证方法，通过工程评审、试验、检查等手段，表明产品符合适航要求。因此，适航问题是超声速民机迈向商业运营不可回避的一项关键问题。

1.4 发展实用的超声速民机所需解决的关键技术

“协和”号、图－144等第一代超声速民机发展兴衰的经验教训表明，当今时代条件下要推出能满足世界各国民航运输需求、拥有足够市场竞争力的超声速民机，仅仅使其具备超声速飞行能力是远远不够的，还必须同时使其在经济性和环保性方面满足要求。为适应这样的时代要求，今后的“绿色环保”型超声速民机将需要重点突破以下关键技术。

1.4.1 超声速民机的声爆机理、预测与抑制技术

随着世界各国对绿色环保的重视程度不断提高，今后的超声速民机只有将声爆强度降低到民众可以接受的程度，才能获得相关国家适航部门的认可批准，具备足够的市场竞争力，否则将很难避免重蹈“协和”号、图－144等第一代超声速民机“技术成功、商业失败”的覆辙。要研制出能满足环保要求的新一代超声速民机，必须全面透彻地研究声爆现象的本质、产生与传播机理，建立超声速民机低声爆飞行的设计理念，掌握声爆预测及试验、超声速布局优化设计（气动－结构－声爆一体化设计）等技术，并进行相关的飞行验证，进而制定可实现低声爆超声速飞行的技术措施。目前国内外正在开展的超声速民机声爆机理、预测与抑制技术研究，是在进一步明晰声爆的产生机理和传播规律的基础上，通过建立精确、可靠的声爆预测方法，探讨以机体外形设计优化为主、主/被动流动控制为辅的各种声爆抑制措施，最终形成较为完善的声爆抑制原理与低声爆设计技术，有效解决新一代绿色超声速民机商业运营过程中面临的声爆强度过大问题。声爆机理、预测与抑制作为本书研究的重点，在第3章～第7章中将会从预测方法及可信度评估、风洞试验、飞行试验、低声爆设计方法、主观响应评价等方面，对相关内容进行全面详尽的介绍。

1.4.2 超声速民机总体综合设计技术

与亚声速飞机相比，超声速民机气动设计中除了需要全面满足减阻、降噪、低声爆等性能要求外，由于外载荷更大，对机体材料和结构的要求更高，同时对机翼翼根的强度、刚度要求也更高，因此不能沿用传统亚声速飞机的机体结构和机翼翼型，而普遍采用变截面细长机身、大根弦三角翼、翼身融合体、飞发一体化等结构设计，并且需要从空间利用率、布置灵活性、翼身对接效率、结构效率等方面进行优化。超声速民机总体综合设计技术能够权衡气动特性和飞控系统等方面对飞机提出的要求，使其综合性能达到最优水平。

根据未来新一代超声速民机的特性，可以将总体综合设计技术分为总体设计技术、应急疏散策略设计技术和综合集成设计技术，其中总体设计技术又包括气动布局设计技术、高低速性能综合协调技术和外部视觉系统技术，今后需要从这几个方面进行重点研究。其中尤其值得指出的是，为了实现超声速民机高效和绿色巡航，气动布局的设计研究尤为重要。根据目前国内外发展状况，一方面需要深入探索大后掠三角翼（以及加装鸭翼或采用高置平尾等）传统类布局，开展升力面与机身相对位置对气动特性的研究；另一方面还需大力投入对各种创新型布局的探索，诸如双翼布局以及双向飞翼布局，以期获得更优的气动布局型式，为未来提供更多选择。

1.4.3　超声速民机动力能源技术

对于今后的超声速民机动力装置来说，要在提供足够推力、确保飞机持续超声速飞行的前提下，满足越来越苛刻的节能环保要求，把油耗、噪声、声爆、排放等指标控制在可接受范围之内，将需要在研制过程中引入各种低油耗、低排放、低噪声设计，同时在发动机安装、进气道设计等方面有别于传统亚声速民机。

根据美国、俄罗斯等国的相关经验，今后超声速民机在发展过程中，可以分阶段采用不同的动力装置。从近期看，可以考虑在目前军/民用飞机涡扇发动机的基础上，针对今后超声速民机的使用环境进行改进优化，发展出可供较小型中低超声速民机（尤其超声速公务机）使用的动力装置。从中远期看，为配合体型更大、航速更快、航程更远的超声速民机的研制，将需要适时推出已被视为今后超声速民机动力装置主流的变循环发动机。这类发动机是通过改变部分部件的几何形状、尺寸、位置来调节热力循环参数，使其在亚声速、跨声速和超声速等飞行状态下都具有良好的性能。从长远看，今后要发展飞行速度更快、高度更高的高超声速民机，还需要为其配套研制涡轮/冲压组合动力装置。这类发动机是将燃气涡轮发动机和亚/超燃冲压发动机组合起来使用，可兼具二者各自的性能优势，在亚声速、跨声速、超声速到高超声速的速度范围内均能可靠有效地工作。

为了充分挖掘超声速民机发动机在节能环保方面的潜力，还需要为其研发合适的新型航空燃油，尤其是可再生、低污染的低碳生物航空燃油。此外，液氢在用作飞机燃料时，除了具有热值高的突出优点外，还可实现无污染、“零排放”，因此在今后的超声速民机，尤其是高超声速民机上具有良好的应用前景。

1.4.4　超声速民机经济性优化设计技术

经济性是决定民机市场竞争力的最重要因素，同时也是影响民机销售和项目商业成功的关键因素。与亚声速民机一样，超声速民机的经济性主要是指其总运营成本（TOC），特别是其中的直接运营成本（DOC）。要全面提升超声速民机的运营经济性，优化各项经济性指标，将需要在其技术预研、可行性论证、设计制造、试飞取证、市场运营的全过程中贯彻基于经济性的设计理念。从技术角度来看，将需要引入一系列经济性优化设计措施，其中最主要的就是通过采用高性能航空发动机、低阻气动布局，以及减轻机体结构重量来降低飞行油耗。从技术角度来看，今后超声速民机需要引入的经济性优化设计措施将主要包括两方面：一是通过采用高性能航空发动机、低阻气动布局等手段来降低燃油消耗；二是需要通过采用机体结构布局优化、先进轻质材料、轻量化航电系统等技术来减轻机体结构重量。

此外，为了进一步提高超声速民机的经济性，今后还需要根据其市场定位，尤其是典型目标市场，在项目论证阶段就为飞机确定合适的总体设计参数（座级、航程、速度等），以尽可能减少各种无效重量对飞机经济性的不利影响。

1.4.5 超声速民机热防护技术

超声速民机持续高速飞行时的气动加热将会使机体表面温度升高（尤其是机头、机翼前缘等部位），并且飞行速度越高，机体气动加热现象将会越严重，因此今后的超声速民机必须采取合适的热防护措施，才能保证飞行安全。

在此领域，根据“协和”号、图－144 等第一代超声速民机研制使用以及美国近年来新一代超声速民机探索研究的相关经验，在今后新一代超声速民机研制过程中可以分两步走。在近期内，由于拟研制的较小型中低超声速民机（如航速马赫数为 2 以下的超声速公务机）机体气动加热问题并不算严重，因此应对起来难度相对不大，其机体仍可采用传统的铝合金及其他复合材料，再辅以适当的隔热降温措施即可解决。在中远期，随着超声速民机飞行速度的进一步提高，当其飞行速度超过马赫数 2.5、需要突破“热障”时，将需要大量采用新型耐热材料，并且这些材料还应同时具备轻质、低成本、可维护性好等特点，因此技术难度相对较高，还有待相关领域研究取得实质性突破。

此外，为了进一步改善超声速民机的热防护性能，除了采用先进耐热材料外，今后还有必要为其引入现代军机（如美国 F－22、F－35 隐身战斗机）上常用的热管理系统相关技术，如以燃油为介质对被气动加热的机体蒙皮进行冷却。

参考文献

[1] 汪亚卫. 展望航空新世纪［M］. 北京：航空工业出版社，2007.

[2] 王光秋. 民机先进技术汇编［M］. 北京：国防工业出版社，2016.

[3] 王光秋，陈黎. 民机前沿技术［M］. 北京：航空工业出版社，2017.

[4] 徐悦，李岩，陈黎. 声爆技术研究 60 年［M］. 北京：航空工业出版社，2022.

[5] 马援. 超声速民用飞机的复苏［J］. 国际航空，2007（12）：56－57.

[6] 余锋. 超声速喷气客机研制进行时［J］. 国际航空，2006（7）：75－77.

[7] 陈黎，杨新军. 美国超声速公务机研究进展与发展趋势［J］. 航空科学技术，2014（1）:11－15.

[8] 陈黎. 美国超声速喷气公务机发展近况［J］. 国防科技工业，2014（5）：69－70.

[9] 武彦. 超声速客机何时回归［J］. 大飞机，2019（3）：78－79.

[10] 徐悦，韩忠华，尤延铖，等. 新一代绿色超声速民机的发展现状与挑战［J］. 科学通报，2020，65（Z1）：127－133.

[11] Whitham G B. The Flow Patten of a Supersonic Projectile［J］. Communications on Pure and Applied Mathematics，1952，5. 301－348.

[12] Hayes Wallace D，Haefelj Rudolph C，Kulsrudu H E. Sonic Boom Propagation in a Stratified Atmousphere，with Computer Program［J］. NASA CR－1299，1969.

[13] Thomas, Charles L. Extrapolation of Wind - Tunnel Sonic Boom Signatures Without Use of a Whitham F - Function [J]. NASA SP - 255, pp. 205 - 217, 1970.

[14] Peter Coen. NASA Fundamental Aeronautics Program Supersonics Project [Z]. 2009 Annual Meeting, 2009.

[15] John Morgenstern, Nicole Norstrud, Jack Sokhey, et al. Advanced Concept Studies for Supersonic Commercial Transports Entering Service in the 2018 to 2020 Period Phase I Final Beport [Z]. NASA/CR—2013 - 217820, 2013.

第 2 章　超声速民机适航要求和标准体系

航空运输被认为是最安全的交通方式之一，重要原因之一就是其严苛的适航标准。航空器在正式投入市场进行商业化运营之前，必须符合相关的适航标准。适航性是从审定方的角度出发的，是航空器安全性的最低标准，适航性直接决定了航空器是否被准许进入市场，是保证公众安全的必要条件。民用航空器的适航规章最早可追溯到 1944 年的《芝加哥公约》，在各国运输业、制造业长达八十余年的共同努力下，目前航空业的适航性和安全性已经取得了显著的成就。但是，目前的适航标准都是针对亚声速飞机所制定的，超声速民机的适航标准仍存有很大空白。对于超声速民机的适航标准，主要包括适航要求、发动机排放要求、起降噪声要求、巡航噪声要求和二氧化碳排放要求几个方面。

2.1　超声速民机适航要求

适航要求是指飞行器必须符合的空中运行标准和法规。这些要求由民用航空管理机构（如中国民用航空局（CAAC）、美国联邦航空局（FAA）和欧洲航空安全局（EASA）等）制定和执行。适航要求涵盖了飞机设计、制造、维护和操作的各个方面，以确保飞行器的安全性、飞行性能和适航性。这些要求通常包括机身结构、动力系统、飞行控制系统、燃油系统、气动性能、航电设备、人机界面等方面的规范，以确保飞行器在各种情况下都能安全地运行。

民用飞机的适航要求，最初来源于公众利益和适航的要求。伴随着多次空难事故的发生，公众从自身利益出发，要求政府对空中飞行活动进行管理，以确保航空器的设计、制造和维修，能够达到一定的安全性水平。因此，世界各国的民航当局对于适航规章及相关咨询材料，定义了飞机能在预期的环境中安全飞行的要求，以保护公众利益。在民用飞机的设计过程中，飞机设计必须考虑飞机适航要求，使安全性成为民用飞机的一种基本特性。

20 世纪，凝聚了当时欧洲最顶尖技术的“协和”号横空出世，作为少数曾投入商用的超声速民机，它的出现使得民航业向前发展了一大步，它的停飞也让今天的超声速民机研究有了前车之鉴。从环保角度来讲，它的噪声和排放问题是当时人们所不能接受的。抛去超声速巡航时的声爆不谈，仅在亚声速起降阶段的噪声就远远超出了当时国际民航组织规定的第 3 阶段噪声限制。“协和”号因为噪声过高，被世界各国禁止飞越领空，只能在海上航线飞行，间接导致了“协和”号的退役。放眼未来，民航业的发展趋势是通过提速来降低飞行时间的，使得航空出行更加高效与便捷。因此，超声速民机的商业化使用是必然的，超声速民机的适航性标准制定刻不容缓。

我国针对运输类飞机制定了《运输类飞机适航标准》（CCAR－25 部），但是未对超声速民机的适航标准进行说明。同样，国际民航组织所颁发的附件 8——航空器适航性，美国的 FAR－25 部以及欧洲的 CS－25 都未针对超声速民机制定适航标准。目前，国内仅针对超声速发动机，在《航空发动机适航规定》（CCAR－33 部）制定了部分标准，包括发动机额定值和使用限制、吸雨和冰雹、持久试验、发动机系统和部件试验，以及持续转动五个方面。EASA 在 CS－E 第 7 修正案中规定了持续转动以及吸雨和冰雹。此外，超声速民机出于其飞行特点，具备一些亚声速飞机没有的独特设计，如可变降噪系统（VNRS），在制定标准时应予以考虑。同时，适航规范和安全问题必须与超声速民用飞机环境标准的制定密切协调。特别是，在制定噪声认证程序时，需要综合考虑安全限制，解决与声爆削减、客舱减压，以及发动机在巡航高度发生故障（如单发失效）时的安全要求等相关问题。

对于超声速民机适航要求，主要基于现有的 CCAR－25 部和 CCAR－33 部进行审定。

2.1.1　发动机额定值和使用限制

发动机的额定值是指发动机在设计和测试过程中确定的性能参数。这些参数包括最大推力、最大转速、最大温度等。发动机额定值通常由发动机制造商在发动机的性能规格表中提供。额定值是根据发动机的设计和性能特点确定的，以确保在正常操作范围内提供可靠和安全的性能。使用限制是指《飞机飞行手册》（*Aircraft Flight Manual*）或《飞行员操作手册》（*Pilot's Operating Handbook*）中列出的限制，规定了在实际飞行中应遵守的各种条件和限制。这些限制可能包括最大起飞重量、最大着陆重量、最大空速、最大高度、最大横滚角度、最大侧风分量、最大发动机推力等。使用限制通常由飞机制造商根据飞机设计和适航要求确定，并在《飞机飞行手册》中详细说明。CCAR－33 部的第 33.7 条“发动机额定值和使用限制”中明确指出，发动机的额定值和使用限制由中国民用航空局认定，并包含在中国民用航空规章《民用航空产品和零部件合格审定规定》（CCAR－21 部）规定的发动机型号合格证数据单中，其中包括基于 CCAR－33 部第 33.7 条规定的各种适用的使用条件和资料确定的额定值和限制，以及为发动机安全使用所必需的任何其他资料。对于超声速涡轮发动机，额定值和使用限制的确定因素详见《航空发动机适航规定》（CCAR－33－R2）第 33.7 条。

2.1.2　吸雨和冰雹

航空器在飞行中遭遇雨天环境，可能出现发动机吸入雨水和冰雹导致空中停车，危害飞行安全。发动机吸雨可能会导致发动机失火或者降低发动机的性能。为了防止这种情况发生，飞机设计中通常包括雨水排水系统，以尽可能降低雨水进入发动机的可能性。发动机吸入冰雹颗粒时可能会导致发动机叶片受损或者部件结冰，从而影响发动机性能甚至造成发动机故障。为了减小冰雹对发动机的影响，飞机通常配备了防冰系统，如发动机进气口防冰系统，以降低冰雹进入发动机的可能性并防止结冰。CCAR－33 部第 33.78 条对发动机吸雨和冰雹提出了两类适航要求：第一类为吸入与发动机进气道面积成比例的大颗粒冰雹，要求不得引起不可接受的机械损坏、不可接受的功率或推力损失，或者造成发动机停车；第二类为遭遇浓度达到 CCAR－33－R2 附录 B 中定义的雨和冰雹时，发动机在规定的整个工作包线范围内仍保持可接受的工作能力，发动机不熄火、不降转、不发生持续或不可恢复的喘振或失速、不失去加速和减速能力、没有不可接受的机械损坏、没有不可接受的功率或推力损失，以及其他不利的发动机异常情况。

在航空发动机审定咨询通告中，可接受的符合性方法指出：航空器在特定的飞行速度和发动机功率或推力组合下，雨和冰雹的存在可能会在发动机核心部件内引起明显的放大效应。有时，这种增加的雨和冰雹吸入量可能足以导致发动机异常运行，如喘振、功率损失和熄火等问题发生。首先，发动机功率或推力的改变会导致进口捕获的气流发生较大改变。在低功率高飞行速度时，进气道前有很大比例的空气通过进气唇口溢出（见图2－1）。进气系数将随着发动机转速降低和航空器速度增加而增大。该系数表征发动机进口溢流增加、捕获气流减少的程度。由于重量，大的雨滴和冰雹相对而言不易受溢流的影响，通常会被进气道捕获。进口面积决定了进入进气道的雨和冰雹的数量。这种放大效应等同于短舱进口集雨面积 A_h 与集气面积 A_c 之比。带外涵道的涡扇发动机可能受额外的内部进气系数影响，这是由于在低功率高飞行速度时，从短舱进口到核心机进口，发动机核心气流会出现分离。因此，进气系数影响最终会起到放大雨和冰雹浓度的效果，该放大效果在高飞行速度和低功率或推力的组合情况下达到最大值。

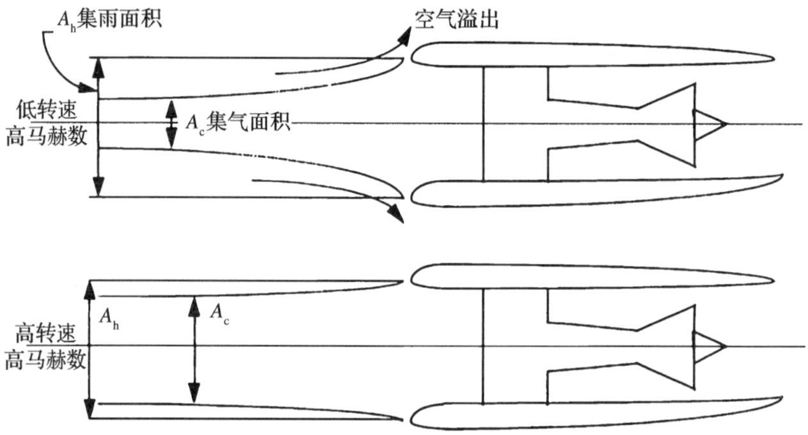

图2－1　进气系数

对于超声速发动机，部分雨和冰雹在风扇离心力的作用下，不会进入发动机核心机。这种有利效应取决于风扇或螺旋桨桨叶的几何形状和转速、进气道的设计和位置、发动机的设计、航空器的速度，以及雨滴和冰雹颗粒的尺寸。飞机在遭遇下雨情况时，进口分布流场的压力梯度将大液滴剪切为小液滴，它们减速并以接近进口空气速度的速度进入风扇。如图2－2所示，沿气流速度进入发动机的大部分液滴将撞击风扇，在离心力作用下不会进入发动机核心机。飞行中作用于雨滴上的力将随飞机的速度和高度改变。进入发动机的一部分雨滴，由于其重量可能足够大，运动轨迹与冰雹相似，不可能减速至气流速度。在飞机高速飞行、发动机低速转动时，相对于风扇，大雨滴的速度可以使一部分雨滴不受影响地穿越风扇（见图2－2左侧的冰雹速度矢量图），可能导致核心机内的水浓度更高。飞机在遭遇下冰雹情况时，冰雹颗粒将保持其尺寸，不会受到发动机进口流场的显著影响。因此，冰雹将以接近航空器飞行速度的速度进入发动机。在发动机低转速时，很大一部分冰雹颗粒（与大雨滴相似）可以不受影响地穿越风扇（见图2－2），可能导致发动机核心机内的冰雹浓度更高。

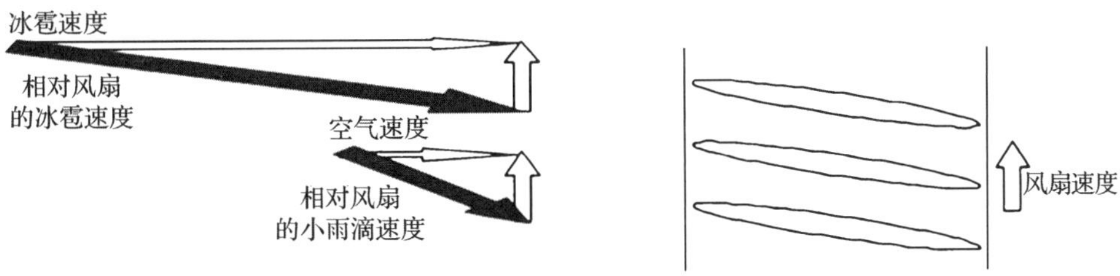

图2－2　速度矢量图

涡轮发动机在遭遇雨或冰雹天气时的反应取决于多个设计和运行因素。制造商采用特定的设计特征可以显著提高发动机在遭遇雨或冰雹时的运行性能，但在某些设计特征之间，可能需要做出妥协。例如，为了最大化冰雹反弹和雨滴的离心作用而设计的毂盖或进气锥，可能会增加大量冰积聚的风险。除了上述的符合性方法之外，也可以使用分析替代试验或分析结合试验，表明对相关要求的符合性。使用的分析方法应有足够的验证基础来证明预测结果的精度或表明产生了更趋保守的结果。分析方法验证（例如，发动机试验、台架试验、试验验证等）的程度应与分析方法的复杂性成正比，也与预测发动机工作特性特定计算的关键性成正比。

欧洲航空安全局（EASA）的《发动机审定规范和可接受的符合性方法》（CS－E），涵盖了航空发动机设计和生产方面的要求和标准。CS－E第7修正案于2023年12月18日发布，其中第790条对超声速发动机的“吸雨和冰雹”进行了规定，与国内的CCAR－33部第33.78条所规定的“吸雨和冰雹”相比，存在部分差异（见表2－1），主要在于模拟吸入冰雹时，冰雹的数量和尺寸的确定方式。

表2－1　CCAR－33部与CS－E的差异情况

模拟吸入冰雹时，冰雹的数量和尺寸的确定方式	
CCAR－33部	CS－E
对于进气道面积不大于0.064m^2（100in^2）的发动机，为1颗25mm（1in①）直径的冰雹	对于进气道面积不大于0.0645m^2（100in^2）的发动机，为1颗25mm（1in）直径的冰雹
对于进气道面积大于0.064m^2（100in^2）的发动机，每0.0968m^2（150in^2）的进气道面积或其余数，为1颗直径为25mm（1in）和1颗直径为50mm（2in）的冰雹	对于进气道面积大于0.0645m^2（100in^2）的发动机，每0.0968m^2（150in^2）的进气道面积或其余数，为1颗直径为25mm（1in）和1颗直径为50mm（2in）的冰雹

《航空发动机适航规定》（CCAR－33－R2）第33.78条对超声速民机发动机的“吸雨和冰雹”的试验方法进行了规定，其中（a）款项是所有发动机都应当遵守的要求，（c）款项是超声速发动机需要特别遵守的要求。

2.1.3　持久试验

发动机的持久试验是对发动机进行长时间运行和测试的过程，其目的是评估发动机在长期使用和极端条件下的性能、可靠性和耐久性。持久试验通常包括持续运行测试、热稳

① 1in＝25.4mm。

定性测试、性能损耗评估、故障率评估和寿命评估等方面，持久试验是发动机开发和认证过程中的关键步骤，通过这些试验可以确保发动机在实际使用中具有良好的性能和可靠性，以满足航空领域对安全和性能的严格要求。CCAR－33 部的第 33.87 条“持久试验”，主要围绕超声速发动机进行持久试验时的程序展开介绍。对超声速发动机的台架试验进行了规定，每台发动机必须经过持久测试，其中包括至少 150h 的运行时间。对于进行试验的发动机，必须进行 25 次规定的 6h 试验程序，以完成要求的总时数为 150h 的试验。在对超声速航空器进行发动机型号审定时，申请人必须进行《航空发动机适航规定》（CCAR－33－R2）第 33.87 条规定的试验。

2.1.4 发动机系统和部件试验

发动机系统和部件试验是对发动机的各个系统和组件进行详尽测试和验证的过程，旨在确保其在设计和制造阶段符合性能、可靠性和安全性的要求。这些试验包括：功能测试，以验证系统的各项功能是否按设计要求正常运行；性能测试，以评估系统在不同工况下的性能表现；耐久性测试，以验证系统在长时间运行和极端环境下的稳定性；安全性测试，以确保系统在异常情况下能够安全运行并提供必要的应急响应。CCAR－33 部的第 33.91 条“发动机系统和部件试验”，主要围绕发动机进行系统和部件试验时的要求展开介绍。对于超声速发动机中不能按照持久试验的要求进行持久试车予以充分验证的系统或部件，申请人必须进行附加试验，以证明这些系统或部件在所有已声明的环境和工作条件下能可靠地完成预定功能。必须确定在航空器安装中要求温度控制措施的那些部件的温度限制，以确保其良好的功能、可靠性和耐久性。对于超声速航空器的发动机型号合格审定，必须确定由于在最高和最低工作温度时可能会发生失效的发动机系统、安全装置及外部附件，且必须在最高和最低工作温度，以及当温度和其他使用条件在最高和最低使用值之间循环时进行试验。

发动机系统和部件试验的符合性方法通常包括说明、分析、类比、试验。发动机系统和部件试验的验证说明是采用分析的符合性方法，给出系统和部件试验的验证对象、验证项目及其适用性、验证的边界条件和验证策略。验证对象需要申请人按照发动机系统和部件的定义予以确定，并确保验证对象的完整性。验证项目通常包括高温耐久性、低温耐久性、室温耐久性、温度/高度、温度变化、振动、工作冲击、坠撞安全、恒加速、耐压、过压、压力循环、燃油系统结冰、进气结冰、污染的燃油、污染的滑油、污染的空气、沙尘、盐雾、霉菌、防爆、湿热、防水、流体敏感性、防火/耐火、包容性、电子控制单元过热、电源输入、电源输入－电压尖峰、电源输入－声频传导敏感性、电磁辐射/高强度辐射场、雷电间接效应共 32 项。验证的边界条件的确定需要申请人结合安装对象、发动机本体来分析系统和部件的安装环境和运行条件。最后确定验证策略，确定系统和部件试验的验证技术方案，明确需验证的系统和部件及其验证项目，并确定验证项目的符合性验证方法。

在验证实施阶段，申请者应按照验证策划阶段确定的验证方法，对每个系统和部件的验证项目进行符合性验证。符合性要点与验证项目、验证方法、系统和部件的具体设计特征密切相关。与验证项目和验证方法相关的符合性要点具有通用性，适用于所有系统和部件；然而，由于项目（型号）不同，系统和部件具有独特的设计特征和工作原理，若某些系统和部件具备特殊的设计特征，申请者应就特定项目、系统和部件形成专用的符合性要点。此外，在进行符合性验证之前，申请者应在《发动机安装使用手册》中声明经验证的系统和部件的安装环境限制，包括温度、振动、燃油污染、燃油结冰，以及其他航空器方面需要关注的安装环境限制及其参考的验证标准。

2.1.5　持续转动

持续转动的内容来自 EASA 的《发动机审定规范和可接受的符合性方法》（CS—E）的第 AMCE 525 条，主要围绕发动机持续转动问题的解决方法展开介绍。持续转动可能是由于风效应，也可能是机械效应产生的，如多发旋翼机的离合器阻力。对于该项验证可以通过测试或分析来确定，并应考虑到典型的飞机安装对发动机造成的影响。发动机在飞行中停机后的条件及其最长持续时间，应考虑发动机在所有预期飞机应用中的使用情况，如亚声速飞机、超声速民机、旋翼机和螺旋桨飞机。如果出现这类情况，应当考虑和解决的情形包括但不限于：

①发动机机油完全耗尽；

②由于叶片损失和转子损坏导致的转子不平衡。

应当考虑在这些条件下，结合假定的飞机单发关闭的飞行包线，包括适用的超声速和超声速过渡到亚声速的飞行条件，并考虑延长持续旋转的时间。在发动机叶片脱落和转子损坏之后，由于转子不平衡和发动机叶片损失，以及转子损坏后发动机继续旋转而导致的转速对发动机与飞机接口造成的条件影响，应根据规章的要求，由申请人通过分析和测试来确定，并涵盖整个飞行包线。

2.2　超声速发动机排放要求

超声速民机的出现为航空运输领域带来了革命性的变革，然而其高速飞行和特殊设计也带来了一系列环保挑战，排放要求对于超声速民机至关重要。超声速民机采用的发动机通常要求高性能，因此其排放的废气对大气环境产生的影响较亚声速飞机发动机的更大。排放物通常包括一氧化碳（CO）、未完全燃烧的碳氢化合物（UHC）、氮氧化物（NO_x）和非挥发性微粒物质（nvPM）。从现有的亚声速飞机发动机排放和超声速民机发动机排放对比来看，两者的区别主要在于后者在 LTO（landing and take - off，起降）循环中多了一个下降阶段，且后者由于高燃烧温度会产生更多的氮氧化物（NO_x），对高空臭氧层破坏更严重，因此在对超声速民机的排放要求进行标准制定时，除了考虑环境保护限制外，还应注意到超声速民机的特殊性。各国航空管理机构通常会制定严格的排放标准，要求超声速民机采用先进的排放控制技术，如高效燃烧室设计、低排放涡轮喷气发动机等，以减小其对大气环境的负面影响。

2.2.1　排放污染物种类

航空涡轮风扇发动机是当今民航客机中主流的发动机，简称涡扇发动机，其主要组成部件为风扇、低压压气机、高压压气机、燃烧室、高压涡轮、低压涡轮和尾喷管，如图 2 - 3 所示。其中高压压气机、燃烧室和高压涡轮三者合称为“核心机”。在发动机运行过程中，由核心机产生的燃气能量，一部分首先推动高压涡轮旋转带动高压压气机工作，然后推动低压涡轮旋转带动低压压气机和风扇工作，另一部分则通过尾喷管排入大气中产生反作用推力。

涡扇发动机的工作原理主要分为两个部分，即内涵道和外涵道，其中流入内涵道中的空气首先通过风扇、低压压气机和高压压气机的做功，压缩空气以提高空气压力，然后被吸入燃烧室，此时高压的空气与喷出的燃油进行混合并燃烧，从而形成高温高压的燃气，在高压涡轮和低压涡轮中膨胀之后，最后通过尾喷管排入大气中，从而产生反作用推力，以推动飞行。而流入外涵道中的空气在经过高速旋转的风扇做功之后，提高了自身的温度和压力，并在外涵道中膨胀，最终也通过尾喷管排入大气中以产生反作用推力。

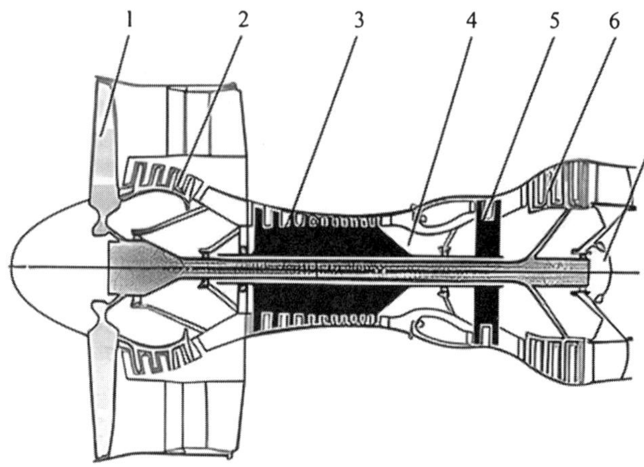

图 2-3　涡扇发动机结构示意图

1—风扇；2—低压压气机；3—高压压气机；4—燃烧室；5—高压涡轮；6—低压涡轮；7—尾喷管

在燃烧室中形成高温高压的燃气并排出飞机的过程中，发动机同时也产生了一系列的排放，这些排放物主要有 CO_2（二氧化碳）、H_2O（水蒸气）、SO_x（硫氧化物）、NO_x（氮氧化物）（主要是指：一氧化氮和二氧化氮）、CO（一氧化碳）、UHC（未完全燃烧碳氢化合物，即指民航发动机燃烧室中未完全燃烧（即未充分反应）的 HC），其生成主要包括两部分：没有参与燃烧反应的碳氢燃料以燃油颗粒或蒸气的形式从燃烧室出口排出，以及高分子燃料发生热降解生成的低分子甲烷或乙炔及颗粒物即污染物中含有黑碳的微小颗粒物质；其中第二部分的主要成分是 95% 以上的碳和少量的氢固体微小颗粒物（粒径为 0.01 ~0.06μm）。此部分主要介绍与标准制定相关的 NO_x、CO、UHC 及 nvPM，尽管这些污染物对全球整体环境空气质量的影响很小，但对机场区域周围的空气环境和人类健康的负面影响不容忽视，因此进行污染物排放的限制。

2.2.2　国内超声速发动机排放要求

国内现行有效的超声速民机排放要求规章为《涡轮发动机飞机燃油排泄和排气排出物规定》（CCAR-34 部），在 2002 年 3 月 20 日经原中国民用航空总局局务会议通过，自 2002 年 4 月 19 日起施行。其最新修订版《交通运输部关于修改〈涡轮发动机飞机燃油排泄和排气排出物规定〉的决定》于 2022 年 11 月 15 日经第 27 次部务会议通过，自 2023 年 1 月 1 日起施行。其中只有第 34.21 条“排气排出物标准”和第 34.31 条“排气排出物标准”对超声速的排放要求进行了限定。其中第 34.21（a）条规定，新的 TSS 类发动机

（指用在超声速航空器上的所有航空涡轮发动机）和 2023 年 1 月 1 日及其后制造的额定输出不大于 26.7kN 的新的 TFJ 类发动机（指用在亚声速航空器上的所有涡扇和涡喷发动机），每台的烟雾排放不得超过：SN = 83.6（F_{oo}）$^{-0.274}$（F_{oo}为额定推力，以 kN 为单位）或者 50（两者中取小者）（SN 即发烟指数，smoke number）。第 34.21（d）条规定 2002 年 4 月 19 日及其后制造的新的 TSS 类发动机每台排出的气态排出物不得超过表 2－2 的规定。第 34.31（a）条规定 2002 年 4 月 19 日以前生产的 TFJ 类和 TSS 类的在用发动机的烟雾排放不得超过：SN = 83.6（F_{oo}）$^{-0.274}$（F_{oo}以 kN 为单位）或者 50（两者中取小者）。

表 2－2　CCAR－34 部第 34.21（d）条规定

排放物	排放量
碳氢化合物	$140\ (0.92)^{\pi_{oo}}$
一氧化碳	$4550\ (\pi_{oo})^{-1.03}$
氮氧化合物	$36 + 2.42\pi_{oo}$

从上述内容可以看出，尽管已经存在一些排放方面的规定，但这些规定多数是为 20 世纪 60 年代至 70 年代使用的超声速民机“协和”号所制定的，而对于当代的超声速民机则尚未形成系统完备的规章体系。

2.2.3　国际超声速发动机排放要求

国际民航组织（ICAO）制定了民航发动机污染物排放标准的规章——附件 16 卷Ⅱ《航空发动机排放》，针对飞机排放物中的 NO_x、CO、UHC 及颗粒物的排放进行了限制，并提出了详细的标准说明。各国在此规章的基础上，结合本国的国情均制定了相关的政策，如美国联邦航空管理局就结合了国际民航组织规章标准颁布了 FAR－34 部，对民航发动机污染物排放的适航审定进行了规定。

附件 16 卷Ⅱ自 1986 年颁布开始，一直都在不停地修订和更新。航空环境保护委员会（CAEP）从 1986 年的环境保护研究组第 1 次工作周期至 2015 年的环境保护研究组第 8 次工作周期期间，对 NO_x 排放标准进行了多次修订，对其排放要求也是日趋严格化，这是由于 NO_x 对环境的危害影响在日益增加且较难以控制。以 F_{oo}大于 89kN、OPR（overall pressure ratio，总压比）为 30～40 的大型航空发动机为例，在 NO_x 排放方面，第 2 次工作周期所要求的标准要比第 1 次工作周期降低约 20%，第 4 次工作周期所要求的标准要比第 2 次工作周期降低约 16.5%，第 6 次工作周期所要求的标准要比第 4 次工作周期降低约 12%，而目前最新的第 8 次工作周期所要求的标准则要比第 6 次工作周期降低约 15%，标准修订趋势如图 2－4 所示。而对于 CO、UHC 和颗粒物的排放标准的规定，目前仍保持不变。

国际上所采用的气态污染物排放度量指标为 D_p/F_{oo}，单位是 g/kN，即图 2－4 中纵坐标所指参数，表示了在标准 LTO 阶段中飞机发动机污染物的排放质量与额定推力的比值，其中 D_p表示在标准 LTO 阶段中任何气态污染物排放的质量（D_p的计算见式（2－1）），而 F_{oo}则表示以国际标准大气海平面静态为条件，在不使用喷水增推技术的正常工作条件下可用于起飞的最大推力。图 2－4 中横坐标 π_{oo}表示基准增压比，即当发动机在国际标准大

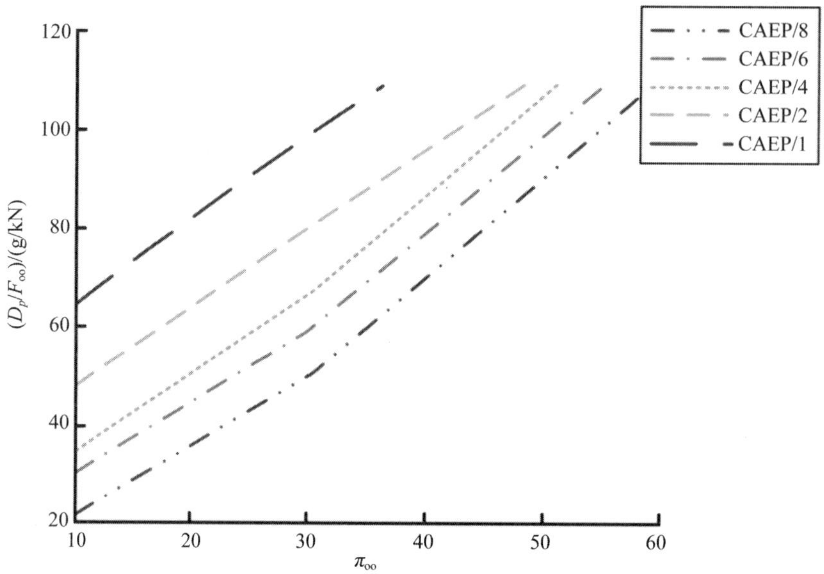

图 2-4　国际民航组织 NO_x 排放规章标准修订趋势

气海平面静态条件下达到起飞推力额定功率时，压气机最后一级排气平面处的平均总压与压气机进气平面处的平均总压之比

$$D_p = \sum W_f \cdot EI \cdot t \tag{2-1}$$

式中：W_f为 LTO 循环阶段中的燃油流量，kg/s；EI 为 LTO 循环阶段中的污染物排放指数，g/kg，即燃烧 1kg 燃料所排放出的污染物质量；t 为 LTO 循环阶段中所要计算的污染物排放时间，s。

而对于颗粒污染物的排放度量指标则为 LTO_{mass}/F_{oo}，单位是 mg/kN，以及 LTO_{num}/F_{oo}，单位是 particles/kN，其计算方法与式（2-1）类似，区别在于 EI 表示的不同。

国际民航组织在最新一版的附件卷Ⅱ中明确表明了污染物排放的测量基准条件为海平面国际标准大气，基准绝对湿度为 0.00634 千克水每千克干空气，具体亚声速污染物排放标准已更新至 CAEP/8 水平，但超声速污染物排放标准仍与“协和”号时代一致，具体如下。

（1）烟雾

五种 LTO 循环阶段中任何一种的推力设定值下的发烟指数不得超过规定发烟值 $SN = 83.6\ (F_{oo})^{-0.274}$或直接取值为 50，最终参考的标准以二者中最小值为准，与亚声速的标准一致。

（2）气态污染物

气态污染物排放不得超过以下限值。

HC

$$D_p/F_{oo}^* = 140\ (0.92)^{\pi_{oo}} \tag{2-2}$$

CO

$$D_p/F_{oo}^* = 4450\ (\pi_{oo})^{-1.03} \tag{2-3}$$

NO_x

$$D_p/F_{oo}^* = 36 + 2.42\pi_{oo} \quad (2-4)$$

式中：F_{oo}^*为加力燃烧时的额定推力，kN；π_{oo}为基准增压比。

2.2.3.1　飞机的 LTO 循环标准

飞机的起降循环可定义为 LTO 循环。所谓 LTO 循环是指飞机从高空降落至机场地面，又重新起飞至高空的一个完整封闭的运行过程，如图 2-5 所示。

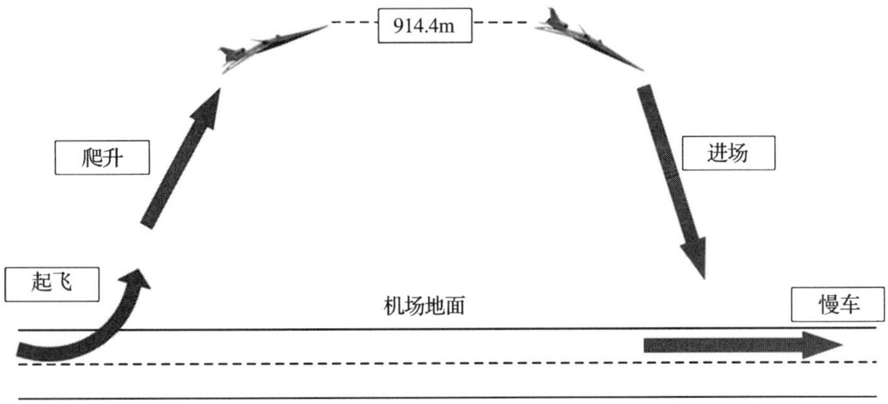

图 2-5　国际民航组织标准 LTO 循环模型

国际民航组织规定，LTO 循环的主要区域是从机场地面到空中 914.4m 的高度，其中一个标准的亚声速 LTO 循环包括 4 个运行阶段，即起飞、爬升、进场和慢车，不考虑巡航阶段，而一个标准的超声速 LTO 循环则是在亚声速标准的基础上，将进场阶段细分为下降和最后进场。需要注意的是，亚声速模式标准与超声速模式标准在不同 LTO 循环阶段的 TS（推力设定）和各状态时间（TIM）是不同的，具体如表 2-3 和表 2-4 所示。

表 2-3　LTO 循环亚声速模式标准定义

状态	额定推力/%	各状态时间（TIM）/min
慢车（滑行）	7	26.0
起飞	100	0.7
爬升	85	2.2
进场	30	4.0

表 2-4　LTO 循环超声速模式标准定义

状态	额定推力/%	各状态时间（TIM）/min
慢车（滑行）	5.8	26.0
起飞	100	1.2
爬升	65	2.0
下降	15	1.2
最后进场	34	2.3

表2－3和表2－4给出的LTO循环是国际民航组织附件16卷Ⅱ中的当前LTO循环，主要是针对“协和”号时代的超声速民机，已经不适用于未来的超声速民机，因此需要探讨LTO循环超声速标准设定的合理性。

基于此，国际民航组织开始讨论不使用加力燃烧室的超声速发动机的LTO循环标准，其中相较于现阶段的排放规章来说，主要讨论的地方在于爬升和慢车两个阶段，这是由于考虑到未来爬升阶段噪声过大的问题，以及慢车阶段超声速民机可能会出现燃油效率低的情况，同时国际民航组织表示，将会完成噪声、发动机排放和燃烧之间权衡的相关性研究。国际民航组织在2022—2025年间提出的基准超声速民机LTO循环推力设置如表2－5所示。

表2－5　国际民航组织提出的基准超声速民机LTO循环推力设置

状态	额定推力/%	各状态时间（TIM）/min
起飞	100	0.7
爬升	65	2.0
进场	30	4.0
慢车	10	26.0

2.2.3.2　超声速民机的建议排放监管限制

随着基准超声速民机LTO循环推力设置的确定，超声速发动机排放要求的临时监管限制也相继出台。建议低功率排放的一氧化碳（CO）和未完全燃烧的碳氢化合物（UHC）不应超过现有的亚声速限值；由于未来可能应用的飞机的巡航马赫数范围很广（$Ma<1.8$），并且缺乏目前正在开发的处于早期设计阶段的超声速发动机的数据，这意味着对未来的超声速发动机氮氧化物（NO_x），目前还没有提出固定的目标水平；非挥发性微粒物质（nvPM）质量建议满足环境保护研究组第10次工作周期和第11次工作周期的NT（新类型）限值，数量建议满足环境保护研究组第11次工作周期要求，这些限值自2023年起生效。表2－6概述了目前提出的超声速民机发动机建议排放监管限制水平。

表2－6　超声速民机发动机的建议排放监管限制水平

污染物	水平等级
CO	118g/kN
UHC	19.6g/kN
NO_x	待定
nvPM 质量浓度	$10^{(3+2.9F_{oo}-0.274)}$
nvPM 质量	①对于额定推力大于150kN的发动机： 214.0g/kN ②对于额定推力大于26.7kN但不大于150kN的发动机： $(1251.1-6.914F_{oo})$ g/kN
nvPM 数量	①对于额定推力大于150kN的发动机： 2.780×10^{15}g/kN ②对于额定推力大于26.7kN但不大于150kN的发动机： $(1.490\times10^{16}-8.080\times10^{13}F_{oo})$ g/kN

虽然超声速民机的基准 LTO 循环和建议排放监管限制已经取得了重要进展，但目前所取得的成果都是基于此前的数据进行评估所得到的，如今的超声速发动机正处于早期设计阶段，并没有实际数据可用，这也是氮氧化物（NO_x）的临时排放监管限制并未定下的原因之一，待未来有更多的超声速发动机项目的数据可用时，已定的临时排放监管限制是否会有相应的更改目前仍未知。为了早日确定最终的超声速民机排放监管限制，还需不断加强技术创新、监管和国际合作，为未来超声速民机的安全、环保和可持续运营提供必要的支持和保障。

2.2.4　超声速发动机排放物测试方法

超声速发动机的排放物可细分为两类，分别是气态排放物和烟排放物。在进行气态排放物测试时，需要确定碳氢类化合物（HC）、一氧化碳（CO）、二氧化碳（CO_2）、氮氧化物（NO_x）和一氧化氮的气体浓度，其中二氧化碳是不受控制的发动机气态污染物，但为了计算和检查，需要知道二氧化碳的浓度。进行测试时为了使排放物的测量数据规格化和量化发动机的测试特性，还需要补充进口温度、进口湿度、大气压力、燃料的碳氢比和其他所需的发动机参数（如推力、转子速度、涡轮温度和燃气发生器空气流量）。图 2－6 为气态排放物的采样和分析系统示意。

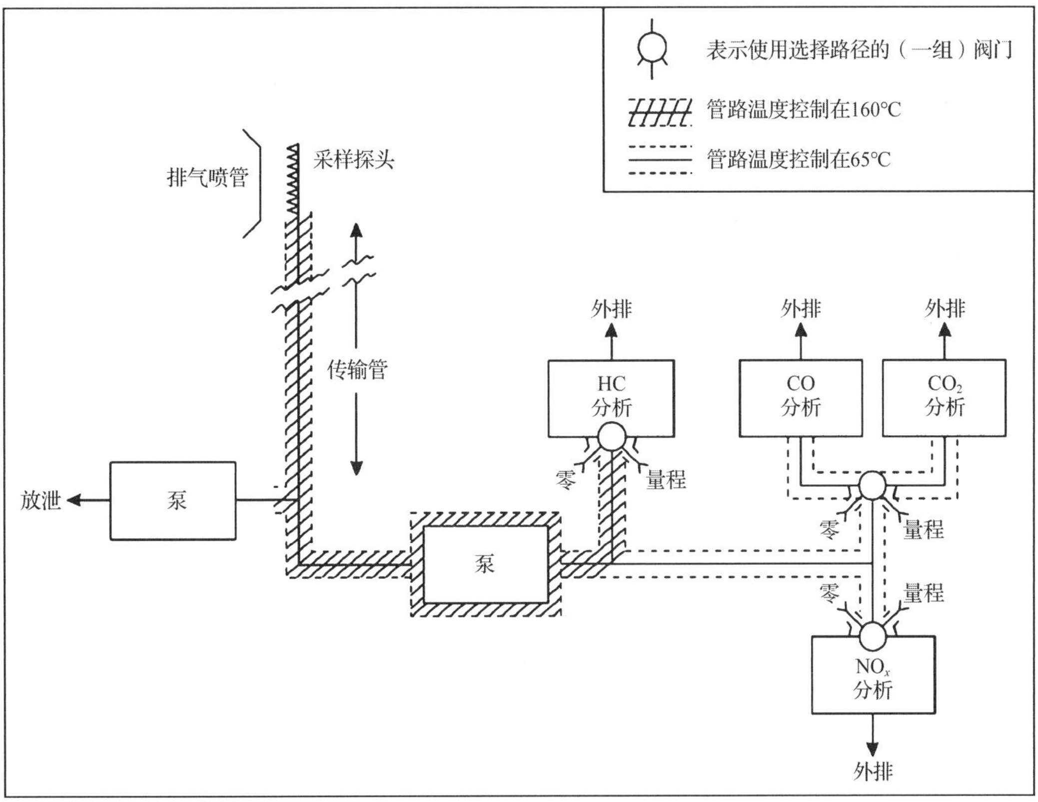

图 2－6　气态排放物的采样和分析系统示意

烟的测量须与其他测量分开进行，除非此时测得的烟值远低于限制值，或者能够证明同时测量烟和气态排放物所得到的烟值是有效的，在此情况下，烟的测量可与气态排放物测量同步进行。参照图 2－7，须进行以下主要操作来获取被沾污滤芯的样品。

①在探头放置好、发动机正在运转时，阀门 A 不得置于“无流”位，否则会促使管路中微粒聚集。

②将阀门 A 置于“旁通”位，关闭阀门 D 并将洁净的滤芯卡入芯筒。当发动机处于或接近于要求的运行状态，且阀门 C 调到流速为（14 ± 0.5）L/min 时，在旁通状态下继续抽取排气样本至少 5min。

③打开阀门 D 并将阀门 A 置于“样本”位，利用阀门 B 再次将流速调到步骤②中设定的值。

④将阀门 A 置于“旁通”位并关闭阀门 D，将洁净的滤芯材料卡入芯筒。

⑤当发动机稳定在某一状态时，让样本在步骤④中设定的值下流动 1min。

⑥打开阀门 D，将阀门 A 置于“样本”位，必要时再次调节流速，并让所选的样本体积量（见步骤⑧）流过，然后把阀门 A 调回到“旁通”位并关闭阀门 D。

⑦将被沾污的滤芯放置在一旁等待分析，将洁净的滤芯卡入芯筒。

⑧所选的样本大小须使每平方米滤芯所通过的排气量在 12～21kg，并且须包含每平方米滤芯的排气量为 16.2kg 或在此值上下的样本。每一台发动机运行状态下的样本数量不得少于 3，必要时须重复步骤⑤～⑦的操作。

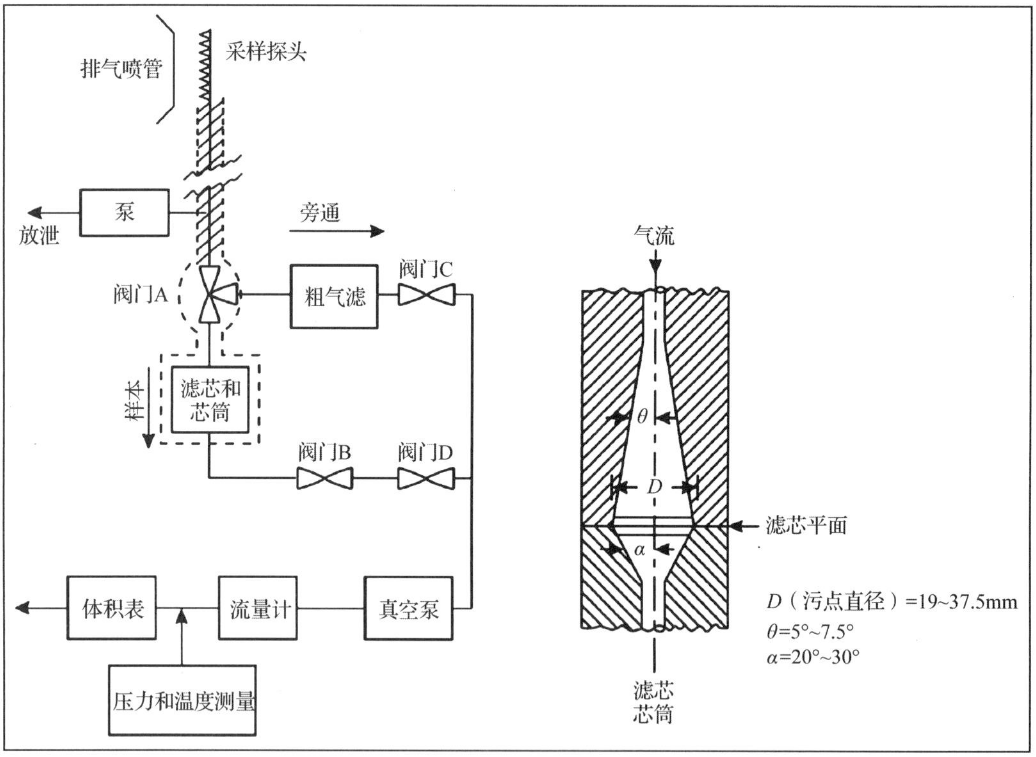

图 2－7　烟分析系统

接下来根据实测数据计算发烟指数，所用底板材料必须是黑色的，其绝对反射率不少于 3%。须使用每一被沾污的滤芯的绝对反射率 R_S，用式（2－5）计算反射率

减小值

$$SN' = 100(1 - R_S/R_W) \tag{2-5}$$

式中：SN′为从不一定为样本基准大小的单个烟样本得出的发烟指数，无量纲；R_S为被沾污的滤芯的绝对反射率，无量纲；R_W为洁净滤芯的绝对反射率，无量纲。

各种样本的质量须用式（2－6）计算

$$W = 0.38pV/T \times 10^{-2} \tag{2-6}$$

式中：W 为根据样本的体积、压力和温度的测量值计算出的单个排气样本的质量，kg；p 为紧靠体积表上游测得的样本压力，Pa；T 为紧靠体积表上游测得的样本温度，K；V 为实测样本体积，m^3。

对于每一台发动机状态，如样本大小的范围高于或低于基准值，则须将 SN′和 W 的各个值制成 SN′对 lg W/A 的标绘图，其中 A 是滤芯沾污面积（m^2）。须使用最小二乘方直线拟合术，估算 $W/A = 16.2\text{kg/m}^2$ 的 SN′值并作为该台发动机模式的发烟指数（SN）报告。当仅用基准大小的值采样时，所报告的 SN 须是各单项 SN′值的算术平均数。

2.3　超声速民机起降噪声要求

1976 年 1 月 21 日，“协和”号飞机第一次实现商业化飞行，但是在 2003 年 11 月 26 日完成最后一次飞行后就退役了，主要原因之一就是其噪声问题。由于声爆，“协和”号飞机在陆地上空只能以亚声速飞行。考虑到“协和”号的前车之鉴，新一代超声速民机的研发必须考虑绿色环保问题，其中除了低阻力、低油耗的常规需求外，还要保证噪声，尤其是声爆水平降到民众可接受的程度，并满足机场周边日益提高的噪声标准和发动机低排放要求。基于以上因素，需要对超声速民机适航噪声标准的制定工作保持关注，做到对超声速民机的噪声施加有效且得当的控制。

国际民航组织在 2019 年开展了超声速探索性研究（E－Study），其目的是更好地了解引入超声速民机在起降阶段对机场周边环境造成的影响。E－Study 可以被视为超声速民机噪声审定标准的先行性研究，为今后超声速民机起降阶段噪声审定标准的制定提供了参考。

E－Study 在现有民航机队的基础上增加超声速民机，通过模拟一组机场（包括商用机场和公务机机场）在起降（LTO）阶段的噪声影响、污染物排放和燃料燃烧，评估引入超声速民机对机场周边环境的影响。E－Study 需要飞机制造商提供航空器的数据来进行分析，涵盖了航空器噪声、性能、发动机、燃油消耗和排放等数据。三家制造商 Aerion、Gulfstream 和 Boom 分别提供了两架超声速公务机和一架超声速民机的相关数据，NASA 也提供了一架超声速公务机（STCA）的相关数据，并作为公开信息，用于单个事件噪声分析，具体信息如表 2－7 所示。

表 2-7 E-Study 超声速民机

航空器	最大起飞重量/kg	起飞所需距离/m	航程/km	最大马赫数	最大着陆重量/kg
NASA 55tSTCA	55000	2134	7852	1.4	44000
Aerion	66678	<2286	7408（*Ma*=1.4） 9445（*Ma*=0.95）	1.4	45969
Gulfstream	61008	<2195	7306（*Ma*=1.4） 9658（*Ma*=0.95）	1.4	47627
Boom	130000~150000	2896~3200	6945~7871	2.2	85000~98000

E-Study 从一开始就假设不会在陆地上进行超声速飞行，因此在研究过程中不考虑巡航状态下的声爆问题。为了完成 E-Study，将 2018 年作为基准年，以“新冠”疫情前的长期交通预测（LTF）情景、相关燃油价格（二者相关联）和超声速公务机、超声速民机市场和亚声速市场需求为主要参考因素，定义了 7 种超声速运输（SST）需求情景和 3 种基准亚声速需求场景，按机型、航线组和航程进行 2038 年全球运行预测。

E-Study 表明，在中高需求情景下，噪声和排放会明显增加。具体来说，全球飞行燃料消耗在中需求场景下将增加 3% 以上，在高需求场景下将增加 7% 以上。据估计，超声速飞行每次平均排放的 CO_2 是亚声速飞行的 5 倍。同时，E-Study 还讨论了各情景下的等值线区域和人口暴露，以高需求场景为例，55dB 噪声等值线区域面积和人口暴露分别增加约 15% 和 10%，而全球业务只增长了 1.5%。

E-Study 的结果与其他组织的评估结果一致，即超声速运输的进一步发展可能会导致不成比例的排放和损害，与国际民航组织的长期目标不符。与亚声速飞机的需求相比，对超声速民机的需求将受到限制。

我国现行的噪声规章《航空器型号和适航合格审定噪声规定》（CCAR-36 部）中，并不包含关于超声速民机适航审定的条款。FAR-36 部 D 章中给出了关于超声速民机的审定要求，但主要的面向对象是 20 世纪的“协和”号，不符合当前的适航审定需求。国际民航组织的附件 16 卷 I 第 12 章的超声速民机噪声审定条款中规定，对于 1975 年 1 月 1 日之前提交型号合格证申请的超声速民机，其噪声要求按照附件 16 卷 I 第 12 章的标准进行限定，面向的对象同样也是 20 世纪的超声速民机，不符合当前的审定需求。因此，可以认为当前的超声速民机噪声适航规章已经过时，需要根据当前的行业发展情况开展标准制定活动。对于超声速民机的噪声问题，当前的标准制定思路是将其分成两部分来处理。首先是超声速民机起降阶段的噪声，其次是超声速民机在巡航阶段所产生的噪声问题，本节讨论超声速民机起降阶段的噪声，巡航阶段的噪声问题将在本书 2.4 节进行讨论。

当前的诸多超声速项目都在稳步推进过程中，但是超声速民机一直没有一个明确的标准，现有的超声速规章过于陈旧，是在当时的第一代超声速民机“协和”号的基础上发展起来的，并不适合当前的发展。这样的情况也引发了制造商的顾虑，他们在进行具体机型设计的过程中，需要参考相关规章，以保证飞机的各项数据可以满足适航当局的要求。而适航当局在不了解超声速民机新设计的前提下，难以着手制定标准。

超声速民机的特点之一就是具有可变降噪系统（VNRS）。VNRS 是航空器上自动改变航空器的构型或运行条件以降低噪声的一个不可或缺的设计特征或子系统。一般来说，VNRS 由可改变飞机运行状况或配置的机载设备组成。可变降噪系统是一种永久性的整体设备，无须机组人员启动即可使用，与可选降噪系统（SNRS）不同，后者必须由机组人员启动。VNRS 在每次操作时都会自动启动；不过，如有必要，可在某些紧急情况下将其设计为可覆盖。启动这些系统后，将执行预先编好的程序，以某种方式降低噪声。这些系统的目的是在噪声认证和正常运行实践中发挥作用。目前已有针对旋翼机的 VNRS 规定，但还没有针对运输类大型飞机和喷气式飞机的 VNRS 规定。

亚声速飞机的发展历史可以追溯到 20 世纪初，到如今已有超过一个世纪的发展历程，其技术成熟度不是超声速民机所能比拟的，以当前各国正在研究的超声速民机起飞基准速度的确定为例，现有的预测结果都是基于计算研究得出的，并没有被普遍接受，其他主要要求如飞行航程、最大起飞重量、跑道长度、飞机/推进系统成本等（包括使用 VNRS 和不使用 VNRS），技术可行性都尚未得到试验证实。因此在超声速民机起降阶段噪声标准草案的制定上，一定程度上可以参考亚声速飞机噪声标准，如采用相同的指标体系。但在测试程序、数据处理和严格度分析方面，除了验证技术可行性外，还应考虑超声速民机独有的特点。

目前国际民航组织正在进行超声速民机起降阶段噪声标准草案的起草工作，正在攻克的两个程序性要素是：VNRS 起飞基准速度限制和进场阶段 VNRS 的使用。起草工作计划将在 2025 年初完成，并将为国际民航组织的各成员国预留三年的时间来更新各自的规章，在 2028 年正式全面实施。

2.3.1　超声速民机起降阶段噪声标准草案的起草工作

针对超声速民机起降阶段的噪声标准，FAA 在 2020 年 4 月发布了 NPRM（notice of proposed rulemaking，拟议规则制定通知），EASA 在 2022 年 5 月发布了 NPA（notice of proposed amendment，拟议修订通知），作为超声速民机起降阶段噪声审定规章的拟议草案，这两份草案都是以目前最严格的亚声速飞机的噪声标准——附件 16 卷 Ⅰ 的第 14 章为基础发展而来的，超声速民机在起降阶段是亚声速飞行，以第 14 章的要求来限制超声速民机的噪声是毋庸置疑的。NPRM 和 NPA 的不同点在于，附件 16 卷 Ⅰ 中给出了第 14 章噪声级标准的条款，要求横侧、飞越和进场各点的噪声级与最大噪声级的差值之和不得小于 17EPNdB，EASA 沿用了这一要求，而 FAA 拟议草案中要求“不得小于 13.5EPNdB”。图 2－8对比了 FAA 和 EASA 给出的超声速民机最大噪声级。可见，在最大起飞重量小于 8618kg 的情况下，FAA 和 EASA 的拟议草案给出的噪声限值存在差异。然而，现有超声速概念机的最大起飞重量均远超过 8618kg，因此从实际的角度来讲，除了“噪声级与最大噪声级的差值之和”这一要求之外，FAA 和 EASA 所给出的噪声限值可以看作是一致的。

国际民航组织的附件 16 卷 Ⅰ 中，关于超声速民机的噪声标准是第 12 章，但是其规定已经过时。目前，国际民航组织及世界各国都致力于拟定超声速民机起降阶段的噪声标准，虽然只是草案的拟定，但是对促进超声速民机起降噪声的标准制定具有重要意义。

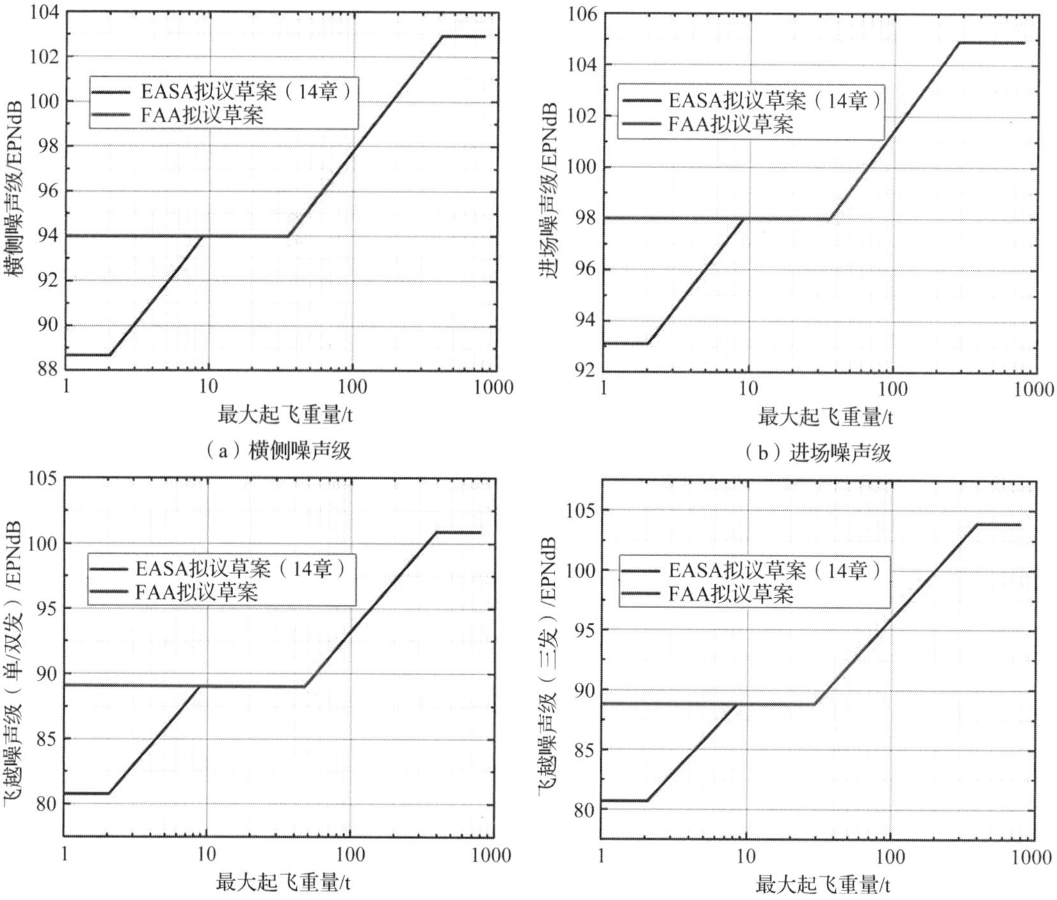

（a）横侧噪声级　（b）进场噪声级

（c）飞越噪声级（单/双发）　（d）飞越噪声级（三发）

图 2－8　FAA 和 EASA 拟议草案中最大噪声级差异

2.3.1.1　噪声测量点

噪声测量点又细分为基准噪声测量点和试验噪声测量点，基准噪声测量点要求如下。

①横侧全功率基准噪声测量点：在与跑道中心线平行并与之相距 450m 的边线上起飞时，该点的噪声级最大。

②飞越基准噪声测量点：此点位于跑道中心线的延长线上距滑跑起始点 6.5km 处。

③进场基准噪声测量点：跑道中心线的延长线上，位于距跑道入口 2km 处。在平地上，此点相当于在跑道上距跑道入口 300m 处引出的坡度为 3°的下滑道上，垂直向下 120m 处。

试验噪声测量点要求：如果试验噪声测量点与基准噪声测量点不在同一位置上，则必须按照对试验航迹和基准航迹之间差异进行修正的方式，对测量点位置差异进行修正。必须用足够数量的横侧试验噪声测量点，向审定当局证明已明确测定了适当横侧边线上的最大噪声级。须在跑道另一侧对称位置上的某一试验噪声测量点上同时作测量。

2.3.1.2　最大噪声级

超声速民机在正式取证前，需要在 2.3.1.1 节所规定的噪声测量点进行最大噪声级的噪声评定，以验证其符合适航标准，目前对超声速民机的最大噪声级有如下规定。

（1）横侧全功率基准噪声测量点

对于噪声合格审定所要求的最大审定起飞重量为 400000kg（含）以上的飞机，噪声限定值为 103EPNdB，且随重量的对数呈线性减小，直到最大起飞重量减至 35000kg，噪声级减至 94EPNdB，以后该值保持恒定直到最大起飞重量减至 8618kg，噪声限定值随重量的对数呈线性减小，直到最大起飞重量减至 2000kg，噪声级减至 88.6EPNdB，以后该值保持恒定。

（2）飞越基准噪声测量点

①装有两台或两台以下发动机的飞机：对于噪声合格审定所要求的最大审定起飞重量为 385000kg（含）以上的飞机，噪声限定值为 101EPNdB，且随重量的对数呈线性减小，重量每减少一半则噪声级减小 4EPNdB，直到噪声级减至 89EPNdB，以后该值保持恒定直到最大起飞重量减至 8618kg，噪声限定值随重量的对数呈线性减小，重量每减少一半则噪声级减小 4EPNdB，直到最大起飞重量减至 2000kg，以后该值保持恒定。

②装有三台发动机的飞机：与①相同，但对于最大审定起飞重量为 385000kg（含）以上的飞机，噪声限定值为 104EPNdB。

③装有四台或四台以上发动机的飞机：与①相同，但对于最大审定起飞重量为 385000kg（含）以上的飞机，噪声限定值为 106EPNdB。

（3）进场基准噪声测量点

对于噪声合格审定所要求的最大审定起飞重量为 280000kg（含）以上的飞机，噪声限定值为 105EPNdB，且随重量的对数呈线性减小，直到最大起飞重量减至 35000kg，噪声级减至 98EPNdB，以后该值保持恒定直到最大起飞重量减至 8618kg，噪声限定值随重量的对数呈线性减小，直到最大起飞重量减至 2000kg，噪声级减至 93.1EPNdB，以后该值保持恒定。

同时规定，所有三个测量点的最大噪声级与①、②、③中规定的允许最大噪声级的差值之和不得小于 17EPNdB，且任意三个测量点的最大噪声级低于①、②、③中规定的相应允许的最大噪声级之下不得少于 1EPNdB。附件 16 卷 Ⅰ 附篇 A 中有起飞重量函数的允许噪声级的计算公式，读者可自行查阅。

2.3.1.3　噪声合格审定基准程序

对超声速民机来说，有 VNRS 和无 VNRS 的噪声合格审定基准程序是不一样的，VNRS 是否可用也需要审定当局的批准。基准程序要符合适当的适航要求，基准程序和航迹计算需经审定当局批准，同时要在下述基准大气条件下计算。

（1）基准大气条件

①海平面的大气压力为 101.325kPa，它以国际民航组织标准大气界定的速度随高度增加而减小。

②海平面的外界大气温度为 25℃，它以国际民航组织标准大气界定的速度随高度增加而降低（即每 100m 降低 0.65℃）。

③恒定相对湿度为 70%。

④无风。

⑤在定义起飞和横侧噪声测量的基准起飞剖面时，跑道坡度为零。

⑥用于计算以下数据时，基准大气从温度和相对湿度的角度而言被认为是一致的（即外界温度为 25℃，相对湿度为 70%）：

a. 大气吸收所导致的基准声衰减率；

b. 计算基准声传播的几何位置时使用的基准声速。

（2）无 VNRS 的飞机起飞基准程序

①从起飞开始，至爬升到距跑道至少下列高度期间，必须使用平均发动机起飞推力：

a. 装有两台或两台以下发动机的飞机——300m；

b. 装有三台发动机的飞机——260m；

c. 装有四台或四台以上发动机的飞机——210m。

②在到达①中所规定的高度后，不得将推力减少到低于维持下述条件所需的推力或功率以下（两者中以推力或功率较大者为准）：

a. 4% 的爬升梯度；

b. 对于多发飞机，在一发失效时的水平飞行。

③为确定全功率下横侧噪声级，必须使用不减小推力贯穿整个过程的全起飞功率来计算基准航迹。

④速度必须是：待定。

⑤除起落架可以收起外，申请人所选定的恒定起飞构型必须在整个起飞基准程序中保持；构型必须被解释为系统和重心位置的状况，且必须包括所使用的增升装置，无论辅助动力装置是否在工作以及引气口和提取装置是否在工作。

⑥松开刹车时的飞机重量必须是噪声合格审定所要求的最大起飞重量。

⑦平均发动机必须定义为：在飞机飞行试验期间直至审定期间所使用的，按照《飞行员操作手册》中规定的限制和程序运行的所有符合审定要求的发动机的平均。由此建立一个包括推力/功率与控制参数（如 N_1（发动机低压转子转速）或 EPR（engine pressure ratio，发动机压比））之间关系在内的技术标准。审定试验期间的噪声测量必须修正到该标准。

⑧所使用的起飞推力/功率必须是飞机《飞行员操作手册》中的性能部分给出的，在（1）中规定的基准大气条件下正常运行时可获得的最大值。

（3）有 VNRS 的飞机起飞基准程序

①起飞基准航迹应根据申请人的 VNRS 设计，针对（1）中给出的基准大气条件定义的航段综合确定：

a. 分段应明确定义，并应与 VNRS 设计要求的配置（发动机或机身）、推力和/或速度的任何变化相关；

b. 配置和推力的任何变化应根据申请人的 VNRS 设计确定，与飞机的重量相对应，并得到审定当局的批准；

c. 任何发动机和操纵面配置变化的过渡时间须经审定当局批准。

②从起飞开始到申请人的 VNRS 设计为飞机控制、发动机推力和配置提供输入时为

止，必须使用平均发动机起飞推力。

③根据申请人的 VNRS 设计，飞机应保持正常运行时的最大可用推力，直至为确定飞越噪声而开始降低发动机推力时为止。

④用于确定飞越噪声水平的发动机推力降低，由 VNRS 或飞行员手动发出指令，在至少达到跑道水平线以下高度之前不得启动：

a. 装有两台或两台以下发动机的飞机——300m（984ft）；

b. 装有三台发动机的飞机——260m（853ft）；

c. 装有四台或四台以上发动机的飞机——210m（689ft）。

⑤在到达④中所规定的高度后，不得将推力减少到低于维持下述条件所需的推力或功率以下（两者中以推力或功率较大者为准）：

a. 4% 的爬升梯度；

b. 对于多发飞机，在一发失效时的水平飞行。

⑥速度必须是：待定。

⑦为了确定横侧噪声级：

a. 基准航迹应是使用适当的配置（发动机和机身）以及申请人的 VNRS 设计确定的完全可用推力计算出的基准起飞航迹；

b. 速度应该是：待定。

⑧飞机在制动释放时的重量应为申请噪声认证时的最大起飞重量。

⑨平均发动机必须定义为：在飞机飞行试验期间直至审定期间所使用的，按照《飞行员操作手册》中规定的限制和程序运行的所有符合审定要求的发动机的平均。由此建立一个包括推力/功率与控制参数（如 N_1 或 EPR）之间关系在内的技术标准。审定试验期间的噪声测量必须修正到该标准。

（4）无 VNRS 的飞机进场基准程序

①飞机必须稳定地沿着一条 3°的进场航迹飞行。

②在测量点上方时，必须在稳定的推力或功率下，保持 $V_{REF}+19km/h$（$V_{REF}+10kn$）的稳定进场速度。

注：在适航术语中，V_{REF}被定义为“基准着陆空速”。根据该定义，基准着陆空速指具有规定着陆构型的飞机，下降通过跑道入口高度时的速度。该速度决定了人工着陆时的着陆距离。

③除起落架处于放下位置外，在整个进场基准程序中必须保持适航审定试验中所用的恒定进场构型。

④接地时飞机的重量必须是噪声合格审定所要求的，且③中所规定的进场构型所允许的最大着陆重量。

⑤必须使用在合格审定所要求的重量下最为临界的（即产生最大噪声级的）构型，并且正常打开包括产生升力和阻力的装置在内的各气动操纵面。该构型包括附件 16 卷 I 附录 2 的 5.2.5 中列出的，对在正常运行中以最大着陆重量着陆时产生最严重的连续噪声状态起到促成作用的所有项目。

（5）有 VNRS 的飞机进场基准程序

①飞机必须沿着一条 3°的进场航迹飞行。

②在整个10dB降区间，必须按照VNRS的计划推力或功率，保持V_{REF} +19km/h（V_{REF} +10kn）的稳定进场速度。

注：在适航术语中，V_{REF}被定义为“基准着陆空速”。根据该定义，基准着陆空速指具有规定着陆构型的飞机，下降通过跑道入口高度时的速度。该速度决定了人工着陆时的着陆距离。

③在整个10dB降区间，除起落架处于放下位置外，在整个进场基准程序中必须保持适航审定试验中所用的和VNRS计划的恒定进场构型。

④如果VNRS引起的推力增加（例如：启动拉平）导致噪声级增加到PNLTM－10以上，则应考虑对基准传声器接收到的噪声级的影响。

⑤接地时飞机的重量必须是噪声合格审定所要求的，且③中所规定的进场构型所允许的最大着陆重量。

⑥如果不受VNRS控制，必须使用在合格审定所要求的重量下最为临界的（即产生最大噪声级的）构型，并且正常打开包括产生升力和阻力的装置在内的各气动操纵面。该构型包括附件16卷Ⅰ附录2的5.2.5中列出的，对在正常运行中以最大着陆重量着陆时产生最严重的连续噪声状态起到促成作用的所有项目。

2.3.2 超声速民机起降噪声合格审定的评定方法

现有民机的噪声合格审定的评定方法包括：1977年后提交型号合格证申请的亚声速喷气式飞机、1985年后提交型号合格证申请的8618kg以上的螺旋桨驱动的飞机，以及直升机和倾斜旋翼航空器的噪声合格审定的评定方法，同超声速民机起降阶段的噪声标准起草工作类似，超声速民机的噪声合格审定的评定方法同样需要弥补空白，目前拟议的草案暂时填补了配备VNRS飞机的理想飞行剖面方面的空缺。

2.3.2.1 全功率下横侧基准剖面的特征

全功率下飞机的横侧基准剖面特性如图2－9所示，在横侧全功率噪声测量点进行噪声测量时，飞机起飞程序的剖面特征必须界定如下。

①飞机以VNRS设定的起飞功率在*A*点开始起飞滑跑，在*B*点离地。爬升角在*B*点和*C*点之间增大，此后保持不变，直到*D*点，此时VNRS开始按计划降低发动机功率。爬升角在*D*点和*E*点之间减小，此后保持不变，直至*H*点。

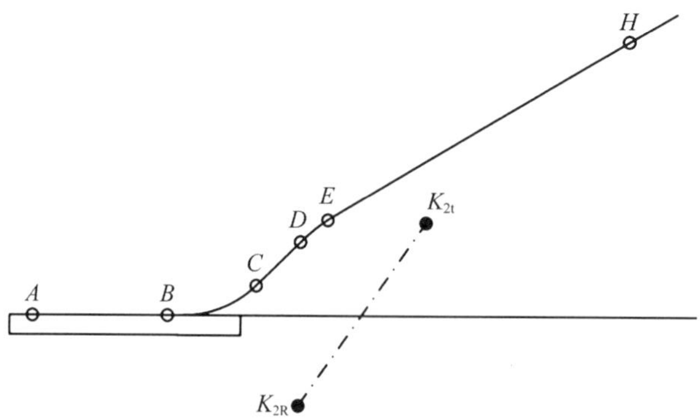

图2－9 全功率下飞机的横侧基准剖面特性

②K_{2L}和 K_{2R}为喷气式飞机的左侧和右侧横侧噪声测量点，位于与跑道中心线平行且与之相距规定距离的一条线上，该处起飞时的噪声级最大。

③在 K_{2L}和 K_{2R}位置测量的第一个和最后一个 10dB 降点应位于 E 点和 H 点之间。

2.3.2.2　飞越基准剖面的特征

飞机飞越的基准剖面特征如图 2－10 所示，在飞越噪声测量点进行噪声测量时，飞机起飞程序的剖面特征必须界定如下。

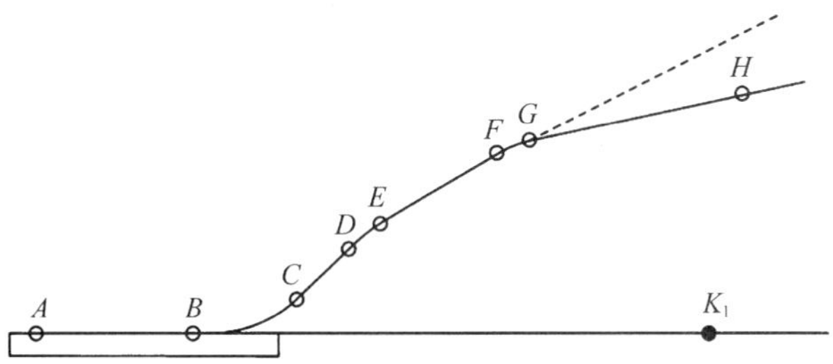

图 2－10　飞机飞越的基准剖面特性

①飞机以 VNRS 设定的起飞功率在 A 点开始起飞滑跑，在 B 点离地。爬升角在 B 点和 C 点之间增大，此后保持不变，直到 D 点，此时 VNRS 开始按计划降低发动机功率。爬升角在 D 点和 E 点之间减小，此后保持不变，直到 F 点，此时飞行员开始减小推力（或功率）。在 G 点，推力（或功率）和爬升角再次趋于稳定，飞机继续以恒定角度爬升至 H 点，即噪声航迹的终点。

注：在沿飞越剖面飞行时，可能不会出现推力（功率）下降。在此情况下，E 点将以一个恒定的爬升角一直延伸至 F 点。

②K_1 为飞越噪声测量点，AK_1 为从滑跑起始点至飞越噪声测量点之间的规定距离。

注：VNRS 可在每次操作中自动启动，其中可能包括以下程序：襟翼收回（自动襟翼）程序、程序失效率（PLR）程序（升空后不久发动机功率降低）和/或空中加速程序，这些程序可合并为一个 VNRS 自动程序并同时运行。

2.3.2.3　进场基准剖面的特征

飞机进场的基准剖面的特性如图 2－11 所示，在进场噪声测量点进行噪声测量时，飞机进场程序剖面特征必须界定如下。

①飞机在 I 点以 VNRS 设定的发动机功率沿指定的下滑道稳定下滑，并继续通过 J 点，直至 K 点。在 K 点，VNRS 开始按计划增加发动机功率，然后在跑道上的 L 点接地。

②K_3为进场噪声测量点，K_3O 为从进场噪声测量点至跑道入口点之间的规定距离。

③进场测量时，飞机的基准点可以是仪表着陆系统的天线。

注：VNRS 可在每次操作中自动启动，其中可能包括以下程序：襟翼收回（自动襟翼）程序、程序失效率（PLR）程序（升空后不久发动机功率降低）和/或空中加速程序，这些程序可合并为一个 VNRS 自动程序并同时运行。

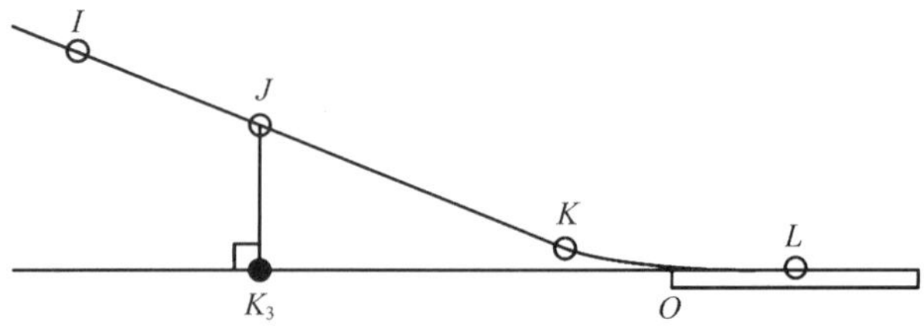

图 2 – 11　飞机进场的基准剖面特性

2.4　超声速民机巡航噪声要求

超声速民机除了在起降阶段会产生噪声外，其在巡航阶段突破声障产生的声爆对地面造成的噪声污染更加不能让人接受，这也是“协和”号飞机退役的主要原因之一。未来，超声速民机的商业化使用的实现必须克服这一问题。同时，为了将超声速民机在陆地上空飞行时对人的影响降低到可接受的程度，同样需要制定标准进行限制，但以什么指标评价声爆，以及如何获得声爆数据和如何处理数据等问题都是未知的。

超声速民机巡航噪声标准正处于初始阶段，还需结合超声速民机特点，围绕指标、修正方法等一系列技术细节展开讨论。目前，国际民航组织正在进行超声速民机巡航阶段噪声标准的制定工作，预计将在 2028—2031 年完成。

关于巡航阶段噪声标准的制定，国际民航组织环保标准制定的依据是：技术可行、经济合理、环保收益，同时要考虑标准间的相关性。只有在市场上出现成熟的技术后，才会考虑制定相应的环保标准，并通过成本效益分析，以数据驱动的方式完成标准的制定，噪声标准制定具体流程如图 2 – 12 所示。

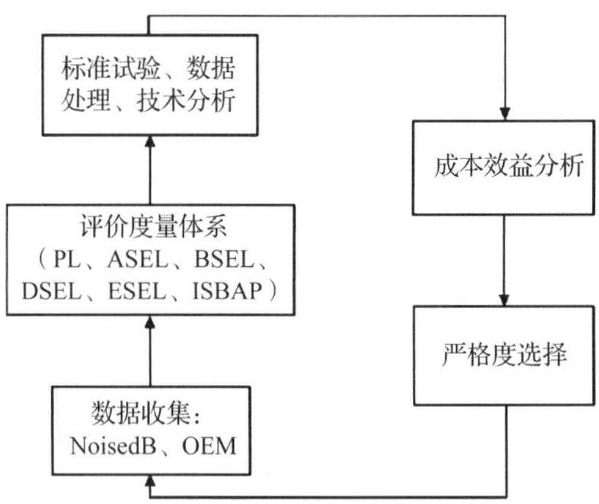

图 2 – 12　噪声标准制定流程图

PL—perceived level，感觉噪声级；ASEL—A – weighted sound exposure level，A 计权声暴露级；BSEL—B – weighted sound exposure level，B 计权声暴露级；DSEL—D – weighted sound exposure level，D 计权声暴露级；ESEL—E – weighted sound exposure level，E 计权声暴露级；ISBAP—internal sonic boom annoyance predictor，内部声爆烦扰预测器；NoisedB—噪声数据库；OEM—original equipment manufacturer，原始设备制造商

随着低声爆设计水平的不断进步，越来越多的国家研究机构和制造商一直努力解决环境技术方面的障碍，鼓励科技投资，推广缓解声爆的概念，以实现安全、高效、环保、让公众接受的民用超声速飞行。预计 2029 年，超声速民机将推入市场使用，并在 20 年生产周期内交付 300 ~ 600 架。表 2 – 8 为部分正在开展的超声速民机项目。

表 2 – 8　正在开展的超声速民机项目

超声速机型	巡航马赫数（*Ma*）	航程/km	载客量/人	最大起飞重量/kg	备注
Exosonic	1.8	9260	70	—	—
Boom（XB – 1）	2.2	7871	1	6123	2024 年 3 月 22 日首飞
Gulfstream（QSJ）	1.8	7408	8	45360	—
美国国家航空航天局 55t STCA	1.4	7852	8	55000	—
Spike Aerospace（S – 512）	1.6	11500	18	52163	—

2.4.1　NASA 的 QueSST 任务

超声速民机巡航噪声的标准制定数据主要来源于 NASA 的 QueSST 任务，该任务包括了三个阶段：飞机研发、声学验证和社区响应。

2.4.1.1　飞机研发

2024 年 1 月 12 日，NASA 和洛克希德 – 马丁公司为完工并喷漆的 X – 59 飞机举行了揭幕仪式，如图 2 – 13 所示。目前，X – 59 的结构和燃料系统的几项重要测试已顺利完成，预计将在 2025 年进行首飞。

图 2 – 13　完工并喷漆的 X – 59 揭幕仪式

2.4.1.2　声学验证

声学验证方面，地面记录系统（GRS）的开发取得了重大进展，该系统将用于详细测量 X－59 的超声速声学特征，并记录社区测试期间的声暴露水平。同时对声学验证有了初步的行动构想，包括近场/中场预测飞行、远场和地面测量飞行，以及激波成像飞行三个方面，具体信息如表 2－9 所示。

表 2－9　声学验证行动构想

项目	近场/中场预测飞行	远场和地面测量飞行	激波成像飞行
使用飞机	X－59 F－15	X－59 TG－14	X－59 F－15
声爆接收器	冲击感应探头（SSP）	地面记录系统（GRS） 机载声学测量平台（AAMP）	—
气象	气象模型 在试验场发射气象气球	气象模型 在试验场发射气象气球 在试验场安装气象塔（2～3 个） 在试验场安装声波风速计（1 个）	气象模型 在试验场发射气象气球
支持仪器/软件	ALIGNS	CLEOPATRA CISBoomDA	ALIGNS GASPS 摄像机系统：ASPS/AirBOS/LimBO

表 2－9 中所有测试点都应在多种大气条件下重复进行，所有测试点（湍流测试点除外）都计划在最低风速和近地面湍流条件下进行，目前没有基于温度、湿度等的目标条件。该行动构想计划于 2025 年实施，X－59 飞机将在低声爆设计条件和附加飞行条件下飞行，根据飞行轨迹，使产生的声爆区域撞击传声器阵列，TG－14 滑翔机在大气边界层上方飞行，与 X－59 飞行轨迹和传声器保持一致，以确定湍流特征，F－15 编队飞行，测量和拍摄近场激波结构。共计进行 80 次飞行，每次飞行包含两次麦克风测试或一次长距离超声速飞行，并进行多次探测测量或拍摄纹影图像。

2.4.1.3　社区响应

社区响应方面，2023 年 11 月，NASA 通过 HMMH（Harris Miller Miller & Hanson）测试团队完成了为期四周的测试。测试成功地演练了整个调查过程，从招募到调查平台的使用以及结果的实时传输和查看。调查注册率和参与率均超过预期，发出的 5000 封招募信中有 800 人注册，对调查提示的回复率始终在 40%～60%。测试的最终分析和经验报告已于 2024 年春季提交。测试结果将用于验证并在必要时修改从 2026 年开始的 QueSST 任务社区响应阶段的总体调查方法计划。

针对社区调查设计和分析方面的研究，为 QueSST 任务社区响应阶段提供了信息的同时，还具有更广泛的应用价值。研究活动分为四个关键主题领域：响应偏差、衰减偏差、累积声暴露等级和噪声评价量。

（1）响应偏差

当调查答复偏离调查参与者的实际意见和态度时，就会出现响应偏差。根据社区测试的框架，NASA 自身的宣传有可能影响参与者。其他信息来源，如新闻媒体或社交媒体，也有可能影响参与者。这种影响可能导致烦扰度升高或降低。

为降低因 NASA 的信息传递而出现回应偏差的可能性，NASA 将聘请一个外部调查方法专家小组，以确保 NASA 的沟通在客观和实事求是的同时保持中立，而不是强调超声速旅行的好处。2023 年 10 月 30 日，NASA 和弗吉尼亚州亚历山大国防分析研究所联合举办了关于调查方法的知识交流会。NASA 正在考虑该会议的以下主要建议，以减轻潜在的响应偏差。

①社区调查可能包括一些问题，以评估每位参与者对测试的了解程度以及测试期间的媒体接触情况；

②调查结果可以从知识饱和度和媒体曝光率两个方面进行比较，以分析是否存在影响；

③调查结果可结合媒体提及和社交媒体帖子进行分析；

④调查人员可以测试调查结果与媒体每日提及情绪之间的关联和模式；

⑤调查问卷将向调查参与者强调，NASA 正在征求准确、客观的意见，以便为政策提供参考，这可能有助于减少支持或反对超声速飞行的现有偏见。

（2）衰减偏差

对调查参与者所在位置的噪声评价量进行估算的过程可能会出现误差。如果在评价量 - 社区响应关系中使用估计的噪声评价量，而不是在每个地点进行精确测量，可能会产生衰减偏差。因此，评价量反应关系的估计斜率会低于其应有斜率，从而人为地使评价量反应曲线变平。衰减偏差的严重程度会随着噪声评价量估计值的不确定性而增加，导致对低剂量时的烦扰度预测过高，而对高剂量时的烦扰度预测过低。

最近的研究从文献中发现了几种减轻衰减偏差的方法：回归校准、模拟外推法（SIMEX）、数据克隆和贝叶斯分层测量误差模型等。这些方法的假设条件和计算方法各不相同，但都试图纠正由于估计指标的不确定性而产生的衰减偏差。贝叶斯方法因其灵活性和将单次事件噪声评价量估算的不确定性传播到剂量反应累积模型的潜力而受到重视。

（3）累积噪声暴露等级

由于对低噪声超声速飞行的累积暴露量没有商定的声学评价量，NASA 提出了一些候选指标。一种可能的方法是参照昼夜平均噪声级（DNL）的计算过程，将频率加权的声能按时间加总。对于低噪声超声速飞行，A 计权声暴露级的 DNL 求和可扩展到其他相关的候选指标，如 Stevens Mark Ⅶ感觉噪声级（PL），从而得出昼夜平均噪声级（DNL）。最近的研究提出了 DNL 计算的通用方法，即除了 DNL 假设的等能量假设（即认为水平、持续时间和事件数量可以互换）之外，该方法还可以调整累积暴露量，以代表最大噪声事件、事件数量或介于两者之间的权重。

（4）噪声评价量

噪声评价量是指收集 X - 59 在社区测试期间的预期目标声级。适合制定标准的评价量 - 社区响应关系图应在纵轴上显示出实际可行的最大响应范围。鉴于噪声评价量估计、评价量不确定性和候选评价量 - 社区响应建模策略方面的最新进展，NASA 正在重新审视噪声评价量设计的基本原理。NASA 已有实测结果表明，X - 59 最低噪声评价量可能会引起很少的高烦扰度观测结果。因此，最小化较低评价量、最大化中级和较高评价量的噪声评价量设计可能优于单一事件和累积噪声评价量的均匀分布。

2.4.2　声爆评价指标体系

现有的声爆评价指标一共有 6 个，包括 Stevens Mark Ⅶ感觉噪声级（PL）、A 计权声暴露级（ASEL）、B 计权声暴露级（BSEL）、D 计权声暴露级（DSEL）、E 计权噪声暴露级（ESEL）、内部声爆烦扰预测器（ISBAP），详细内容如表 2－10 所示。这六种声爆指标的差异性主要是它们的加权方式不同，其中 Stevens 提出的 Mark Ⅶ模型计算方法对地面人员感受的描述更为详细具体，可在声爆预测中更好地体现声爆噪声水平。

表 2－10　声爆评价指标

声爆评价指标	计算方法
ASEL、BSEL、DSEL、ESEL	用傅里叶变换将信号 $P(t)$ 分解为频率为 $P(\omega)$ 的频谱，并将获得的频谱乘以权重函数 $\Omega_x(\omega)$
PL	$PL = 32 + 9\log_2 S_t$
ISBAP	ISBAP = PL + 0.4201（CSEL－ASEL）

最终的指标与人的可接受度相关，日本宇宙航空研究开发机构（JAXA）研究了大气湍流对声爆指标和烦扰度的影响，六种声爆指标的影响随湍流强度的增加而减小，同时标准偏差增加；不同指标类型的均值和标准差不同，而且湍流对不同指标类型的影响不同。

倏逝波是一种在边界处形成的局部波动，它不在介质中远距离传播，而是随距离迅速衰减。在声音的背景下，当声波遇到不同的传播介质（如空气和固体界面）时，也可能形成倏逝波。由于倏逝波，马赫数受限的飞机可能会产生明显的可听声音。在制定这些指标时并未考虑此类声音的指标。这些指标需要进一步研究，以考虑马赫数截止是否合适，否则可能需要单独的指标来量化其影响。

2.4.3　测试程序和数据处理

NASA 提出的大气湍流中的声爆（SonicBAT）计划目标是通过在一系列真实大气条件下进行研究飞行试验，开发和验证一种数值湍流模型研究代码和一种经典湍流模型研究代码，在存在大气湍流的情况下使用传统的 N 型波声爆，并应用这些模型评估湍流对低声爆飞机设计所预测的异形声爆水平的影响。SonicBAT 计划通过在阿姆斯特朗飞行研究中心（AFRC）和肯尼迪航天中心（KSC）进行飞行试验，成功地研究了声爆湍流效应，收集了一整套声学和大气湍流数据，用于验证所开发的湍流模型。经过验证的代码被纳入 PCBoom 声爆预测软件，用于估算湍流对与几种低声爆飞机设计相关的异形声爆水平的影响。

关于超声速民机巡航状态下的噪声测试程序，目前以 NASA 的 SonicBAT 计划为基础，为将来的飞行试验计划提供参考。测试试验需要一架 F－18 精确飞行在已知的地点和时间制造声爆，目标是要获得三种类型的数据：来自地面 3 个麦克风阵列和连接到 TG－14机动滑翔机的麦克风的声学数据；来自 GPSsonde 气球发射、地面气象塔，以及安装在 10m 和 44m 高塔上的两个超声波风速计的气象数据；来自 F－18 和 TG－14 的飞机数据。

主要声学仪器阵列的位置应与飞行轨迹一致，这样做是为了它能接收飞机下面发出的声爆，二级和三级麦克风阵列的部署是为了测量更多通过大气层传播的声爆。主阵列由 16 个麦克风组成，每两个之间间隔 30m，另有 4 个麦克风，部署在第 7 个和第 9 个之间，二级麦克风阵列在主阵列西北方向约 2230m 处，8 个麦克风以十字形排列，十字形的每个臂上有 4 个麦克风，间隔 30m，十字形的方向平行于主阵列。三级麦克风阵列部署在二级麦克风阵列西北方向约 2230m 处，其个数和摆放位置与二级麦克风阵列相同。飞机在 10.4km 的高度以马赫数为 1.4 的巡航速度飞行，穿越各种级别的大气湍流。

除此之外，NASA 的 SonicBAT 计划还包括对湍流传播的成形特征影响进行 3D 预测，该分析可为未来的巡航阶段低声爆噪声审定提供测量程序参考。

由于多种原因，测量数据存在差异，如从巡航高度到地面的高空风、准稳定飞行条件、通过大气边界层（PBL）湍流的大气传播、远距离传播（通过动态变化的大气条件）等。所以，提出了两个噪声审定水平的方案评估：一个方案利用试验和参考条件预测噪声的差异，将测量噪声级调整到参考条件；另一个方案用于确定基准日条件下超声速民机巡航飞行速度下的绝对审定噪声级。

数据处理包括有关测量和数据经验的分析，对测试数据先进行初始分析，计算每次超声速通过的平均噪声水平，然后再计算具有置信区间的总体平均值。国际民航组织成立了专门技术小组评估测量和分析超声速巡航阶段噪声数据的各种预处理和窗口选择。

2.4.4　标准制定思路

现在对于巡航阶段的标准正处于初始阶段，沿用亚声速噪声标准和超声速起降噪声标准的制定思路，需要进行以下工作。

①在测量声爆噪声设备方面要进行统一，要列出在测量超声速巡航噪声时目前正在使用或提议使用的各种声学仪表系统，汇编的信息包括详细、全面的组件描述和性能特征，以便于系统比较后确定各机构系统的共同特征，提出超声速航线噪声审定测试的初步仪器要求。

②将测量的噪声数据水平设置为标准参考日状态，这样可以公平地对待所有噪声审定申请人。从概念上讲，通过大气调整，测试日测量数据可以通过标准参考日进行校正，以实现噪声审定的一致性。

③确定三个参考飞行的测试条件以测量声爆噪声水平，并将评价声爆噪声的指标进行统一，定义超声速民机在航线阶段噪声合格审定的程序方案。

④确保超声速民机声爆问题不会给公众带来不可接受的影响，要对这些影响定性定量地进行分析，建立相应的限制。

上述工作中最为重要的是声爆噪声评价指标体系的确定，只有在评价指标和参考参数确定后，才能开展噪声数据处理方法以及后续的烦扰度和严格度研究，最终完成标准的制定。

2.5　超声速民机二氧化碳排放要求

自 20 世纪 70 年代以来，全球碳排放与全球经济增长之间存在明显的正相关关系。随着全球经济的蓬勃发展，碳排放总量和人均排放量也显著增加。在航空业，根据气候行动追踪组织（Climate Action Tracker，CAT）公布的数据，2019 年国际航空业总计排放了超过 6 亿 t 二氧化碳，占据了全球温室气体排放量的约 1.2%。178 个缔约方于 2015 年 12 月 12 日在第 21 届联合国气候变化大会上通过了《巴黎协定》，其目的是将全球平均气温较前工业化时期上升幅度控制在2℃以内，并努力将温度上升幅度限制在1.5℃以内。为了支持这一目标，国际民航组织第41届大会通过了国际航空到2050年实现净零碳排放的全球长期宏伟目标（LTAG），这是一项具有历史意义的协议，加强了国际民航组织在国际航空和气候变化相关问题上的领导地位。国际航空碳抵消和减排计划（CORSIA）标准和建议措施及其商定的实施要素得以通过表明，大家致力于共同实施2016年国际民航组织大会商定的将航空排放稳定在2020年水平。这是迈向实现《巴黎协定》目标的第一步，最新的国际民航组织环保委员会环境趋势评估显示，2015—2045年期间，燃料燃烧和二氧化碳排放量增长系数为2.2～3.1倍。在最可能的情况下，预计欧洲民航委员会（ECAC）地区机场起飞的航班数量将从2016年的520万增加到2040年的840万，同时燃料消耗预计将从2016年的46.2百万t增加到2040年的67.5百万t。尽管燃料效率持续改进，但预计排放量会增加，而气候变化政府间专门专家组（IPCC）关于实现1.5℃的温度目标的特别报告警告：如果全球排放量没有显著减少，可能在2030年就会达到全球升温1.5℃。这再次证明迫切需要实现2020年碳中性增长的目标（CNG2020），并努力争取进一步减排。

超声速民机相比亚声速飞机，通常需要更多的燃料以及更大的发动机推力，以实现超声速飞行。这导致超声速民机在单位时间内消耗更多的燃料，因此产生更多的二氧化碳。这种燃料消耗的增加直接导致了航空业给环境带来不利影响，加剧了温室气体排放问题。航空业作为一个主要的温室气体排放行业之一，承担着减少其对气候的不利影响的责任，因此，尽早出台超声速民机的二氧化碳排放标准至关重要。对亚声速飞机来说，二氧化碳的排放量与噪声水平是相关联的（双重严格度），那么对超声速民机实施严格的二氧化碳排放限值的技术可行性是否会受到超声速民机其他环境限值（发动机排放水平、起降噪声、声爆），以及超声速民机适航标准的最低可接受飞行安全限值的重大影响？

目前，国内和国际上都没有相关的超声速民机二氧化碳排放标准，仅欧洲航空安全局（EASA）颁布了一份修正案（A－NPA），其为制定超声速民机的环境保护要求提供了初步概念，目的是确保在没有相应的国际民航组织标准的情况下，确保欧洲的环境保护达到统一的高水平。

亚声速飞机的二氧化碳排放评估主要是燃料效率分析。该分析基于巡航飞行中三个参考点测得的单位空中航程（SAR），并考虑到基准几何因子（RGF），以此衡量机身尺寸（进而衡量运输能力）。图2－14为二氧化碳排放评估的三个SAR测量点的示意图。亚声速飞机的现有要求将上述参数合并为二氧化碳排放评定度量值（MV），以便与最大起飞重量（MTOM）的限值进行比较。从飞机设计的角度来看，极限值的裕度可视为燃油效率的衡量标准。

超声速民机的二氧化碳排放标准和起降噪声标准相似，都是在亚声速飞机标准的基础上得出的。但是在二氧化碳排放标准方面，需要考虑到超声速民机的特殊性，特别是超声速设计的高燃料分量、性能特点，以及高速飞行时可达到的燃料效率，从而对亚声速飞机的要求作出相应调整，以适用于超声速民机。

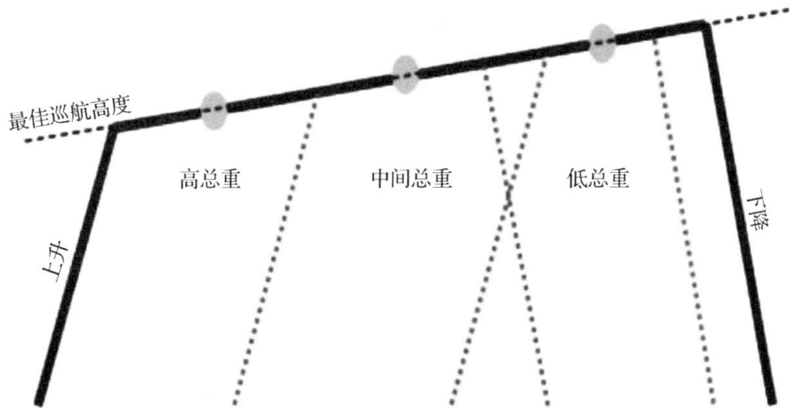

图 2 - 14　二氧化碳排放评估的三个 SAR 测量点示例

2.5.1　单位空中航程（SAR）和基准几何因子（RGF）

二氧化碳排放评定度量值（MV）由单位空中航程（SAR）和基准几何因子（RGF）决定。其中，SAR 是指飞机飞行单位距离所消耗的燃料量，单位为 km/kg。SAR 是一个重要的性能参数，它反映了飞机在飞行时的燃料效率。更高的 SAR 值表示飞机在单位距离内消耗的燃料更少，因此 SAR 越高，飞机的经济性就越好

$$\mathrm{SAR}=\frac{\mathrm{TAS}}{W_f} \tag{2-7}$$

式中：TAS 为真空速，km/h；W_f为飞机总燃油流量，kg/h。

RGF 是用于调整 $(1/\mathrm{SAR})_{\mathrm{AVG}}$的无量纲参数。RGF 基于以 $1\mathrm{m}^2$ 为准进行归一化处理的机身尺寸的度量，并通过下列方式导出：

①对于单层飞机，确定受投射到一个与主舱地板平行平面的机身外模线（OML）最大宽度制约的表面面积（以 m^2 表示）；

②对于有上舱的飞机，确定受投射到一个与主舱地板平行平面的机身外模线（OML）最大宽度制约的表面面积（以 m^2 表示）与受投射到一个与上舱地面平行的平面的、上舱地面或之上机身外模线最大宽度制约的表面面积的总和；

③通过用 $1\mathrm{m}^2$ 除①或②中定义的面积来确定无量纲基准几何因子。

图 2 - 15 和图 2 - 16 分别为基准几何因子界线条件的横剖面图和纵剖面图。

2.5.2　SAR 测量的基准质量

亚声速飞机的二氧化碳要求通过在三个基准质量点进行飞行测试来进行 SAR 测量：高总质量点、中总质量点和低总质量点。由于超声速民机的燃烧特性与亚声速飞机的不同，亚声速要求中的基准质量点并不适用于超声速民机。

在短期内，将基准总质量定义为最大起飞重量（MTOM）的函数具有挑战性，特别是在低总质量点方面。需要进一步分析更多数据，以确保作为 MTOM 函数定义的低总质量点能够代表不同超声速民机设计的巡航结束条件。根据最大零燃油重量（MZFM）和最大起飞重量指定基准质量是进一步评估的替代方法。不过，评估这种方法需要可靠的数据和

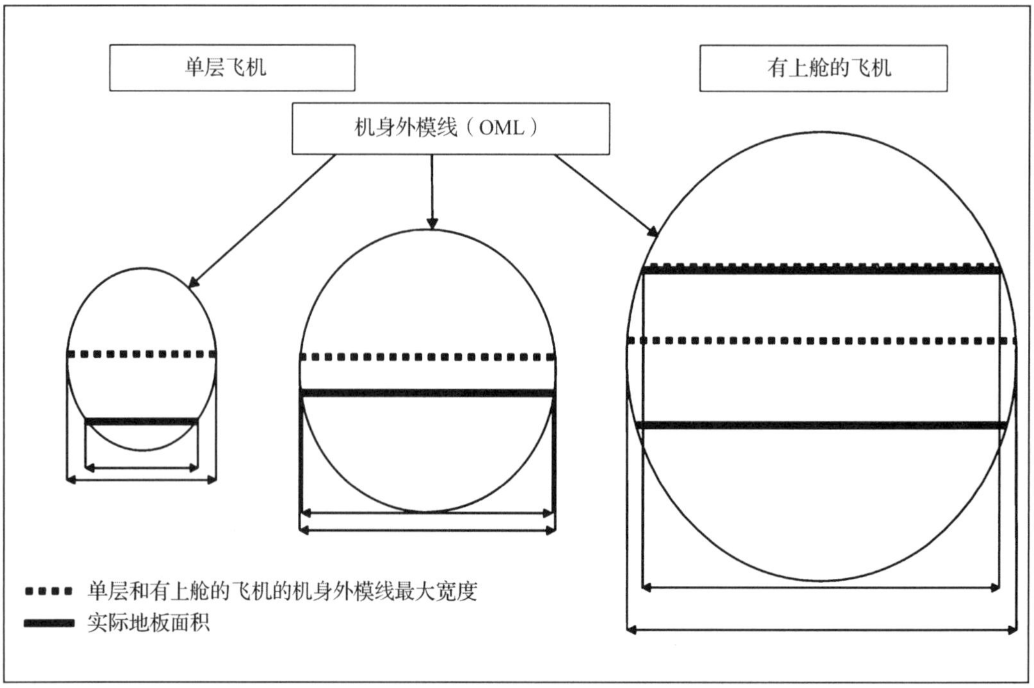

图 2－15　横剖面图

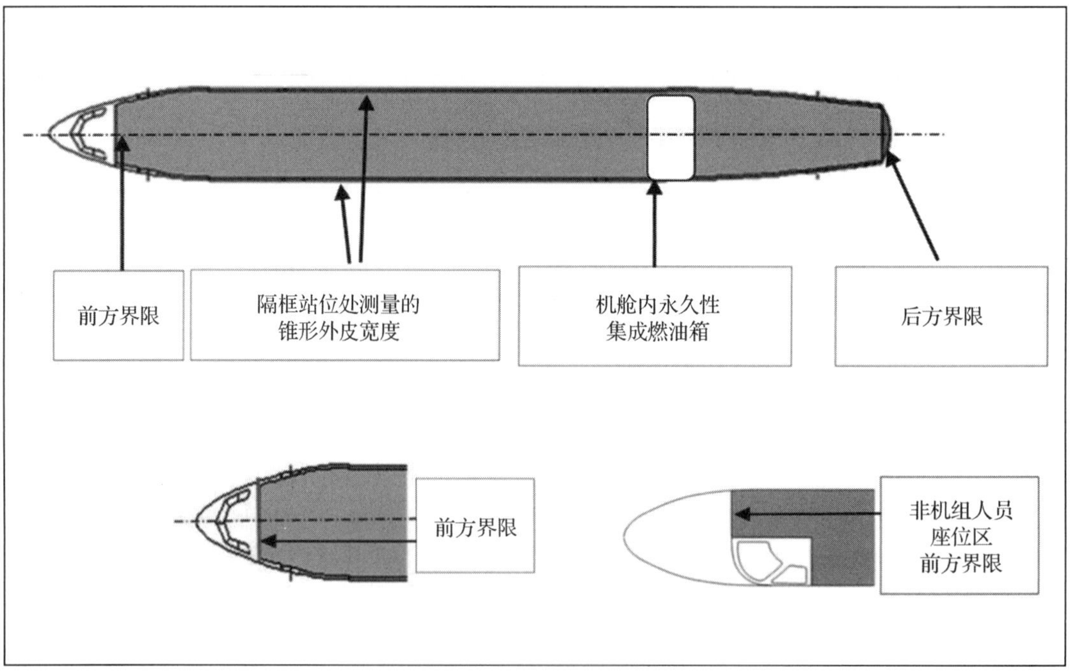

图 2－16　纵剖面图

对超声速民机设计考虑因素有更深入的了解。为使基准质量点能够代表巡航条件并适合每种超声速民机设计，建议改用“设计任务”方法。在这种方法中，申请者必须根据飞机的设计任务，选择能够代表初始巡航和巡航结束条件的高总质量和低总质量。在这种要求下的设计任务是由申请人提出的，预计是在超声速（设计）巡航速度下的一般飞行任务，具有以下特点：

①以最大起飞重量起飞；

②机载设计有效载荷；

③国际民航组织标准大气条件；

④超过这些条件时可能的最大运行范围。

与目前亚声速飞机的二氧化碳排放要求一样，建议将中总质量定义为高总质量和低总质量的算术平均值。

2.5.3 测试点方案

目前的测试点方案有三点法和单点法两种，其中三点法有三种可选方案，而单点法只有一种，即以 MTOM 和 MZFM 的平均值作为中总质量。三点法的优势在于其能捕捉燃料燃烧曲线非线性的能力，而单点法的优势在于简便且经济性高，三点法的三种方案如表 2 – 11 所示。研究表明，单点法相当于亚声速飞机的多点法，但其是否同样适用于超声速民机还有待考量。

表 2 – 11 三点法的三种方案

方案	高总质量	中总质量	低总质量
方案 A	90% MTOM	75% MTOM	60% MTOM
方案 B	MZFM + 0.8 ×（MTOM – MZFM）	MZFM + 0.5 ×（MTOM – MZFM）	MZFM + 0.2 ×（MTOM – MZFM）
方案 C	90% MTOM	MTOM 和 MZFM 的平均值	MZFM + 0.15 ×（MTOM – MZFM）

单点法和方案 C 都依赖于经过认证的参数，因此从实施的角度来看是合适的候选方案。应该注意的是，与亚声速飞机相比，特定尺寸的超声速民机的 MZFM 发生变化的可能性较小，因为超声速民机的有效载荷分数通常较小。这解决了对亚声速飞机二氧化碳排放标准使用 MZFM 的一些担忧。单点法是确定所有飞机均可飞行的中间巡航状态的简单方法，可减轻在比超声速民机在爬升顶点/下降最低点时所能飞行的重量更重或更轻的情况下测量单位空中航程（SAR）的潜在问题。方案 C 采用了基于 MZFM 的方法来描述低质量点，这应能更好地反映 OEM 为完成不同的设计任务而做出的不同设计选择，同时保留了基于 MTOM 的方法来描述高质量点，这是飞机整体运输能力的体现。

2.5.4 二氧化碳排放评定度量值（MV）

对于亚声速飞机，根据国际民航组织附件 16 卷Ⅲ，将测量的 SAR 与 RGF 相结合，得出二氧化碳排放评定度量值（MV）

$$CO_2MV = \frac{(1/SAR)_{AVG}}{(RGF)^{0.24}} \tag{2-8}$$

式中：SAR 为单位空中航程，km/kg；RGF 为基准几何因子。

CO_2MV 被定义为 SAR 的倒数除以带指数的 RGF。在 CO_2MV 定义的分母中，指数 0.24 是为了在度量系统中平衡飞机容量和航程的影响。

超声速民机是否沿用亚声速飞机的 MV 目前有待商议，对此确定了两个方案，概括为方案 1 和方案 2。

（1）方案 1：亚声速飞机的现有 MV 定义不变

由于 CO_2MV 是基于 SAR（衡量燃料消耗量）和 RGF（衡量机舱大小或运输能力）确定的，因此它是衡量任何飞机设计燃油效率的有效方法。方案 1 的优点是亚声速和超声速民机设计的 CO_2MV 具有可比性，而设计速度对燃油效率的影响则必须在确定二氧化碳限值时单独考虑。

（2）方案 2：通过整合速度参数，使 MV 定义适用于超声速民机

通过将速度参数整合到 MV 中，修改 CO_2MV 定义，以供超声速民机使用。这种方法直接在 MV 中考虑了设计速度与可实现燃油效率之间的关系，使得设计速度不同但技术水平相似的飞机将达到相似的 CO_2MV，简化了技术上可行的二氧化碳限值的定义。方案 2 的缺点是缺乏可用数据，无法在短期内评估其他 MV 定义，以及超声速民机的 CO_2MV 与其实际燃油效率之间的脱节。

2.6 本章小结

超声速民机适航标准的制定不是一蹴而就的，需要对其安全性、经济性和技术可行性等多方面进行考量。目前，国际民航组织正在积极推动超声速民机标准的制定工作，征求欧美各方意见，邀请工业方、环保方、航空公司、审定机构和机场方等展开讨论。国际民航组织是中国民航与世界民航连接的重要平台，国内专家在其中的会议上参与了超声速民机噪声标准的制定过程，借此可以实现对于规章制定过程的深入了解，研究其相关规章和指导性文件，分析其立法趋势，为我国将来制定自己的超声速民机适航标准打下基础。同时，针对超声速民机适航中存在的一些技术问题展开前瞻性研究，如巡航阶段噪声指标确定、声爆在大气中传播影响等，作为未来的技术储备。

对于超声速民机适航噪声的研究，最终要服务于噪声适航合格审定。虽然国内尚没有超声速民机和发动机的生产厂家，但是未来必然会面临型号认可审查任务，因此需要加深对于超声速民机适航标准的理解，在国际层面上参与到超声速民机适航标准制定进程中，熟悉相关技术细节，做好规章更新以及审查任务的准备。

参考文献

[1] Finland, Albania, et al. Development of Supersonic Aeroplanes Subject to Public Acceptability Based on Subsonic Standards [C] //Proceeing of 2019 ICAO 40th Session, Montreal, 2019.

[2] United States. Views of the United States on Civil Supersonic Flight [C] // Proceeing of 2019 ICAO 40th Session, Montreal, 2019.

[3] Berton J J, Jones S M, Seidel J A, et al. Noise predictions for a supersonic business jet using advanced take - off procedures [J]. The Aeronautical Journal, 2018, 122 (1250): 556 - 571.

[4] Berton J J, Huff D L, Geiselhart K, et al. Supersonic technology concept aeroplanes for environmental studies [C] //AIAA Scitech 2020 Forum. 2020: 0263.

[5] Rizzi S A, Berton J J, Tuttle B C. Auralization of a supersonic business jet using advanced takeoff procedures [C] //AIAA Scitech 2020 Forum. 2020: 0266.

[6] Berton J J. Aircraft Noise and Performance Data for a Notional Supersonic Business Jet [C] //28th AIAA/CEAS Aeroacoustics 2022 Conference. 2022: 3078.

[7] Berton J J. Variable Noise Reduction Systems for a Notional Supersonic Business Jet [J]. Journal of Aircraft, 2023, 60 (3): 688 - 701.

[8] Nöding M, Schuermann M, Bertsch L, et al. Simulation of landing and take - off noise for supersonic transport aircraft at a conceptual design fidelity level [J]. Aerospace, 2021, 9 (1): 9.

[9] Doebler W J, Vaughn A B, Ballard K, et al. Simulation and application of Bayesian dose uncertainty modeling for low - boom community noise surveys [C] //Proceedings of Meetings on Acoustics. AIP Publishing, 2021, 45 (1).

[10] Doebler W J, Ballard K M, Vaughn A B, et al. Dose error impacts on a collection of realistic dose - response curves based on a NASA sonic boom community noise survey [C] //INTER - NOISE and NOISE - CON Congress and Conference Proceedings. Institute of Noise Control Engineering, 2023, 268 (4): 4353 - 4364.

[11] Erciulescu A L, Opsomer J D. Accounting for Dose Uncertainty in Dose - Response Curve Estimation Using Hierarchical Bayes Models [C] //Joint Statistical Meetings (JSM). 2023.

第3章　超声速民机声爆预测方法及可信度评估

高可信度声爆预测是超声速民机设计面临的重要技术问题。为了设计低声爆超声速民机，必须发展精确的声爆预测方法，并建立在复杂波系环境下对声爆进行准确预测的能力。声爆的产生和传播过程非常复杂，其强度、波形、传播方向、覆盖范围等受到多种因素都会对其产生影响，导致建模与预测过程中存在大量不确定性，进而严重影响近远场声爆信号预测的可信度。精确模拟声爆信号的过压（也称逾压）值和上升时间，对其不确定度产生来源及其表征、传播量化尤为重要。

3.1　超声速民机声爆效应及声爆预测方法

声爆效应是一种典型的气动声学现象，其产生和传播过程如图3-1所示。当飞机进行超声速飞行时，周围空气受到剧烈扰动，产生一系列由激波、膨胀波组成的复杂波系，这组波系分别来自机头、座舱、机翼、发动机、机尾等。波系由近场向中远场传播的过程中受到不均匀大气影响，各个波的运动规律发生变化，波与波之间逐渐合并和耗散。当到达远场时，波系的波形已经演变为与大写字母N类似的N型波，其中头激波处空气被剧烈压缩，局部压力升高到环境压力之上（相对于环境压力的增量用符号Δp表示，也称为过压），头激波随后缓慢膨胀并线性下降至环境压力之下，最后在尾激波处空气再次突然压缩并快速恢复至环境压力。头激波由环境压力上升达到最大值（尾激波由最大值恢复至

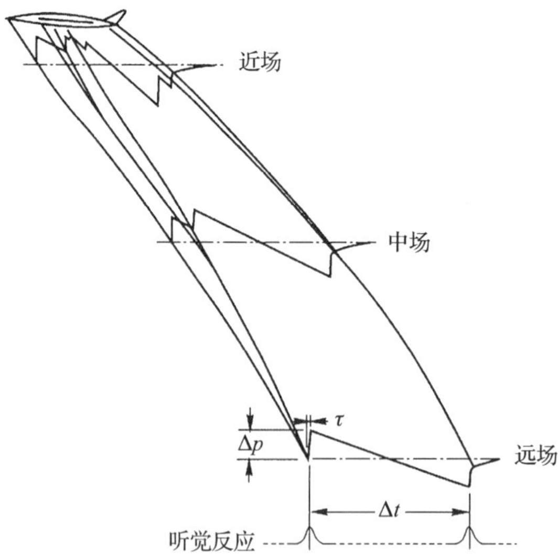

图3-1　声爆的产生和传播

环境压力）的过程所需时间为激波上升时间 τ。超声速民机产生的地面 N 型波持续时间在几十至几百毫秒。对于地面人员来说，人耳在这个时间间隔内接收到头尾两道激波，相当于听到两次爆炸声，这种声学现象即为声爆效应。

只有在超声速定速巡航时，飞机在地面上形成的声爆才是标准的 N 型波，而在整条航线上的其他飞行阶段，声爆的地面波形会发生变化。飞机起飞后的跨声速阶段，或飞机在超声速巡航时进行任何快速机动（如转弯、拉升、俯冲等）时，都会导致地面声爆的波形、位置、数量和强度的剧变，从而产生不断累积的聚焦声爆。聚焦声爆的地面波形在总体形态上与定速巡航时的 N 型波特征相似，但是头激波和尾激波的强度被成倍地放大，形成 U 型波。因此在民航飞行中要尽量避免各种机动动作可能带来的聚焦声爆，应通过适当调整飞机加速度、飞行航迹等，使声爆信号最小化。

飞机周围近场声爆特性的影响因素主要包括飞机飞行高度、飞行速度，以及飞机本体的气动外形。声爆信号从飞机近场至地面的传播过程受到宏观、微观两类效应的影响，如图 3－2 所示。宏观效应包括传播路径上的大气压力梯度、温度梯度、风梯度等，这些因素决定了声爆传播过程中传播路径的变化（如弯曲、折射等），并限定了信号传到地面时声爆的强度、位置和覆盖范围。微观效应包括近地面大气层中的湍流运动、大气吸收分子弛豫等，这些因素均能极大地改变声爆信号的波形，并直接影响到声爆强度及其上升时间。

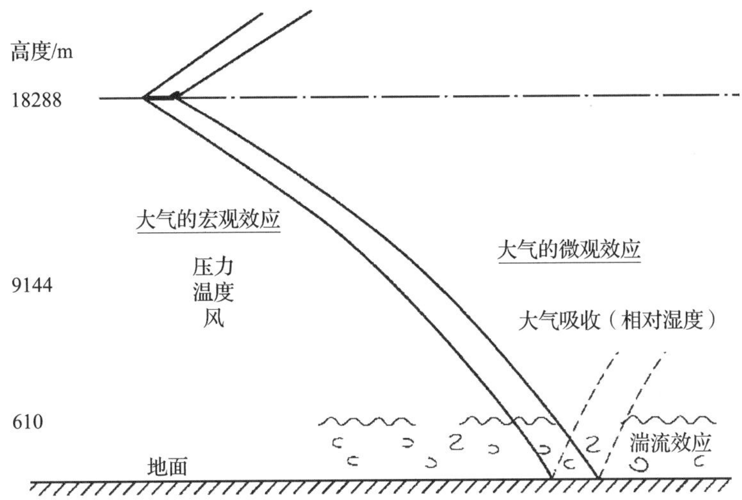

图 3－2　影响声爆信号特征的大气参数

目前国内外发展的声爆预测方法主要有线化理论方法、全域计算流体力学（CFD）预测方法和混合预测方法。线化理论方法由 Whitham 创立，随后 Keller 和 Walkden 分别引入几何声学传播和升力对声爆的贡献。该方法通过弱激波假设和线化超声速流动理论，描述空间任意位置的声爆波形，计算速度快，但激波位置会出现强间断，无法正确预测上升时间，需要对波形进行修正，计算精度较差。声爆的全域 CFD 预测方法由 Yamashita 提出，从飞机近场到地面的整个全三维流场采用单一计算域预测声爆。该方法能够获得整个声爆传播的流场信息，但缺点是计算量过大。声爆的混合预测方法由 Hayes 等提出，将近场高可信度预测方法和远场传播预测方法相结合，示意图如图 3－3 所示。近场预测主要采用

CFD 方法，远场预测的主要方法有波形参数法、基于 KZK 方程的预测方法、基于增广 Burgers 方程（augmented Burgers equation）的预测方法等。其中基于增广 Burgers 方程的预测方法考虑了大气分层、热黏吸收、分子弛豫、几何声学、经典非线性、大气风梯度和大气湍流的影响，能够较准确地反映声爆在真实大气中的传播过程。另外，混合预测方法可以预测飞机机动飞行产生的声爆聚焦现象，主要预测方法包括基于 NPE 方程的预测方法和基于非线性 Tricomi 的预测方法。凭借计算量适中、精度较高，能够充分考虑飞机外形、飞行状态和声爆真实大气传播特性的优势，混合预测方法成为了当下最主要的声爆预测方法，被广泛应用于声爆传播演化过程研究、超声速民机低声爆布局设计与优化、超声速飞行地面声爆社区响应和演示飞行验证等领域。

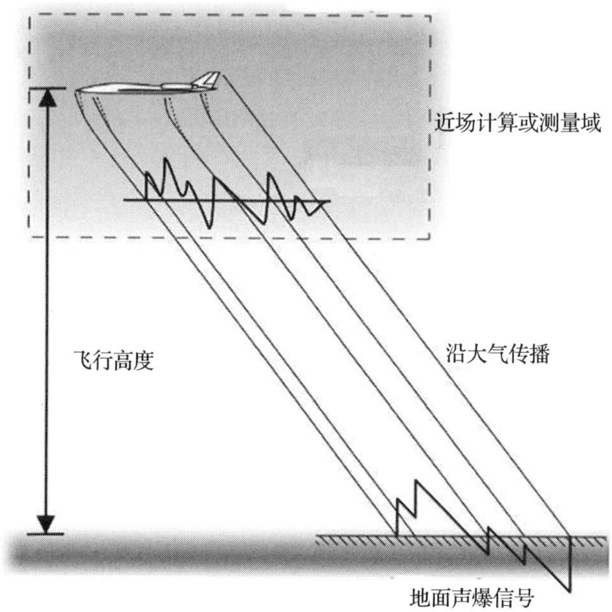

图 3-3　混合预测方法示意图

美国国家航空航天局（NASA）于 2008 年组织了近场声爆预测研讨会，采用三个非升力体模型和两个升力体模型，对不同求解器的计算结果进行了评估。2014 年，美国航空航天学会（AIAA）举办了第一届声爆预测研讨会（SBPW1），目的是评估目前近场压强信号的计算精度，为远场声爆的预测打下基础，研究人员采用研讨会提供的共用网格对SEEB - ALR旋成体模型、三角翼模型和洛克希德 - 马丁公司的低声爆概念机模型（LM1021）三个共用声爆研究模型进行了大量的盲算对比，总体来看数值预测的结果和试验数据具有很好的一致性。2017 年，AIAA 举办了第二届声爆预测研讨会（SBPW2），近场压强信号计算向几何更复杂的飞机构型延伸，目的是评估复杂飞机构型对近场声爆信号的预测能力，近场 CFD 计算算例有 AXIE - C25D 轴对称等效面积模型、JAXA 翼身布局、C25D 无动力模型和 C25D 带动力模型；同时评估远场声爆预测水平，远场计算算例为AXIE_ C25D和 LM1021。2020 年 1 月，AIAA 举办了第三届声爆预测研讨会（SBPW3），目的是进一步评估低声爆飞机构型对近场声爆信号的预测能力，以及声爆信号在真实大气中的远场传播预测能力，为超声速民机适航认证提供技术支撑。SBPW3 近场 CFD 计算选用了比 SBPW2 计算模型声爆信号更低、更难准确预测的

Biconvex 和C608 模型；远场预测采用的模型有 C25P（SBPW2 所用 C25D 带动力模型）和 C609（NASA 低声爆飞行验证平台 X－59 的早期版本），除考虑真实大气对声爆信号远场传播的影响外，还将声爆聚焦预测作为可选算例。

增广 Burgers 方程的研究可以追溯到 20 世纪 70 年代，Carlton 等在经典 Burgers 方程中加入几何扩散（geometrical spreading）和非均匀介质效应得到了增广 Burgers 方程。Pierce 在增广 Burgers 方程中增添了热黏吸收和分子弛豫效应，并在时域求解。Robinson 研究了大气风梯度对声爆传播的影响，并在时域中求解方程，减少了时域和频域间频繁转换带来的误差。Cleveland 采用算子分裂法求解增广 Burgers 方程，并研究大气分层和几何扩散对声爆上升时间的影响。Yamamoto 等采用统一算法求解增广 Burgers 方程，提高了求解效率。国外已有不少采用增广 Burgers 方程开发的声爆预测程序，如 Rallabhandi 开发的“sBOOM”，Yamamoto 等开发的“Xnoise”，等等。非线性 Tricomi 方程相较增广 Burgers 方程添加了声衍射项，声衍射是声爆聚焦区域中声爆演化的主导效应，因此可以作为声爆聚焦数值计算用的数学模型。Auger 等推导了声压表达的非线性 Tricomi 方程，采用伪谱算法求解方程，并预测了“协和”号的聚焦声爆。Kandil 等将方程推导为守恒形式，采用四种数值方法求解，但并未验证结果的正确性。Sescu 等将方程改写为双曲型方程，采用高阶格式提高分辨率，并使用限制器解决间断附近的振荡问题。Salamone 等研究了大气耗散特性对声爆聚焦现象的影响。由 NASA 和威尔实验室（Wyle）主导的超级声爆聚焦分析与测试项目（SCAMP）旨在通过飞行试验测试，发展和验证声爆聚焦区域附近的声爆信号数值分析方法。该项目发展了两种聚焦声爆预测模型，即具有耗散特性的非线性 Tricomi 方程和 NPE 方程，聚焦声爆预测结果与试验数据吻合较好，并将其应用于低声爆民机构型的聚焦声爆预测。

相比于国际上将近 70 年的声爆研究历程，国内声爆研究起步于 21 世纪初，仅有 10 余年历史，主要在声爆预测方法、低声爆设计、声爆测试等方面的进展较大，但是与国际先进水平仍有不小差距。中国航空研究院（CAE）于 2019 年开始陆续组织相关科研机构开展了系统的高可信度声爆预测工具的验证确认计算研究，并针对多个典型声爆研究模型的近场声爆信号预测结果开展了初步的统计量化分析评估。陈树生等针对第三届声爆预测研讨会（SBPW3）的 C608 低声爆超声速飞行器开展了声爆信号特性分析和不确定度量化分析；李立全面综述面向航空工程的 CFD 不确定度量化方法研究，并介绍了其开发的 UQ－CFD 平台。总的来说，国内对超声速民机的声爆预测研究处于相对分散的状态，且侧重于验证确认计算研究，不确定度量化分析研究的工作基础相对薄弱。

3.2　超声速民机近场声爆信号预测

3.2.1　近场声爆信号快速预测方法

声爆信号快速预测方法主要有修正线化声爆预测理论、Carlson 简化声爆预测方法和波形参数法等。这些方法计算速度快、容易通过编程实现，计算精度能够基本满足超声速民机概念设计和初步设计阶段的声波强度评估要求。鉴于参考文献［31］已对声爆快速预测方法进行了全面介绍，本书将重点介绍基于修正线化声爆预测理论的快速预测方法，以及改进的程序实现。

Whitham 提出的修正线化理论可以实现对声爆信号的快速预测，传统的基于修正线化理论的声爆预测方法一般使用面元法或涡格法等低可信度方法来计算超声速民机的升力分布。通过求解欧拉方程计算升力分布，结合计算流体力学（CFD）方法改进超声速民机的近场声爆快速预测方法，新方法的预测结果较传统方法更加准确。

3.2.1.1 Whitham 修正线化理论

Whitham 在细长旋成体超声速线化理论的基础上提出了修正线化声爆预测理论，可预测无升力构型的声爆。Walkden 引入升力影响因素的计算方法后，该方法已经能够预测有升力构型的声爆。Whitham 修正线化理论通常适用于计算近场的声爆信号，在计算中场、远场的声爆信号时可信度不高。该方法可用于在超声速民机的概念设计或初步设计阶段进行超声速飞行器声爆强度的快速评估。对一细长旋成体，建立柱坐标系（x，r，θ）如图 3－4 所示。

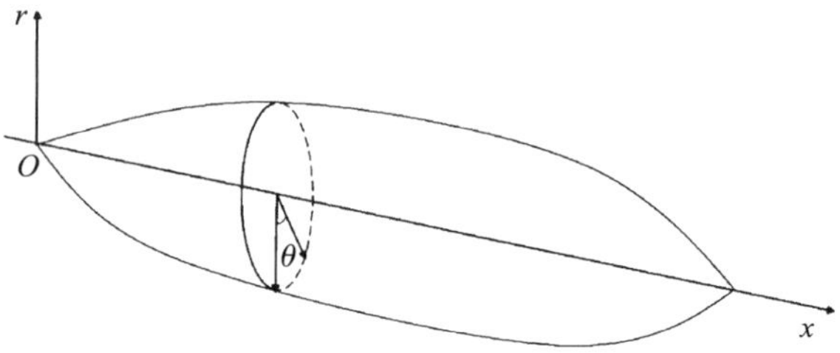

图 3－4　旋成体柱坐标系

在小扰动假设下，扰动速度（$\hat{v}_x$，$\hat{v}_r$，$\hat{v}_\theta$）满足小扰动线化速度势方程

$$(1-Ma^2)\frac{\partial^2\varphi}{\partial x^2}+\frac{\partial^2\varphi}{\partial r^2}+\frac{1}{r}\frac{\partial\varphi}{\partial r}+\frac{1}{r^2}\frac{\partial^2\varphi}{\partial\theta^2}=0 \tag{3-1}$$

$$\hat{v}_x=\frac{\partial\varphi}{\partial x},\ \hat{v}_r=\frac{\partial\varphi}{\partial r},\ \hat{v}_\theta=\frac{1}{r}\frac{\partial\varphi}{\partial\theta}$$

式中：Ma 为马赫数；φ 为扰动速度势。

对来流速度为 V_∞ 的超声速流动，可令 $B=\sqrt{Ma^2-1}$，当来流方向沿 x 轴正向时，有 $\partial\varphi/\partial\theta=0$，则式（3－1）可简化为

$$\frac{\partial^2\varphi}{\partial r^2}+\frac{1}{r}\frac{\partial\varphi}{\partial r}-B^2\frac{\partial^2\varphi}{\partial x^2}=0 \tag{3-2}$$

对应的物面边界条件为流线与物面相切，即满足

$$\left.\frac{V_r}{V_x}\right|_{r=R(x)}=\frac{\mathrm{d}R(x)}{\mathrm{d}x} \tag{3-3}$$

式中：$R(x)$ 为旋成体的半径；V_r 为沿 r 轴的速度分量；V_x 为沿 x 轴的速度分量。

为模拟旋成体的扰动情况，假设旋成体轴线上分布有一些点源（汇），其分布函数为 $f(\xi)$，则扰动速度势满足

$$\mathrm{d}\varphi=-\frac{f(\xi)\,\mathrm{d}\xi}{2\pi\sqrt{(x-\xi)^2-B^2r^2}} \tag{3-4}$$

流场中任意点 $M(x_0, r_0, \theta_0)$ 的小扰动速度势为

$$\varphi=-\frac{1}{2\pi}\int_0^{x_0-Br_0}\frac{f(\xi)\,\mathrm{d}\xi}{\sqrt{(x_0-\xi)^2-B^2r_0^2}} \tag{3-5}$$

设 $S(x)$ 为旋成体的截面积，由物面边界条件有

$$f(\xi)=V_\infty \left.\frac{\mathrm{d}S(x)}{\mathrm{d}x}\right|_{x=\xi} \tag{3-6}$$

记 $S'(x)$ 为 $S(x)$ 一阶导数，则式(3－5)可改写为

$$\varphi=-\frac{V_\infty}{2\pi}\int_0^{x_0-Br_0}\frac{S'(x)\mathrm{d}x}{\sqrt{(x_0-x)^2-B^2r_0^2}} \tag{3-7}$$

记 $S''(x)$ 为 $S(x)$ 二阶导数，则点 $M(x_0,\ r_0,\ \theta_0)$ 的扰动速度为

$$\begin{cases}\dfrac{\hat{v}_x}{V_\infty}=-\dfrac{1}{2\pi}\displaystyle\int_0^{x_0-Br_0}\frac{S''(x)\mathrm{d}x}{\sqrt{(x_0-x)^2-B^2r_0^2}}\\ \dfrac{\hat{v}_r}{V_\infty}=-\dfrac{1}{2\pi r_0}\displaystyle\int_0^{x_0-Br_0}\frac{S''(x)(x_0-x)\mathrm{d}x}{\sqrt{(x_0-x)^2-B^2r_0^2}}\\ \dfrac{\hat{v}_\theta}{V_\infty}=0\end{cases} \tag{3-8}$$

以上是根据超声速线化理论推导的扰动速度表达式，其假设扰动沿直线传播，即特征线方程为 $x-Br=\mathrm{const}$。然而实际超声速流动中，扰动造成的压强变化会改变扰动的传播速度，使得扰动在一些区域汇聚并产生激波，如图 3－5 所示。

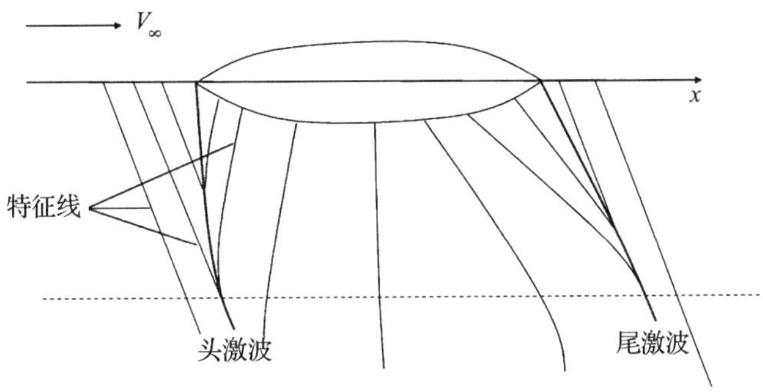

图 3－5　特征线演化形成激波

为描述这种现象，Whitham 修正了超声速线化理论中特征线相互平行的假设，给出了精度更高的特征线描述，将原特征线方程 $x-Br=\mathrm{const}$ 修改为 $x-Br=y(x,\ r)$，即认为 x 与 r 不是简单的线性关系，而是与坐标（x，r）有关。于是，式（3－8）可写为

$$\begin{cases}\dfrac{\hat{v}_x}{V_\infty}=-\dfrac{1}{2\pi}\displaystyle\int_0^{y}\frac{S''(x)\mathrm{d}x}{\sqrt{(y-x)(y-x+2Br_0)}}\\ \dfrac{\hat{v}_r}{V_\infty}=-\dfrac{1}{2\pi r_0}\displaystyle\int_0^{y}\frac{S''(x)(y+Br_0-x)\mathrm{d}x}{\sqrt{(y-x)(y-x+2Br_0)}}\\ \dfrac{\hat{v}_\theta}{V_\infty}=0\end{cases} \tag{3-9}$$

y 小于旋成体长度 l，在合理假设 $r_0 \gg l$ 下，有 $Br_0/y \gg 1$，则式（3－9）可简化为

$$\begin{cases}\dfrac{\hat{v}_x}{V_\infty}=-\dfrac{1}{2\pi}\displaystyle\int_0^y\dfrac{S''(x)\,\mathrm{d}x}{\sqrt{2Br_0(y-x)}}\\ \dfrac{\hat{v}_r}{V_\infty}=-\dfrac{1}{2\pi r_0}\displaystyle\int_0^y\dfrac{Br_0S''(x)\,\mathrm{d}x}{\sqrt{2Br_0(y-x)}}\\ \dfrac{\hat{v}_\theta}{V_\infty}=0\end{cases}\tag{3-10}$$

令

$$F(y)=\frac{1}{2\pi}\int_0^y\frac{S''(x)\,\mathrm{d}x}{\sqrt{y-x}}\tag{3-11}$$

称其为 Whitham F 函数，它反映了物体作为声爆源的特征，则式（3-10）可简化为

$$\begin{cases}\dfrac{\hat{v}_x}{V_\infty}=-\dfrac{1}{\sqrt{2Br_0}}F(y)\\ \dfrac{\hat{v}_r}{V_\infty}=B\dfrac{\hat{v}_x}{V_\infty}\\ \dfrac{\hat{v}_\theta}{V_\infty}=0\end{cases}\tag{3-12}$$

再根据伯努利方程可进一步推导出

$$\frac{p-p_\infty}{p_\infty}=-\gamma Ma^2\frac{\hat{v}_x}{V_\infty}\tag{3-13}$$

式中：p 为当地压强；p_∞ 为未受扰动的压强；γ 为大气比热比，一般取 1.4；记$\Delta p=p-p_\infty$，将式（3-12）代入式（3-13），可得线化理论中的近场声爆信号预测公式为

$$\frac{\Delta p}{p_\infty}=\frac{\gamma Ma^2}{\sqrt{2Br_0}}F(y)\tag{3-14}$$

计算时还需结合 Whitham 推导出的特征线方程表达式

$$\begin{cases}x=Br-kF(y)\sqrt{r}+y\\ k=2^{-1/2}(\gamma+1)Ma^4B^{-3/2}\end{cases}\tag{3-15}$$

当观测点位于地面时，远场 N 型波的计算公式为

$$\begin{cases}\dfrac{\Delta p_{\max}}{\sqrt{p_{\mathrm{v}}p_{\mathrm{g}}}}=K_{\mathrm{R}}\dfrac{\gamma}{\sqrt{\gamma+1}}(2B)^{1/4}r^{-3/4}\left[\displaystyle\int_0^{y_0}F(y)\,\mathrm{d}y\right]^{1/2}\\ x_{头}=Br-r^{1/4}\left[\sqrt{2}k\displaystyle\int_0^{y_0}F(y)\,\mathrm{d}y\right]^{1/2}+y_0\\ x_{尾}=Br+r^{1/4}\left[\sqrt{2}k\displaystyle\int_0^{y_0}F(y)\,\mathrm{d}y\right]^{1/2}+y_0\end{cases}\tag{3-16}$$

式中：$\Delta p_{\max}$为远场 N 型波超压峰值；p_{v} 为飞行高度处的压强；p_{g} 为地面的压强；K_{R} 为地面反射因子，一般取 1.9；y_0 为使得 $\int_0^{y_0}F(y)\,\mathrm{d}y$ 取最大值的 F 函数的零点；$x_{头}$ 为远场头激波位置；$x_{尾}$为远场尾激波位置。

需要注意的是，由于修正线化理论中的特征线方程是非线性的，直接计算出的近场波

形可能会存在多值区域，而这是不符合物理的，应采用面积平衡的方法确定激波位置，如图 3－6 所示，图中Ⅰ和Ⅱ区域面积相等。

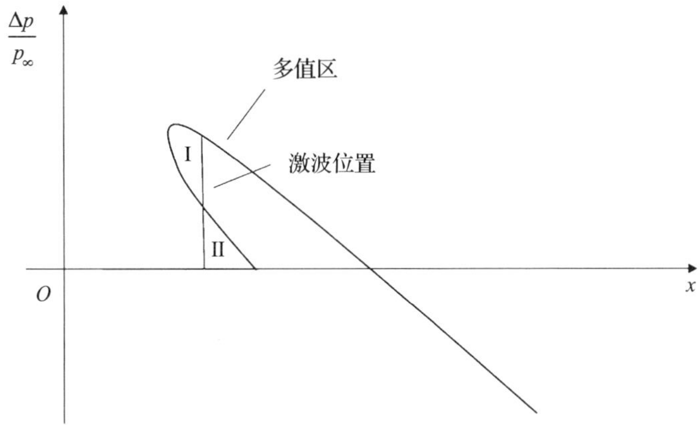

图 3－6　面积平衡法确定激波位置

升力影响的分析方法是将升力分布计入等效截面积分布 $S(x)$，等效截面积等于升力等效截面积 $S_L(x)$ 与体积等效截面积 $S_V(x)$ 之和。体积等效截面积为 x 位置前马赫锥面切出的截面在飞行方向上的投影面积。升力等效截面积由式（3－17）计算

$$S_L(x) = \frac{B}{\gamma p_\infty Ma^2}\int_0^x L(x)\,\mathrm{d}x \tag{3-17}$$

式中：积分式 $\int_0^x L(x)\,\mathrm{d}x$ 的物理意义为飞机机头处马赫锥面与 x 位置马赫锥面之间飞机部分的总升力。用马赫锥面截取等效截面积如图 3－7 所示。

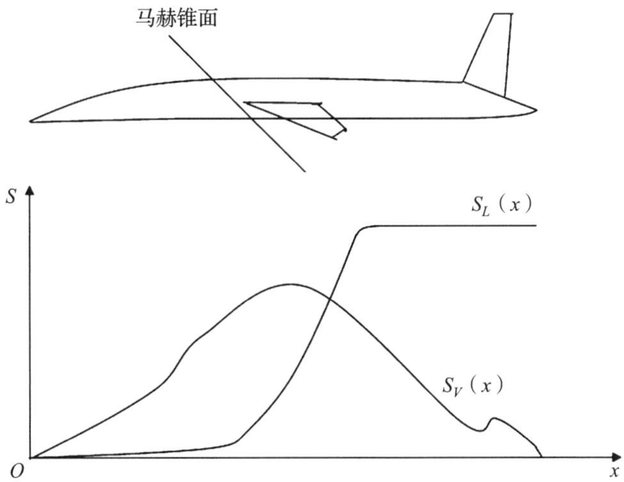

图 3－7　马赫锥面截取等效截面积示意图

3.2.1.2　实现流程

在修正线化声爆预测方法的基础上，结合基于欧拉方程的 CFD 方法改进形成了声爆快速预测程序，程序实现流程如图 3－8 所示。

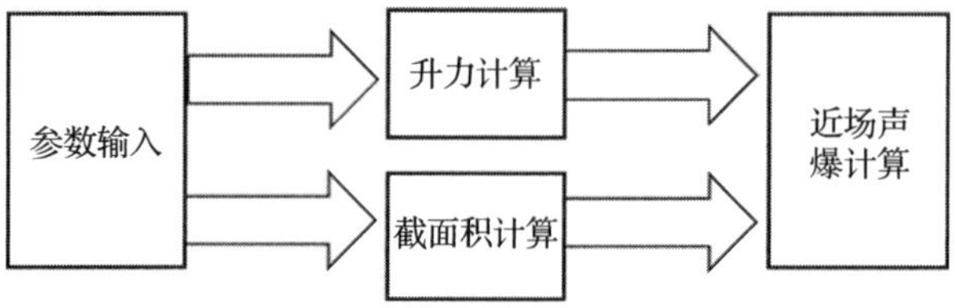

图 3 – 8　改进快速声爆预测程序实现流程

该程序共分为 4 个模块。

①参数输入模块，用于输入声爆预测所需的各项参数。包括飞行参数（如飞行马赫数、飞行高度、飞行迎角）、大气参数（如大气密度、压强）、飞行器外形相关参数（如机身长度、参考面积，以及声爆信号提取位置等）。

②升力计算模块，用于计算升力等效截面积。该模块首先获取飞行器的表面压力分布，并进一步计算出声爆预测所需的升力等效截面积分布。目前修正线化声爆预测方法通常使用面元法或涡格法来计算升力，为了获取更准确的升力结果，该程序采用在粗网格上求解 Euler 方程的计算流体力学方法来计算升力分布。

③截面积计算模块，用于计算体积等效截面积。该模块通过提取网格文件中的几何信息求解飞行器截面积，并进一步计算出体积等效截面积分布。

④近场声爆计算模块，用于计算给定提取位置的近场声爆信号。首先根据升力等效截面积和体积等效截面积求和得到等效截面积分布 $S(x)$，通过差分法计算等效截面积分布二阶导数 $S''(x)$，进一步求解得到 F 函数，并根据特征线方程提取给定位置的声爆信号，最后采用面积平衡法确定激波位置，得到含激波的近场声爆信号结果。

3.2.1.3　算例验证

选用典型超声速民机图 – 144 模型的外形作为预测算例，模型如图 3 – 9 所示。

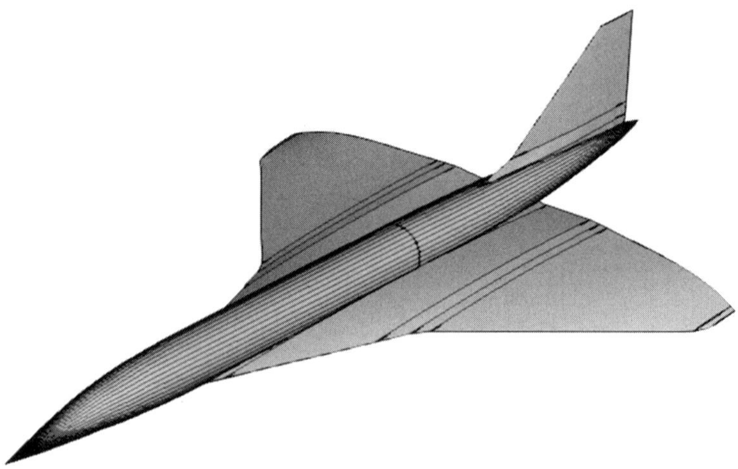

图 3 – 9　图 – 144 模型

图 – 144 飞机长度为 63.7m，参考面积为 507m^2，计算状态选择飞行马赫数为 2.0、高度为 18592.8m、迎角为 6°，近场声爆信号提取位置为模型正下方一倍机身长度处。分别使用声爆快速预测程序和改进后的声爆快速预测程序对该模型进行声爆预测。

图 3－10 为使用面元法和在粗网格上求解 Euler 方程（新方法）得到的飞机模型等效截面积分布，并与在精细网格上求解 RANS 方程的结果进行对比。可见，新方法相比面元法能够得到更准确的升力等效截面积分布。图 3－11 给出了模型近场声爆信号计算结果，相比传统的面元法，新方法主要改善了模型正下方第二和第三道激波的预测结果，均为受升力因素影响较大的区域。

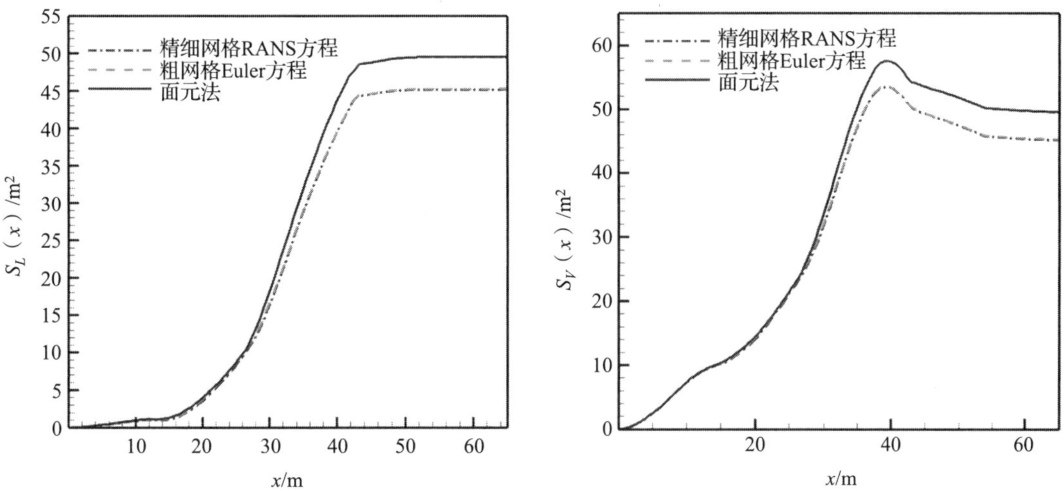

（a）升力等效截面积　（b）等效截面积

图 3－10　不同方法计算的模型等效截面积分布

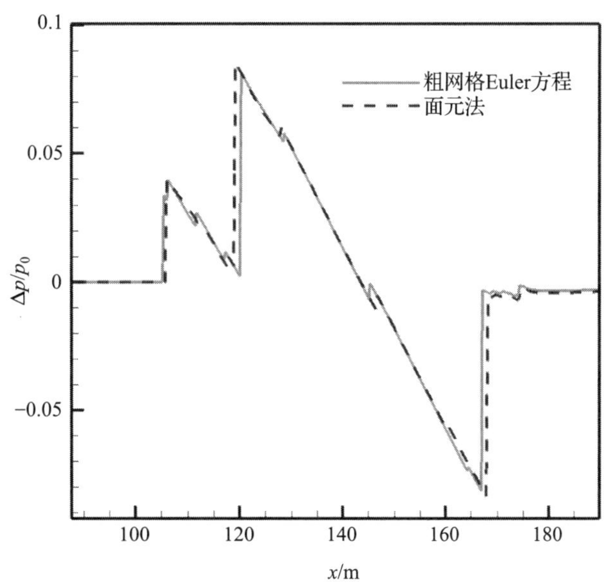

图 3－11　不同方法计算的模型近场声爆信号结果

3.2.2 近场声爆信号高精度预测方法

目前，主流声爆数值预测方法是基于计算流体力学（CFD）的混合预测方法，即将声爆的生成和传播分别预测。首先采用 CFD 方法计算飞行器近场压强扰动得到过压信号，经匹配后通过如基于几何声学原理的专门工具将近场 CFD 计算所得的过压信号传播到地面进行后续分析。

采用 CFD 方法求解三维 Euler/RANS 方程来实现近场声爆的数值预测，其控制方程为

$$\frac{\partial U}{\partial t}+\nabla \cdot \boldsymbol{F}_I+\nabla \cdot \boldsymbol{F}_V=0 \tag{3-18}$$

式中：$\boldsymbol{F}_I$ 为无黏通量矩阵；$\boldsymbol{F}_V$ 为黏性通量矩阵，Euler 方程对应的 $\boldsymbol{F}_V$ 为 0。

CFD 方法已非常成熟，能够准确捕捉飞行器表面的流动特征，获得可靠的气动力数据。但近场声爆预测需要捕捉近场空间发展的脱体压力信号，而声爆信号量级相对较小，很难准确模拟。近场声爆预测的精确与否关键在于近场空间波系的精确捕捉。国内外学者对近场声爆预测方法的研究主要集中在网格量、网格拓扑结构、空间离散格式和湍流模型等因素对近场波形的影响方面。对于网格拓扑结构的共识是，通常需将计算域设计为马赫锥构型，锥体马赫角 β 由马赫数（Ma）确定（$\sin\beta=1/Ma$）。对于一些简单标模，求解欧拉方程的近场声爆预测精度是令人满意的。对于外形比较复杂的超声速全机构型，由于各部件之间的干扰激波系非常复杂，边界层会显著影响激波的强度和位置分布，这种情况下，求解 RANS 方程的声爆预测方法逐渐得到全球研究者的认可，而不同湍流模型对边界层的处理方式也会间接影响其对近场空间波系的捕捉能力。高分辨率网格技术和数值格式等被引入声爆预测中以提高近场过压分布的预测精度和效率。

3.2.2.1 空间复杂波系高分辨率网格技术

大量研究表明，对声爆近场 CFD 计算网格的分辨率要求，可以从网格拓扑、规模和分布方式，以及网格单元类型、形状拉伸和方位等属性方面来满足，如将网格单元平行于激波布置，详见参考文献［32］综述及其引文。即便如此，生成合格的声爆近场 CFD 计算网格，对复杂构型来说依然存在着较大的挑战，需要大量的专家经验来推测流场的激波、膨胀波结构和反复根据计算结果手动调整网格。这大大降低了声爆分析和预测过程的自动化程度，增加了模拟时间和成本。网格自适应技术根据流场特征或者当地误差，采用 h 和/或 r 自适应策略改善网格分辨率、提高网格质量，以一种相对经济的方式提高声爆计算精度及可靠性，并且提高了整个分析过程的自动化程度及效率。“N+2 代先进超声速民机概念”研究结果表明，采用网格自适应能明显改善结果，并且基于伴随误差估计的网格自适应要优于基于特征的网格自适应。因此，发展基于伴随误差估计的网格自适应方法对声爆计算网格质量改善、可靠的声爆近场 CFD 计算和基于 CFD 模拟的低声爆设计具有重要意义。

Wintzer 等将伴随自适应网格技术和嵌入边界笛卡儿网格结合起来进行了三维声爆近场计算，显示出了伴随自适应网格计算结果的精度优势，并在后续工作中将结果集成到了低声爆优化设计中。Lee Rausch 等拓展了 FUN3D 代码基于伴随误差估计的非结构网格自适应的并行能力，并用于了复杂飞机构型模拟，包括双锥和翼身 SLE 构型的声爆无黏计算。自适应过程中，误差估计的积分量选用近场指定柱面上的过压信号积分，根据误差估计和流场的各向异性性质，对计算网格采取 h 和 r 操作来改善网格质量，相关操作包括棱

移除、棱劈分、棱交换和网格节点光顺。经过多轮误差估计和网格自适应后，声爆近场压强计算精度得到了显著提高；自适应后网格单元的拉伸和方位等非常明显地表现出顺激波特征，与关于高精度声爆近场计算网格生成的认识相符，声爆计算各向异性伴随自适应前后网格和近场过压信号计算结果对比如图 3 – 12 所示。

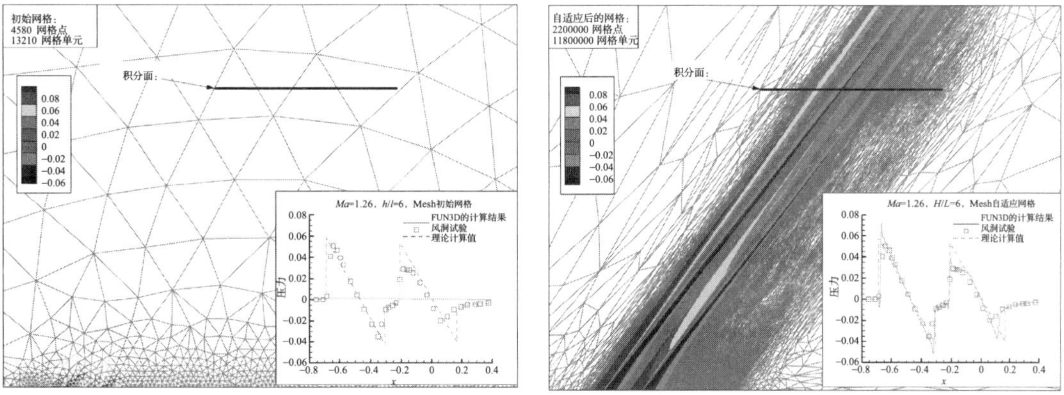

图 3 – 12　声爆计算各向异性伴随自适应前后网格和近场过压信号计算结果对比

Jones 等对上述非结构伴随网格自适应在声爆近场计算中的应用进行了系统验证。Park 等利用上述方法对湾流公司的低声爆模型的气动力、力矩和近场声爆信号进行了黏性计算，并与事先按照声爆计算要求精心设计的网格结果进行了对比，二者吻合很好。Park 等同时还在 FUN3D 上发展和开发了基于离散伴随误差估计四面体切割单元自适应技术，并用于声爆近场计算，取得了良好效果。Rallabhandi 和 Park 通过耦合 FUN3D 和基于广义 Burgers 方程（generalized Burgers equation）的声爆大气传播程序 sBOOM，利用 FUN3D 的 CFD 伴随和 sBOOM 的离散声爆伴随来进行地面计算声强的误差估计，将离散伴随网格自适应推广到了地面声强计算，而不局限于近场过压计算，如图 3 – 13 所示。自适应后的网格能直接减少地面声强的估计误差，直观地给出面向地面声强声爆分析的高质量网格所具备的特点，对声爆分析网格生成提供启发。该推广不仅丰富了伴随自适应技术在声爆分析上的应用，还为新概念、新构型声爆分析和设计高质量网格生成提供了新见解和新启发。

（1）声爆近场计算高质量初始网格预先生成

在网格拓扑方面，采用与自由来流马赫锥一致的锥形网格拓扑方式，将网格沿马赫锥布置。该方式比常规的与物面正交网格对齐的方式具有更好的耗散特性，计算所得的声爆的信号具有更高精度。与此同时，将计算模型紧邻区域及近体区域采用圆柱拓扑独立于外部锥形拓扑结构、单独生成网格有助于提高近场声爆信号计算精度。对于网格类型而言，采用锥形拓扑结构时，采用混合非结构网格所得结果一般要优于采用结构网格所得结果。在网格单元拉伸和布置方面，沿激波和膨胀波拉伸和对齐对提高声爆近场预测精度很重要，且沿传播方向细化（即增加网格节点）相比沿流向细化对提高声爆近场预测结果更加明显。此外，还应在物面上布置足够多的点，在保证几何外形高保真度的同时，避免因物面网格单元之间的不光滑而带来的局部非物理压缩和膨胀。同时，沿传播方向将计算域拓展到足够远的地方，避免因使用不合适的远场边界条件导致激波和膨胀波反射带来的关注站位上的过压信号污染。

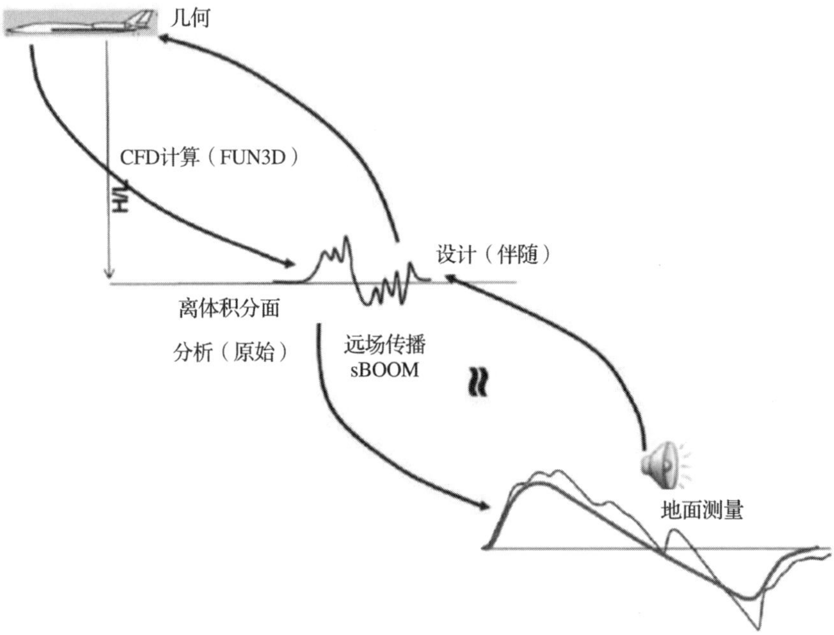

图 3 - 13　Rallabhandi 和 Park 地面声爆计算伴随网格自适应策略

以 AIAA 第一届声爆预测会议上的必选模型——三角翼模型（DWB）为例，进一步说明如何从网格拓扑、规模和分布方式，以及网格单元类型、形状拉伸和方位等属性方面来生成适合的声爆近场 CFD 计算网格。对于三角翼模型，计算工况为 $Ma=1.7$、AoA $=0°$、$Re=2.43\times10^6$（雷诺数参考长度为 $L_{Ref}=6.898\text{in}$）。计算采用 SA 湍流模型和非结构网格。图 3 - 14 分别给出了整个计算域和近体网格拓扑，采用与马赫数相一致的锥形拓扑，并且对模型附近区域进行了单独的圆柱形拓扑隔离，网格单元沿马赫锥布置。通过比较距机身中轴线 24.8in 和偏离角分别为 $\Phi=0°$，30°，60°，90°典型站位处的计算得到的过压信号和试验数据，来反映相关网格属性对计算结果的影响。

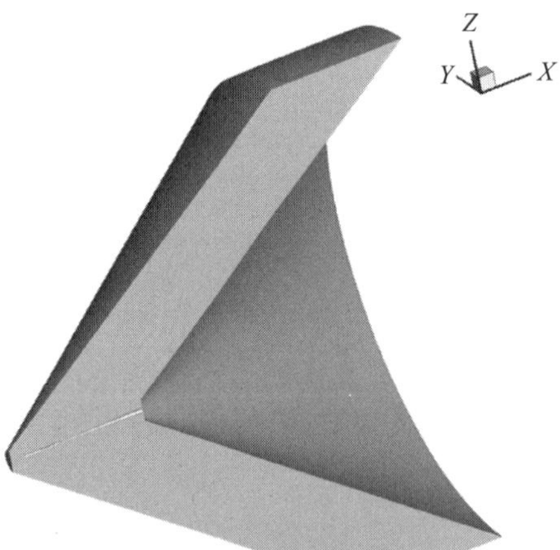

（a）计算域

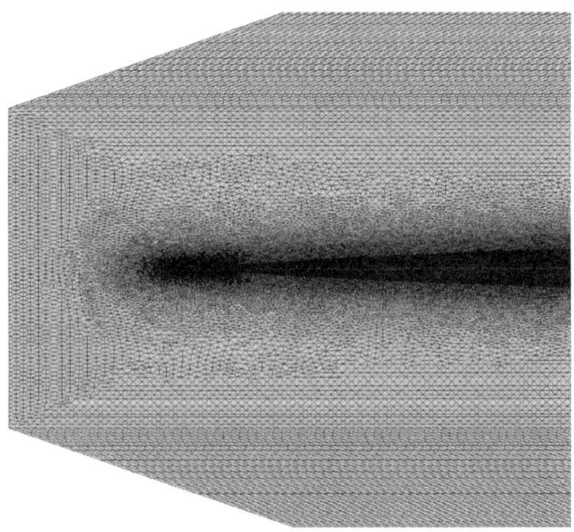

（b）近体网格拓扑

图 3 - 14　DWB 声爆计算

为了说明网格单元拉伸对计算结果的影响，分别进行了网格展弦比（AR）和周向网格间距的影响分析研究，二者的定义参考图 3－15。比较分析网格展弦比影响时，固定周向网格间距（$d\theta=6°$）和顺流向网格点分布，通过改变沿马赫锥向网格间距来实现不同的展弦比，分别生成了 AR＝10、4 和 1 三套网格，网格规模如表 3－1 所示。

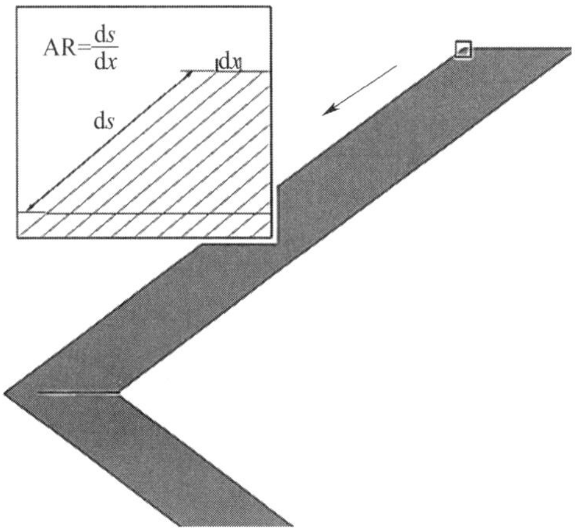

（a）网格展弦比（AR）

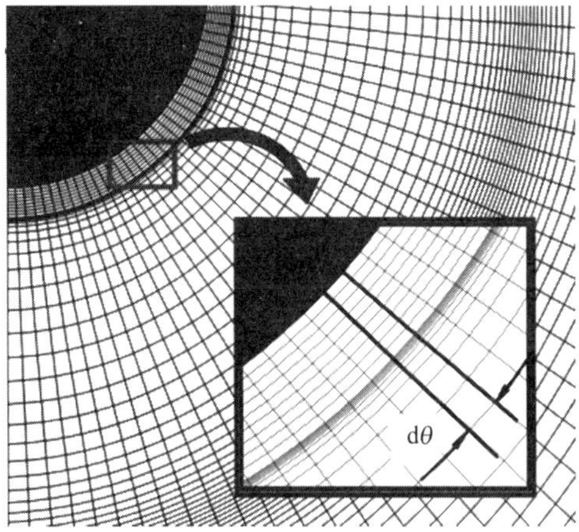

（b）周向网格间距（dθ）

图 3－15　网格单元定义

表 3－1　不同网格展弦比对应的 DWB 计算网格规模信息

网格展弦比	单元数
10	31083843
4	36723767
1	66756350

图 3－16 给出了在不同网格展弦比时，DWB 典型站位上计算所得过压信号与试验数据的对比。可见随着展弦比的减小，即沿传播方向上进行网格加密，各站位上主激波过压峰值捕捉不断改善，但 AR＝1 时膨胀波峰值捕捉不尽如人意，且激波不如其他情形陡峭。

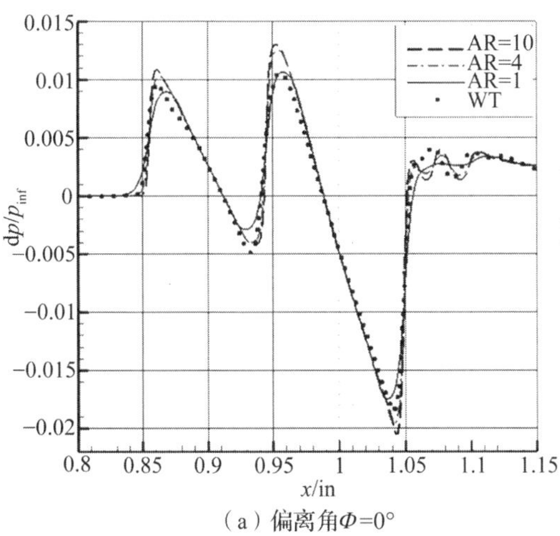

（a）偏离角$\Phi=0°$

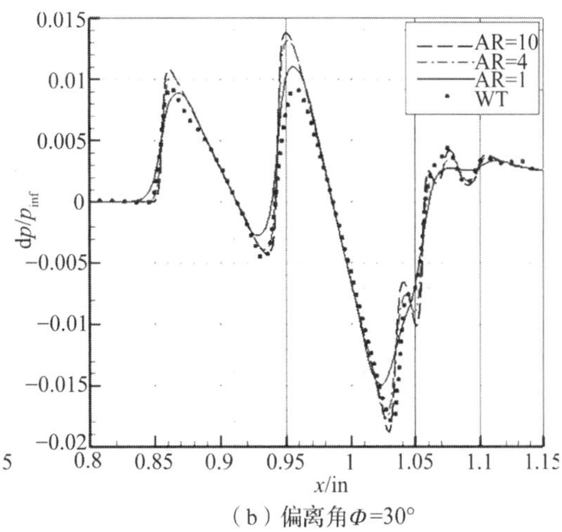

（b）偏离角$\Phi=30°$

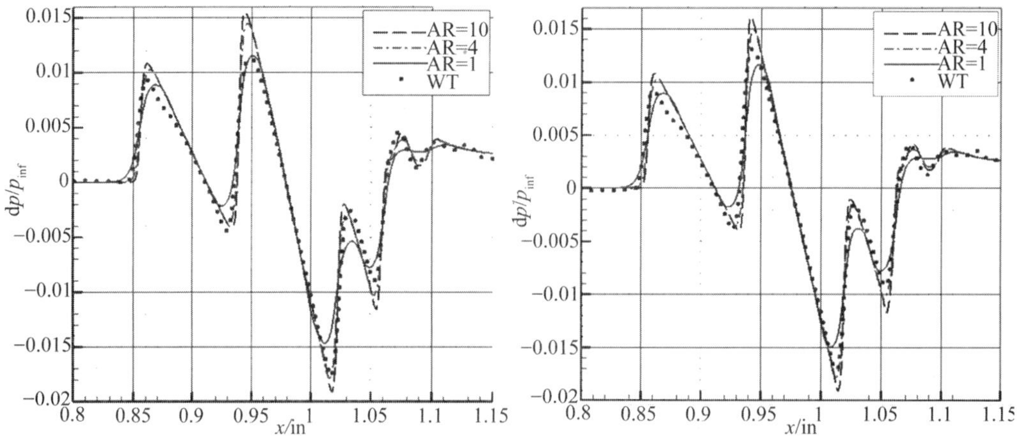

（c）偏离角 ϕ=60°　　（d）偏离角 ϕ=90°

图 3－16　DWB 构型不同展弦比机体下方 24.8in 处过压信号对比

比较分析周向网格间距的影响时，保持网格展弦比（AR＝10）和顺流向网格点分布不变，总共生成了 dθ 为 6°、3°、1.5°的三套网格，其网格规模如表 3－2 所示。

表 3－2　不同周向网格间距时 DWB 的计算网格规模信息

周向网格间距	单元数
6°	20992459
3°	31083843
1.5°	40433975

图 3－17 给出了 DWB 典型站位上计算所得的过压信号与风洞试验数据的对比。可见，周向间距对声爆信号精确模拟，尤其是对过压信号峰值捕捉影响较大。周向间距越小，模拟得到的过压信号的峰值越大，并且周向间距 dθ＝3°和 dθ＝1.5°时，在多个偏离角下的过压信号完全重合，且与试验值吻合较好。因此，在声爆数值模拟过程中应当选择较小的周向间距，建议选择 dθ＝3°。

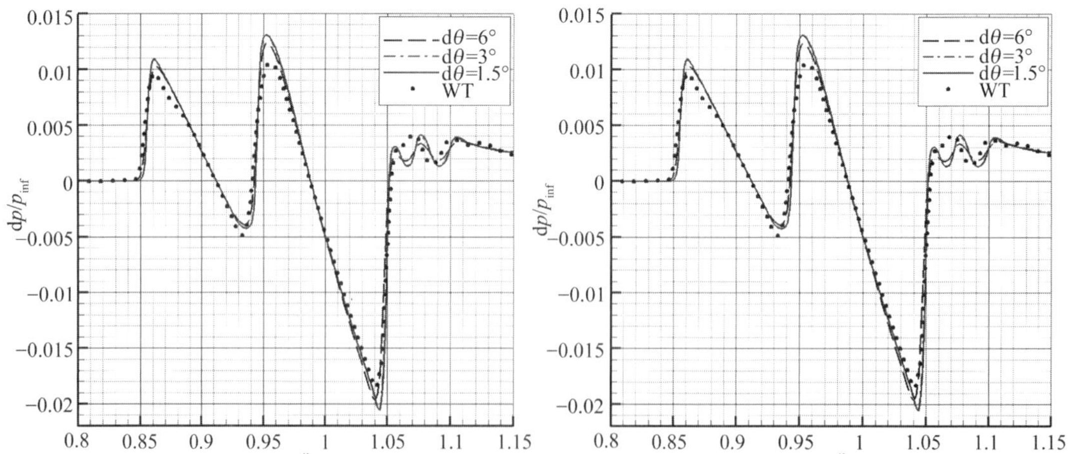

（a）偏离角 ϕ=0°　　（b）偏离角 ϕ=30°

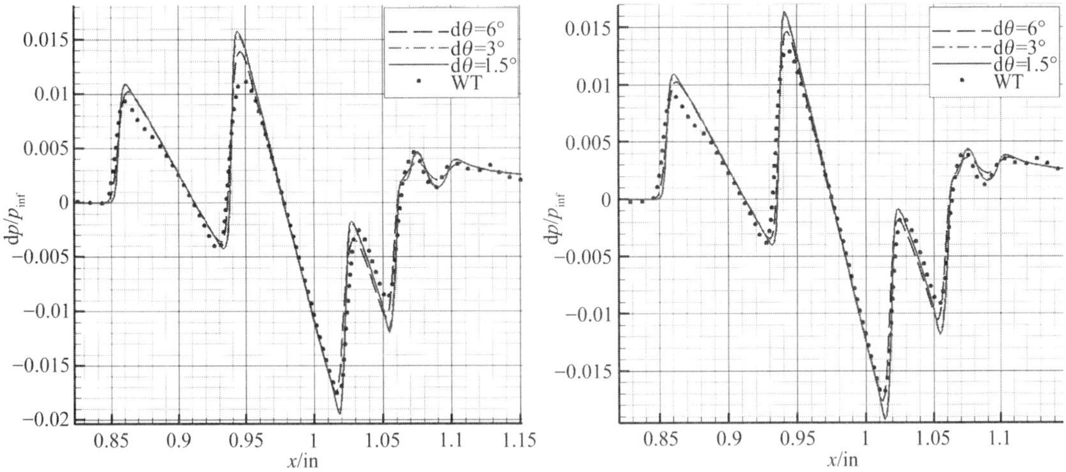

（c）偏离角 ϕ=60°　　（d）偏离角 ϕ=90°

图 3－17　DWB 构型不同周向间距机体下方 24.8in 两个偏离角过压信号对比

（2）声爆近场计算网格自适应

引入网格自适应技术根据流场特征或者当地误差、采用 h 和/或 r 自适应策略改善网格分辨率，可有效提高计算网格质量、声爆计算精度及可靠性、整个分析过程的自动化程度及效率。针对声爆近场计算网格分辨率要求，发展基于伴随误差估计的各向异性自适应网格技术：根据指定面上过压信号面积分，采用离散伴随误差估计得到期望的网格尺寸，并结合马赫数黑塞矩阵构建所需的网格度量张量，用于指导 h 和 r 自适应策略优化网格分辨率，开发了全自动化的自适应流程。具体方法和途径包括基于离散伴随方法的误差估计、自适应参数、基于误差估计的各向异性网格自适应、网格策略等。

①基于离散伴随方法的误差估计。

考虑某流场上粗、细两套网格 Ω_H 和 Ω_h，下标 H 和 h 分别表示相应量在粗、细网格上的计算值。并且细网格嵌在粗网格之中，即细网格 Ω_h 上的某控制单元 i 总能在粗网格 Ω_H 上找到对应的控制单元 j，使得 $\Omega_{h,i} \subset \Omega_{H,j}$ 满足。分别记流场解和基于流场解的某积分输出量或目标函数为 $\boldsymbol{W}$ 和 $f(\boldsymbol{W})$。声爆问题 $f(\boldsymbol{W})$ 取为过压信号在指定面上的积分

$$f = \iint_s \frac{(p - p_\infty)^2}{p_\infty^2} \mathrm{d}s \tag{3-19}$$

一般而言，粗网格规模相对较小、计算花费较少，但计算所得的流场解 $\boldsymbol{W}_H$ 和输出积分量 $f_H(\boldsymbol{W}_H)$ 的精度相应较低；细网格规模庞大、计算所得的流场解 $\boldsymbol{W}_h$ 和输出积分量 $f_h(\boldsymbol{W}_h)$ 的精度较高，但计算量非常大，对于工程实际问题难以承受。Venditti 和 Darmofal 等给出了不用细网格流场解，仅依靠粗网格流场解精确计算输出积分量 $f(\boldsymbol{W})$ 的方法，Park 等将其发展应用于声爆自适应计算。

运用泰勒展开和伴随方程，可得到 $f_h(\boldsymbol{W}_h)$ 的估计如下

$$f_h(\boldsymbol{W}_h) \approx f_h(\tilde{\boldsymbol{W}}_h) + \boldsymbol{\Lambda}_h^{\mathrm{T}} \boldsymbol{R}_h(\tilde{\boldsymbol{W}}_h) \tag{3-20}$$

式中：$\boldsymbol{\Lambda}_h$ 为伴随算子；$\boldsymbol{R}_h$ 为残值；$\tilde{\boldsymbol{W}}_h$ 为基于粗网格解的插值（此处起 $\tilde{*}_h$ 表示变量 $*$ 在细网格上的估计值由粗网格值插值而来），即

$$\boldsymbol{W}_h \approx \tilde{\boldsymbol{W}}_h = P_H^h \boldsymbol{W}_H \tag{3-21}$$

伴随算子通过求解细网格上的伴随方程来确定

$$\left.\frac{\partial \boldsymbol{R}}{\partial \boldsymbol{W}}\right|_{h,\ \tilde{\boldsymbol{W}}_h}^{\mathrm{T}} \boldsymbol{\Lambda}_h = -\left.\frac{\partial f}{\partial \boldsymbol{W}}\right|_{h,\ \tilde{\boldsymbol{W}}_h}^{\mathrm{T}} \tag{3-22}$$

此外伴随方程是基于插值解 $\tilde{\boldsymbol{W}}_h$ 构造的，与真正意义上的基于 $\boldsymbol{W}_h$ 的伴随方程有所差异。为了避免细网格上的伴随方程求解，对细网格上的伴随解 $\boldsymbol{\Lambda}_h$ 同样可采用基于粗网格解的插值，即

$$\boldsymbol{\Lambda}_h \approx \tilde{\boldsymbol{\Lambda}}_h = P_H^h \boldsymbol{\Lambda}_H \tag{3-23}$$

式中：P_H^h 表示粗网格到细网格的插值方法。这样便得到了细网格上输出积分量 $f(W)$ 的一种可计算的近似估计：

$$f_h(\boldsymbol{W}_h) \approx f_h(P_H^h \boldsymbol{W}_H) + P_H^h \boldsymbol{\Lambda}_H^{\mathrm{T}} \boldsymbol{R}_h(P_H^h \boldsymbol{W}_H) \tag{3-24}$$

式中：$P_H^h \boldsymbol{\Lambda}_H^{\mathrm{T}} \boldsymbol{R}_h(P_H^h \boldsymbol{W}_H)$ 称为可计算误差修正，可用来改善积分量的计算精度。上述近似估计的剩余误差为 $\delta_1 = (\boldsymbol{\Lambda}_h^{\mathrm{T}} - \tilde{\boldsymbol{\Lambda}}_h^{\mathrm{T}}) \boldsymbol{R}_h(\tilde{\boldsymbol{W}}_h)$，可用作自适应参数。但应当注意的是，剩余误差 δ_1 引入了未知的 $\boldsymbol{\Lambda}_h$，一般需要进行细网格伴随求解获得。

由于细网格伴随算子是通过插值近似确定的，伴随方程具有如下残值

$$\begin{aligned} \boldsymbol{R}_{h,\ \tilde{\boldsymbol{W}}_h}^{\boldsymbol{\Lambda}}(\tilde{\boldsymbol{\Lambda}}_h) &= \left.\frac{\partial \boldsymbol{R}}{\partial \boldsymbol{W}}\right|_{h,\ \tilde{\boldsymbol{W}}_h}^{\mathrm{T}} \tilde{\boldsymbol{\Lambda}}_h + \left.\frac{\partial f}{\partial \boldsymbol{W}}\right|_{h,\ \tilde{\boldsymbol{W}}_h}^{\mathrm{T}} \\ &= -\left.\frac{\partial \boldsymbol{R}}{\partial \boldsymbol{W}}\right|_{h,\ \tilde{\boldsymbol{W}}_h}^{\mathrm{T}} (\boldsymbol{\Lambda}_h - \tilde{\boldsymbol{\Lambda}}_h) \end{aligned} \tag{3-25}$$

与此同时，根据泰勒展开和伴随方程定义，f_h（$\boldsymbol{W}_h$）有如下估计

$$\begin{aligned} f_h(\boldsymbol{W}_h) &\approx f_h(\tilde{\boldsymbol{W}}_h) + \left.\frac{\partial f}{\partial \boldsymbol{W}}\right|_{h,\ \tilde{\boldsymbol{W}}_h} (\boldsymbol{W}_h - \tilde{\boldsymbol{W}}_h) \\ &= f_h(\tilde{\boldsymbol{W}}_h) - \boldsymbol{\Lambda}^{\mathrm{T}} \left.\frac{\partial \boldsymbol{R}}{\partial \boldsymbol{W}}\right|_{h,\ \tilde{\boldsymbol{W}}_h} (\boldsymbol{W}_h - \tilde{\boldsymbol{W}}_h) \\ &= f_h(\tilde{\boldsymbol{W}}_h) - \tilde{\boldsymbol{\Lambda}}_h^{\mathrm{T}} \left.\frac{\partial \boldsymbol{R}}{\partial \boldsymbol{W}}\right|_{h,\ \tilde{\boldsymbol{W}}_h} (\boldsymbol{W}_h - \tilde{\boldsymbol{W}}_h) - (\boldsymbol{\Lambda}^{\mathrm{T}} - \tilde{\boldsymbol{\Lambda}}_h^{\mathrm{T}}) \left.\frac{\partial \boldsymbol{R}}{\partial \boldsymbol{W}}\right|_{h,\ \tilde{\boldsymbol{W}}_h} (\boldsymbol{W}_h - \tilde{\boldsymbol{W}}_h) \\ &= f_h(\tilde{\boldsymbol{W}}_h) + \tilde{\boldsymbol{\Lambda}}_h^{\mathrm{T}} \boldsymbol{R}_h(\tilde{\boldsymbol{W}}_h) - [\boldsymbol{R}_{h,\ \tilde{\boldsymbol{W}}_h}^{\boldsymbol{\Lambda}}(\tilde{\boldsymbol{\Lambda}}_h)]^{\mathrm{T}} (\boldsymbol{W}_h - \tilde{\boldsymbol{W}}_h) \end{aligned} \tag{3-26}$$

得到与前面相同近似估计，但剩余误差表示成

$$\delta_2 = -[\boldsymbol{R}_{h,\ \tilde{\boldsymbol{W}}_h}^{\boldsymbol{\Lambda}}(\tilde{\boldsymbol{\Lambda}}_h)]^{\mathrm{T}} (\boldsymbol{W}_h - \tilde{\boldsymbol{W}}_h) \tag{3-27}$$

式中：δ_2 同样可用作自适应参数。此时引入了未知的 $\boldsymbol{W}_h$，一般需要进行细网格流动求解获得。

综合考虑 δ_1 和 δ_2 两种剩余误差形式，细网格节点 k 处的一种比较保守的局部剩余误差估计可取为

$$\bar{\delta}_{h,k} = \frac{\left|(\boldsymbol{\Lambda}_h^{\mathrm{T}} - \tilde{\boldsymbol{\Lambda}}_h^{\mathrm{T}})_k [\boldsymbol{R}_h(\tilde{\boldsymbol{W}}_h)]_k\right| + \left|[\boldsymbol{R}_{h,\ \tilde{\boldsymbol{W}}_h}^{\boldsymbol{\Lambda}}(\tilde{\boldsymbol{\Lambda}}_h)]_k^{\mathrm{T}} (\boldsymbol{W}_h - \tilde{\boldsymbol{W}}_h)_k\right|}{2} \tag{3-28}$$

相应地可以定义粗网格上积分输出量 $f(\boldsymbol{W})$ 的剩余误差估计

$$\bar{\delta}_H = \sum_{1 \leqslant i \leqslant N} \bar{\delta}_{H,i} \tag{3-29}$$

式中：N 为粗网格节点总数；$\bar{\delta}_{H,i}$为粗网格节点 i 处的局部剩余误差估计，由细网格上的局部误差估计限制而来。

如前所述，式（3－28）的确定一般需在细网格上进行流场和伴随计算。这样与以较小代价获得较高精度的目的不符。注意到式（3－28）最终所用的是流动解误差$W_h - \tilde{W}_h$和伴随解误差$\boldsymbol{\Lambda}_h^{\mathrm{T}} - \tilde{\boldsymbol{\Lambda}}_h^{\mathrm{T}}$，并且所关心的是误差分布而不是误差精确估计，于是可用各自的插值误差估计来替代，这样可以避免在细网格上求解流动控制方程和对应的伴随方程。但这需要构造辅助的嵌入网格，这对复杂工程问题来说存在较大的生成难度和保形问题。Park 发展了完全基于当前粗网格的计算方法，分别用粗网格上的重构误差估计代替上述插值误差估计，即只需在粗网格上进行流场和伴随计算。本书也采取了这种方式。

综上所述，剩余误差 δ_1 通过粗网格伴随算子重构误差建立了当地流动残值和积分量计算误差之间的定量关系，剩余误差 δ_2 通过粗网格流动解重够误差建立了当地伴随残值和积分量计算误差之间的定量关系。可通过瞄准减小剩余误差估计的网格自适应策略来提高积分量的计算精度。

②自适应区域探测。

网格自适应策略的第一步自适应区域探测，即找出对积分量计算精度影响较大的区域。这通过引入自适应参数来实现。得到粗网格上的当地和全局误差估计后，结合给定的输出量$f(W)$ 的期望误差水平 δ_{tol}，可分别定义全局和当地自适应参数

$$\varepsilon_H = \frac{\bar{\delta}_H}{\delta_{\mathrm{tol}}}, \qquad \varepsilon_{H,i} = \frac{\bar{\delta}_{H,i}}{\delta_{\mathrm{tol}}/N} \tag{3-30}$$

$\varepsilon_H > 1$ 和 $\varepsilon_{H,i} > 1$ 分别意味着全局误差和当地误差未达到期待水平，需要通过一致和局部网格细化来降低相应误差水平。考虑用二者的乘积构造综合自适应细化区域探测器，当 $\varepsilon_H \cdot \varepsilon_{H,i} > 1$ 时表示网格 i 处需要细化。

③基于误差估计的各向异性网格自适应。

对于二维函数 $u(x, y)$ 及其在某三角形单位上的分片线性插值近似 $u_h^L(x, y)$，沿边 E（方向和长度分别为 s 和 h）的最大插值误差为

$$\max_{(x,y)\in E} |u(x,y) - u_h^L(x,y)| \leqslant \frac{1}{8}h^2 \max_{(x,y)\in E} |u_{ss}| \tag{3-31}$$

式中：u_{ss}是沿 s 的二阶方向导数，即

$$u_{ss} = s^{\mathrm{T}}\boldsymbol{H}s \tag{3-32}$$

式中：$\boldsymbol{H}$ 是二阶导数黑塞矩阵

$$\boldsymbol{H} = \begin{bmatrix} u_{xx} & u_{xy} \\ u_{xy} & u_{yy} \end{bmatrix} \tag{3-33}$$

上述误差估计给出了两个重要信息：一是插值误差可以通过调整单元尺寸和方位来改善，二是插值误差与黎曼空间距离有一定的相似性，可利用黑塞矩阵来构造黎曼度量张量。对于给定黎曼空间度量张量 $\boldsymbol{M}$（对称正定），向量 $\boldsymbol{v}$ 的黎曼空间距离定义为

$$l = \sqrt{\langle \boldsymbol{v}, \boldsymbol{M}\boldsymbol{v} \rangle} \tag{3-34}$$

式中：<，>为内积。

黎曼空间度量张量可以理解成物理空间向黎曼空间的变换矩阵。于是给定期望误差水平后，网格自适应一般可以表述成：寻找一个最优网格，其在相应的黎曼空间中为等边网格，使得误差沿物理空间网格各边均匀分布。

基于上述基本原理，基于误差估计的各向异性网格自适应的主要工作是构造合适的度量张量，其能体现期望的计算网格分辨率包括网格尺寸、方位和拉伸比信息。根据全局和当地自适应参数可计算期望网格尺寸 H'

$$H_i' = H_i\left(\frac{1}{\varepsilon_H \varepsilon_{H,i}}\right)^{\omega} \tag{3-35}$$

式中：H_i 表示当前网格尺寸，取为连接网格节点 i 的所有棱棱长的最小值；ω 过大或过小都会影响网格收敛性或自适应迭代效率，0.2 是比较合适的取值。

为获得与流动特征相一致的网格分辨率，CFD 计算网格度量张量通常从一个或几个流动变量的当地黑塞矩阵 $\boldsymbol{M}$ 构造而来。但此处仅考虑了马赫数，即

$$\boldsymbol{M} = \left|\frac{\partial^2 Ma_i}{\partial x^2}\right| \tag{3-36}$$

并采用最小二乘法计算。

对上述度量张量进行特征分解，得到

$$\boldsymbol{M} = \boldsymbol{R\Lambda R}^{-1} \tag{3-37}$$

式中：$\boldsymbol{R}$ 是由右特征向量组成的矩阵；$\boldsymbol{\Lambda}$ 是由特征值组成的对角矩阵。

从其特征向量可得方位信息，从其特征值可得最大网格尺寸和拉伸比信息。用期望网格尺寸替换从马赫数黑塞矩阵所得的最大网格尺寸，从而引入误差估计信息，重新构造期望的度量张量，进而得到期望的计算网格分辨率特征。

④网格策略。

依据新的度量张量，采用 h 型网格自适应和 r 型自适应策略调整计算网格，得到新的具有更合适分辨率的计算网格。在 h 型网格自适应策略中，将探测标记的棱进行移除、劈分和交换操作来实现网格粗化、细化和连接关系优化。完成 h 型网格细化后，进行基于弹簧比拟法的 r 型自适应以光顺网格，避免因新增网格节点投影而带来畸变较大的网格单元。

棱移除通过合并两端点来实现，合并中被端点选择为具有较小相接棱边的节点，如图 3-18 所示。棱边移除与单元类型无关，但执行后会改变单元类型。

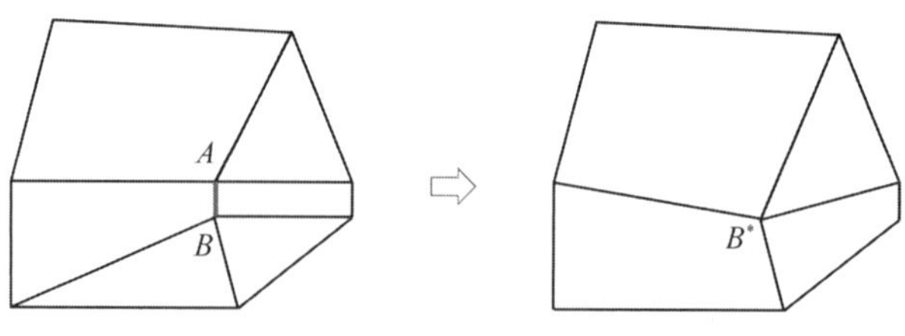

图 3-18　棱移除示意图

与棱移除不同，棱劈分操作考虑了网格单元类型。按单元类型对棱标记情况和批分策略进行了枚举。对于四面体单元来说，棱边标记情形和相应的剖分结果可总结为：

a. 一条棱边被标记，四面体被一分为二；

b. 两条相交棱边被标记，四面体被一分为三；

c. 两条不相交棱边被标记，四面体被一分为四；

d. 某面上三条棱边被标记，四面体被一分为四；

e. 三条共顶点棱边被标记，四面体被一分为四；

f. 三条既不共顶点也不共面的棱边被标记，四面体被一分为五；

g. 四条棱边被标记并且其中三条棱边共面，四面体被一分为六；

h. 两对相对棱边被标记，四面体被一分为六；

i. 五条棱边被标记，四面体被一分为七；

j. 所有棱边被标记，四面体被一分为八。

图 3－19 给出了相应的剖分策略，其他单元类型可以其为基础进行剖分。

网格自适应细化时不可避免地会新增物面节点，这些新的网格节点可能会不在物面上，如图 3－20 所示。这时需要将新网格点投影到物面上以保持网格与物面的相容性。

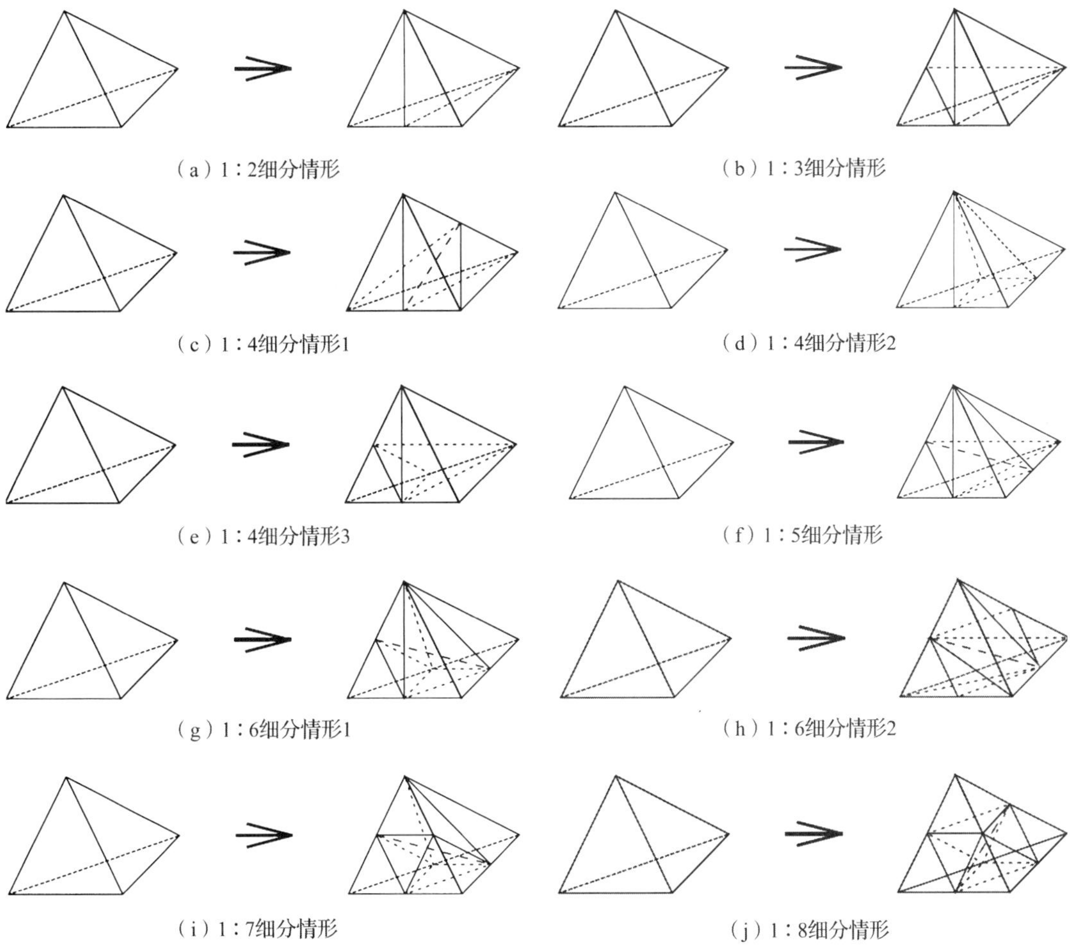

图 3－19　四面体细化剖分策略

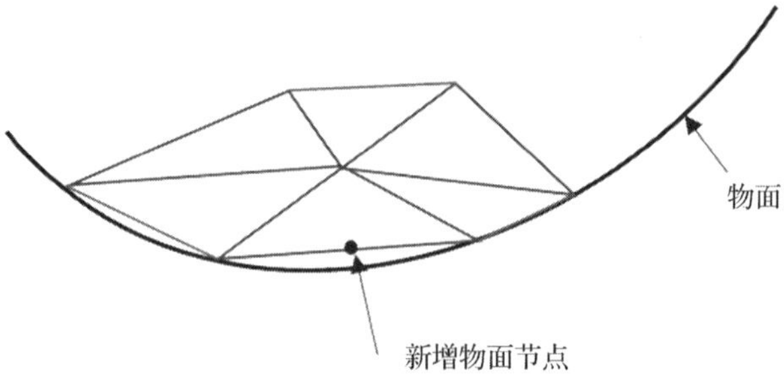

图 3-20　新增物面节点

由于没有现成的 CAD 等几何文件，采用二次样条对原劈分边进行重构，得到虚拟的几何外形，新增物面节点向该虚拟几何进行投影。完成投影后，对网格进行拉普拉斯光顺，将新增物面节点的投影位移影响传入内部网格节点，保证最终网格质量。

⑤自适应流程。

最终实现全自动的各向异性伴随自适应如图 3-21 所示。其中涉及的流动求解、伴随求解完全利用航空工业已发展较成熟的自研 CFD 求解器。

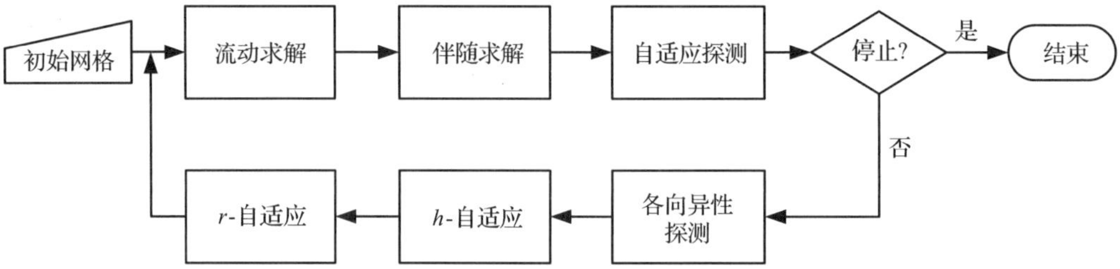

图 3-21　网格各向异性伴随自适应流程

自研 CFD 求解器基于非结构/混合网格，采用二阶格点格式有限体积法的并行求解守恒型可压缩 RANS 方程。网格单元类型支持三角形、四边形、四面体、金字塔、三棱柱，以及六面体等。无黏通量离散有中心格式，以及 Roe、HLLC、LDFSS 和混合 van Leer&LDFSS 等迎风格式，黏性通量采用中心格式离散。迎风格式通过 Burg 的 U. MUSCL 来实现二阶或三阶精度。重构和黏性通量计算中所需的梯度，采用 Green. Gauss 或者最小二乘法计算。定常时间推进格式为一阶后向 Euler 格式（1st backward Euler scheme），同时结合当地时间步长等加速手段，非定常时间推进采用二阶、三阶后向差分公式（BDF）或二阶/三阶混合格式，线性方程组通过点隐/线隐松弛（迭代）格式求解。湍流模型包含 Spalart Allmaras 一方程模型、Menter SST 两方程模型、Kok's TNT 模型、标准 Wilcox k w 2006 模型等，同时包含 Langtry Menter Gamma Ret 自由转捩模型，SA - DES/DDES/IDDES、Menter SST DES/DDES/IDDES 等混合 RANS/LES 大涡模拟方法。

在上述自研 CFD 求解器基础上，针对 Roe 格式和 SA 湍流模型发展了离散伴随求解器。考虑流场空间离散残值 $\boldsymbol{R}$ 为设计变量 $\boldsymbol{D}$、流动变量 $\boldsymbol{W}$ 和计算网格 $\boldsymbol{X}$ 的函数，对定常流动有 $\boldsymbol{R}(\boldsymbol{D},\boldsymbol{W},\boldsymbol{X})=0$。同时线弹性体网格变形方程 $G(\boldsymbol{D},\boldsymbol{X})=0$。引入拉格朗日函数

$$L(\boldsymbol{D},\boldsymbol{W},\boldsymbol{X},\boldsymbol{\Lambda}_{\mathrm{f}},\boldsymbol{\Lambda}_{\mathrm{g}})=f(\boldsymbol{D},\boldsymbol{W},\boldsymbol{X})+\boldsymbol{\Lambda}_{\mathrm{f}}^{\mathrm{T}}\boldsymbol{R}(\boldsymbol{D},\boldsymbol{W},\boldsymbol{X})+\boldsymbol{\Lambda}_{\mathrm{g}}^{\mathrm{T}}\boldsymbol{G}(\boldsymbol{D},\boldsymbol{X}) \tag{3-38}$$

式中：f 为优化目标函数，目前可选为各种气动力系数及其组合；$\boldsymbol{\Lambda}_{\mathrm{f}}$ 和 $\boldsymbol{\Lambda}_{\mathrm{g}}$ 均为拉格朗日

算子（下标 f 和 g 分别表示该量与流动（flow）或网格（grad）相关）。将式（3-38）拉格朗日函数对设计变量变分，并整理得

$$\frac{\mathrm{d}L}{\mathrm{d}\boldsymbol{D}}=\left(\frac{\partial f}{\partial \boldsymbol{D}}+\boldsymbol{\Lambda}_{\mathrm{f}}^{\mathrm{T}}\frac{\partial \boldsymbol{R}}{\partial \boldsymbol{D}}+\boldsymbol{\Lambda}_{\mathrm{g}}^{\mathrm{T}}\frac{\partial \boldsymbol{G}}{\partial \boldsymbol{D}}\right)+\left(\frac{\partial f}{\partial \boldsymbol{W}}+\boldsymbol{\Lambda}_{\mathrm{f}}^{\mathrm{T}}\frac{\partial \boldsymbol{R}}{\partial \boldsymbol{W}}\right)\frac{\partial \boldsymbol{W}}{\partial \boldsymbol{D}}+\left(\frac{\partial f}{\partial \boldsymbol{X}}+\boldsymbol{\Lambda}_{\mathrm{f}}^{\mathrm{T}}\frac{\partial \boldsymbol{R}}{\partial \boldsymbol{X}}+\boldsymbol{\Lambda}_{\mathrm{g}}^{\mathrm{T}}\frac{\partial \boldsymbol{G}}{\partial \boldsymbol{X}}\right)\frac{\partial \boldsymbol{X}}{\partial \boldsymbol{D}} \tag{3-39}$$

由于 $\boldsymbol{\Lambda}_{\mathrm{f}}$ 和 $\boldsymbol{\Lambda}_{\mathrm{g}}$ 可为任意值，可令

$$\begin{cases}\dfrac{\partial f}{\partial \boldsymbol{W}}+\boldsymbol{\Lambda}_{\mathrm{f}}^{\mathrm{T}}\dfrac{\partial \boldsymbol{R}}{\partial \boldsymbol{W}}=0\\[2ex]\dfrac{\partial f}{\partial \boldsymbol{X}}+\boldsymbol{\Lambda}_{\mathrm{f}}^{\mathrm{T}}\dfrac{\partial \boldsymbol{R}}{\partial \boldsymbol{X}}+\boldsymbol{\Lambda}_{\mathrm{g}}^{\mathrm{T}}\dfrac{\partial \boldsymbol{G}}{\partial \boldsymbol{X}}=0\end{cases} \tag{3-40}$$

以避免$\dfrac{\partial \boldsymbol{W}}{\partial \boldsymbol{D}}$和$\dfrac{\partial \boldsymbol{X}}{\partial \boldsymbol{D}}$的计算。相应地，式（3-39）变成

$$\frac{\mathrm{d}L}{\mathrm{d}\boldsymbol{D}}=\frac{\partial f}{\partial \boldsymbol{D}}+\boldsymbol{\Lambda}_{\mathrm{f}}^{\mathrm{T}}\frac{\partial \boldsymbol{R}}{\partial \boldsymbol{D}}+\boldsymbol{\Lambda}_{\mathrm{g}}^{\mathrm{T}}\frac{\partial \boldsymbol{G}}{\partial \boldsymbol{D}} \tag{3-41}$$

式（3-40）中两式分别称为离散流场伴随方程和离散网格伴随方程，其求解规模与设计变量个数无关。对其中各方程采用隐式时间推进方法并行求解，离散所得线性方程组采用时间推进或广义最小残值法求解。求得 $\boldsymbol{\Lambda}_{\mathrm{f}}$ 和 $\boldsymbol{\Lambda}_{\mathrm{g}}$，代入式（3-41）便可得到目标函数对设计变量的导数。

采用时间推进求解时，首先在伴随方程式（3-41）左端项添加关于 $\boldsymbol{\Lambda}_{\mathrm{f}}$ 的伪时间导数$\dfrac{\mathrm{d}\boldsymbol{\Lambda}_{\mathrm{f}}}{\mathrm{d}\tau}$，如对于流场伴随方程有

$$\frac{\mathrm{d}\boldsymbol{\Lambda}_{\mathrm{f}}}{\mathrm{d}\tau}+\left[\frac{\partial \boldsymbol{R}}{\partial \boldsymbol{W}}\right]^{\mathrm{T}}\boldsymbol{\Lambda}_{\mathrm{f}}=-\left[\frac{\partial f}{\partial \boldsymbol{W}}\right]^{\mathrm{T}} \tag{3-42}$$

然后采用常规显式或隐式时间离散格式推进求解，如采用一阶向后欧拉有限差分格式时，得到

$$\left(\frac{1}{\Delta\tau}\boldsymbol{I}+\left(\left[\frac{\partial \boldsymbol{R}}{\partial \boldsymbol{W}}\right]^{\mathrm{T}}\right)_{\mathrm{lhs}}\right)\Delta\boldsymbol{\Lambda}_{\mathrm{f}}=-\left[\frac{\partial f}{\partial \boldsymbol{W}}\right]^{\mathrm{T}}-\left(\left[\frac{\partial \boldsymbol{R}}{\partial \boldsymbol{W}}\right]^{\mathrm{T}}\right)_{\mathrm{rhs}}\boldsymbol{\Lambda}_{\mathrm{f}}^{i} \tag{3-43}$$

式中：$\boldsymbol{I}$ 表示单位矩阵；$\Delta\boldsymbol{\Lambda}_{\mathrm{f}}=\boldsymbol{\Lambda}_{\mathrm{f}}^{i+1}-\boldsymbol{\Lambda}_{\mathrm{f}}^{i}$，上标 i 代表伪时间推进步；左、右两端的 Jacobian 矩阵分别以下标 lhs 和 rhs 加以区分，因为二者扮演着不同的角色；右端项中的 Jacobian 矩阵决定了敏感性导数的精度，因此，需要根据空间离散格式来精确构造；并且为节省内存空间，在右端项构造过程中使用的是$\left(\left[\dfrac{\partial \boldsymbol{R}}{\partial \boldsymbol{W}}\right]^{\mathrm{T}}\right)_{\mathrm{rhs}}\boldsymbol{\Lambda}_{\mathrm{f}}^{i}$（逐行构造）而不是$\left(\left[\dfrac{\partial \boldsymbol{R}}{\partial \boldsymbol{W}}\right]^{\mathrm{T}}\right)_{\mathrm{rhs}}$；左端项中的 Jacobian 矩阵推动求解进程，最终使右端项变为零，不影响敏感性导数的精度，因此一般采用一阶近似，以降低线性方程组求解复杂度。

（3）算例验证

针对二维超声速平板算例和三维 SEEB-ALR（旋成体模型），分别基于 RANS+SA 湍流模型方程和 Euler 方程开展计算验证。无黏通量离散采用 Roe 格式，并通过 Burg 的 UMUSCL 解重构方法来实现三阶精度。其中限制器采用 Venkatakrishnan 限制器，梯度计算采用格林-高斯方法，并采用方向导数进行修正以避免奇偶失联。黏性通量采用中心格式离散。对于空间离散所得的半离散系统采用点隐式雅克比方法并行推进求解。因为声爆

问题难以给定合适的期望误差水平，所以在计算中给定一个比较小的值，然后通过控制自适应次数来终止迭代。在两个算例中，自适应迭代次数均设为10。

①超声速平板。

来流以 $Ma=2$ 的速度流过长度为2的平板，平板起始于原点平行于 x 轴布置，基于平板长度的雷诺数为 1×10^6。初始计算网格按常规CFD黏性计算生成，计算域沿平板向前延伸长度1，沿垂直平板方向扩展长度1，如图3-22所示。图3-22还给出了自适应过程中网格拉伸和方位特征变化。经自适应后，边界层外网格在激波处加密并沿激波对齐、拉伸，这种网格布置特征有利于激波捕捉和传播。图3-23所示的计算过压（$dp/p_{inf}=p/p_\infty-1$）对比表明，自适应后网格由于具有更好的分辨率，能更好地捕捉到激波层特征。

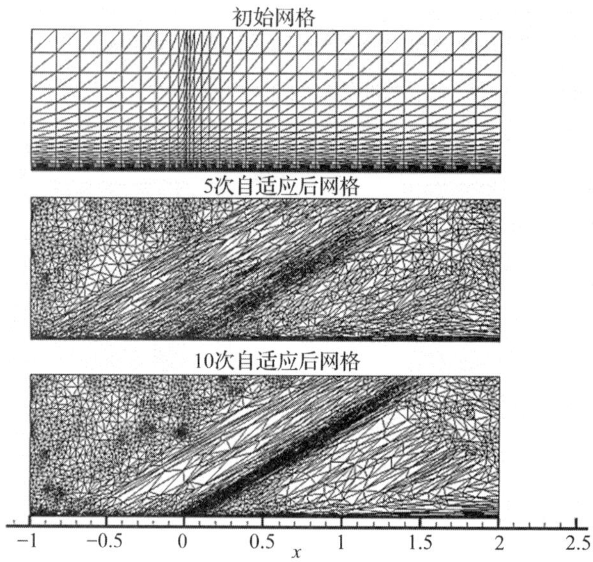

图3-22　超声速平板初始网格和自适应后网格对比

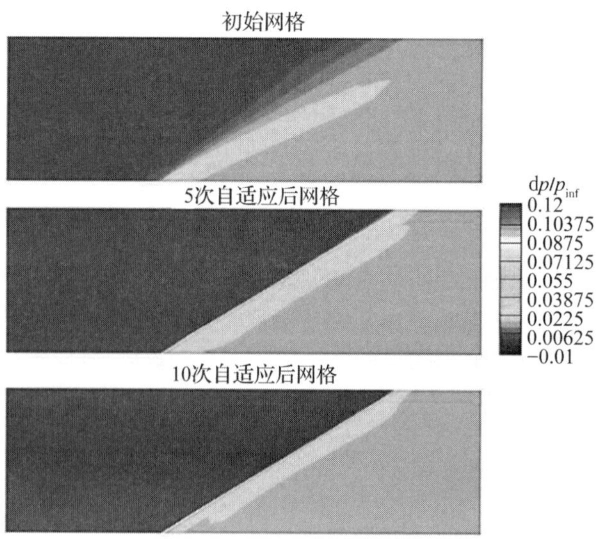

图3-23　超声速平板计算过压对比

②SEEB－ALR。

SEEB－ALR 是第一届声爆预测研讨会（SBPW1）所采用的一个旋成体、非升力体模型。初始计算网格采用与 SBPW1 计算网格相同的近体圆柱和远体马赫锥拓扑，按常规 CFD 计算生成。图 3－24 给出了对称面和物面上的网格分布。过压信号积分面选取半径为 1.2 倍模型特征长度的绕轴圆柱面，其与对称面的交线位于粗实线处。可见积分面附近网格已经比较稀疏，难以捕捉到激波（见图 3－27 计算结果，即初始网格和自适应网格），使得供过压信号面积分数据较少、影响自适应效率。图 3－25 给出了目标函数随自适应过程进行的变化情形。由图可见，最后两步中目标函数几乎无变化，证明了自适应策略的可行性，同时也表明给定的自适应步数是合适的。

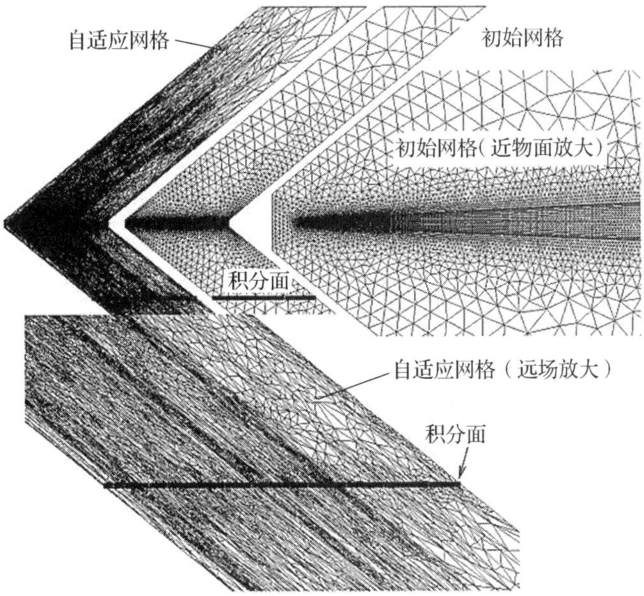

图 3－24　SEEB－ALR 初始网格和自适应网格对比

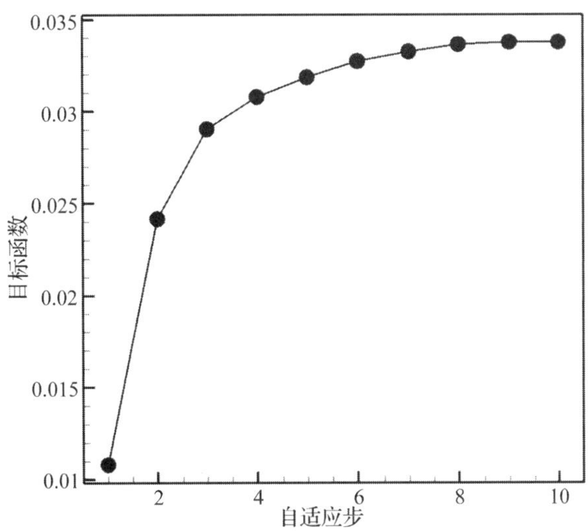

图 3－25　SEEB－ALR 网格自适应过程中目标函数变化

自适应后，网格规模增长了30倍左右，具体如表3-3所示。可见自适应后的网格向激波集聚和加密，沿激波对齐和拉伸，更利于激波向远处传播。这与声爆近场CFD计算网格认知相符，证明了本书所发展方法的正确性，同时也说明了伴随各向异性网格自适应能为具有合适分辨率的声爆近场CFD计算网格生成提供新思路。图3-26为SEEB-ALR计算过压对比分析，进一步证明了自适应后网格捕捉远体激波的能力，所得结果与规模大得多的SBPW1网格的计算结果相当。图3-27比较了模型正下方1.2倍特征长度处的计算过压信号与试验数据。初始网格由于在对应位置的分辨率远达不到要求，捕捉过压信号完全失真。自适应后网格计算波形和SBPW1网格计算波形吻合较好，尤其是在前后激波和膨胀波位置上几乎一致，但过压峰值相差较大；并且二者计算波形除膨胀区外与试验结果非常一致。虽然自适应后网格计算过压峰值与SBPW1网格计算值相差较大，但与试验数据吻合很好、几乎完全重合，差异在5%以内。

表3-3 SEEB-ALR计算网格规模对比

网格	节点数	四面体数	棱边数
初始网格	50145	238922	309141
自适应网格	1455531	8280081	9797147
SBPW1 网格	10159421	59565426	70133762

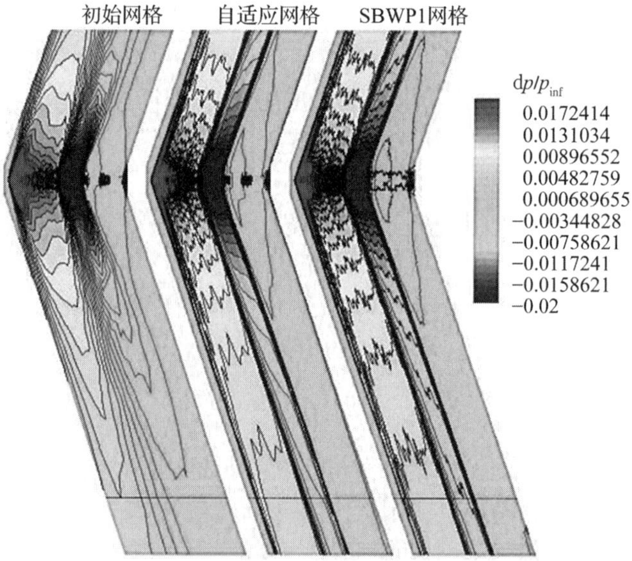

图3-26 SEEB-ALR计算过压对比

在计算网格自适应方面，发展了基于离散伴随的各向异性非结构网格自适应技术，并应用于声爆近场CFD计算。根据指定面上过压信号（目标函数），采用离散伴随误差估计得到期望的网格尺寸，并结合马赫数黑塞矩阵构建所期望的网格度量张量，运用 h 和 r 自适应策略得到合适的网格分辨率。算例表明，本书方法所得的自适应网格各属性符合声爆计算要求，能以较少网格准确捕捉到激波和膨胀波等流场结构和精确计算近场过压信号。整个自适应过程全自动进行，降低了声爆近场CFD计算网格生成难度和复杂度，提高了声爆计算效率，对发展基于CFD模拟的低声爆超声速飞行器设计方法具有积极意义。

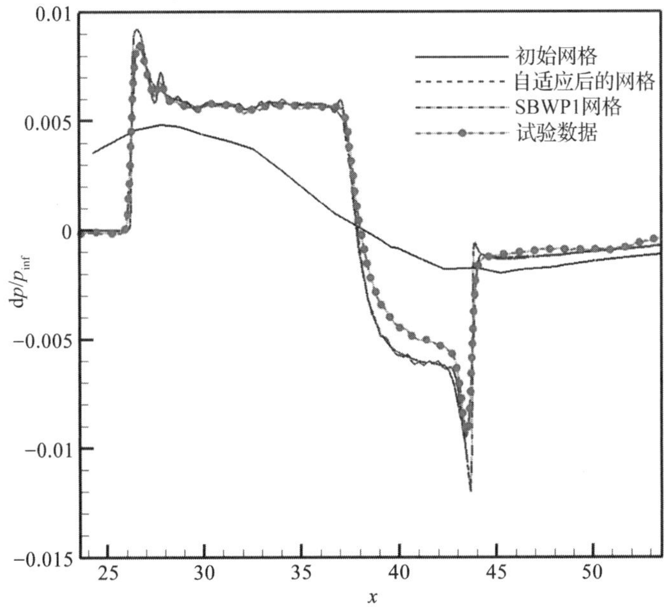

图 3－27　SEEB－ALR 正下方 1. 2 倍特征长度处计算过压信号与试验数据对比

3. 2. 2. 2　空间复杂波系高分辨率格式

计算气动声学（CAA）的高速发展为解决工程问题中的噪声分析提供了有效的工具，其完全有能力对声源生成和声源传播的物理过程进行精确的数值模拟。气动声学的重点在于对由非定常流动产生的声场的精确模拟，需要对流动扰动演化过程进行精确数值模拟，而传统的二阶精度方法由于存在过高的耗散和色散，往往导致湍流脉动量淹没在平均流中，从而对声场的精确捕捉产生较大的影响。因此，需要发展高保真度的时间和空间格式，针对超声速民机声爆问题，对激波这种强间断问题的精确预估是非常重要的。由于非结构网格二阶精度的限制，目前主要还是通过网格自适应策略解决。

在数值模拟声源产生和声传播方面，高阶格式具有很强的潜在优势，与低阶格式相比，高阶格式具有更高的数值分辨率和更高的数值模拟精度。如果计算流场足够光滑，高阶格式的截断误差要比低阶格式衰退更快，高阶格式计算效率更高。

虽然目前基于非结构网格的求解器在 CFD 领域取得了很大的成功，也能满足复杂流场的数值模拟，但几乎所有的非结构网格求解器空间离散精度均低于二阶，如 FUN3D、USM3D、Loci/CHEM 等。非结构网格不同于结构网格，邻居节点的关联性信息不够直观明确，其高阶计算模板不固定，很难计算高阶导数。

（1）基于非结构网格高阶格式的发展局限性

目前在基于非结构网格发展的众多高阶格式中，间断 Galerkin 有限元方法（DGM）被认为是最行之有效的方法之一，受到国内外学者的广泛关注。在该方法中，通过在单元内引入额外的自由度构造高阶多项式的方式来实现高阶精度，如图 3－28 所示。从某种意义上来说，该方法能够保持单元内“结构”的关联性，无须构建极大模板，保持格式良好的紧致特性，从而极大地降低了实现难度。

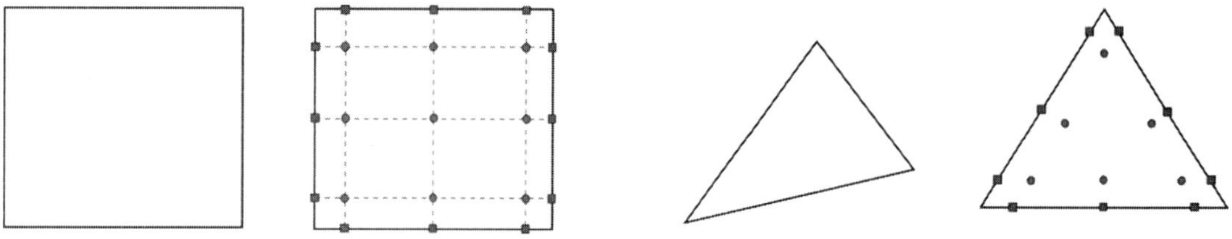

图 3－28 DGM 四边形和三角形网格构造高阶模板示意图

表 3－4 给出了 DGM 中不同单元类型针在不同的计算精度条件下需要的额外自由度数，从表中可见随着计算精度的提高，所需的自由度会呈现非线性增长，在求解同等规模网格的情况下，该方法要比二阶精度方法占用更多的计算资源。从方法的构造分析还可知，该方法完全不同于现在成熟的有限体积法，需要对质量矩阵进行存储和隐式求逆，增加求解的难度。此外，该方法也无法直接运用在现有的基于有限体积法成熟的工业代码中，需要进行大量的修改，因此，该方法目前还无法快速有效地解决现有问题。

表 3－4 DGM 不同精度下自由度需求

格式精度	二阶（$p=1$）	三阶（$p=2$）	四阶（$p=3$）
2D Tri：$\frac{(p+1)(p+2)}{2}$	3	6	10
3D Quad：$(p+1)^2$	4	9	16
3D Tet：$\frac{(p+1)(p+2)(p+3)}{6}$	4	10	20
3D Hex：$(p+1)^3$	8	27	64

发展一种具有低耗散特性的、能高效快速实现的高阶精度（不低于二阶）方法，与现有算法能有效进行融合，且能快速集成到自研软件中。要求该方法能适用于传统的有限体积法，而非 k－exact 类有限体积法，即维持单元内求解自由度的个数不变，从而能保证新格式的计算量和原有格式相当；该新方法还应同时适用于中心格式和迎风格式，具有较高的鲁棒性。此外，最重要的一点还是该新方法应维持现有解算器的框架不变，仅需要对解算器进行局部改进，从而能维持现有解算器的特点，也能快速实现解算器求解精度提高。为此，基于现有解算器对二阶重构方法的分析可知，通量面上的流场变量构造是对格心处变量的二阶泰勒展开，为了提高精度，我们需要添加高阶修正项，从而实现高阶精度。

（2）U－MUSCL 格式高阶重构

大量研究结果表明，传统二阶格式在声学模拟中并不能精确地对捕捉声源和声波的传输进行数值模拟，因此需要开展高分辨率空间离散格式研究。在基于传统单参数调节的 U－MUSCL 格式之上，发展双参数调节的不低于三阶精度的 U－MUSCL 格式，并对现有的非结构混合网格有限体积法（finite volume method，FVM）解算器进行合理改造，在保持现有的软件架构不变的情况下，只通过对原有的多项式进行构造，即只增加高阶项导数存储的方式，进行扩展实现高阶精度，满足近场声爆数值模拟中对多波系问题的精确模拟。

①高阶格式构造原理。

目前 CFD 中构造高阶精度通常采用泰勒公式展开方法，其基本思想就是用函数在某点处的值以及导数来描述其在该点附近的取值

$$Q_i = Q_0 + \frac{\partial Q}{\partial x}(x_i - x_0) + \frac{\partial Q}{\partial y}(y_i - y_0) \tag{3-44}$$

对式（3－44）右端项添加二阶导数修正项，从而就可以构造三阶精度

$$Q^h(x,y) = Q(x_0,y_0) + \frac{\partial Q}{\partial x}(x - x_0) + \frac{\partial Q}{\partial y}(y - y_0) + \frac{1}{2}\left[\frac{\partial^2 Q}{\partial x^2}(x - x_0)^2 + 2\frac{\partial^2 Q}{\partial x \partial y}(x - x_0)(y - y_0) + \frac{\partial^2 Q}{\partial y^2}(y - y_0)^2\right] \tag{3-45}$$

由式（3－45）可知，二阶导数修正项为

$$\Delta Q^{h-2} = Q^h - Q^2 = \frac{1}{2}\left[\frac{\partial^2 Q}{\partial x^2}(x - x_0)^2 + 2\frac{\partial^2 Q}{\partial x \partial y}(x - x_0)(y - y_0) + \frac{\partial^2 Q}{\partial y^2}(y - y_0)^2\right] \tag{3-46}$$

式（3－46）中的二阶导数项依然可以采用现有一阶导数项计算方式，即采用格林定理或者最小二乘法

$$\frac{\partial h}{\partial x} = \frac{1}{\text{Vol}\ (\Omega)}\oint_{\Omega} h\,\mathrm{d}x;\quad \frac{\partial h}{\partial y} = \frac{1}{\text{Vol}\ (\Omega)}\oint_{\Omega} h\,\mathrm{d}y \tag{3-47}$$

式中：Vol（Ω）表示控制体 Ω 的体积。由于一般二阶精度求解器中一阶导数为已知的，我们只需要求解二阶导数，这里以格林定理方法求解为例

$$\frac{\partial^2 Q}{\partial x^2} = \frac{1}{\text{Vol}\ (\Omega)}\oint_{\Omega}\frac{\partial Q}{\partial x}\mathrm{d}x;\quad \frac{\partial^2 Q}{\partial xy} = \frac{1}{\text{Vol}\ (\Omega)}\oint_{\Omega}\frac{\partial Q}{\partial x}\mathrm{d}y;\quad \frac{\partial^2 Q}{\partial y^2} = \frac{1}{\text{Vol}\ (\Omega)}\oint_{\Omega}\frac{\partial Q}{\partial y}\mathrm{d}y \tag{3-48}$$

利用一阶导数信息

$$\frac{\partial^2 Q}{\partial x^2} = \frac{\partial}{\partial x}\left(\frac{\partial Q}{\partial x}\right)\qquad \frac{\partial^2 Q}{\partial xy} = \frac{\partial}{\partial y}\left(\frac{\partial Q}{\partial x}\right) \tag{3-49}$$

需要说明的是，该方法中的高阶导数计算模块随着求解精度的提高而不断扩大，如图 3－29所示。因此，在采用并行计算时，还需要对模板上的所有一阶导数进行数据通信。

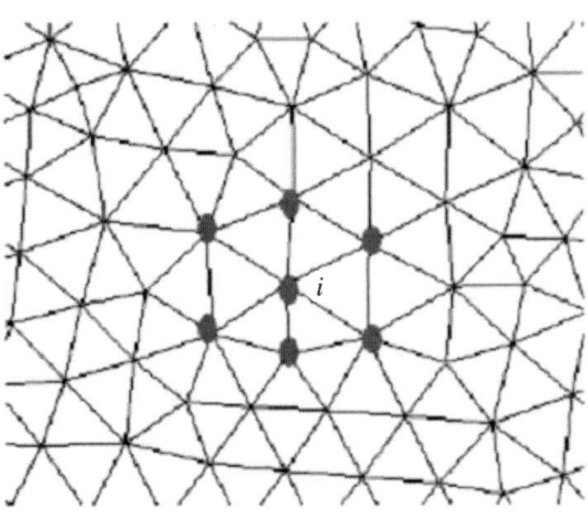

（a）一阶导数

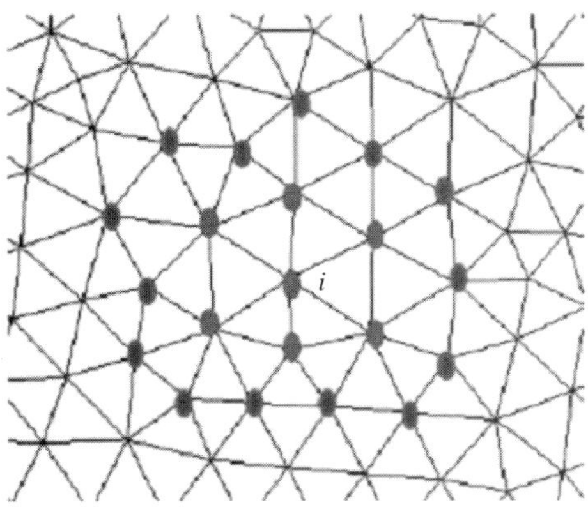

（b）二阶导数

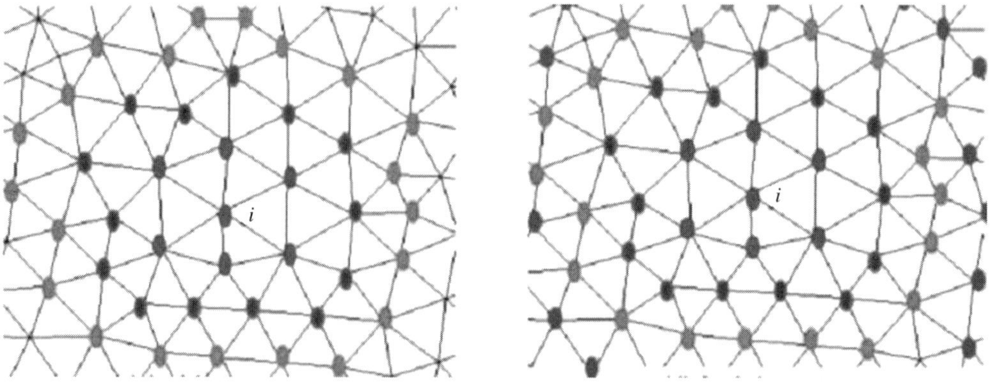

（c）三阶导数　　　　（d）四阶导数

图 3－29　高阶导数计算模板示意图

②传统二阶 U－MUSCL 格式。

基于非结构有限体积法，Burg 基于泰勒展开提出了单参数调节的 U－MUSCL 格式，该格式通过变量外推重构实现二阶精度，与结构网格中的 MUSCL 格式非常接近，该格式通过利用节点变量和变量梯度信息构造二阶精度，其重构插值函数表达式如下

$$Q_{i+1/2}^{L}=Q_i+\Psi\left[\frac{\kappa}{2}(Q_{i+1}-Q_i)+(1-\kappa)\nabla Q_i\cdot\boldsymbol{r}_{fi}\right] \tag{3-50}$$

式中：κ 为 U－MUSCL 调节参数；Q_i 和 Q_{i+1} 为界面 $i+1/2$ 左右两侧网格节点上流场变量值；L 表示界面 $i+1/2$ 处的 $Q_{i+1/2}$ 从左侧网格节点插值而来；Ψ 为限制函数；$\boldsymbol{r}_{fi}$ 为界面 $i+1/2$ 中心到节点 i 的位移向量。这种新变量外推公式代表单参数家族格式。

表 3－5 给出了随 κ 参数不同取值时重构精度的情况。可见，当 $\kappa=0$，原始二阶变量外推；当 $\kappa=-1$，二阶完全迎风 MUSCL 型变量外推；当 $\kappa=1/2$，面上变量外推达到三阶；当 $\kappa=1/3$，节点处导数计算达到三阶精度；当 $\kappa=1$，中心差分格式；当 $\kappa<1$，格式为迎风格式，只要不包含激波，针对高质量网格，该格式针对双曲方程系统是稳定的。

表 3－5　U－MUSCL 随 κ 变化时重构精度

κ	精度描述
－1	二阶 MUSCL 型格式
0	二阶非结构迎风格式
1/3	三阶 MUSCL 型格式
1/2	三阶外推到面
1	二阶中心差分格式

③新型三阶 U－MUSCL 格式。

对二阶 U－MUSCL 格式添加高阶修正项，获取双参数调节的三阶 U－MUSCL 重构格式为

$$\begin{aligned}Q_{i+1/2}^{L}=&Q_i+\frac{\kappa}{2}(Q_{i+1}-Q_i)+(1-\kappa)\nabla Q_i\cdot\boldsymbol{r}_{fi}+\\&\frac{1}{2}\left[\frac{\kappa_3}{2}(\nabla Q_{i+1}-\nabla Q_i)+(1-\kappa_3)\nabla(\nabla Q_i\cdot\boldsymbol{r}_{fi})\right]\cdot\boldsymbol{r}_{fi}\end{aligned} \tag{3-51}$$

对式（3－51）中高阶修正项中的梯度进行展开

$$
\begin{aligned}
Q_{i+1/2}^{L}=Q_{i}+\frac{\kappa}{2}(Q_{i+1}-Q_{i})+(1-\kappa)\nabla Q_{i}\cdot\boldsymbol{r}_{fi}+\\
\frac{1}{2}\left[\frac{\kappa_{3}}{2}\left(\left(\frac{\partial Q}{\partial x}\right)_{i+1}-\left(\frac{\partial Q}{\partial x}\right)_{i}\right)+(1-\kappa_{3})\nabla\left(\frac{\partial Q}{\partial x}\right)\cdot\boldsymbol{r}_{fi}\right]\Delta x_{fi}+\\
\frac{1}{2}\left[\frac{\kappa_{3}}{2}\left(\left(\frac{\partial Q}{\partial y}\right)_{i+1}-\left(\frac{\partial Q}{\partial y}\right)_{i}\right)+(1-\kappa_{3})\nabla\left(\frac{\partial Q}{\partial y}\right)\cdot\boldsymbol{r}_{fi}\right]\Delta y_{fi}+\\
\frac{1}{2}\left[\frac{\kappa_{3}}{2}\left(\left(\frac{\partial Q}{\partial z}\right)_{i+1}-\left(\frac{\partial Q}{\partial z}\right)_{i}\right)+(1-\kappa_{3})\nabla\left(\frac{\partial Q}{\partial z}\right)\cdot\boldsymbol{r}_{fi}\right]\Delta z_{fi}
\end{aligned}
\tag{3-52}
$$

由式（3－52）可知，该格式形式上类似于传统二阶 U－MUSCL 格式，可以完全继承现有解算器的架构。在公式中除了保留了二阶精度调节参数 κ 外，还针对高阶修正项额外引入了一个新的格式调节参数 κ_3，该格式称为双参数新型 U－MUSCL 格式。此外，针对三维问题，式（3－52）中还引入了如下 9 个二阶导数

$$
\begin{matrix}
\dfrac{\partial^2 Q}{\partial x^2} & \dfrac{\partial^2 Q}{\partial x\partial y} & \dfrac{\partial^2 Q}{\partial x\partial z}\\[2ex]
\dfrac{\partial^2 Q}{\partial y\partial x} & \dfrac{\partial^2 Q}{\partial y^2} & \dfrac{\partial^2 Q}{\partial y\partial z}\\[2ex]
\dfrac{\partial^2 Q}{\partial z\partial x} & \dfrac{\partial^2 Q}{\partial z\partial y} & \dfrac{\partial^2 Q}{\partial z^2}
\end{matrix}
\tag{3-53}
$$

a. 新格式精度分析。

针对提出的三阶 U－MUSCL 格式在 1D 均匀网格上开展精度分析，寻找最优参数 κ、κ_3，内点上梯度采用最小二乘近似求解，如下

$$
\nabla Q_{i}\cdot\frac{\boldsymbol{r}}{2}=\frac{Q_{i+1}-Q_{i-1}}{4};\qquad \nabla Q_{i+1}\cdot\frac{\boldsymbol{r}}{2}=\frac{Q_{i+2}-Q_{i}}{4}
\tag{3-54}
$$

b. 控制体边界面重构解精度分析。

将各节点的解针对 $i+1/2$ 面进行泰勒级数展开，得

$$
\begin{aligned}
Q_{i+1/2}^{L}&=Q_{i}+\frac{\kappa}{2}(Q_{i+1}-Q_{i})+(1-\kappa)\nabla Q_{i}\cdot\boldsymbol{r}_{fi}+\\
&\quad\frac{1}{2}\left[\frac{\kappa_{3}}{2}(\nabla Q_{i+1}-\nabla Q_{i})+(1-\kappa_{3})\nabla(\nabla Q_{i}\cdot\boldsymbol{r}_{fi})\right]\cdot\boldsymbol{r}_{fi}\\
&=Q_{i}+\frac{\kappa}{2}(Q_{i+1}-Q_{i})+\frac{(1-\kappa)}{4}(Q_{i+1}-Q_{i})+\\
&\quad\frac{1}{2}\left[\frac{\kappa_{3}}{8}(Q_{i+2}-Q_{i+1}-Q_{i}+Q_{i-1})+\frac{(1-\kappa_{3})}{16}(Q_{i+2}-2Q_{i}+Q_{i-2})\right]\\
&=\frac{1-\kappa_{3}}{32}\left(Q_{i+1/2}+Q_{i+1/2}'\frac{3\Delta x}{2}+Q_{i+1/2}''\frac{9\Delta x^{2}}{8}+Q_{i+1/2}'''\frac{27\Delta x^{3}}{48}+Q_{i+1/2}^{(4)}\frac{81\Delta x^{4}}{384}+O(\Delta x^{5})\right)+\\
&\quad\frac{4(1+\kappa)-\kappa_{3}}{16}\left(Q_{i+1/2}+Q_{i+1/2}'\frac{\Delta x}{2}+Q_{i+1/2}''\frac{\Delta x^{2}}{8}+Q_{i+1/2}'''\frac{\Delta x^{3}}{48}+Q_{i+1/2}^{(4)}\frac{\Delta x^{4}}{384}+O(\Delta x^{5})\right)+\\
&\quad\frac{15-8\kappa}{16}\left(Q_{i+1/2}-Q_{i+1/2}'\frac{\Delta x}{2}+Q_{i+1/2}''\frac{\Delta x^{2}}{8}-Q_{i+1/2}'''\frac{\Delta x^{3}}{48}+Q_{i+1/2}^{(4)}\frac{\Delta x^{4}}{384}+O(\Delta x^{5})\right)+
\end{aligned}
$$

$$\frac{-4(1-\kappa)+\kappa_3}{16}\left(Q_{i+1/2}-Q'_{i+1/2}\frac{3\Delta x}{2}+Q''_{i+1/2}\frac{9\Delta x^2}{8}-Q'''_{i+1/2}\frac{27\Delta x^3}{48}+Q^{(4)}_{i+1/2}\frac{81\Delta x^4}{384}+O(\Delta x^5)\right)+$$

$$\frac{1-\kappa_3}{32}\left(Q_{i+1/2}-Q'_{i+1/2}\frac{5\Delta x}{2}+Q''_{i+1/2}\frac{25\Delta x^2}{8}-Q'''_{i+1/2}\frac{125\Delta x^3}{48}+Q^{(4)}_{i+1/2}\frac{625\Delta x^4}{384}+O(\Delta x^5)\right)$$

$$=Q_{i+1/2}+\frac{\kappa}{4}Q''_{i+1/2}\Delta x^2+\frac{1-2\kappa+\kappa_3}{16}Q'''_{i+1/2}\Delta x^3+\frac{3+20\kappa-12\kappa_3}{384}Q^{(4)}_{i+1/2}\Delta x^4+O(\Delta x^5) \tag{3-55}$$

由式（3－55）分析可知，针对三阶 U－MUSCL 格式，单元边界面上的重构解随双参数的选取呈现出不同的特性，包括：

（a）格式精度不低于二阶；

（b）当 $\kappa=0$ 时，重构解精度为三阶；

（c）当 $\kappa=0$，$\kappa_3=-1$ 时，重构解精度为四阶，且无耗散；

（d）当 $\kappa=0$，$\kappa_3=-1+\delta$，δ 为小量时，重构解精度为四阶，低阻尼。

c. 节点解一阶导数精度分析。

以 1D 问题为例，对节点处解的一阶导数的计算精度进行分析，得到

$$\begin{aligned}\int_{x-1/2}^{x+1/2}\frac{\partial Q}{\partial x}\mathrm{d}x &\approx Q^L_{i+1/2}-Q^L_{i-1/2}\\ &=\frac{1+\kappa_3}{32}Q_{i+2}+\frac{7+8\kappa-3\kappa_3}{32}Q_{i+1}+\frac{11-12\kappa+\kappa_3}{16}Q_i+\\ &\quad\frac{-19+12\kappa+\kappa_3}{16}Q_{i-1}+\frac{9-8\kappa-3\kappa_3}{32}Q_{i-2}+\frac{-1+\kappa_3}{32}Q_{i-3}\\ &=Q'_i\Delta x+\frac{1+6\kappa}{24}Q'''_i\Delta x^3+\frac{1-2\kappa+\kappa_3}{16}Q^{(4)}_i\Delta x^4+O(\Delta x^5)\end{aligned} \tag{3-56}$$

由式（3－56）分析可知：

（a）格式精度不低于二阶；

（b）当 $\kappa=-1/6$ 时，格心处一阶导数满足三阶精度；

（c）当 $\kappa=-1/6$，$\kappa_3=-4/3$ 时，插值精度为四阶，且无耗散；

（d）当 $\kappa=-1/6$，$\kappa_3=-4/3+\delta$，δ 为小量时，四阶精度，低阻尼。

d. 新格式耗散和色散特性分析。

为了比较三阶新型 U－MUSCL 格式与二阶 U－MUSCL 格式耗散和色散特性，还需要对两种格式的耗散和色散特性进行量化分析。对式（3－56）进行傅里叶变换并展开，获取虚部

$$\begin{aligned}\mathrm{i}\omega\Delta x=\Big[&\frac{1+\kappa_3}{32}\exp(2\mathrm{i}\omega\Delta x)+\frac{7+8\kappa-3\kappa_3}{32}\exp(\mathrm{i}\omega\Delta x)+\frac{11-12\kappa+\kappa_3}{16}+\\ &\frac{-19+12\kappa+\kappa_3}{16}\exp(-\mathrm{i}\omega\Delta x)+\frac{9-8\kappa-3\kappa_3}{32}\exp(-2\mathrm{i}\omega\Delta x)+\\ &\frac{-1+\kappa_3}{32}\exp(-3\mathrm{i}\omega\Delta x)\Big]\end{aligned} \tag{3-57}$$

则修正波数关系式为

$$\bar{\omega}\Delta x = \Big[\frac{-8+8\kappa+4\kappa_3}{32}\sin(2\omega\Delta x)+\frac{45-16\kappa-5\kappa_3}{32}\sin(\omega\Delta x)+\frac{1-\kappa_3}{16}\sin(3\omega\Delta x)$$

(3-58)

图 3-30 给出了新型三阶 U-MUSCL 格式与其他典型高阶格式的色散特性对比分析。可见，无论参数 κ 如何调节，原有二阶 U-MUSCL 格式的耗散和色散性能都相对较差，其次是六阶精度的中心差分格式，然后是新型三阶 U-MUSCL 格式，而六阶中心紧致格式和六阶单边迎风格式性能表现最佳。此外，我们发展的新型格式在色散性能上也与最好的格式比较接近，可见该格式具备更好的模拟大范围波数问题的能力，不会产生明显的相位误差。

图 3-31 给出了新型三阶 U-MUSCL 格式与传统二阶 U-MUSCL 格式耗散特性对比分析。可见，二阶 U-MUSCL 格式中当参数 κ 取值为 0 时耗散最大，取值为 0.5 时耗散

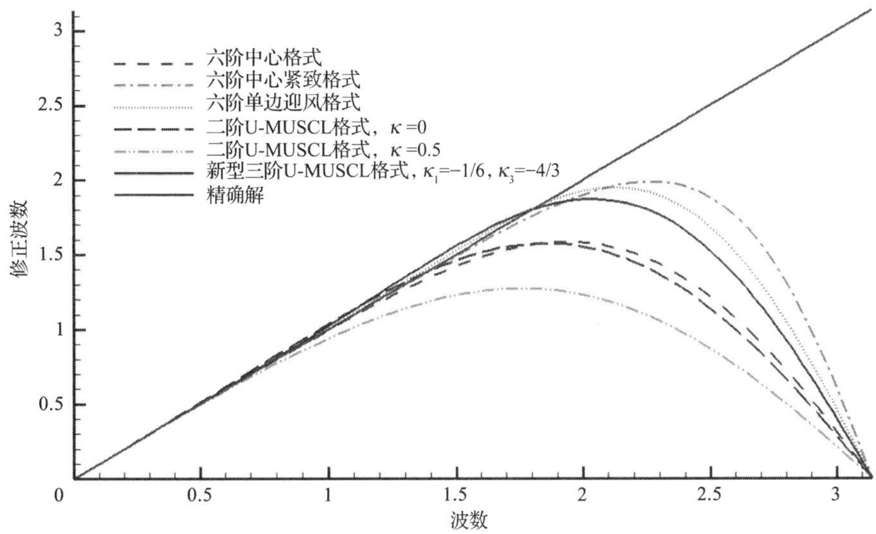

图 3-30　U-MUSCL 格式与其他典型高阶格式的色散特性对比分析

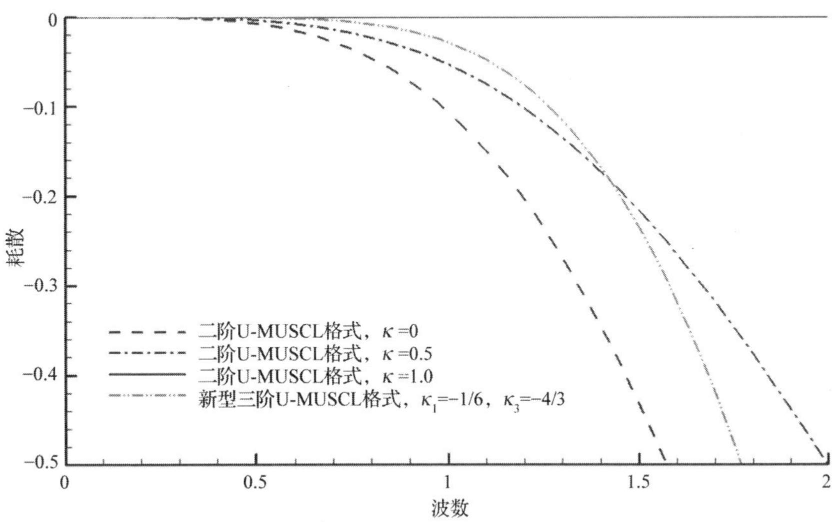

图 3-31　新型三阶 U-MUSCL 格式与传统二阶 U-MUSCL 格式的耗散特性对比分析

次之，取值为1时无耗散，而三阶U－MUSCL格式参数取$\kappa_1 = -1/6$，$\kappa_3 = -4/3$，当波数低于1.5时耗散较低，当波数大于1.5时耗散突增。比较发现，除了二阶U－MUSCL格式（$\kappa = 1$）外，三阶U－MUSCL格式的耗散最低，可见三阶U－MUSCL格式更有利于提高计算的精度。

（3）算例验证

以NACA0012、RAE2822两个翼型在亚跨流动为例，对三阶新型U－MUSCL高阶重构格式的性能以及软件的正确性进行初步验证，重点考察新格式的数值耗散性能以及与原有软件的匹配性能。

①NACA0012跨声速无黏流动。

计算条件：计算状态为马赫数为0.8，迎角1.25°。

边界条件：物面指定为滑移固壁边界条件，远场边界和出流边界均指定为远场边界条件。

计算网格采用Pointwise网格生成。计算流场为跨声速流场，计算域远场为参考弦长的50倍，网格总点数为9692个，网格计算单元为三角形单元，总数为19217，如图3－32所示。

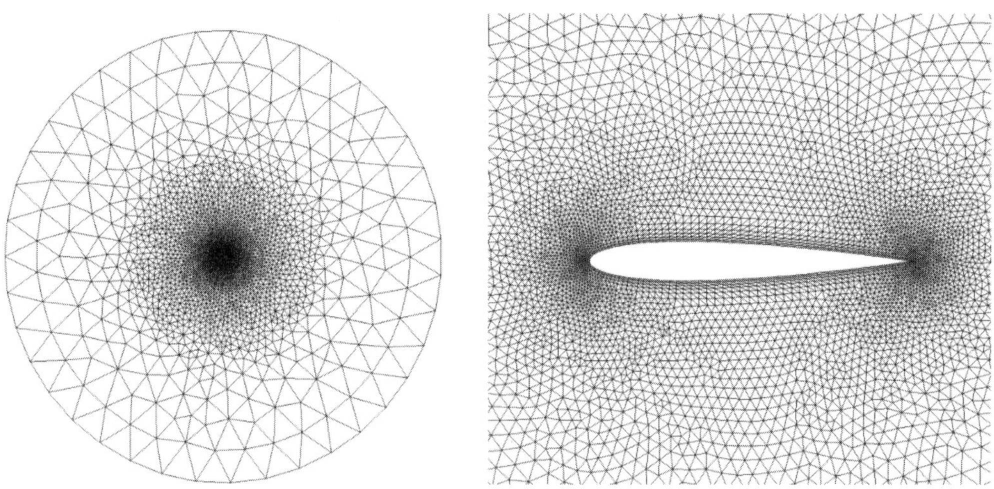

图3－32　NACA0012的无黏计算网格

图3－33和图3－34给出了流场压力云图对比和物面压力系数曲线对比。二阶和三阶U－MUSCL格式均能较好地对流动现象进行准确的数值模拟，但三阶U－MUSCL格式在激波捕捉方面与二阶U－MUSCL格式相比有细微的差别，尤其是对下表面弱激波的捕捉。

图3－35显示了两种重构方法在物面上的熵增对比分析。可见，三阶U－MUSCL格式的熵增明显比二阶U－MUSCL格式的熵增要低，且下表面弱激波引起的熵增捕捉要更加明显。三阶U－MUSCL格式同二阶U－MUSCL格式相比，能明显降低数值耗散引起的熵增，具有更低的数值耗散特性。

图3－36对比了两种重构方法的力系数收敛残值历程。可见，两种重构方法计算收敛历程相似，三阶U－MUSCL格式并没有降低原有格式的计算效率。表3－6进一步给出了格式重构前后的升阻力系数变化情况，两种格式计算得到的升阻力系数基本一致。

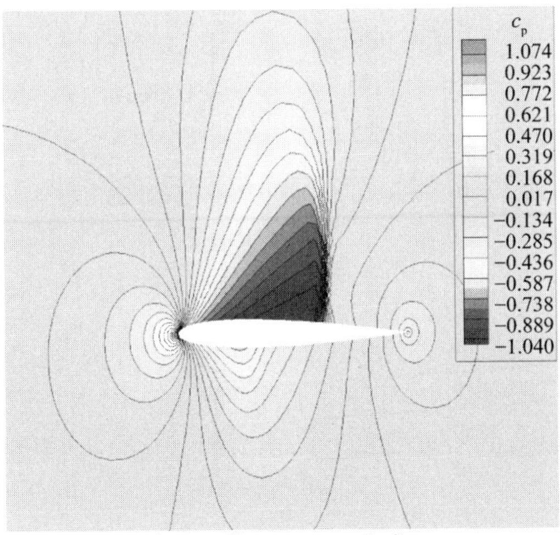

（a）二阶U-MUSCL格式

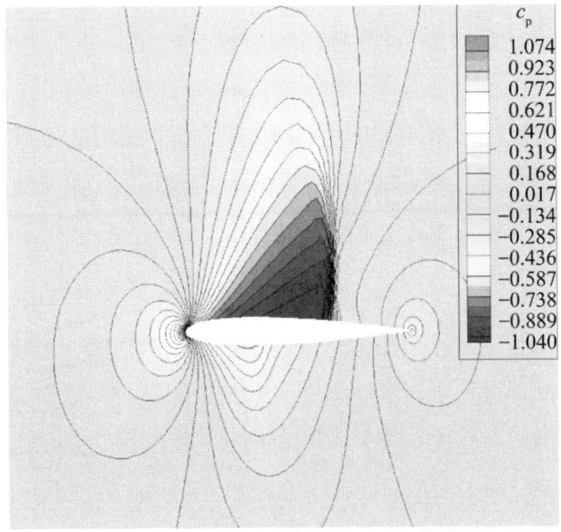

（b）新型三阶U-MUSCL格式

注：c_p 为表面压力系数。

图 3 – 33　NACA0012 的流场压力云图对比

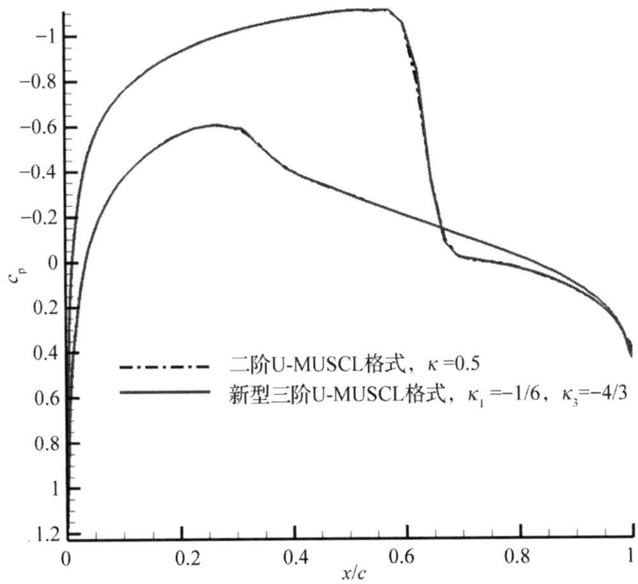

图 3 – 34　NACA0012 物面压力系数曲线对比

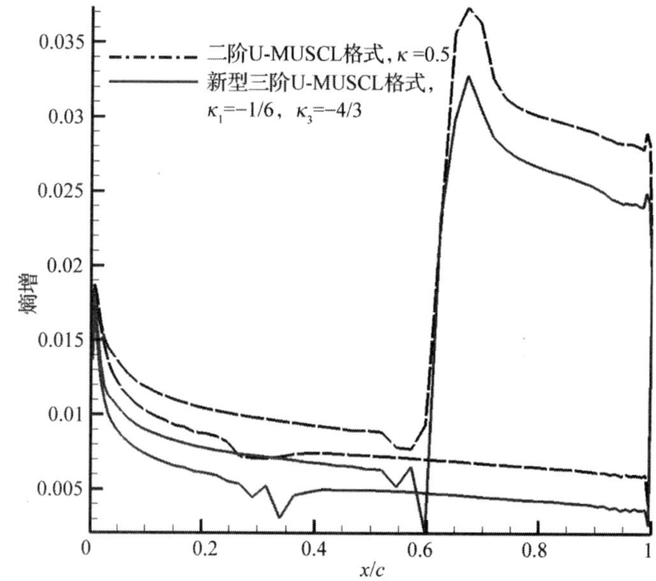

图 3-35　NACA0012 物面熵增对比

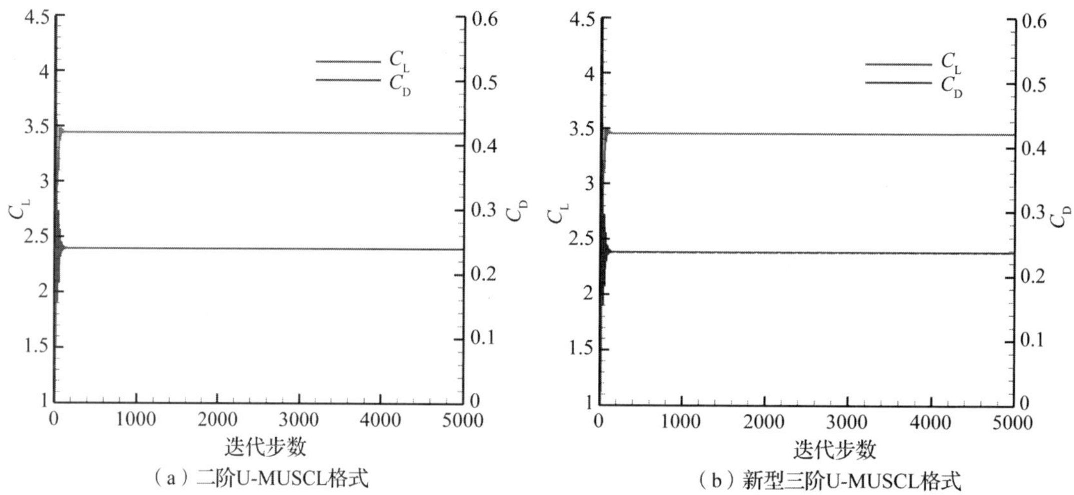

注：C_L 为升力系数，C_D 为阻力系数。

图 3-36　NACA0012 力系数收敛残值历程对比

表 3-6　格式重构前后的升阻力系数对比

格式	升力系数	阻力系数
二阶 U-MUSCL 格式	0.34433	0.02397
新型三阶 U-MUSCL 格式	0.34539	0.02371

②RAE2822 跨声速黏性流动。

计算条件：计算状态为马赫数为 0.729，迎角 2.31°，雷诺数 650 万。

边界条件：物面采用无滑移固壁边界条件，远场边界和出流边界均指定为远场边界条件。

计算网格采用 Pointwise 网格生成。计算流场为跨声速流场，计算域远场为参考弦长的 25 倍，网格总点数为 11776 个，网格计算单元为四边形单元，总数为 23552，如图 3 – 37所示。

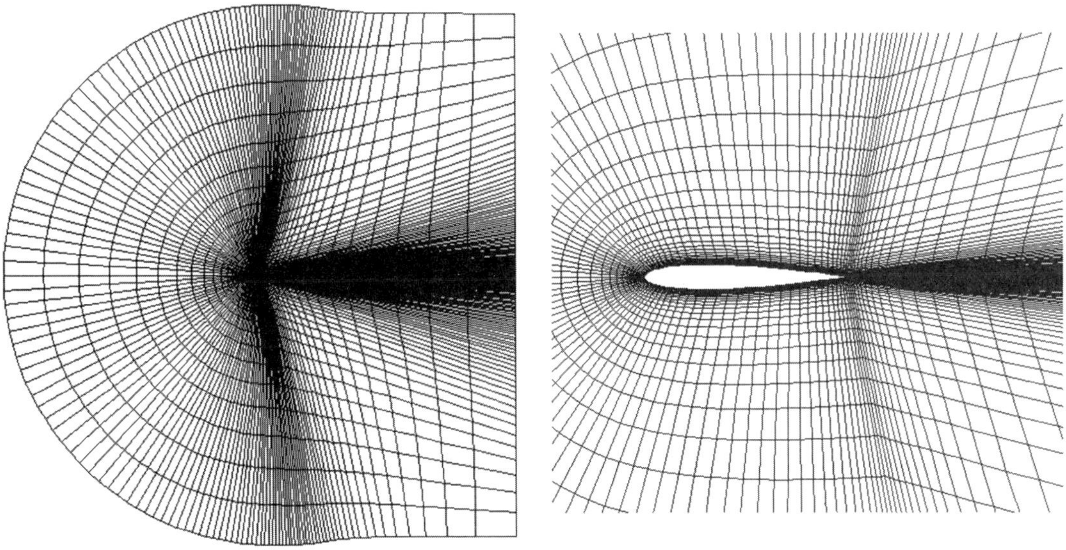

图 3 – 37　RAE2822 的黏性计算网格

图 3 – 38 给出了流场压力云图对比。可见，二阶和三阶 U – MUSCL 格式均能较准确地模拟流动现象。图 3 – 39 显示了两种重构方法在物面上的熵增对比分析，从图中可知，三阶U – MUSCL 格式的熵增明显比二阶 U – MUSCL 格式的熵增要低，具有更低的数值耗散特性，与前一个算例得出的结论一致。

③NACA0012 大迎角非定常流动。

计算条件：计算状态为马赫数为 0. 6，迎角 45. 0°，雷诺数 480 万。

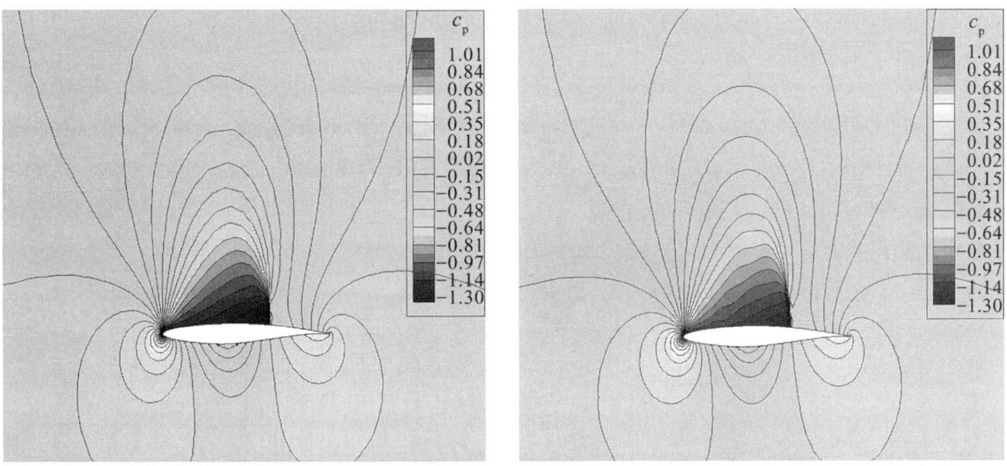

（a）二阶U-MUSCL格式　　（b）三阶U-MUSCL格式

图 3 – 38　RAE2822 的流场压力云图对比

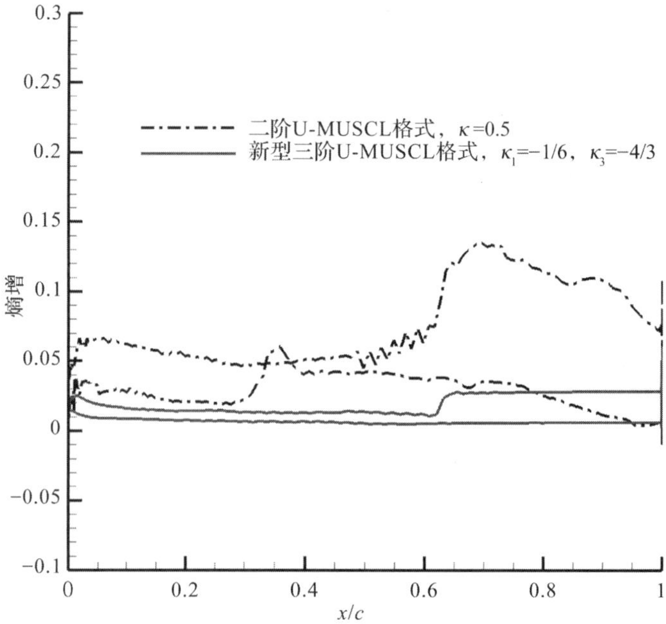

图 3－39　RAE2822 物面熵增对比

边界条件：物面采用无滑移固壁边界条件，远场边界和出流边界均指定为远场边界条件。

计算网格采用 Pointwise 网格生成。计算流场为跨声速流场，计算域远场为参考弦长的 50 倍，网格总点数为 23852 个，网格计算单元为四边形单元，总数为 23552，如图 3－40 所示。计算时间精度选用二阶。

图 3－41 和图 3－42 分别对比了 $t=0.002222$ 时刻 x 方向的速度云图和 y 方向的涡分量。可见，采用三阶 U－MUSCL 重构插值方法要比二阶 U－MUSCL 重构插值方法捕捉的空间涡要更加清晰，说明采用新方法之后，空间耗散更低。

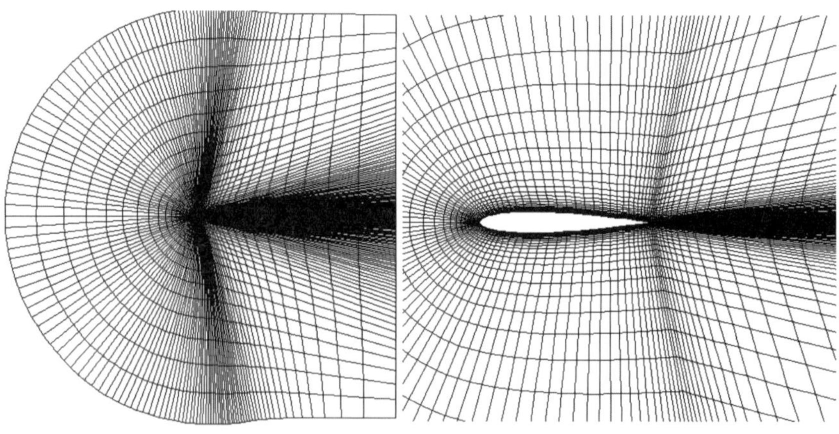

图 3－40　NACA0012 的黏性计算网格

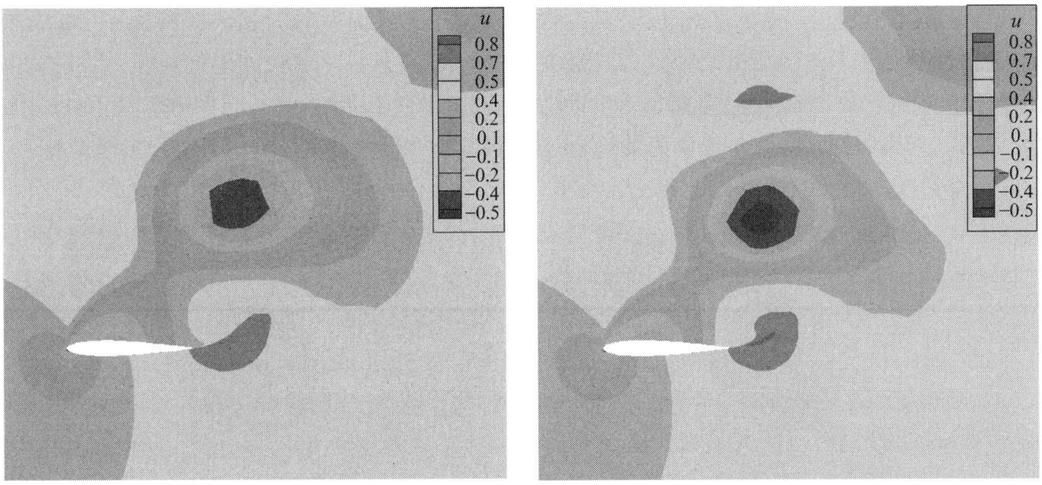

（a）二阶U-MUSCL格式　　（b）三阶U-MUSCL格式

图 3－41　NACA0012 x 方向的速度云图

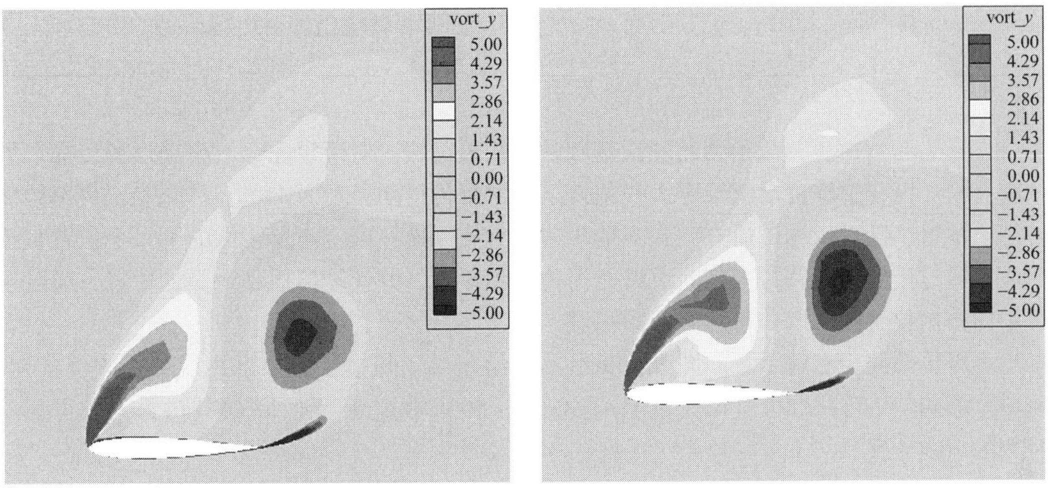

（a）二阶U-MUSCL格式　　（b）三阶U-MUSCL格式

图 3－42　NACA0012 y 方向的涡分量对比

基于近场声爆高精度数值模拟对低耗散格式的需求，将原来单参数调节的二阶 U－MUSCL，通过添加高阶修正项的方法，推广到双参数调节的三阶 U－MUSCL，并在自研软件中实现。通过对格式性能的分析，新型重构方法要比传统方法具有更低的数值耗散和色散，非常有利于解决 CFD 中的数值耗散过大引起的数值模拟精度降低的问题。此外，三个不同的验证算例也较好地间接验证了新型重构方法的优势和开发软件的准确性，通过降低流场中的数值耗散，可以有效提高边界上气动系数的精度，同时也非常有利于对流场空间中涡等流动特征精确捕捉。

3.3　超声速民机声爆远场传播预测

声爆远场传播是指飞机超声速飞行时机体附近声爆过压信号向地面传播的过程，按飞行状态分为定速巡航声爆预测和机动飞行声爆预测。定速巡航作为超声速民机主要的飞行状态，其地面声爆响度应能被社区公众接受，因此定速巡航声爆预测主要用于超声速民机的地面声爆响度评估和低声爆布局设计及优化；超声速民机必然经历跨越声速的加速机动，这一过程中产生的声爆聚焦影响范围小但强度远大于巡航声爆，因此在航线规划设计中必须加以考虑。

在得到近场过压分布后，通过声学的方法模拟远场声波信号，可分为3种方式来实现：①基于弱激波理论的波形参数法；②基于时域、频域分析的 Pestorius - Anderson 法；③基于非线性声学的增广 Burgers 方程法。其中波形参数法只能模拟声爆的超压值，无法直接预测上升时间，也无法对结果进行快速傅里叶变换（fast Fourier transform，FFT）得到感觉噪声级（perceived noise level，PLdB）。过去，人们只能通过“$3/p$”定理或稳态解理论（tanh 方法）等经验公式来估计上升时间的多少，这会影响声爆强度的预测精度，可能会导致飞机设计师作出错误的判断。Pestorius - Anderson 法需要在计算的过程中不断进行时频域变换，这样会造成误差的堆积，同时计算量也随之增加。基于非线性声学的增广 Burgers方程法直接在时域内对声爆传播过程进行模拟求解，排除了时频域转换产生的误差，也减小了计算代价。同时，该方法可以考虑温度、湿度等环境条件对声爆传播的影响。

3.3.1 声爆远场传播影响域预测方法

声爆远场传播影响域预测的理论基础是射线追踪法。对于定速巡航声爆远场传播，可以直接采用射线追踪法求解给定大气条件下的声爆传播路径和影响域，首先确定声爆传播的初始位置，随后依据传播方向、当地声速和大气风速，确定声爆传播的下一个位置直至地面。通过计算传播路径来判断声爆能否传播到地面，并计算传播到地面的位置，通过选定不同初始位置则可以获得声爆的影响域。

声爆传播路径求解示意如图 3 - 43 所示。给定某一传播位置信息声线矢量 $\boldsymbol{R}(i)$、波前单位法向量 $\boldsymbol{N}(i)$ 和大气风矢量 $\boldsymbol{V}_0$（式（3 - 59）中 c_0 为当地大气声速），可求得下一时刻的声线位置

$$\frac{\mathrm{d}\boldsymbol{R}}{\mathrm{d}t} = c_0\boldsymbol{N} + \boldsymbol{V}_0 \tag{3-59}$$

$$\frac{\mathrm{d}\boldsymbol{N}}{\mathrm{d}t} = (\boldsymbol{I} - \boldsymbol{N}\otimes\boldsymbol{N})\nabla(c_0 - \boldsymbol{V}_0 \cdot \boldsymbol{N})$$

机动飞行声爆远场传播影响域的预测如图 3 - 44 所示。与定速巡航声爆影响域预测方法类似，给定时刻 t 和周向角 Φ，采用射线追踪法求解声爆传播路径声线 1。如果声线管的截面积变为零，表明声线汇聚在一起，此时声爆发生聚焦，记录声爆聚焦发生位置并计算聚焦位置的声线曲率。为获得声爆聚焦线/面的曲率，需要在飞机航迹的前后分别取一点，使用射线追踪法求解声爆传播路径声线 2 和声线 3，直至声爆聚焦位置，另需计算声线 4，用于判断发生非光滑聚焦的情况。沿声线 1 求解声爆远场传播的每一步都需要计算声爆聚焦衍射区域的大小，以确定传播是否进入声爆聚焦区域。几何声学法仅适用于声爆聚焦区域外的位置，在聚焦区域内，需要采用机动飞行的声爆远场传播预测方法求解聚焦声爆的演化和传播过程。

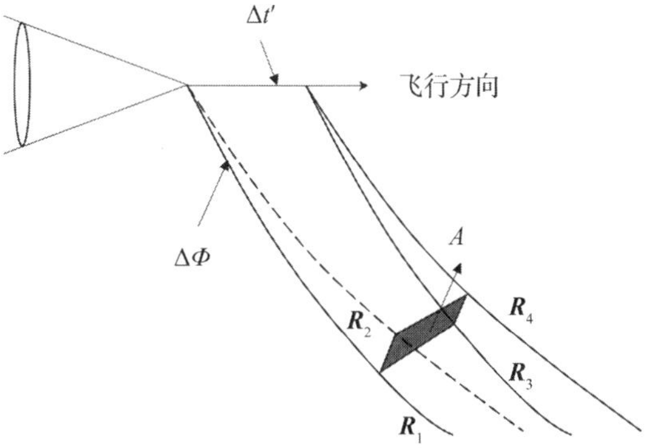

图 3－43　声爆传播路径求解示意图

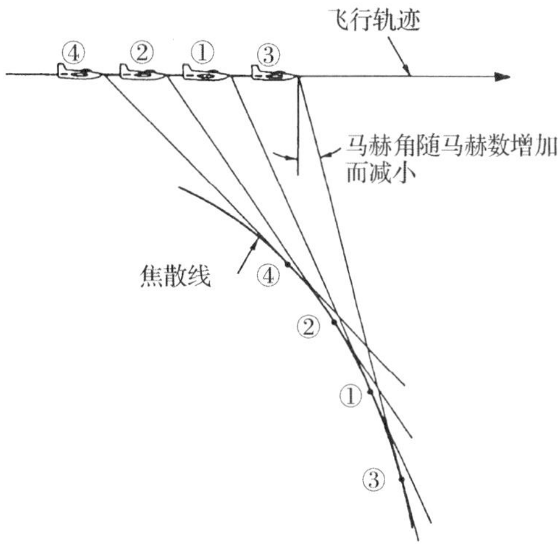

图 3－44　机动飞行声爆远场传播影响域的预测

3.3.2　声爆远场传播波形预测方法

3.3.2.1　定速巡航声爆远场传播预测

20 世纪 60 年代，Blackstock 最早使用 Burgers 方程模拟了波在有损耗介质（lossy media）中的传播，提出了经典 Burgers 方程。在此基础上，他又和合作者 Carlton 在 20 世纪 70 年代将经典 Burgers 方程扩展为广义 Burgers 方程，使其能够模拟几何扩散和非均匀介质对波传播的影响。1981 年，Pierce 又将分子弛豫效应引入广义 Burgers 方程，并将其称作增广 Burgers 方程。至此，该方程用以模拟声爆信号传播的形式基本固定。

在声爆计算体系下，采用基于非线性声学理论的增广 Burgers 方程方法将近场波形推进到远场，从而求解地面声爆信号。其中，介质压强的变化量称为声压，即介质中有声场时的压强（P）与没有声场时的压强（P_0）之差。声压是大气压被声波扰动后产生的变化，即大气压强的余压，相当于大气压强上叠加声波扰动引起的压力变化。由于声压测量容易实现，质点速度等物理量也可以通过声压测量间接获得，因此这种物理量常用于描述声学中的声波。当声波通过媒体时，振动产生的压力随时间变化，常用 Pa 或 MPa 表示。声压大小的指标称为声压级，用某声音的声压（P）与基本声压值（P_0）之比的常用对数的 20 倍来表示，即 $20\lg P/P_0$，单位为 dB。

（1）经典 Burgers 方程

从 NS 方程可以得到忽略二阶以上小量的非线性波动方程——Westervalt 方程，其一维形式为

$$\left(\frac{\partial^2}{\partial z^2}-\frac{1}{c_0^2}\frac{\partial^2}{\partial t^2}\right)p'+\frac{b}{\rho_0 c_0^4}\frac{\partial^3 p'}{\partial t^3}=-\frac{\beta}{\rho_0 c_0^4}\frac{\partial^2 p'^2}{\partial t^2} \tag{3-60}$$

式中：p'为扰动声压；z 为传播距离；t 为传播时间；b 和 β 分别为经典吸收系数和非线性系数；ρ_0 和 c_0 分别为环境密度和环境波速，随海拔高度而变化。

引入坐标变换

$$\begin{cases} t'=t-z/c_0 \\ x=z \end{cases} \tag{3-61}$$

式中：t'为延迟时间，可以看作是波传播过程中某点的当地时间（即以波传播到当地的时间为时间原点）。由链式法则可以得到式（3-60）中的各阶导数为

$$\begin{cases}\dfrac{\partial}{\partial t}=\dfrac{\partial}{\partial t'}\dfrac{\partial t'}{\partial t}+\dfrac{\partial}{\partial x}\dfrac{\partial x}{\partial t}=\dfrac{\partial}{\partial t'}\\ \dfrac{\partial^n}{\partial t^n}=\dfrac{\partial^n}{\partial t'^n}\\ \dfrac{\partial}{\partial z}=\dfrac{\partial}{\partial t'}\dfrac{\partial t'}{\partial z}+\dfrac{\partial}{\partial x}\dfrac{\partial x}{\partial z}=-\dfrac{1}{c_0}\dfrac{\partial}{\partial t'}+\dfrac{\partial}{\partial x}\\ \dfrac{\partial^2}{\partial z^2}=-\dfrac{1}{c_0}\left(\dfrac{\partial^2}{\partial t'^2}\dfrac{\partial t'}{\partial z}+\dfrac{\partial^2}{\partial t'\partial x}\dfrac{\partial x}{\partial z}\right)+\\ \qquad\dfrac{\partial^2}{\partial x\partial t'}\dfrac{\partial t'}{\partial z}+\dfrac{\partial^2}{\partial x^2}\dfrac{\partial x}{\partial z}=\dfrac{\partial^2}{\partial x^2}-\dfrac{2}{c_0}\dfrac{\partial^2}{\partial x\partial t'}+\dfrac{1}{c_0^2}\dfrac{\partial^2}{\partial t'^2}\end{cases} \tag{3-62}$$

忽略二阶以上小量，经过化简后得到经典 Burgers 方程，其形式为

$$\frac{\partial p'}{\partial x}-\frac{\beta}{2\rho_0c_0^3}\cdot\frac{\partial p'^2}{\partial t'}=\frac{b}{2\rho_0c_0^3}\cdot\frac{\partial^2p'}{\partial t'^2} \tag{3-63}$$

这里值得注意的是，经过坐标变换后，耗散项为声压对延迟时间的二阶导数，这和一般形式的 Burgers 方程中耗散项为声压对空间的二阶导有所区别。

（2）增广 Burgers 方程的无量纲形式

在经典 Burgers 方程中加入非均匀介质、几何扩散，以及分子弛豫效应的影响，即可得到增广 Burgers 方程

$$\begin{aligned}\frac{\partial p'}{\partial x}=&\frac{\beta}{2\rho_0c_0^3}\cdot\frac{\partial p'^2}{\partial t'}+\frac{b}{2\rho_0c_0^3}\cdot\frac{\partial^2p'}{\partial t'^2}+\frac{1}{2\rho_0c_0}\cdot\frac{\partial(\rho_0c_0)}{\partial x}p'-\\&\frac{1}{2S}\cdot\frac{\partial S}{\partial x}p'+\sum_\nu\frac{(\Delta c)_\nu\tau_\nu}{c_0^2}\left(1+\tau_\nu\frac{\partial}{\partial t'}\right)^{-1}\frac{\partial^2p'}{\partial t'^2}\end{aligned} \tag{3-64}$$

式中：S为声管面积；$(\Delta c)_\nu$为分子弛豫效应造成的声速变化量；τ_ν为弛豫时间，下标ν表示不同的大气组成成分（如氧气、氮气）的弛豫过程。式（3-64）等号右边5项分别对应：非线性效应、经典吸收、大气分层、几何扩散，以及分子弛豫效应对声爆的影响。

从增广 Burgers 方程的组成可以看出，该方程可以模拟声波在分层、有损耗的真实大气中的传播。为了便于求解，进行无量纲化处理

$$\begin{aligned}\frac{\partial P}{\partial\sigma}=&P\frac{\partial P}{\partial\tau}+\frac{1}{\Gamma}\cdot\frac{\partial^2P}{\partial\tau^2}+\sum_\nu\frac{C_\nu\cdot\partial^2/\partial\tau^2}{1+\theta_\nu(\partial/\partial\tau)}P-\\&\frac{1}{2S}\cdot\frac{\partial S}{\partial\sigma}P+\frac{1}{2\rho_0c_0}\cdot\frac{\partial\rho_0c_0}{\partial\sigma}P\end{aligned} \tag{3-65}$$

式中：$P=p'/p_0$，p_0为参考气压；无量纲距离$\sigma=x/\bar{x}$，参考距离$\bar{x}=\rho_0c_0^3/(\beta\omega_0p_0)$；无量纲时间$\tau=\omega_0t'$，参考时间为$1/\omega_0$，可由输入信号采样率决定；无量纲耗散参数$\Gamma=b\omega_0/(2\beta p_0)$；无量纲弛豫时间$\theta_\nu=\omega_0\tau_\nu$；无量纲弛豫系数$C_\nu=m_\nu\tau_\nu\omega_0^2\bar{x}/(2c_0)$，$m_\nu=2(\Delta c)_\nu/c_0$。方程右边各项物理意义为：第一项为经典 Burgers 方程的非线性项，体现非线性效应；第二项为大气分子热黏吸收效应的影响；第三项为大气各组分的分子弛豫过程对

声爆传播的影响；第四项为声能量在空间中重新分布对声爆传播过程的影响；第五项为大气分层对声爆传播的影响。第四项和第五项合称为几何声学效应。

增广 Burgers 方程为一维偏微分方程，需要采用数值方法求解。近场声爆信号需要转化为时域 τ 信号，作为增广 Burgers 方程求解的输入，沿声线求解空间域 σ 中各大气效应对声爆信号的影响，直至指定远场海拔。通常采用的求解方法“算子分裂法”需要依据声爆传播过程中的不同大气效应将方程分解分别求解。

3. 3. 2. 2　机动飞行声爆远场传播预测

采用非线性 Tricomi 方程描述聚焦声爆的演化过程，考虑大气吸收、分子弛豫效应的非线性 Tricomi 方程具有以下形式

$$\frac{\partial^2 p}{\partial \bar{z}^2} - \bar{z}\frac{\partial^2 p}{\partial \bar{t}^2} + \frac{\beta}{\varepsilon^2 \rho_0 c_0^2}\frac{\partial^2 p^2}{\partial \bar{t}^2} + \left(\frac{\bar{\alpha}}{\varepsilon^2} + \sum_{v=1}^{2}\frac{\bar{\theta}_v/\varepsilon^2}{1+\bar{\tau}_v\dfrac{\partial}{\partial \bar{t}}}\right)\frac{\partial^3 p}{\partial \bar{t}^3} = 0 \tag{3-66}$$

式中：前两项对应声衍射项，第三项对应经典非线性项，第四、第五项分别对应热黏吸收项和分子弛豫项。

聚焦声爆的求解域如图 3 -45 所示。使用定速巡航声爆远场传播预测方法计算到声爆聚焦区域上边界，将聚焦声爆的入射波形作为非线性 Tricomi 方程的输入，在距离聚焦位置内外一倍衍射边界层厚度的区域求解非线性 Tricomi 方程，即为聚焦声爆的求解域。

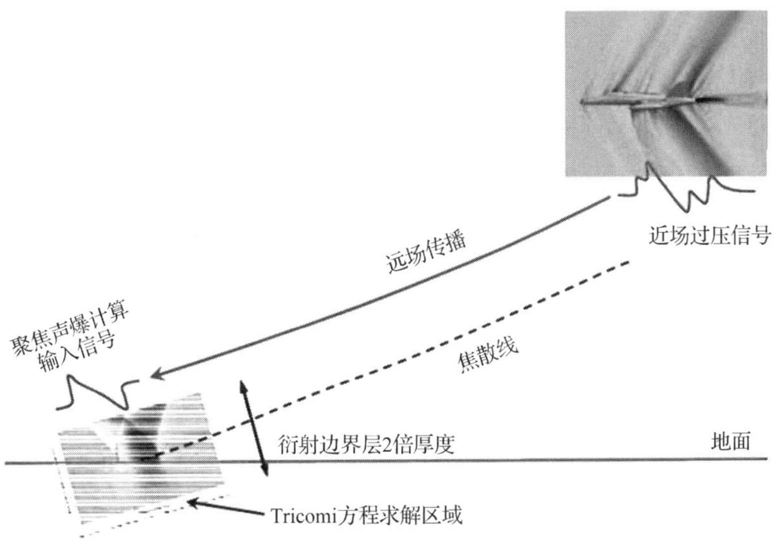

图 3 -45　聚焦声爆求解域

一种快速的机动飞行声爆远场传播预测方法是采用线性 Tricomi 方程的解析解计算聚焦区域的声爆。线性 Tricomi 方程相对于非线性 Tricomi 方程，仅保留了声衍射项，其解析解为

$$p(\bar{t},\bar{z}) = \mathrm{IFFT}\left[\sqrt{2\pi}(1+\mathrm{i}\,\mathrm{sgn}\omega)\,|\omega|^{1/6}Ai(-|\omega|^{2/3}\bar{z})\hat{F}\right] \tag{3-67}$$

式中：IFFT 表示傅里叶反变换；sgn 为符号函数；ω 为角频率；Ai 为艾里函数；F 为输入信号。

3.3.3 算例验证

3.3.3.1 定速巡航声爆远场传播预测结果

F－5E飞机机身长度为15.24m，巡航马赫数为1.445，巡航海拔高度为9772.2m。F－5E近场过压信号由伴飞飞机测量，测量位置距F－5E下方25.6m。根据CFD结果和飞行试验数据的比较分析，选取典型信号作为声爆远场预测的近场输入信号，如图3－46所示，计算采用美国标准大气条件。

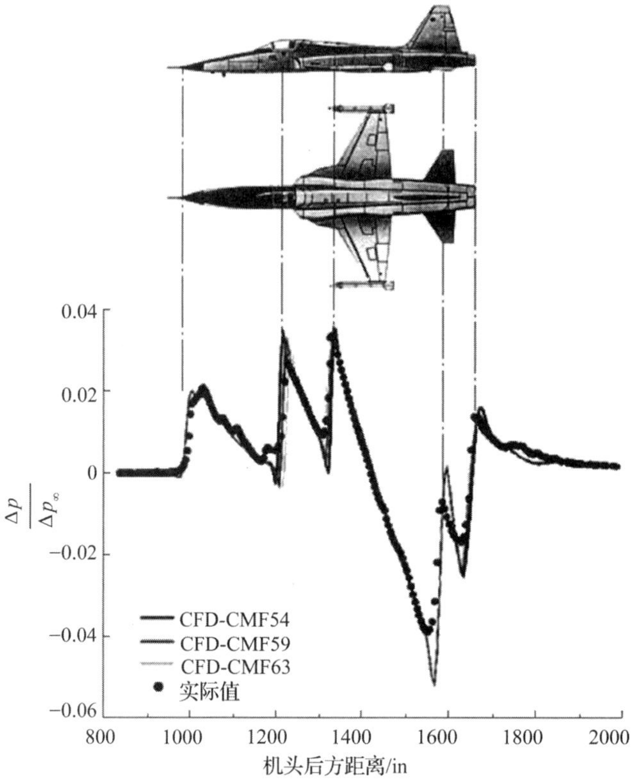

图3－46 F－5E飞机近场过压信号试验数据

未经过低声爆外形优化的F－5E飞机超声速飞行产生的地面声爆波形是典型的N型波，预测结果和地面实测结果都正确地反映了这一声爆特性，如图3－47所示。两组预测值的上升时间与实测数据吻合较好。CAE对头尾激波幅值的预测更为准确，头激波最大过压与飞行试验数据的相对误差不超过1.5%，NPU对声爆信号持续时间的预测更为准确。由于未提供飞行测试的大气条件，声爆传播计算采用美国标准大气，这是预测声爆波形的最大过压、上升时间、持续时间和实测数据产生偏差的一个重要原因。真实大气中湍流边界层存在于地面附近，因此实测数据中波形峰值附近受湍流效应影响的扭曲现象非常明显，不同大气湍流特性会导致增强或减弱声爆强度，而预测工具中均未考虑大气湍流效应，因此预测结果没能反映出湍流边界层对声爆信号的扭曲和对声爆强度的影响。

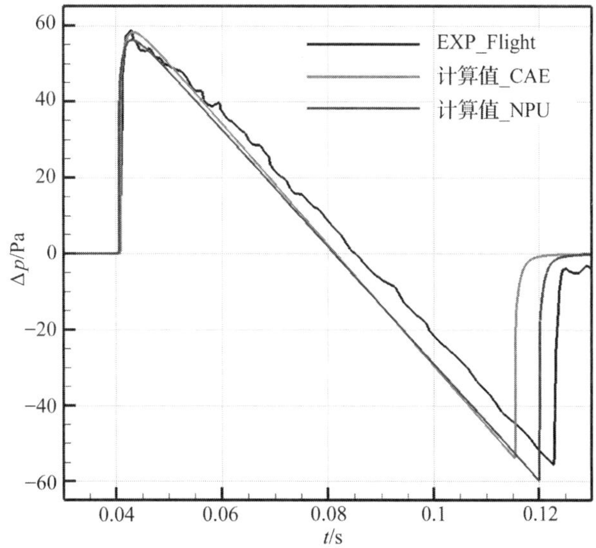

注：EXP 为实测值。

图 3 – 47　F – 5E 飞机声爆远场传播预测结果

图 3 – 48 为 AIAA 第二届国际声爆预测研讨会（SBPW2）的声爆远场传播预测算例 LM1021 的国内外计算结果对比。LM1021 以低声爆公务机构型为背景方案，巡航马赫数为 1.6，巡航高度为 16764m，声爆传播起始位置为机身下方 222.59m，计算结果对比选择周向角 $\Phi=-30°$ 和 $\Phi=0°$。除极个别结果，对于 LM1021 通过标准大气传播到地面的声爆，国内外预测结果的一致性较好。针对大气条件 1 机身正下方地面声爆的最大过压预测结果非常接近，但是声爆上升时间的预测差异性比较大，而周向角 $\Phi=-30°$，最大过压的差异非常大，可能是不同预测工具对大气吸收特性的处理方式不同导致的；而且部分预测结果在 $t=0.23$s 位置的波形出现明显差异，可能是未能正确预测机尾多道膨胀波合并现象所致。针对大气条件 2 机身正下方地面声爆上升时间呈两极分化，CAE（中国航空研究院）、NPU bBoom（西工大的声爆计算程序）和 sBoom（国外的声爆计算程序）预测的上升时间较短，而 ONERA BANGV 和 DASSAULT DAbang 的较长，在尾部激波对应时刻的预测也有较大的差异；对周向角 $\Phi=-30°$ 的上升时间预测也不尽相同，这可能与激波非线性过程的处理方法有关。总体而言，通过 LM1021 地面声爆波形预测来看，国内外声爆预测结果比较接近，以 CAE 和 NPU bBoom 为代表的国内声爆预测结果基本落在 SBPW2 的预测结果区间内，预测中考虑的声爆传播效应基本类似，但对不同传播效应的具体处理方式不同，程序算法也不同，导致最终的预测结果存在一定差异。

3.3.3.2　机动飞行声爆远场传播预测结果

F – 18 飞机的飞行马赫数为 1.227，飞行高度为 12801.6m，俯仰角速度为 –0.25（°）/s，每秒的马赫数变化率为 0.0035。图 3 – 49 为采用线性 Tricomi 方程的解析解对 SCAMP 项目中 F – 18 飞机聚焦声爆进行预测的结果，包括距离聚焦位置不同距离的聚焦声爆波形。声爆聚焦区域外的声爆传播采用 SCAMP 项目报告提供的计算结果。$\bar{z}=1$ 位于聚焦声爆区域的上边界，左侧波形为即将进入聚焦区域的入射声波，右侧波形为即将离开聚焦区域的

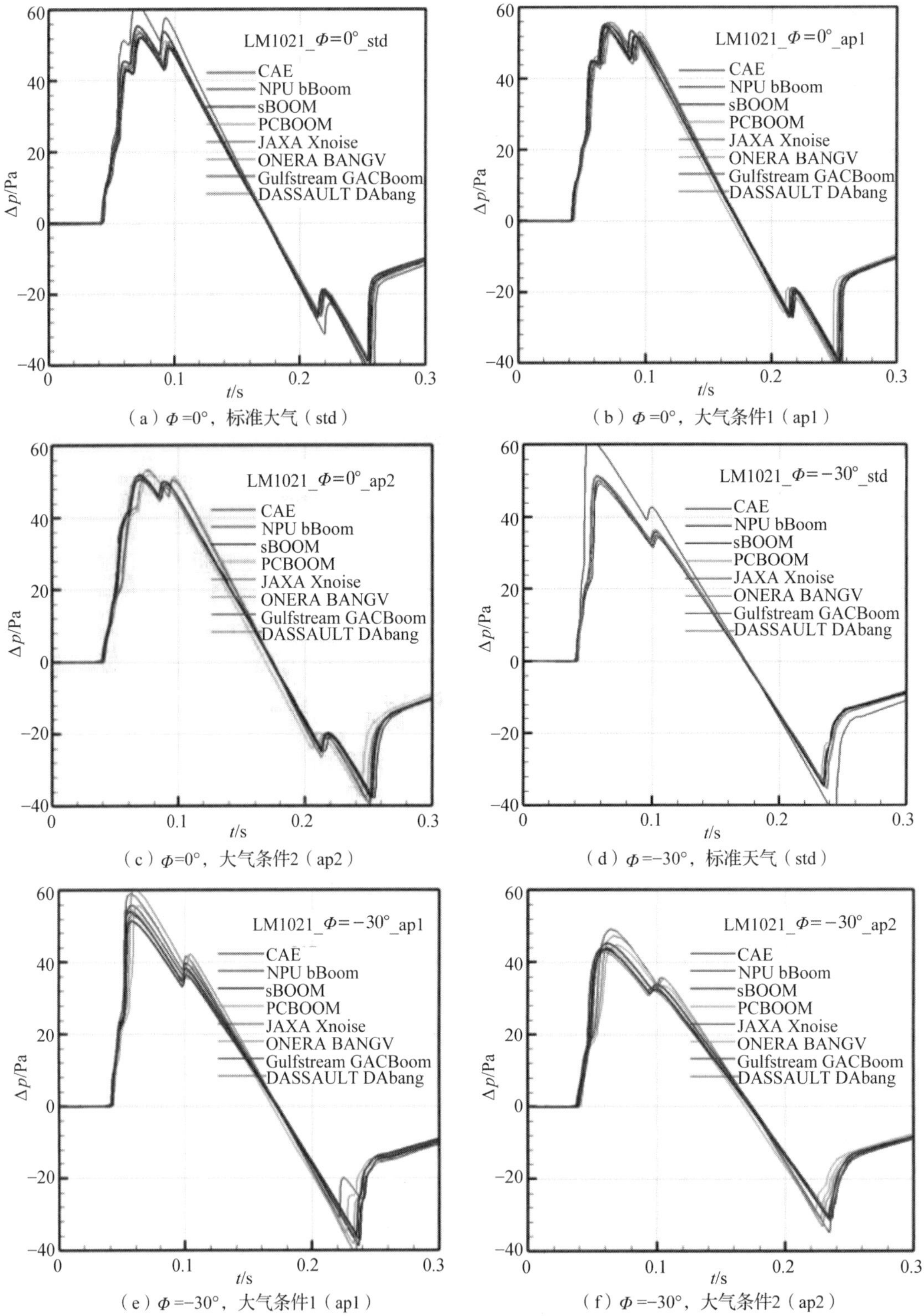

（a）Φ=0°，标准大气（std）

（b）Φ=0°，大气条件1（ap1）

（c）Φ=0°，大气条件2（ap2）

（d）Φ=−30°，标准天气（std）

（e）Φ=−30°，大气条件1（ap1）

（f）Φ=−30°，大气条件2（ap2）

图 3－48　LM1021 的国内外计算结果对比

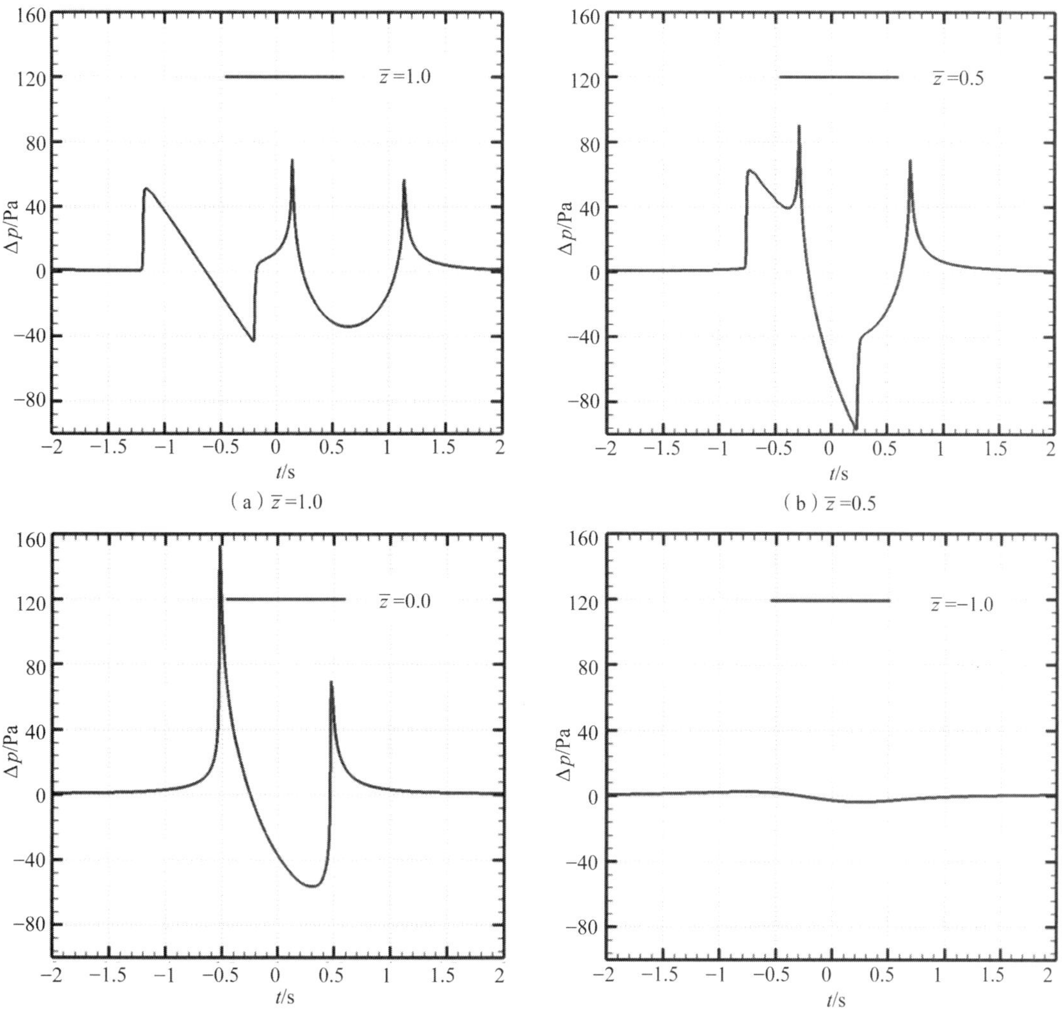

（a）$\overline{z}$=1.0　（b）$\overline{z}$=0.5
（c）$\overline{z}$=0　（d）$\overline{z}$=−1.0

图 3－49　距离聚焦位置不同距离的聚焦声爆波形

出射声波，可以清楚地看到两个声波的相位差刚好是一个入射声波的持续时间。在 $\overline{z}=0.5$ 时，出射声波和入射声波的相位差发生变化，入射声波后半段与出射声波前半段合并。$\overline{z}=0$ 即位于聚焦点，此时声爆信号的幅值相较入射声爆大幅增加，可以看出，机动飞行在聚焦位置附近的声爆信号强度明显高于定速巡航的声爆强度。$\overline{z}=-1$ 为声爆聚焦的“阴影区”，“阴影区”表示声爆信号能量几乎不会穿过聚焦线进入这一区域，因此这部分的声爆信号极其微弱。尽管线性 Tricomi 方程中未包含非线性特性和大气耗散特性，但该方程的解仍能比较清晰地展示出聚焦声爆的演化过程，包括位于聚焦点的声爆和穿过聚焦位置进入声爆“阴影区”的声爆。

3.4 声爆预测数值模拟软件系统研制

3.4.1 需求及主要功能模块组成

高可信度的声爆特性数值模拟技术是低声爆超声速民机设计和研制过程中不可或缺的重要技术手段。通过发展声爆预测技术及高可信度数值模拟软件可以为超声速民机概念设计和初步设计阶段的声爆分析提供工具手段。由于声爆预测的特殊性，既涉及近场声爆预测，又涉及远场声爆预测，还涉及主观响应评价，研制的声爆数值模拟软件必须是一个集近场声爆预测、远场声爆预测和主观响应评价等为一体的综合系统。基于上述认识，提出研制声爆预测数值模拟软件系统，其可以实现工程快速近场声爆预测、近场声爆信号精细化数值模拟、远场声爆信号预测、声爆响度主观评价等。同时，通过提供的开放、标准化接口，可以实现对软件功能的快速扩展。

研制高可信度声爆数值模拟软件，其核心是对其进行相关功能的应用封装，以提高应用的便利性和快捷性。通过应用封装，实现用户友好的图形操作界面，并实现近场声爆预测、远场声爆预测和主观响应评价等功能，从而建立一个完整的超声速飞机声爆预测数值模拟软件系统。

通过集成近场声爆信号预测、远场声爆信号预测和主观响应评价等三个子系统，形成具有高精度近场声爆信号预测、远场声爆信号工程预测和考虑真实大气特性的远场声爆预测，以及主观响应评价能力的高可信度声爆数值模拟系统。该系统要具有统一的运行方式，在 Windows 及 Linux 典型运行环境均能正常安装、运行，并且应用系统的界面风格保持一致。图 3-50 为高可信度声爆预测数值模拟软件系统的体系结构示意，其包括三部分程序功能，分别是近场声爆信号预测、远场声爆信号预测和主观响应评价。

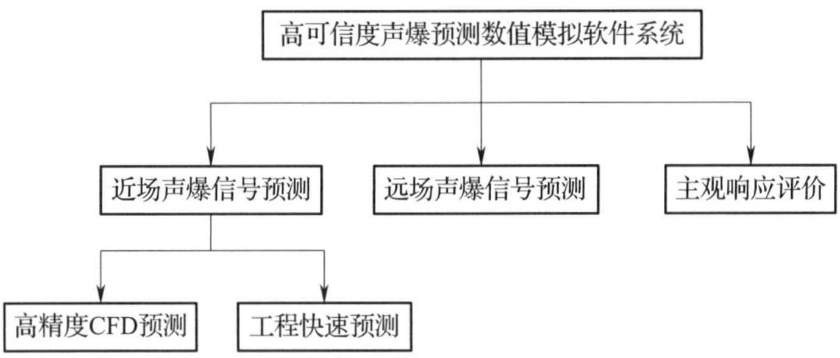

图 3-50　高可信度声爆预测数值模拟软件系统的体系结构

高精度近场声爆信号预测模块本质上是考虑了近场声爆信号计算特殊需求的 CFD 求解器模块。为了更好地进行高精度近场声爆信号预测，需要对目标 CFD 求解器模块进行应用封装。通过 CFD 求解器封装，实现图形化的用户操作界面，实现数据转换接口、前处理、参数设置、计算监控、后处理，以及并行计算等功能，从而建立一个完整的高精度近场声爆信号预测子系统。

快速工程近场声爆信号预测模块本质上是采用修正线化理论计算近场声爆信号的计算模块。同样，为了更好地进行快速工程近场声爆信号预测，需要对修正线化理论方法模块进行应用封装。通过应用封装，实现图形化的用户操作界面，实现项目创建、参数设置、计算监控，以及结果查看等功能，从而建立一个完整的快速工程近场声爆信号预测子系统。

远场声爆信号预测模块本质上是采用波形参数法、半经验预测法和考虑真实大气特性的方法计算远场声爆信号的计算模块。类似地，为了更好地进行远场声爆信号预测，需要对上述 3 种方法模块进行应用封装。通过应用封装，实现图形化的用户操作界面，实现项目创建、参数设置、计算监控，以及结果查看等功能，从而建立一个完整的远场声爆信号预测子系统。

主观响应评价模块本质上是采用方法计算声爆信号的主观响应评价值。同样，为了更好地进行主观响应评价，需要对方法模块进行相关的应用封装。通过应用封装，实现图形化的用户操作界面，实现项目创建、参数设置、计算监控，以及结果查看等功能，建立一个完整的主观响应评价子系统。

3.4.2　系统功能界面及工作流程

高可信度声爆预测数值模拟软件系统属于桌面应用系统。安装完成后，可通过在桌面直接点击其快捷图标启动软件。用户启动程序后系统直接进入主界面（见图 3 – 51），进而可通过界面上提供的系统功能菜单进行操作。软件主界面包含四个不同的功能按钮，分别对应高精度近场声爆信号预测（CFD、修正线化理论（工程快速近场声爆预测））、远场声爆信号预测、主观响应评价等不同功能模块的入口。通过点击每个功能按钮即可跳转到相应的子系统。

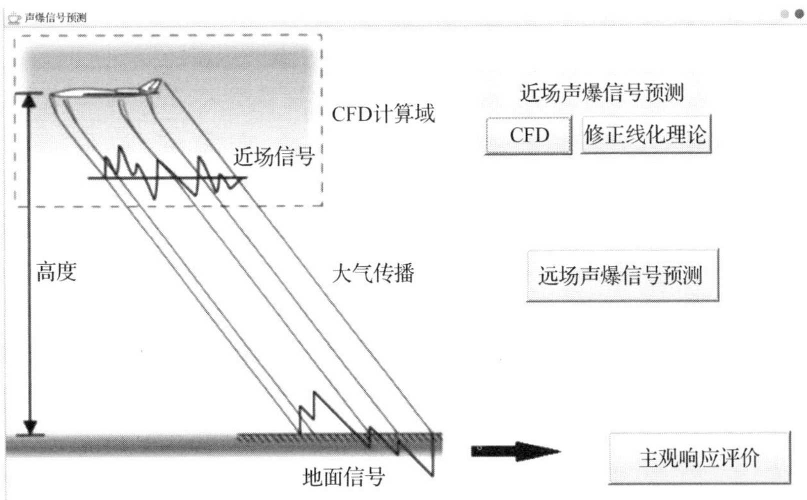

图 3 – 51　高可信度声爆预测数值模拟软件系统主界面

高精度近场声爆信号预测模块主界面如图 3 – 52 所示，由菜单栏、工具栏、工作区域和状态条组成。菜单栏及工具栏对应软件功能提供相应的操作项。工作区域由参数设置区、网格显示区和边界条件显示区三部分组成。其中：参数设置区显示计算参数、边界条件参数，以及运行控制参数等设置界面；网格显示区以三维图像方式实现网格轮廓以及边界网格的显示；边界条件显示区显示当前网格数据的边界条件设置，并允许结合网格显示和边界条件参数面板完成边界条件的指定和修改。状态条显示当前操作的状态以及操作提示等信息。

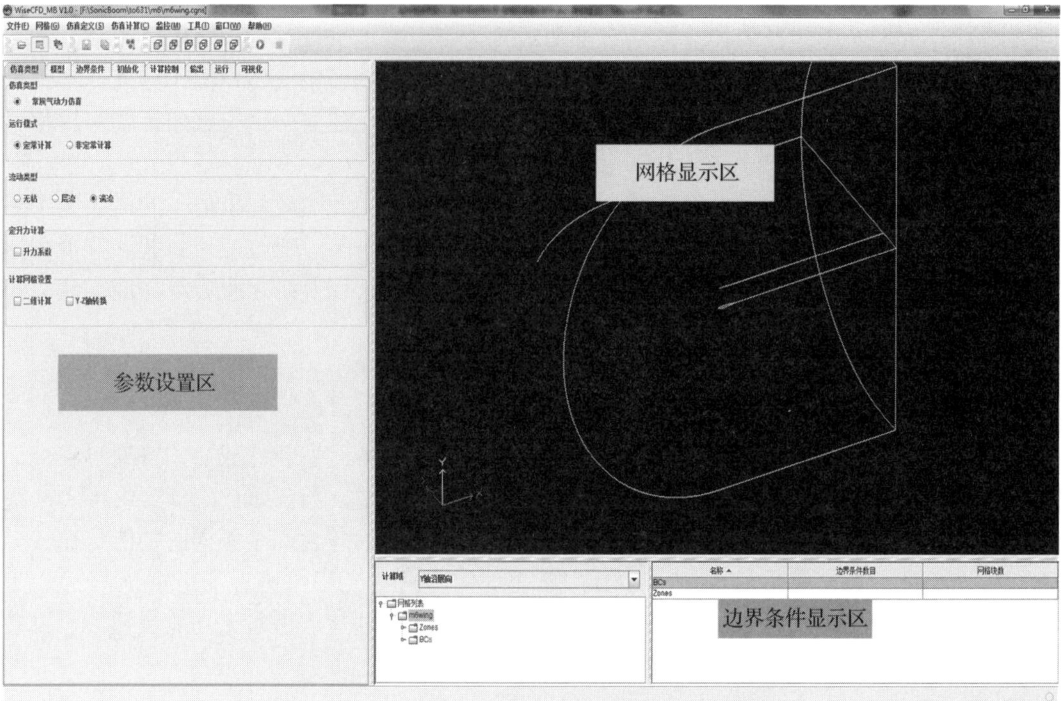

图 3－52　高精度近场声爆信号预测模块主界面

高精度近场声爆信号预测模块系统的具体工作流程如图 3－53 所示，包括以下步骤。

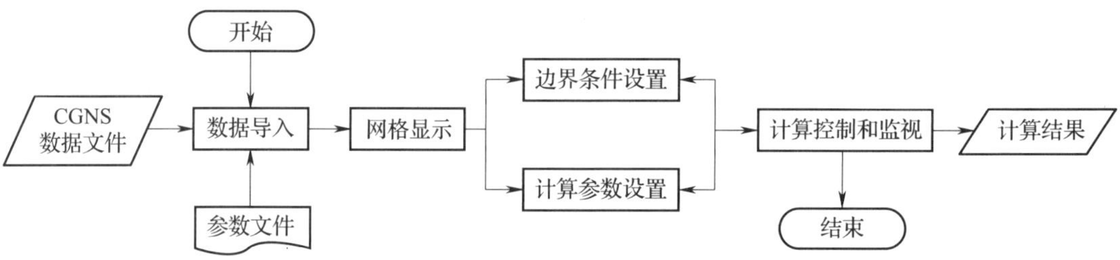

图 3－53　高精度近场声爆信号预测模块系统的工作流程

步骤 1：导入计算网格，用户如果有预先定义好的计算参数文件，在导入网格后可导入计算控制参数文件，如果没有系统会按照默认参数显示参数界面。

步骤 2：根据显示的网格指定边界条件，进行必要的计算参数（模型参数、初始化参数、计算控制参数、输出参数）设置。

步骤 3：启动计算，在计算过程中用户可监控整个计算过程，查看计算收敛曲线，查看计算文件。

步骤 4：计算任务结束，通过后置处理功能得到 CFD 收敛曲线、升力曲线、阻力曲线、物面云图，以及生成计算报告。

工程快速近场声爆预测模块主界面如图 3－54 所示。由菜单栏、工具栏和工作区域组成。菜单栏及工具栏对应软件功能提供相应的操作项。工作区域由参数设置区、预测过程控制区和过程监控区三部分组成。其中：参数设置区显示预测程序所需的参数设置界面，预测过程控制区显示过程控制及结果查看界面，过程监控区显示预测过程中信息显示界面。

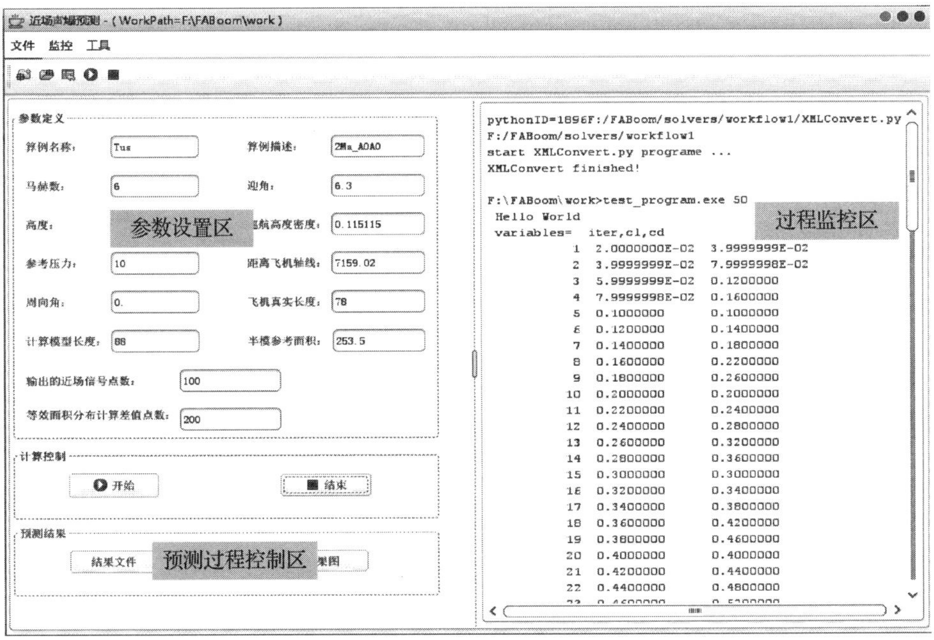

图 3－54　工程快速近场声爆预测模块主界面

远场声爆预测模块、主观响应评价模块界面分别如图 3－55 和图 3－56 所示，其界面组织结构与工程快速近场声爆预测模块类似。

上述各系统的工作流程也非常相似。以主观响应评价模块系统工作流程（见图 3－57）为例，包括以下步骤。

步骤 1：进入系统，导入声爆信号文件，用户如果有预先定义好的预测程序参数文件，在导入网格文件创建项目之后可导入评价程序参数文件，如果没有系统会按照默认参数显示参数界面。

步骤 2：完成评价程序参数的设置后，启动评价过程，开始计算，通过输出信息监控整个过程。

步骤 3：评价过程结束，用户可通过结果查看功能查看结果文件和结果图。

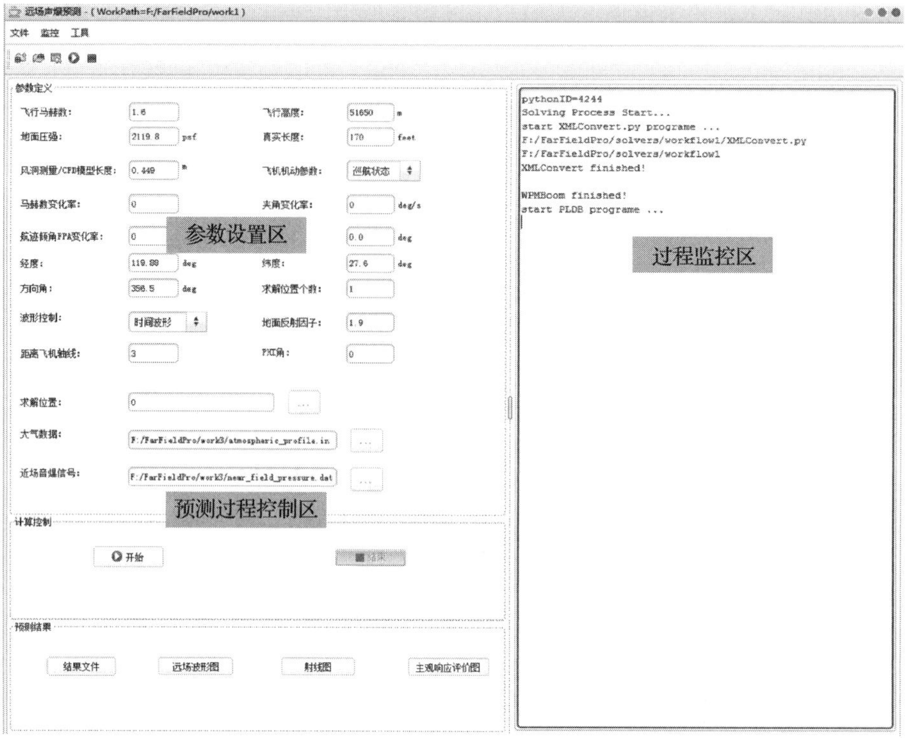

图 3-55　远场声爆预测模块界面

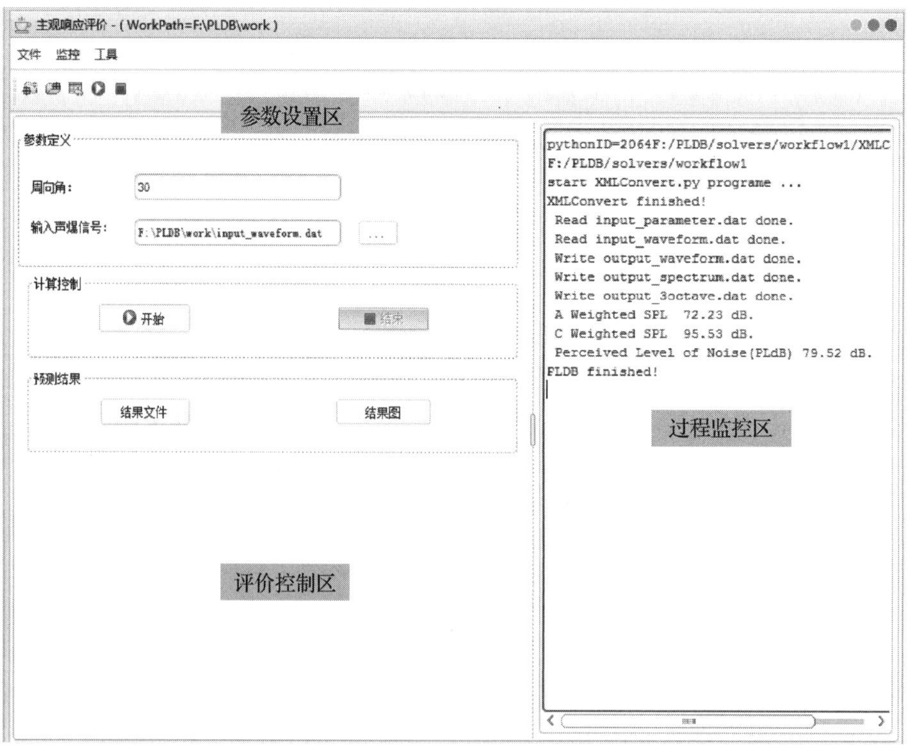

图 3-56　主观响应评价模块界面

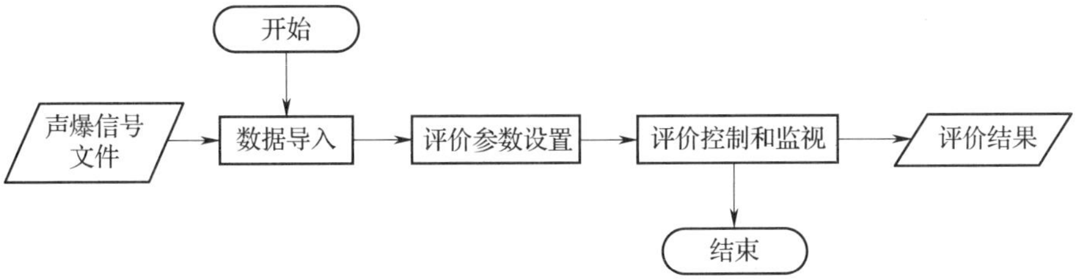

图 3 - 57　主观响应评价模块系统工作流程

3.5　声爆信号预测结果不确定度量化分析

3.5.1　声爆预测的不确定度因素来源

一般来说，确定性是相对的，而不确定性是绝对的，相应地，在实际工程设计中，几乎所有的设计变量和设计参数都带有一定的不确定性。由于超声速民机的声爆不仅与飞机的速度和飞行环境有关，也与飞机的大小、形状有关（主要与飞机沿机体纵轴方向截面积分布以及与升力相关的等效截面积分布有关）。为了设计低声爆超声速民机，必须有效分析其中的随机因素（不确定度）造成的影响，建立对复杂波系环境下声爆准确预测的能力。声爆是一种非线性气动声学现象。一方面当飞机做超声速飞行时，其机头、机翼、尾翼等均会产生斜激波；另一方面由于机身外形变化，斜激波之间会存在膨胀波系。这两种波系相互作用，在增加了飞机近场流场复杂性的同时，产生的压力扰动随飞机一起运动即成为声爆的声源。在声爆预测过程中，无论是近场声爆过压分布的数值预测，还是远场声爆预测方面，都受相关模型选取、初边值条件、计算方法、多物理过程耦合等影响，会给预测结果带来不确定度。

不确定度按照不同的分类方法可以分为不同的类型。比如不确定度可以分为主观不确定度和客观不确定度，也可以分为偶然不确定度和认知不确定度。其中偶然和认知的两类不确定度分类，目前成为国内外学术界、应用界普遍认可的分类。

（1）偶然不确定度

偶然不确定度也称为统计的、随机的或不可约的不确定性，是指由于问题或试验的固有随机性产生的不确定性，原则上不能通过额外的物理或试验知识来减少，通常与变异、固有不确定性，以及 A 型不确定性等相关。从数学的表现形式和特征来看，偶然不确定度最普遍的描述方法就是概率分布。计算分析中偶然不确定度以通过模型形式和参数体现在模型中，如物理模型中带有明显物理含义、可通过多次试验测量的参数不确定度。

（2）认知不确定度

认知不确定度是由于简化模型假设、缺少物理学基本知识造成的，或者说由于信息不完备、知识缺乏产生的。认知不确定度通常与可减小不确定性、知识不确定性和主观不确定性等相关，认知不确定度的主要来源是系统或仿真中的信息缺乏或知识不完备。例如，数值模拟中用到的一些无物理含义的经验参数的不确定度，或建模、模拟与仿真过程中参数带有物理含义，但不能确定的经验参数的不确定度。

为了能够有效帮助声爆预测者避免这些不确定度对预测分析结果的影响，减小预测结果产生的误差，从而使结果更具有参考性，使设计决策和工程应用更加合理，必须对这些不确定因素进行分析。

3.5.1.1 声爆预测多物理耦合过程不确定度来源

声爆预测涉及近场、中场以及远场地面的声爆水平的三个阶段。如图 3-58 所示，各阶段有不同方法的选择，不同组合会给声爆预测带来不确定度。声爆预测多物理耦合过程主要有两种不确定度来源：①不同方法组合带来的不确定度。在声爆预测过程中，根据工况和预测时间的需求，会采用不同方法组合，会带来不确定度。②远近场匹配距离带来的不确定度。声爆预测计算中远近场的定义并不是固定的，而是根据实际问题变化的，这种变化存在人为性，会带来不确定度。

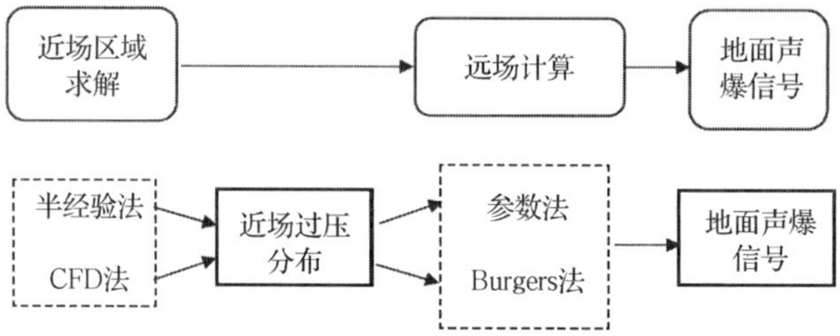

图 3-58　声爆预测多物理过程

3.5.1.2 近场预测过程中不确定度来源

近场预测是一个复杂的过程，它除了涉及飞行环境、飞机结构等不确定度外，主要涉及建模和模拟中的模型输入参数、模型形式和预测的三类不确定度（见图 3-59）。对于复杂系统，也存在多种不确定性因素。一般归纳为三种来源：第一类是噪声因素（比如制造工艺的不同，试验环境的变化等因素）引起的不确定；第二类是设计变量引起的不确定度（前两类不确定性因素合称为参数不确定度）；第三类是由于资料缺乏近似拟合以及近似方法选择等导致的模型本身不确定，定义为近似模型不确定度。

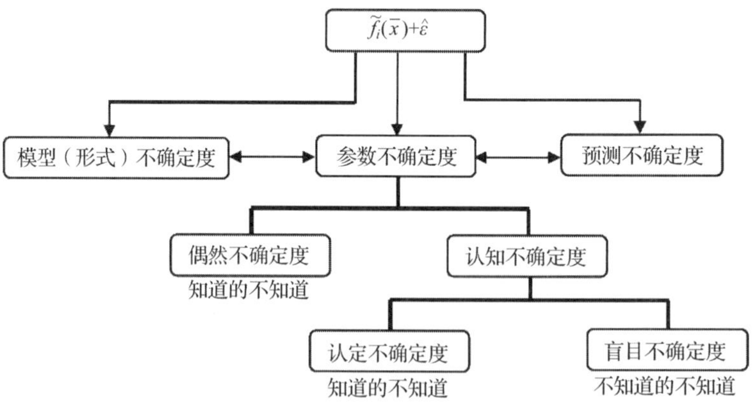

图 3-59　不确定度分类

对于一般 CFD 软件预测，可将误差/不确定度来源分为以下六类。

①主物理模型误差。描述基本物理规律的主控方程，通常为（偏）微分方程（组）、积

分方程（组）或（偏）微分－积分方程（组），如 Euler/RANS 方程、NS 方程等。

②辅助物理模型误差。描述具体物理现象、材料性质的辅助方程，通常为非线性/线性/偏微分/积分/代数方程（组），如材料状态方程、层流或湍流模型等。

③物理参数误差。在主物理模型、辅助物理模型中，常有一些求解时需要的参数，如物性参数、温度、湿度等。

④特殊模拟技术误差。如混合网格、边界层网格、数值黏性参数的选择等。

⑤截断误差。其主要来源于各种数值方法对控制方程及边界条件的离散化，由于空间离散和时间离散的有限精度以及有限分辨率导致数值解与所求解方程的精确解之间存在误差；空间网格及表面网格不够密和不够光滑所带来的误差。如人工黏性、迭代未收敛、网格未收敛，质量、动量和能量的不守恒，内外边界条件不连续，等等。

⑥舍入误差。源于计算机数据存储字长的限制。

实际上，误差①～③主要源于物理问题、数学描述的近似和假设（如几何外形、数学方程、坐标变换、边界条件表述的误差、唯象模型），以及已有参数的应用（如物性参数、状态方程与真实情况之间的误差）。结合近场预测，将一般 CFD 预测中的不确定度具体化到声爆预测，有以下几类不确定度。

①网格尺度和时间步长。地面波形对空间和时间网格密度都有一定敏感性，需要加密到一定程度后，远场地面波形信号才能逐渐收敛。例如，利用增广 Burgers 方程计算远场地面波形时，需适当加密网格，才能减少空间和时间网格密度带来的不确定性。

②湍流物理模型形式。在建模过程中，各种物理假设和数学假设产生的不确定性。如各种湍流模型，除了模型形式中参数的不确定性，还包括使用不同形式（结构），产生的不确定度。

③黏性影响。无黏、层流和湍流雷诺平均 NS 方程。

④物理模型参数。可选取三个来流参数变量（马赫数、来流迎角和单位雷诺数）作为随机不确定性输入参数，同时将地面波形过压值 Δp 作为输出响应，开展声爆近远场波形的不确定传播和参数敏感性分析。其表征主要是基于先验知识，三个变量的取值一般假设均服从均匀分布。

⑤相对湿度影响。未来超声速民机飞行将跨越海洋和大陆，两者之间的相对湿度相差较大，而分子弛豫效应的强度与空气湿度极为相关。在一般计算中，为了简化研究，从近场到地面的大气相对湿度取一常数，选取了 3 个相对湿度（10%、50%、90%）来进行计算，其中 10% 的相对湿度模拟了沙漠、戈壁等干旱地区的湿度，90% 的相对湿度则接近雨林、沿海等湿润地区的最高湿度。实际上，这是一个不确定度的因素。

⑥温度影响。以美国航空航天学会（AIAA）分别于 2014 年和 2017 年组织了第一、第二届国际声爆预测研讨会，发布的测试算例 LM1021 为例，以官方标准大气的温度分布为基准，分别给所有海拔处的温度增加15℃，使地面温度为40℃，以模拟高温地区的温度。再给所有海拔处的温度相对标准大气减少15℃，使地面温度为－10℃，以模拟低温地区的温度。在研究的过程中固定相对湿度（70%）、标准大气分布等环境参数，也是不确定度的因素。

⑦初边值条件。超声速民机在高空飞行过程中，来流条件会不断发生波动。因此需要

考虑来流参数存在不确定性时对声爆预测结果的影响，并甄别来流参数中影响声爆预测的关键性因素，为超声速民机工程实际应用提供有价值的参考。

⑧时空离散。对流体力学方程采用不同离散格式，会对模拟结果产生影响。数值离散和算法以及求解会带来不确定度。

国内外学者对近场声爆预测方法的不确定度研究主要集中在网格量、网格拓扑结构、空间离散格式和湍流模型对近场波形的影响，对远场传播方法的研究则主要集中在考虑非线性和大气黏性的影响。在物面几何离散误差对近场声爆波形的影响，以及不同空间离散格式和有/无黏性等因素对近场声爆波形造成的差异在后续远场声爆强度预测中的影响方面，目前还缺乏系统研究。

3.5.1.3 远场预测过程中不确定度来源

声爆预测中远近场的定义并不是固定的，而是根据实际问题变化的。声爆远场预测采用的波形参数法本质上是一种线化方法，远近场的匹配直接影响地面声爆的计算精度。假设 L 代表飞机的长度，H 代表距离飞机的径向距离，如图 3－60 所示，因此不同的 H/L 值代表了不同的声源位置和远场计算的匹配距离。如果 H/L 值太小，则远近场匹配不足，近场非线性效应导致远场计算错误；如果 H/L 值太大，则导致计算需要的网格量激增，从而导致计算成本急剧上升。后来采用直接匹配法实现声爆远近场的匹配，设 Δp 为声爆扰动压强，p 为未扰动的大气压强。超声速线化理论表明，压力扰动 $\Delta p/p$ 随 H/L 的增加而减小，因此，当压力扰动随匹配距离的增加开始减小时，可以认为此时近场非线性效应已经很弱，远近场的匹配是成功的。此方法虽缓解了影响，但有时不确定度影响很大。

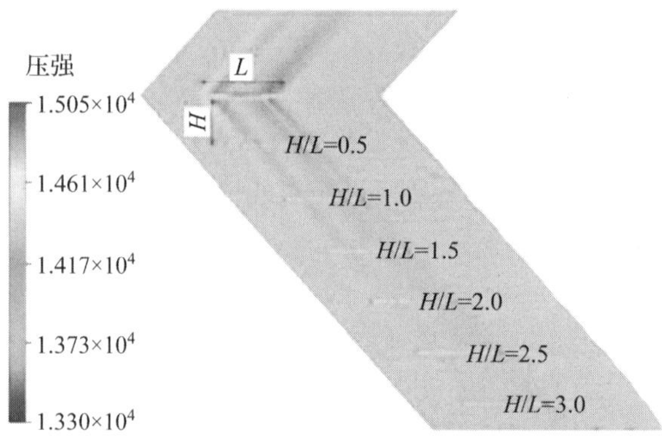

图 3－60　声爆远近场匹配

总之，声爆信号预测的不确定度是研究物理模型在有准确输入或不准确输入条件下的模拟问题，以及由建模与模拟本身的随机性、模型认知缺陷和近似求解导致的不确定度问题。表 3－7 简单罗列了影响声爆信号预测过程中不确定性的一些关键因素。发展可信的声爆信号预测能力，并针对关键参数开展不确定度量化研究会面临很大的挑战。从物理、数学上去探讨、研究声爆信号预测过程多物理耦合非线性偏微分方程与数值解的不确定度，以及通过不确定度研究来改善声爆信号预测过程预测可信度成为当今数学科学的前沿课题。

表 3－7　声爆信号预测过程中不确定性

序号	不确定性因素	描述	概率密度函数
1	ρ_0	环境密度	正态分布（统计） $\rho_0(x)=\frac{1}{\sqrt{2\pi}\sigma}e^{-\frac{(x-\mu)^2}{2\sigma^2}}$
2	c_0	环境波速	均匀分布：$c_0\in[a_{c_0},\ b_{c_0}]$
3	H/L	声源位置和远场计算的匹配距离	均匀分布（先验知识），一般满足： $H/L\in[a_{(H/L)},\ b_{(H/L)}]$
4	C_v	弛豫系数	均匀分布：$C_v\in[a_{C_v},\ b_{C_v}]$
5	θ_v	弛豫时间	均匀分布：$\theta_v\in[a_{\theta_v},\ b_{\theta_v}]$
6	p_0	参考气压	均匀分布：$p_0\in[a_{p_0},\ b_{p_0}]$
7	b	经典吸收系数	均匀分布：$b\in[a_b,\ b_b]$
8	β	非线性系数	均匀分布：$\beta\in[a_\beta,\ b_\beta]$
9	湍流模型	湍流模型几种情况： （1）层流模型； （2）SA 模型； （3）SA－QCR 模型； （4）SST 模型	将湍流模型不同形式作为概率密度分布，即考虑几种形式的影响
10	Ma	马赫数	均匀分布：$Ma\in[a_{Ma},\ b_{Ma}]$
11	θ	迎角	均匀分布：$\theta\in[a_\theta,\ b_\theta]$
12	a_{N-R}	N－R 人为黏性系数	均匀分布：$a_{\mathrm{N-R}}\in[a_{a_{\mathrm{N-R}}},\ b_{a_{\mathrm{N-R}}}]$
13	a_{L}	Landshoff 人为黏性系数	均匀分布：$a_{\mathrm{L}}\in[a_{a_{\mathrm{L}}},\ b_{a_{\mathrm{L}}}]$

3.5.2　声爆预测不确定度因素表征

对于不确定度，不仅要清楚其来源，更重要的是要对其进行表征。虽然不确定度表征的方法比较多，但目前在实际工程或问题研究中，对不确定度的表征主要有三种情况。

3.5.2.1　大样本统计法

在样本数据充足的条件下，采用统计方法，给出其随机变量的概率分布。该方法较为精细但需大量的可用样本数据，而在风洞试验、高精尖武器装备测试等实际工程应用场景下，收集更多的数据点往往成本非常高或几乎不可能。为此，基于样本数据直接表征较为受限，多数基于经验指定。

3.5.2.2　上下边界区间法

在样本数据缺乏的情况下，采用上下边界区间表征法，给出其随机变量的范围。该方法对样本数量兼容性强但其表征较为粗糙，导致不确定度量化的精度大打折扣。

3.5.2.3　基于拟合优度检验法

虽然采用统计的理论方法发展得已相当成熟，但两种情况都不能对当前数据所给出的表征方案的合理性进行定量评价。而对于上下边界区间法，如何在样本数据缺乏的条件下合理而精细地表征不确定性更是目前亟须解决的问题。为此，有学者发展了基于拟合优度检验的不确定度表征方法。如χ^2检验法，是在总体X的分布未知时，根据来自总体的样本，检验关于总体分布假设的一种检验方法。

拟合优度是相同的模型用不同的方法去估计参数，可以拟合出不同的回归线，拟合的回归线与样本观测值总是有偏离的。样本回归线对样本观测数据拟合的优劣程度，称为拟合优度。简单来说拟合优度是指回归直线对观测值的拟合程度，度量拟合优度的统计量是可决系数（亦称确定系数）R^2。拟合优度的度量是建立在对Y总变差分解的基础上的。主要是建立不确定度分类表征的定量评价准则，如χ^2分布。设有一平均数为μ、方差为σ^2的正态总体。现从此总体中独立随机抽取n个随机变量：x_1，x_2，…，x_n，并求出其样本方差S^2。

将其标准化$x^2=\dfrac{\sum_{i=1}^{n}(x_i-\bar{x})^2}{\sigma^2}=\dfrac{(n-1)S^2}{\sigma^2}$，服从自由度为$n-1$的$\chi^2$分布，记为：$\dfrac{(n-1)S^2}{\sigma^2}\sim\chi^2(n-1)$。显然，$\chi^2\geqslant 0$，即$\chi^2$的取值范围是$[0,+\infty)$。$\chi^2$分布密度曲线是随自由度不同而改变的一组曲线，随自由度的增大，曲线由偏斜渐趋于对称；$df\geqslant 30$时，接近正态分布。图3-61给出了几个不同自由度的χ^2概率分布密度曲线。

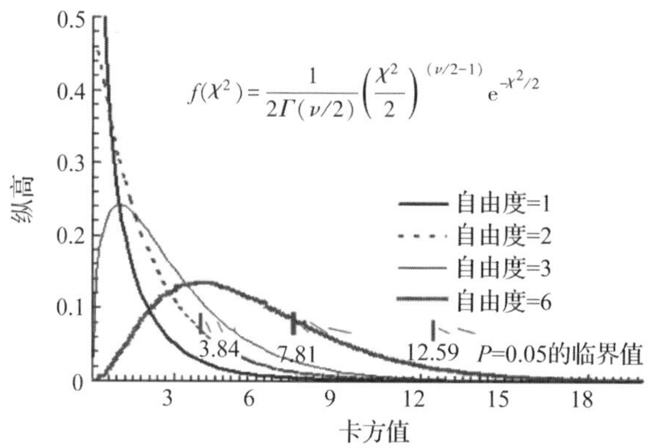

图3-61 χ^2概率分布密度曲线

根据不确定度变量的观测（或经验）样本数据及分类准则，将不确定度表征为常规概率分布随机变量、混合加权概率分布稀疏变量、上下边界表征的区间变量，该方法对样本数据充足或缺乏两种情况均具有适用性。

首先，假设不确定度变量为随机变量或稀疏变量，其数学模型分别为几种常见的单一概率分布或多种分布组成的加权概率分布，采用极大似然估计确定各个分布参数，对于稀疏变量中的各分布权重，基于信息量准则给出权衡了假设模型的复杂度和拟合样本的优良性的权重分配方案。其次，基于Kolmogorov-Smirnov（KS）拟合优度检验方法来衡量经验概率分布与假设概率分布之间的一致性，建立检验p值定义的拟合优度度量，评价观测样本遵循假设的概率分布的可信程度，给出决策的定量数值依据。最后，比较各种分布的拟合优度最大值p_{max}和显著性水平α的大小，根据二者大小关系将不确定度变量分类为随机变量、稀疏变量和区间变量，合理确定不确定度所属的变量类型。通过所构建的极大似然估计、信息量准则，对不确定度参数进行表征，并通过拟合优度（即 p 值）给出表征方案合理性的定量评价。

结合声爆预测，不确定度具体表征主要是基于样本的统计方法和先验知识。

①一致性处理。为了便于开展不确定度量化分析，将所有样本近场波形第一个波峰起点取为一致。另外，有时可能需要位置或时间的一致性处理，然后对其开展量化表征。

②区间计算。主要是基于样本的统计计算。对于每组数据样本，分散度区间确定采用上下界方法，其上界为 $\hat{\mu}+k\hat{\sigma}$，下界为 $\hat{\mu}-k\hat{\sigma}$，其中 $\hat{\sigma}$ 为数据样品的标准方差估计值，覆盖因子 k 取值为 2.58（99% 置信区间）或 1.96（95% 置信区间），$\hat{\mu}$ 为数据样本均值或中值。如在 95% 置信区间内，声爆信号的不确定区间为（$\mu-1.96\sigma$，$\mu+1.96\sigma$），区间大小为 $2\times1.96\sigma$，其中 μ 为平均值，σ 为标准差。在 95% 置信区间内，定义输出地面波形的不确定度为 $\mathrm{UQ}\%=100\times1.96\sigma_R/\mu_R$。

3.5.3　不确定度量化方法及挑战问题

在自然科学和社会科学的研究中，人们碰到的现象分为两类，一类是确定性现象，另一类是不确定性现象。对于人们能够知道其产生原因和发展规律的现象被认为是确定性的。如果人们不能全面掌握一个现象的产生原因和发展规律，那么这个现象对人来说是带有随机性的，属不确定性现象。不确定性现象在声爆信号预测过程中体现得尤为明显，严重影响着决策与发展。如何量化声爆信号预测过程中的不确定度已经成为学术界和应用界的关注热点。不确定度可以用不同的数学描述方法进行表征与量化，这些方法基本上可以分为两大类，第一类为概率方法，第二类为非概率方法。

（1）概率方法

概率方法又可以分为经典的基于频率的概率论方法和贝叶斯概率理论。这些方法在理论上已经比较完善，是一种被广泛接受并应用于实际工程领域最多的一种表征不确定度的方法。这种方法在需要的样本信息量比较大时才能正确表征其不确定度的分布，此方法比较适合于对偶然不确定度的表征和处理。

（2）非概率方法

目前处理不确定性的非概率方法主要有：①模糊集理论；②区间分析；③概率边界分析，也称为二阶概率、二维蒙特卡罗抽样和嵌套蒙特卡罗抽样；④证据理论，也称为 Dempster－Shafer 理论；⑤可能性理论；⑥上下预知理论，也称为不精确可能性理论。有的方法只能表征认知不确定度，但大多数方法既能表征认知不确定度，也能表征偶然随机不确定度。

不确定度量化问题在工程设计中是一个历史悠久的问题，已在水文、地理、预报、经济、自动控制、结构力学分析等领域发展了几十年，建立了很多不确定度量化方法，如经典的灵敏度分析方法、贝叶斯理论方法、响应面方法等。目前主要采用参数识别与敏感度分析、代理模型、响应面方法、证据理论、区间分析、蒙特卡罗方法、贝叶斯理论方法、遗传算法、神经网络、小波理论、参数标定与优化等。特别是在科学计算程序验证与确认的模型环节中，对试验数据和数值模拟结果的不确定性，发展了多元自适应回归样条方法、概率盒方法、小样本信息整合理论、可能性理论、多项式混沌方法、高斯响应面方法、支持向量机方法等。

3.5.4 近场声爆信号预测结果不确定度量化分析

搜集整理了 SBPW1 和 Cgroup 的三个模型近场声爆预测结果，选取典型截面声爆信号过压峰值强度和位置作为系统响应量，参考 AIAA - DPW、HiLiftPW 等系列会议所用的不确定度理论进行量化评估分析，覆盖因子 k 取值为 2.58（99% 置信区间）。

3.5.4.1 旋成体模型

旋成体模型是 SBPW1 选用的非升力旋成体模型，可用于对声爆预测技术和试验预测能力进行标定。几何构型参考长度 $L=44.8\text{cm}$，圆柱段的直径为 3.54cm，$Ma=1.6$。SBPW1 搜集了 21 个参加者提供的共计 64 组数据（2 个位置），选用的网格类型包括 26 组四面体网格、16 组混合网格、10 组结构网格、4 组嵌套网格、3 组直角网格、1 组 hybrid 网格、1 组线性网格（linear）；选用的计算模型包括 58 组 Euler、1 组层流、3 组 SA、1 组 SST 和 1 组线性（linear）。Cgroup 搜集整理了 5 家单位提供的 36 组数据，包括 9 组四面体网格、19 组混合网格、7 组结构网格、1 组嵌套网格；选用的计算模型包括 20 组 Euler、8 组 SA 和 8 组 SST。

图 3 - 62（a）给出了旋成体模型近场过压云图。图 3 - 62（b）~ 图 3 - 62（d）给出了不同单位、不同计算网格、不同黏性模型的计算结果与试验数据的对比。总体来说，Cgroup、SBPW1 的计算结果与试验数据在头尾激波、压力膨胀段、过压平台等位置的吻合程度较好，头部激波和压力膨胀段与试验曲线均非常贴合，对尾部激波强度的预测相比试验数据略微偏大。最大偏离出现在膨胀区末端的近似小平台区，计算结果和试验曲线的相对误差约为 10%。头部激波后的过压平台区，理论上其过压信号为常值，但是试验数据和计算结果均显示出了小振幅的压力扰动（见图 3 - 62（c）），这是因为试验模型并非完全轴对称且存在加工瑕疵，大部分计算结果均比较准确地捕捉到了这个压力扰动现象。对黏性影响的研究中发现，相比于 RANS 方程，Euler 方程预测得到的激波位置和强度更接近试验值；在过压平台区，无黏模型的波动曲线更贴近试验数据，而在近似小平台区，黏性模型的计算结果稍好一些。相比于试验值，考虑黏性影响没能提高近场声爆的计算精度，甚至在某些位置 Euler 方程预测得到的过压信号更为准确。

针对旋成体模型 $H/L=1.2$、周向角 $\Phi=0°$ 位置的头、尾激波过压峰值和位置，将 SBPW1 和 Cgroup 的所有数据进行了统计分析对比，如图 3 - 63、图 3 - 64 所示。与试验数据相比，头激波过压峰值大部分都落在了试验误差带上限范围内，尾激波过压峰值和头、尾激波过压峰值对应的位置（X 值，单位 m）则分散度较大。头、尾激波过压峰值位置的试验值误差相当小，误差量级基本在 10^{-4}m，而国内外预测值分散度误差量级均为 10^{-3}m 左右。SBPW1 预测得到的头激波过压峰值的中值偏离试验均值约 3.5%、位置中值偏离约 0.5%，Cgroup 的头激波过压峰值的中值偏离试验均值约 5.0%、位置中值偏离约 0.6m。尾激波过压峰值预测值的绝对值均偏大，SBPW1 的尾激波过压峰值的中值偏离试验均值约 22%、位置中值偏离约 0.27%，Cgroup 的尾激波过压峰值中值偏离试验均值约 16%、位置中值偏离约 0.17%。SBPW1 预测得到的头激波强度和位置的分散度分别为 0.00083 和 0.0040m，Cgroup 预测得到的头激波强度和位置的分散度分别 0.00079m 和 0.0025m；SBPW1 预测得到的尾激波强度和位置的分散度分别为 0.00241m 和 0.0059m，Cgroup 预测得到的尾激波强度和位置的分散度分别 0.00216m 和 0.0096m。

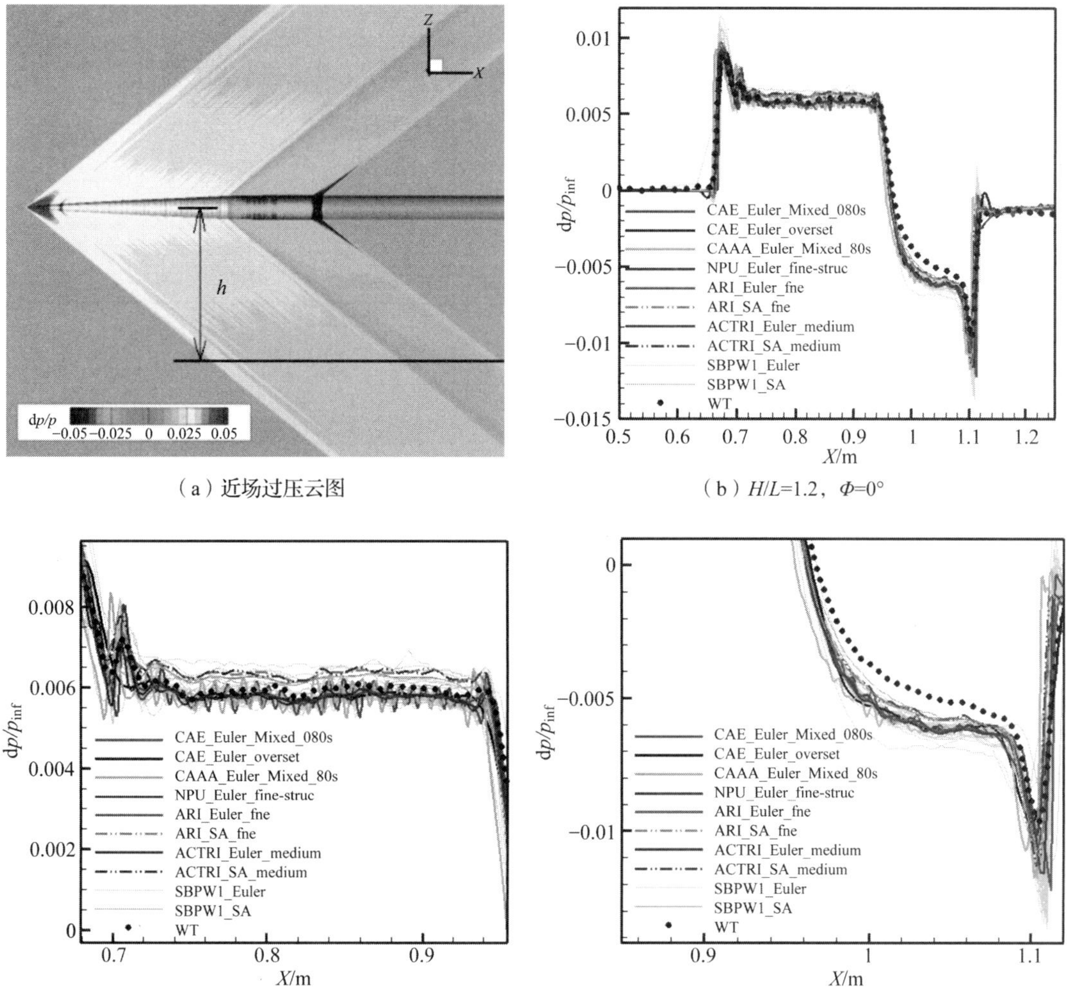

（a）近场过压云图　　（b）H/L=1.2，Φ=0°

（c）平台区局部放大　　（d）压力膨胀段局部放大

图 3－62　旋成体模型近场声爆信号预测结果

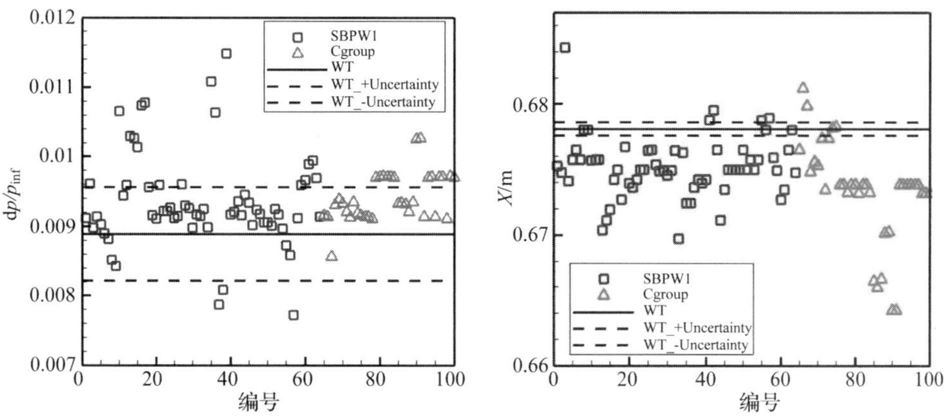

（a）过压峰值　　（b）位置

注：WT 为风洞，Uncertainty 表示误差（不确定度）。

图 3－63　旋成体模型近场声爆信号头激波预测结果对比，$H/L=1.2$，$\Phi=0°$

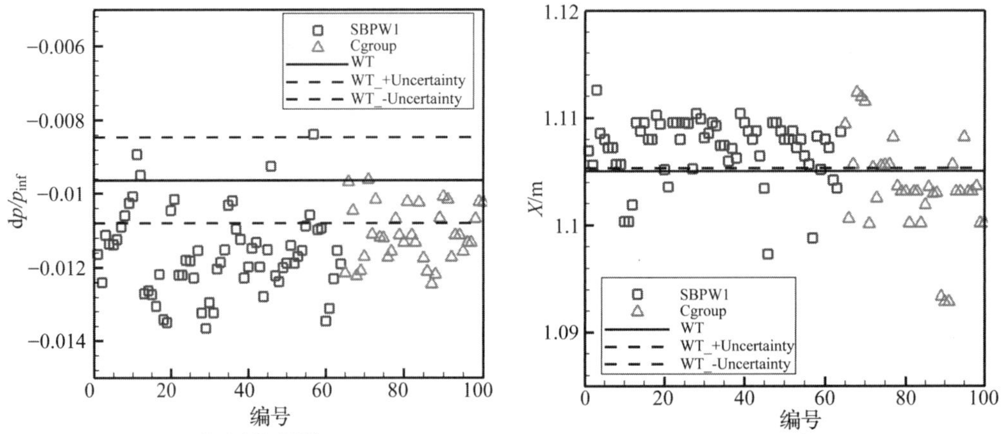

（a）过压峰值　　　（b）位置

图 3－64　旋成体模型近场声爆信号尾激波预测结果对比，$H/L=1.2$，$\Phi=0°$

可见，国内外对头激波过压峰值及位置的预测中值与试验均值的误差均在 5% 以内，但 SBPW1 预测结果的分散度相对较大；国内外对尾激波强度的预测值大部分都比试验值大，且分散度比头激波均高出一个量级，尾激波过压峰值位置的分散度也较大。头、尾激波峰值位置的试验值误差很小，而预测结果分散度相对较大。后续还需要进一步开展研究以提高旋成体尾激波，以及头、尾激波峰值位置的预测水平，定量分析网格、湍流模型等因素对计算结果不确定度的影响。

3.5.4.2　三角翼模型

三角翼模型是 SBPW1 采用的无弯度、对称的翼身融合体模型，属于简化的升力体模型，参考长度 $L=6.898\text{in}$，$Ma=1.7$。会议网站上搜集了 20 个参加者提供的共计 60 组数据（10 个位置），选用的网格类型包括 24 组四面体网格、19 组混合网格、8 组结构网格、4 组嵌套网格、2 组直角网格、1 组 hybrid 网格；选用的计算模型包括 56 组 Euler、4 组 SA。Cgroup 的计算结果包括 5 家单位的 34 组数据，选用的网格类型包括 26 组混合网格、2 组结构网格；选用的计算模型包括 21 组 Euler、7 组 SA、6 组 SST。

图 3－65（a）以三角翼模型轴线为旋转中心，在不同旋转半径处截取的过压计算结果云图，可以明显看出不同方位角 Φ 的过压分布变化。图 3－65 还给出了三角翼模型在 $H/L=3.6$，周向角（$\Phi=0°$、30°、60°、90°）不同时的过压计算结果和试验数据的对比。计算结果表明，包括尾支杆在内的各方位角的过压计算结果和试验对比吻合较好，头部激波的强度与试验值偏差相对较小。相对于头部激波，机翼前缘激波和尾部激波的峰值预测值偏大，这可能是试验模型加工时，对机翼的各个边缘处做了光滑处理而降低了激波强度所致，而大部分参与者未对计算模型进行相应修形。随着方位角的变化，尾部激波从单个激波演变为多激波的过程中均与试验曲线表现的变化规律基本一致。

图 3－66 以三角翼模型近场 $H/L=3.6$、周向角 $\Phi=0°$位置的声爆信号头尾激波峰值及峰值位置的预测结果为例进行不确定度量化分析。总体来说，Cgroup 的预测结果分散度相对较低。头激波和第一个膨胀波过压峰值的预测值基本都在试验误差带范围内，但对激波峰值的位置预测均不太理想。激波过压峰值位置的试验值误差相当小，误差量级基本

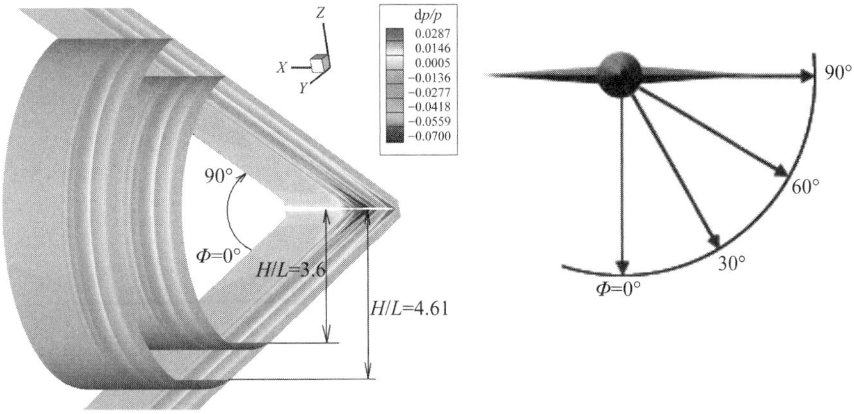

（a）近场过压云图及周向角定义

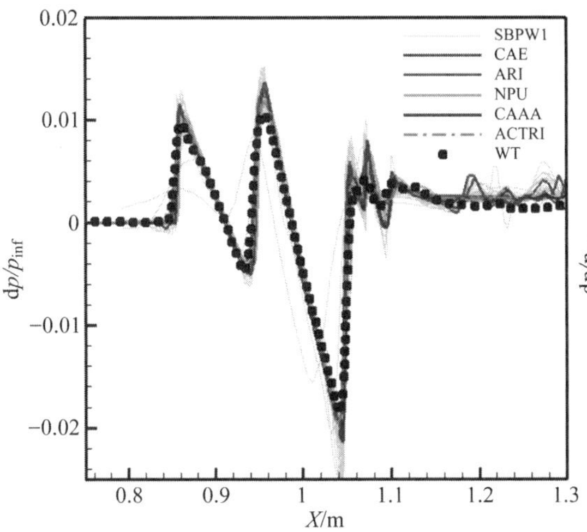

（b）Φ=0°

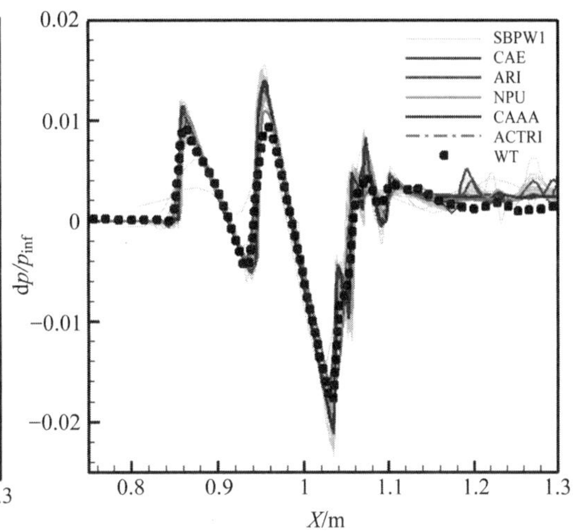

（c）Φ=30°

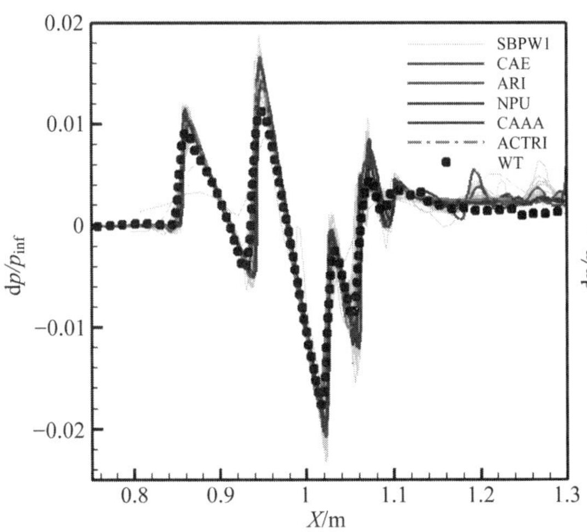

（d）Φ=60°

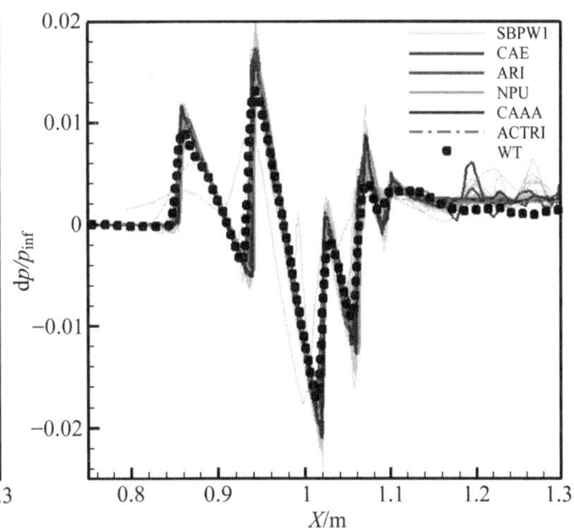

（e）Φ=90°

图 3 – 65　三角翼模型近场声爆信号预测结果，$H/L=3.6$

在 10^{-6}m，而国内外预测值分散度误差量级均为 10^{-3}m 左右。SBPW1 的机翼前缘激波过压峰值的中值与试验值相比偏差达到了 20.9%，Cgroup 相应的偏差为 18.0%；SBPW1 的尾激波过压峰值的中值与试验值相比偏差达到了 15.1%，Cgroup 相应的偏差为 4.6%。其中，SBPW1 预测得到的头激波过压峰值的分布区间可表示为 0.01090 ± 0.00280，头激波位置的分布区间为 0.86204 ± 0.00968；Cgroup 预测得到的头激波过压值的分布区间可表示为 0.01029 ± 0.00146，头激波位置的分布区间为 0.86325 ± 0.003515。可见，相比 SBPW1 的结果而言，Cgroup 的头激波预测结果分散度较低。

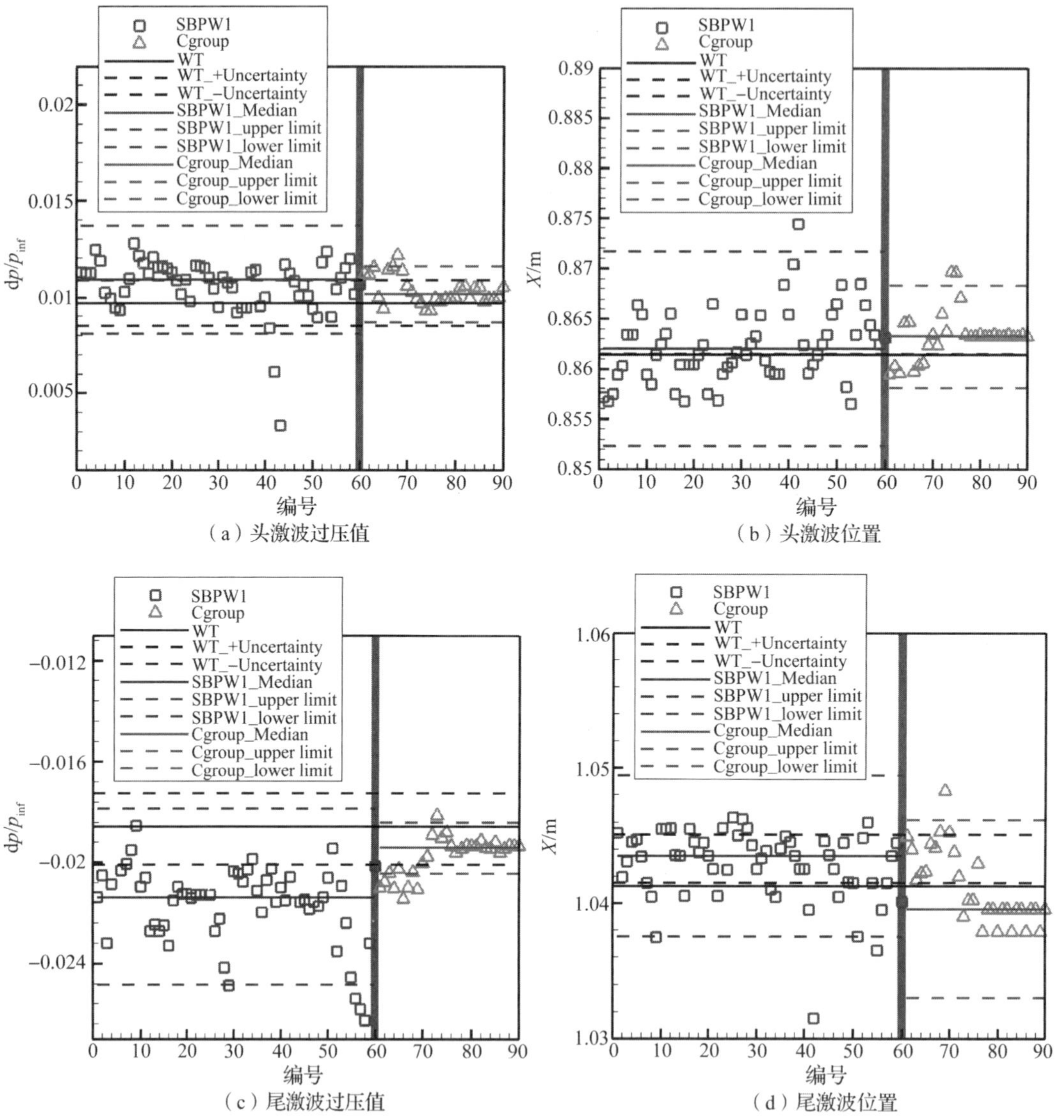

(a) 头激波过压值

(b) 头激波位置

(c) 尾激波过压值

(d) 尾激波位置

注：Median 为中值，upper limit 为误差上限，lower limit 为误差下限。

图 3-66　三角翼模型近场声爆信号头、尾激波预测结果不确定对比分析，$H/L = 3.6$，$\Phi = 0°$

3.5.4.3　LM1021

LM1021 是 SBPW1 的可选模型，是洛克希德-马丁公司为 N+2 超声速民机计划开发的完整模型，具有较丰富可靠的风洞试验数据，可考察计算工具对复杂声爆模型的预测能力。模型参考长度为 $L=22.4$in，$Ma=1.6$。SBPW1 搜集了 7 个参加者提供的共计 54 组数据（10 个位置），选用的网格类型包括 19 组四面体网格、20 组混合网格、8 组结构网格、5 组嵌套网格、2 组直角网格；选用的计算模型包括 19 组 Euler、5 组层流、10 组 Realizable k－e、15 组 SA、5 组 SST。Cgroup 搜集了 22 组数据，选用的网格类型包括混合网格 10 套、结构网格 1 套，选用的计算模型包括 7 组 Euler、2 组层流、1 组 k－e、5 组 SA、7 组 SST。

图 3－67 给出了 LM1021 对称面过压云图，以及模型正下方 $H/L=1.42$、周向角 $\Phi=0°$位置的过压曲线及局部放大图。结果表明，头激波区域的无黏计算结果更接近试验值。靠近机翼尾部区域，由于边界层厚度对短舱的影响，SA 和 SST 的求解结果与试验值吻合较好，而无黏求解的信号则有所延迟。LM1021 几何结构相比于前面两种模型更加复杂，流场结构也更为复杂，近场声爆信号的求解精度相对较低，需进一步开展高可信度预测方法研究，以提高对复杂全机构型近场声爆信号的预测能力。

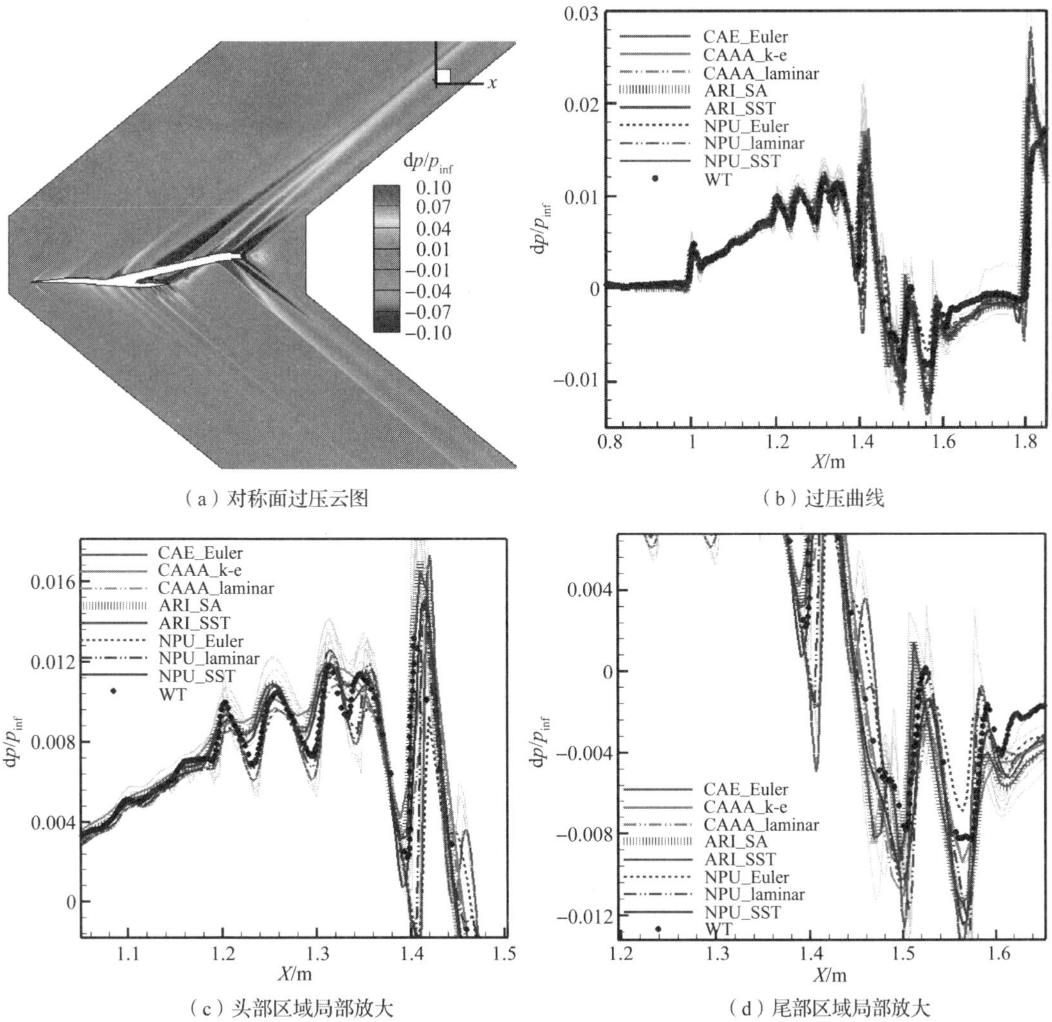

（a）对称面过压云图　（b）过压曲线

（c）头部区域局部放大　（d）尾部区域局部放大

图 3－67　LM1021 近场声爆信号预测结果，$H/L=1.42$，$\Phi=0°$

3.5.5 远场声爆信号预测结果不确定度量化分析

3.5.5.1 LM1021

以 SBPW2 提供的 LM1021 正下方过压信号为输入，计算得到在标准大气条件下传播到地面的远场声爆信号（地面反射因子取值 1.9），如图 3－68 所示。相应地，图 3－69 给出了 LM1021 地面声爆响度级的对比。可见，大气条件对地面声爆信号的影响显著。

图 3－70 给出了标准大气下，计算得到的 LM1021 正下方（$H/L=3.1299$）声爆信号传播到地面的远场波形与 SBPW2 的统计结果的对比。可见，标准大气条件下，声爆信号曲线与 SBPW2 的统计均值曲线波形较为接近，声爆信号持续时间在 0.25s 左右，头、尾激波峰值较均值偏大。其中，头激波峰值压力的统计结果分散度较大，相对误差最大值约为 ±20Pa；尾激波峰值压力相对误差最大约为 ±10Pa。

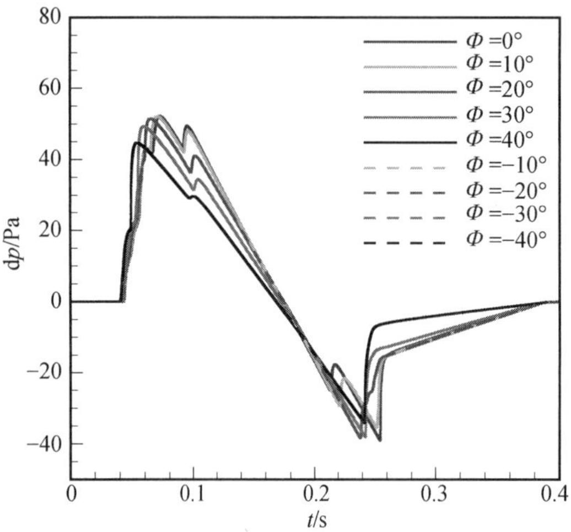

（a）标准大气条件

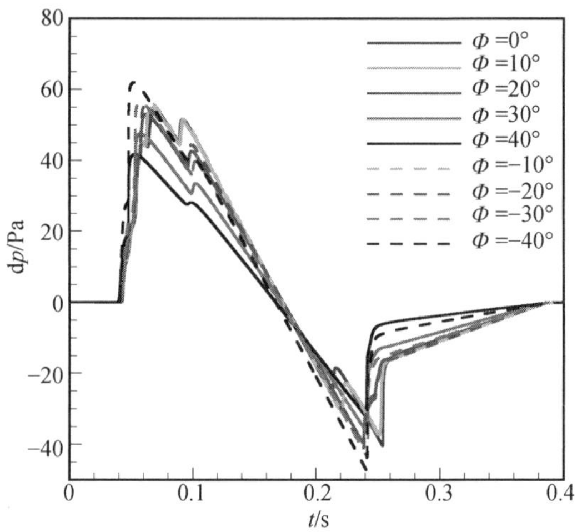

（b）大气条件1

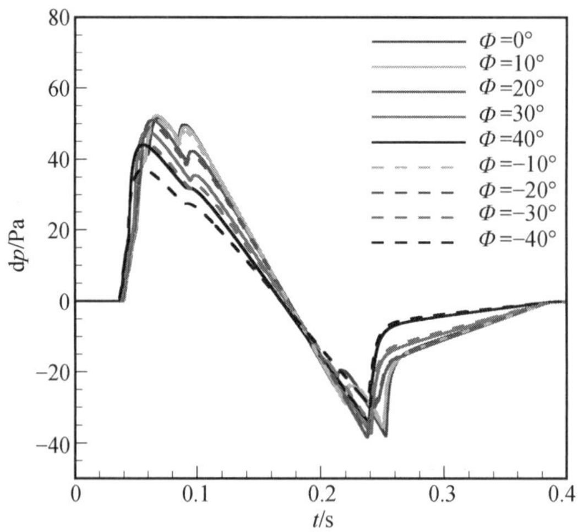

（c）大气条件2

图 3－68　LM1021 正下方（$H/L=3.1299$）声爆信号通过不同大气条件传播到地面的远场波形

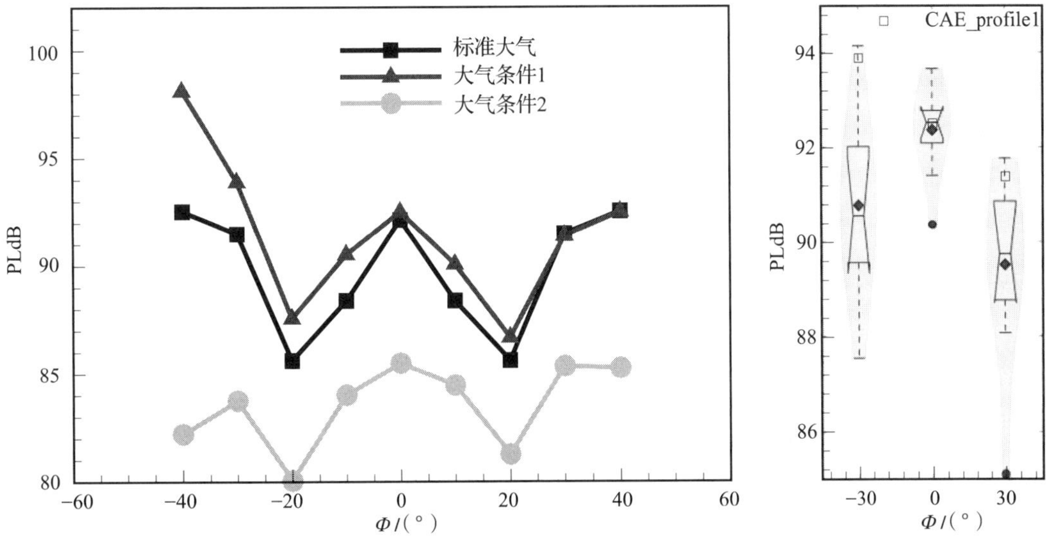

（a）不同大气条件下地面声爆响度级

（b）大气条件1对应的地面声爆响度级（与SBPW2统计结果对比）

图 3 - 69　LM1021 地面声爆响度级对比

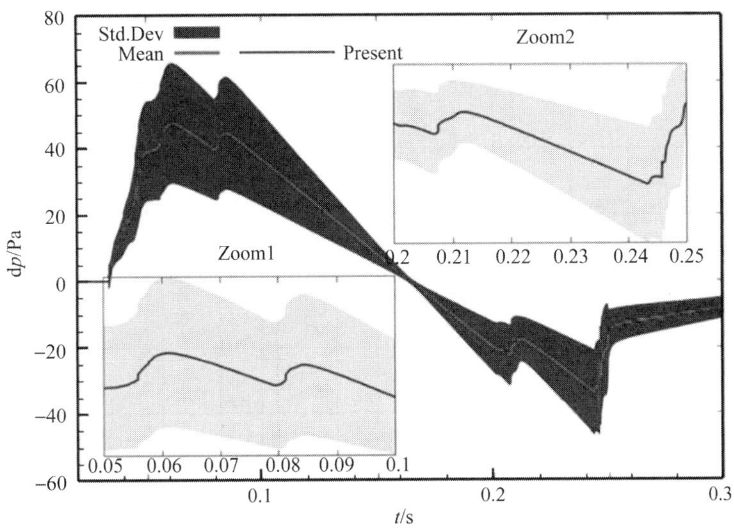

注：Std. Dev 表示标准大气条件下计算结果误差带，Mean 表示平均值，Zoom1 和 Zoom2 表示局部放大（分别对应头激波和尾激波位置）。

图 3 - 70　LM1021 正下方（$H/L = 3.1299$）声爆信号传播到地面的远场波形（标准大气）

标准大气条件下，LM1021 下方不同周向角的过压信号传播到远场后，选择史蒂文斯响度法作为声爆总响度级的计算方法，开展地面声爆信号的主观响应评估。图 3 - 71 给出了标准大气条件下，计算得到的 LM1021 不同周向角声爆信号传播到地面的响度级与 SBPW2的典型算例计算结果的对比，结果可靠性较好。模型正下方（$\Phi = 0°$）的声爆响度级预测结果的中值约为 92.5PLdB，本书预测结果较接近中值；模型下方周向角为 10°和

20°位置的响度级略偏低。SBPW2 关于远场声爆传播预测精度指出：响度级越低对传播预测的精度要求就越高；本书所研究的 LM1021 声爆响度级在 90PLdB 左右，则对应图 3－70 中最大压力 ±20Pa 的分散度误差，相同周向角方位的响度级误差在 ±3PLdB 范围内。

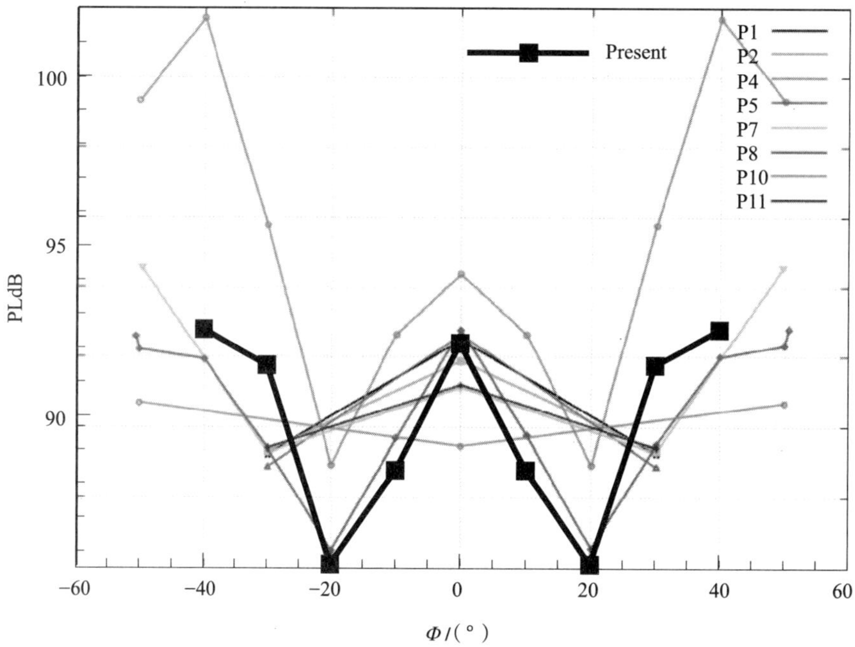

图 3－71　LM1021 不同周向角声爆信号传播到地面的响度级对比（标准大气条件）

采用 AIAA 第二届声爆预测研讨会提供的典型声爆研究模型 LM1021，分别对近场、远场声爆信号，以及地面声爆响度评价的统计结果进行了对比，初步开展了声爆传播预测结果的可信度评估。对复杂构型的近场声爆信号的预测能力还有待进一步提高，远场声爆预测结果分散度较大，声爆响度级相对误差低于 3PLdB。

（1）DOE 试验设计

在进行 LM1021 声爆预测过程中，选择了马赫数（*Ma*）、来流迎角（AoA）和巡航高度（ALT）作为研究输入变量，选择时间和过压作为输出响应量，将仿真结果与试验结果的误差作为研究响应量，开展参数相关性分析、灵敏度分析，以及不确定度量化。变量的初值、上下界如表 3－8 所示。响应量为仿真结果与输入结果的 Theil 不一致系数，DOE 采样算法选择拉丁超立方，样本数为 30，种子数为 20。

表 3－8　DOE 输入变量列表（LM1021）

序号	参数名称	类型	初值	下界	上界
1	*Ma*	连续型	1.6	1.54	1.66
2	AoA	连续型	0	0	6
3	ALT	连续型	18000	15000	21000

最终生成的参数相关性图如图3－72所示。根据图3－72中的相关性结果可知，输入变量H与仿真结果具有较强的相关性，且为正相关；而Ma与仿真结果的相关性微乎其微，与其他变量的相关性为0，可以认为Ma为独立变量。

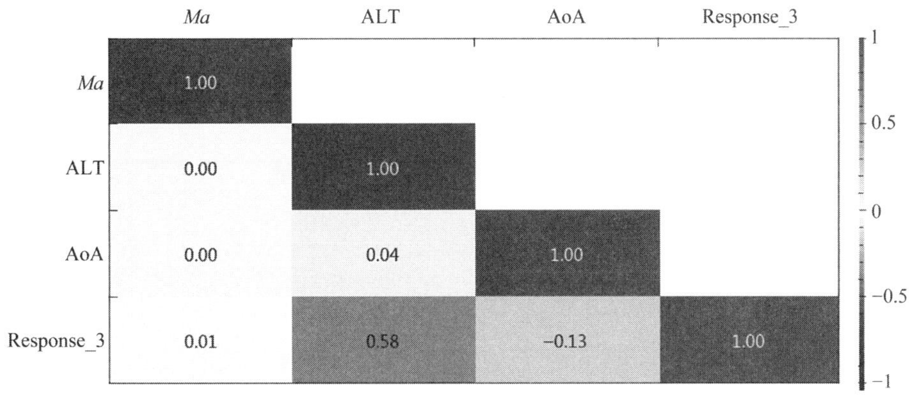

注：Response_ 3表示输出的响应结果。

图3－72　参数相关性图（LM1021）

（2）参数灵敏度

在进行参数灵敏度分析时，既可以选择对已有的数据进行灵敏度分析，也可以选择重新生成的样本进行灵敏度分析。在本案例中，选择上一步DOE生成的样本进行灵敏度分析。响应量为仿真结果与输入结果的Theil不一致系数，灵敏度算法选择PSA_ Pce，多项式展开阶数为3，生成的参数灵敏度排序图如图3－73所示。在参数灵敏度排序图中，主效应表示该变量对响应量影响的敏感度，交互效应表示该变量对响应量的影响与其他变量对响应量的影响的大小，总效应为主效应和交互效应的和。3个输入变量对响应量的敏感度大小依次是ALT＞Ma＞AoA。

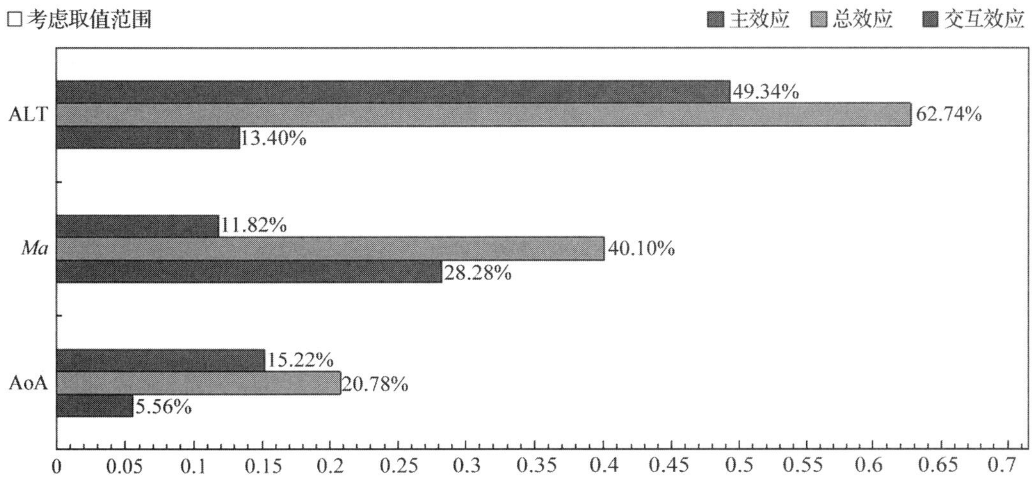

图3－73　参数灵敏度排序图（LM1021）

（3）不确定度量化

在进行参数不确定度量化分析时，既可以选择对已有的数据进行参数不确定度量化，也可以选择重新生成的样本进行参数不确定度量化。在本案例中，选择上一步 DOE 生成的样本进行不确定度量化分析。响应量为仿真结果与输入结果的 Theil 不一致系数，不确定度算法选择 UQ_ Pce，多项式展开阶数为 2，生成的概率密度图如图 3 – 74 所示。图 3 – 74 (a) 为仿真结果的概率密度曲线图，可通过设置概率密度曲线的上下界，计算仿真结果的失效概率，图 3 – 74 (b) 为仿真结果的概率分布柱状图，能够显示不同的仿真结果区间占所有仿真结果的概率。

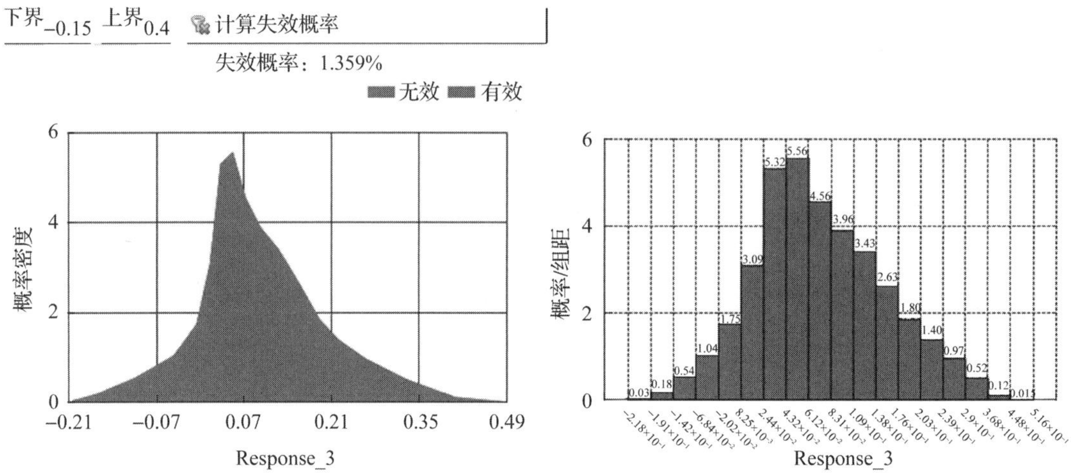

(a) 概率密度曲线图　　(b) 概率分布柱状图

图 3 – 74　仿真结果的概率密度图（LM1021）

3.5.5.2　F – 5E 模型远场声爆预测不确定度分析

(1) DOE 试验设计

在进行典型声爆远场预测中，预测模型选择 F – 5E 模型。在进行 F – 5E 模型的远场声爆预测过程中，选择了马赫数（*Ma*）、来流迎角（AoA）、巡航高度 ALT、离体距离（HL）、周向角（PHI）、采样频率（SFreq）、无量纲空间网格间隔（DSIGMA）等 7 个物理量作为研究输入变量，选择时间和过压作为输出响应量，将仿真结果与试验结果的误差作为研究响应量，开展参数相关性分析、灵敏度分析，以及不确定度量化。变量的初值、上下界如表 3 – 9 所示。响应量为仿真结果与输入结果的 Theil 不一致系数，DOE 采样算法选择拉丁超立方，样本数为 20，种子数为 20。

表 3 – 9　DOE 输入变量列表（F – 5E 模型）

序号	参数名称	类型	初值	下界	上界
1	*Ma*	连续型	1. 445	1. 415	1. 475
2	AoA	连续型	0	0	6
3	ALT	连续型	9772. 1928	9472. 1928	10072. 1928
4	HL	连续型	1. 68	1. 65	1. 71
5	PHI	连续型	0	0	60
6	SFreq	连续型	200	100	1000
7	DSIGMA	连续型	0. 01	0. 01	0. 05

最终生成的参数相关性图如图 3－75 所示。可见，在众多的输入变量中，只有 *Ma* 与仿真结果是强相关，相关系数达到了 0.75，且为正相关。而所有输入变量之间的相关性系数几乎未超过 0.15，属于弱相关，也可以认为所有输入变量之间相互独立。

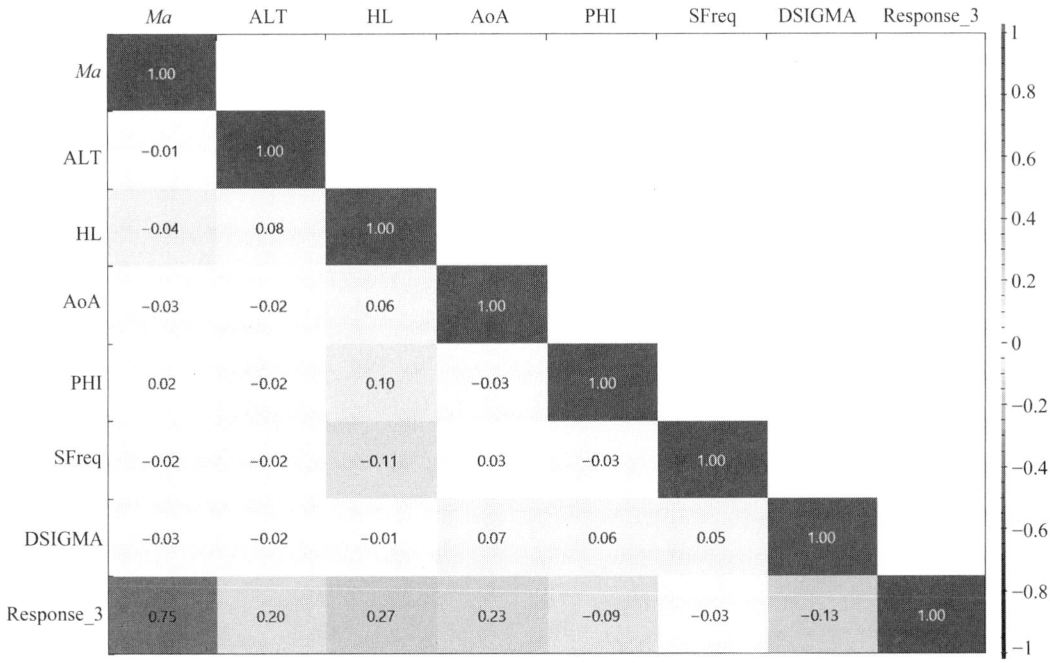

图 3－75　参数相关性图（F－5E 模型）

（2）参数灵敏度

在进行参数灵敏度分析时，既可以选择对已有的数据进行灵敏度分析，也可以选择重新生成样本的进行灵敏度分析。在本案例中，选择上一步 DOE 生成的样本进行灵敏度分析。响应量为仿真结果与输入结果的 Theil 不一致系数，灵敏度算法选择 PSA_ Pce，多项式展开阶数为 3，生成的参数灵敏度排序图如图 3－76 所示。在参数灵敏度排序图中，主效应表示该变量对响应量影响的敏感度，交互效应表示该变量对响应量的影响与其他变量对响应量的影响的大小，总效应为主效应和交互效应的和。所有输入变量对仿真结果的灵敏度大小为 *Ma* > ALT > HL > AoA > PHI，其中马赫数对仿真结果的影响最大，达到了 51.7%，而所有变量的交互效应均为 0%，即各输入变量对其他变量的仿真结果没有影响，这与参数的相关性的结果是一致的。

（3）不确定度量化

在进行参数不确定度量化分析时，既可以选择对已有的数据进行参数不确定度量化，也可以选择重新生成的样本进行参数不确定度量化。在本案例中，选择上一步 DOE 生成的样本进行不确定度量化分析。响应量为仿真结果与输入结果的 Theil 不一致系数，不确定度算法选择 UQ_ Pce，多项式展开阶数为 2，生成的概率密度图如图 3－77 所示。图 3－77（a）为仿真结果的概率密度曲线图，可通过设置概率密度曲线的上下界，计算仿真结果的失效概率，图 3－77（b）为仿真结果的概率分布柱状图，能够显示不同的仿真结果区间占所有仿真结果的概率。

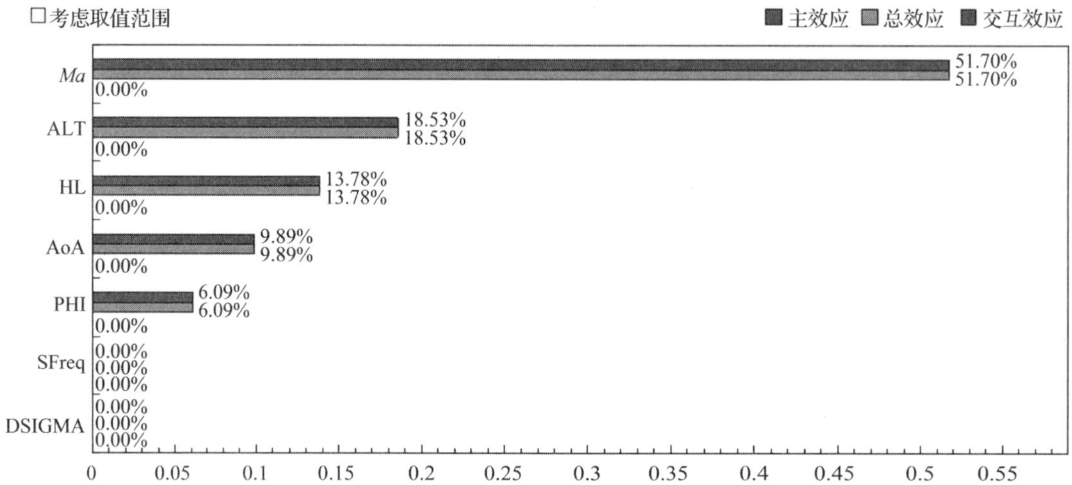

图 3-76　参数灵敏度排序图（F-5E 模型）

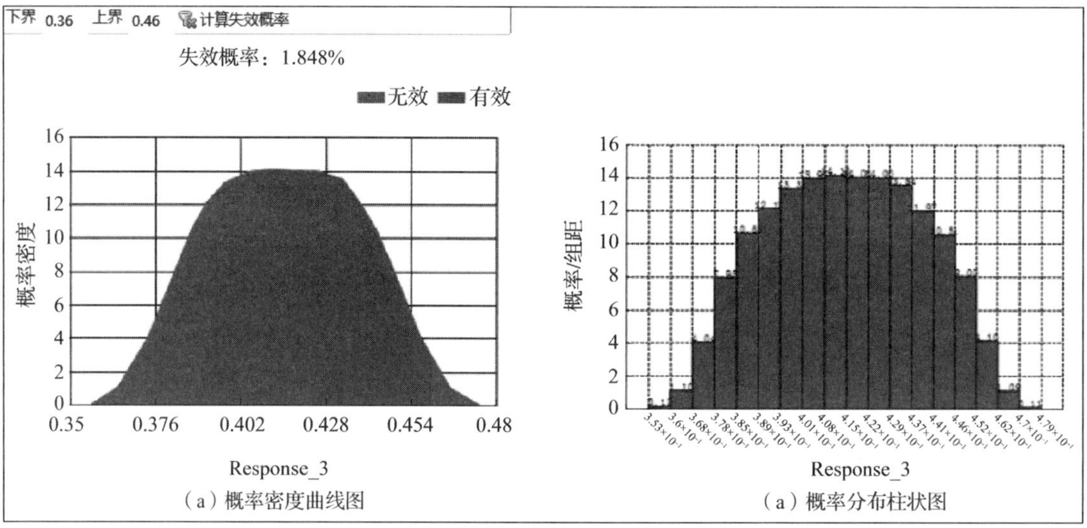

图 3-77　仿真结果的概率密度图（F-5E 模型）

3.6　本章小结

对近场声爆信号的预测本质上是采用 CFD 方法模拟空间过压信号的过程，这与传统飞机气动力计算中重点关注机体表面气动力参数是完全不同的。因此，排除认知不确定度因素，近场声爆预测能力成熟度主要取决于所采用的 CFD 求解方法捕捉激波间断的能力。尽管从空间复杂波系高分辨率网格技术、高分辨率格式等方面开展了技术攻关，但从近场声爆预测结果分析可见，声爆近场信号预测精准度还有待进一步提高，还需要开展大量验证确认计算研究。

对声爆远场传播的预测一般都是基于对增广 Burgers 方程的求解，决定预测结果可信度的核心问题是能否真实模拟声爆传播区域内的大气运动，影响因素一方面是控制方程中未考虑部分声爆传播效应，另一方面由于缺乏计算经验和大量实测数据修正，使得在求解复杂飞机构型声爆信号传播时，国内外预测结果除个别标准大气工况吻合较好外，复杂大气条件下的声爆幅值、波形、激波数量、上升时间、持续时间等仍然存在较大分散性。当前，由于缺乏可靠的声爆大气传播算例进行验证确认研究，无论是国内还是国外预测结果的可靠性都偏低。

参考文献

[1] Domenic J M, Percy J B, Kenneth J P, et al. Sonic boom: six decades of research [R]. NASA/SP-2014-622.

[2] Whitham G B. The Flow Pattern of a Supersonic Project [J]. Communication on Pure and Applied Mathematics, 1953, 5 (3): 301-347.

[3] Keller J B. Geometrical Acoustic I, the Theory of Weak Shock Waves [J]. Journal of Applied Physics, 1954, 25 (8): 938-947.

[4] Walkden F. The Shock Pattern of a Wing-Body Combination, Far from the flight path [J]. Aeronautical Quarterly, 1958, Ⅸ (2): 164-194.

[5] Yamashita R. Full-Field Sonic Boom Simulation in Stratified Atmosphere [J]. AIAA Journal, 2016, 54 (10): 3223-3231.

[6] Hayes D W, Haefeli C R, Kulsrcd E H. Sonic Boom Propagation in a Stratified Atmosphere, with Computer Program [R]. NASA CR-1969-1299, 1969.

[7] Khokhlova V A, Souchon R, Tavakkoli J, et al. Numerical modeling of finite-amplitude sound beams: shock formation in the near field of a cw plane source [J]. Journal of Acoustical Society of America, 2001, 110 (1): 95-108.

[8] Pierce A D. Acoustics: An Introduction to its Physical Principles and Applications [J]. Journal of Acoustical Society of America, 1981, 70 (5): 1548.

[9] McDonald B E, Kuperman W A. Time Domain Formulation for Pulse Propagation Including Nonlinear Behavior at a Caustic [J]. Journal of Acoustical Society of America, 1987, 81 (5): 1406-1417.

[10] Page J, Plotkin K, Hobbs C, et al. Superboom Caustic Analysis and Measurement Program (SCAMP) Final Report [R]. NASA CR-2015-218871, 2015.

[11] Michael A Park, Michael J A, Richard L. Campbell. Summary of the 2008 NASA Fundamental Aeronautics Program Sonic Boom Prediction Workshop [R]. AIAA 2013-0649, 2013.

[12] Michael A Park, John M Morgenstern. Summary and Statistical Analysis of the First AIAA Sonic Boom Prediction Workshop [R]. AIAA 2014-2006, 2014.

[13] Carlton T W, Blackstock D T. Propagation of plane sound waves of finite amplitude in inhomogeneous fluids [J]. Journal of the Acoustical Society of America, 1974, 56 (6): S42.

[14] Robinson L D. A Numerical Model for Sonic Boom Propagation through an Inhomogeneous, windy atmosphere [R]. NASA CP - 1992 - 1372, 1992.

[15] Cleveland R O. Effect of stratification and geometrical spreading on sonic boom rise time [R]. NASA N95 - 14880, 1995.

[16] Yamamoto M, Hashimoto A, Aoyama T, et al. A unified approach to an augmented Burgers equation for the propagation of sonic booms [J]. Journal of Acoustical Society of America, 2015, 137 (4): 1857 - 1866.

[17] Rallabhandi S K. Advanced Sonic Boom Prediction Using the Augmented Burgers Equation [J]. Journal of Aircraft, 2011, 48 (4): 1245 - 1253.

[18] Auger T, Coulouvrat F. Numerical Simulation of Sonic Boom Focusing [J]. AIAA Journal, 2002, 40 (9): 1726 - 1734.

[19] Kandil O, Zheng X. Prediction of Superboom Problem using Computational Solution of Nonlinear Tricomi Equation [J]. AIAA Paper, 2005: 6335.

[20] Sescu A, Afjeh A A. On the Discontinuous Galerkin Computation of N - waves Focusing [J]. International Journal for Numerical Methods in Fluids, 2010, 67 (11): 1758 - 1768.

[21] Salamone J A, Sparrow V W, Plotkin K J, et al. SCAMP: Solution of the Lossy Nonlinear Tricomi Equation for Sonic Boom Focusing [J]. AIAA Paper, 2013: 0935.

[22] 兰世隆. 超声速民机音爆理论、预测和最小化方法概述 [J]. 空气动力学学报, 2019, 37 (4): 645 - 654.

[23] 乔建领, 韩忠华, 宋文萍. 基于代理模型的高效全局低音爆优化设计方法 [J]. 航空学报, 2018, 39 (5): 62 - 75.

[24] 黄江涛, 张绎典, 高正红, 等. 基于流场/声爆耦合伴随方程的超声速公务机声爆优化 [J]. 航空学报, 2019, 40 (5): 51 - 61.

[25] 丁玉临, 韩忠华, 乔建领, 等. 超声速民机总体气动布局设计关键技术研究进展 [J]. 航空学报, 2023, 44 (2): 20 - 46.

[26] 刘中臣, 钱战森, 冷岩, 等. 声爆近场空间压力风洞测量技术 [J]. 航空学报, 2020, 41 (4): 114 - 126.

[27] 瞿丽霞, 韩硕, 宋亚辉, 等. 超声速飞行器声爆飞行试验与声爆预测评估 [J]. 空气动力学学报, 2022, 40 (4): 1 - 12.

[28] 瞿丽霞, 徐悦, 韩硕, 等. 典型声爆研究模型近场预测统计量化分析评估 [J]. 航空科学技术, 2021, 32 (4): 14 - 21.

[29] 陈树生, 顾奕然, 杨华, 等. 低声爆超声速客机声爆预测及不确定度量化分析 [J]. 空气动力学学报, 2023, 41 (4): 41 - 51.

[30] 李立. 面向航空工程的 CFD 不确定度量化方法研究 [J]. 航空科学技术, 2022, 33 (7): 46 - 56.

[31] 韩忠华, 钱战森, 乔建领. 声爆预测与低声爆设计方法 [M]. 北京: 科学出版社, 2022.

[32] Michael A Park, Richard L Campbell, Alaa Elmiligui, et al. Specialized CFD grid generation methods for near. field sonic boom prediction [C]. AIAA. 2014. 0115.

[33] John Morgenstern, Nicole Norstrud, Jack Sokhey, et al. Advanced concept studies for supersonic commercial transports entering service in the 2018 to 2020 period: phase I final report [R]. NASA/CR—2013. 217820.

[34] Mathias Wintzer, Marian Nemec, Michael J Aftosmis. Adjoint. based adaptive mesh refinement for sonic boom prediction [C]. 26th AIAA Applied Aerodynamics Conference, Aug. 18 – 21, 2008, Honolulu, HI.

[35] Mathias Wintzer, Ilan Kroo. Optimization and adjoint based CFD for the conceptual design of low sonic boom aircraft [C]. 50th AIAA Aerospace Sciences Meeting including the New Horizons Forum and Aerospace Exposition 09. 12 January 2012, Nashville, Tennessee.

[36] Marian Nemec, Michael J Aftosmis. Parallel adjoint framework for aerodynamic shape optimization of component based geometry [C]. 49th AIAA Aerospace Sciences Meeting including the New Horizons Forum and Aerospace Exposition 4. 7 January 2011, Orlando, Florida.

[37] Michael J Aftosmis, Marian Nemec, Susan E Cliff. Adjoint based low boom design with cart3D [C]. 29th AIAA Applied Aerodynamics Conference 27. 30 June 2011, Honolulu, Hawaii.

[38] E M LeeRausch, M A Park, W T Jones, et al. Application of parallel adjoint based error estimation and anisotropic grid adaptation for three. dimensional aerospace configurations [C]. 23rd AIAA Applied Aerodynamics Conference, June 6. 9, 2005, Toronto, Ontario.

[39] Jones W T, Nielsen E J, Park M A. Validation of 3D adjoint based error estimation and mesh adaptation for sonic boom prediction [C]. AIAA Aerospace sciences Meeting and Exhibit, Nevada, 2006.

[40] D A Venditti, D L Darmofal. Anisotropic grid adaptation for functional outputs: application to two dimensional viscous flows [J]. Journal of Computational Physics, 2003, 187: 22 – 46.

[41] Park M A, Darmofal D L. Validation of an output – adaptivetetrahedral cut – cell method for sonic boom prediction [J]. AIAA Journal, 2010, 48 (9): 1928 – 1945.

[42] Park M A. Anisotropic output based adaptation with tetrahedral cut cells for compressible flows [D]. PhD dissertation, Massachusetts Institute of Technology, 2008.

[43] Park M A. Low boom configuration analysis with FUN3D adjoint simulation framework [C]. 20th AIAA Computational Fluid Dynamics Conference, Honolulu, 2011.

[44] Sriram K Rallabhandi, Michael A Park. Adjoint Based Mesh Adaptation for the Sonic Boom Signature Loudness [C]. AIAA AVIATION Forum 35th AIAA Applied Aerodynamics Conference, Colorado, 2017.

[45] Nadarajah S., Jameson A, Alonso J. Sonic boom reduction using an adjoint method for wing body configurations in supersonic flow [C]. AIAA Paper No. 2002.5547, 2002.

[46] Sriram K Rallabhandi. Application of adjoint methodology to supersonic aircraft design using reversed equivalent areas [J]. journal of Aircraft, 2014, 51 (6): 1873 – 1882.

[47] 冯晓强，李占科，宋笔锋. 超音速客机低音爆布局反设计技术研究 [J]. 航空学报，

2011, 32 (11): 1980 - 1986.

[48] 冯晓强，李占科，宋笔锋，等. 基于混合网格的声爆/气动一体化设计方法研究 [J]. 空气动力学学报，2014，32 (1): 30 - 37.

[49] 但聃，杨伟. 超音速公务机声爆计算与布局讨论 [J]. 航空工程进展，2012，3 (1) : 7 - 15.

[50] 徐悦，宋万强. 典型低音爆构型的近场音爆计算研究 [J]. 航空科学技术，2016，27 (7): 12 - 16.

[51] 王刚，马博平，雷知锦，等. 网格对声爆近场预测的影响的数值研究 [N] 西北工业大学学报，2018，36 (5): 865 - 874.

[52] 王刚，马博平，雷知锦，等. 典型标模音爆的数值预测与分析 [J]. 航空学报，2018，39 (1): 164 - 176.

[53] 朱自强，兰世隆. 超音速民机和降低音爆研究 [J]. 航空学报，2015，36 (8) : 2507 - 2528.

[54] F Alauzet, A Loseille. High order sonic boom modeling based on adaptive methods [J]. Journal of Computational Physics , 2010, 229 : 561 - 593.

[55] Juan J Alonso, Ilan M Kroo, Antony Jameson. Advanced algorithms for design and optimization of Quiet supersonic platforms [C]. 40th AIAA Aerospace Sciences Meeting and Exhibit January 14 - 17, 2002, Reno, NV.

[56] Sriram K Rallabhandi, Eric J Nielsen, Boris Diskin. Sonic boom mitigation through aircraft design and adjoint methodology [C]. 30th AIAA Applied Aerodynamics Conference 25. 28 June 2012, New Orleans, Louisiana.

[57] Sriram K Rallabhandi. Sonic Boom Adjoint methodology and its applications [C]. 29th AIAA Applied Aerodynamics Conference 27. 30 June 2011, Honolulu, Hawaii.

[58] K J Plotkin. State of the art of sonic boom modeling [J]. The Journal of the Acoustical Society of America, 2002, 111 (1): 530 - 536.

[59] S Choi, J J Alonso, E Van der Weide. Numerical and mesh resolution requirements for accurate sonic boom prediction [J]. Journal of Aircraft, 2009, 46 (4): 1126 - 1139.

[60] J H Casper, S E Cliff, S D Thomas, et al. Assessment of near - field sonic boom simulation tools [C]. 26th AIAA Applied Aerodynamics Conference, HaWali, AIAA - 2008 - 6592.

[61] Park M A, Morgenstern J M. Summary and Statistical Analysis of the First AIAA Sonic Boom Prediction Workshop [C]. 32nd AIAA Applied Aerodynamics Conference, 16. 20 June 2014, Atlanta, GA.

[62] P A Henne. The case for small supersonic civil aircraft [C]. AIAA/ICAS International Air and Space Symposium and Exposition, Dayton 2003.

[63] Pawlowski J W, Graham D H, et al. Origins and overview of the shaped sonic boom demonstration program [C]. AIAA Paper 2005. 5, Jan. 2005.

[64] H Q Yang, R E Harris. Vertex - Centered, High - Order Schemes for Turbulent Flows [C]. 54th AIAA Aerospace Sciences Meeting, Washington, 2016.

[65] H Q Yang , Robert E Harris, Simon S. Yang. Large Eddy Simulation of Transition Flow

Using High – Order Vertex – Centered U – MUSCL Schemes Implemented in FUN3D [C]. 2018 AIAA Aerospace Sciences Meeting, Florida, 2018.

[66] Burg C O E. High order variable extrapolation for unstructured finite volume RANS flow solvers [J]. AIAA paper 2005 –4999, 2005.

[67] 谭伟伟, 刘峰博, 张一帆. 基于线性弹性体的网格变形方法研究 [J]. 航空计算技术, 2017, 47 (2): 37 –40.

第4章　超声速民机声爆风洞试验技术

风洞试验是开展声爆研究的重要手段，而对远场声爆过压进行测量则是其中最直接的一种试验方法。由于目前全球所有的超声速风洞尺寸都不足以支撑模拟远场，因此声爆风洞试验技术主要针对近场脱体压力分布开展测量，将得到的压力空间分布作为远场传播模型的输入条件进行研究。本章主要对声爆近场压力测量风洞试验技术的特点与难点、测量装置类型、发展趋势等方面作简要介绍，并以中国航空工业空气动力研究院（简称航空工业气动院）的 FL－60 风洞和中国航天空气动力技术研究院（简称航天十一院）的 FD－12风洞为例，根据暂冲式风洞的特点设计了无反射测压轨装置，通过 CFD 技术对其进行了分析与优化。采用参考车次方法和空间平均技术提高测量精度，同时针对空间平均技术，设计了模型轴向移动机构，实现了试验模型沿风洞轴线位置的在线自动控制。

4.1　声爆试验的关键技术难点

利用风洞试验开展声爆研究已有近60年的历史，最早可以追溯到1959年 Carlson 在 NASA 兰利研究中心的4ft×4ft 超声速风洞中开展的研究工作。声爆风洞试验技术涉及试验模型的精确模拟、风洞流场的精确控制、近场压力信号的精确测量，以及试验数据的干扰修正等多个方面，其中最关键的技术为空间压力信号的精确测量与辨识。经过几十年的试验研究，以 NASA 为代表的研究机构逐渐研发了多种形式的测压板、静压探针、测压轨等声爆近场压力试验测量装置。

由于传统测量技术在试验过程中表现出的局限性，近年来 NASA 研发了无反射测压轨测量技术，大幅提高了风洞试验中声爆近场压力测量的精准度。针对风洞试验过程中出现的流场非均匀扰动，NASA 研发了空间平均技术，大幅降低了流场非均匀性对声爆测量结果的影响，提高了测量数据的可靠性。除美国外，日本、俄罗斯等国的航空研究机构针对声爆近场压力的精确测量也开展了风洞试验研究。近年来，针对声爆现象的风洞试验逐步受到国内相关科研机构的关注，以航空工业气动院、中国空气动力研究与发展中心和航天十一院等为代表的研究机构利用自研的静压探针、测压轨等测量装置对声爆近场压力测量开展了初步研究。

声爆风洞试验的本质是测量近场脱体压力。常规风洞测压试验主要测量飞行器表面的压力分布，而声爆试验需要测量距离飞行器一定距离处的空间压力分布。根据 Whitham 理论，在风洞中进行声爆试验，除了模型几何外形相似、马赫数相同之外，还要求模型试验的 H/L 与飞行条件保持相同，其中 H 为空间测压设备距离飞行器的垂直高度，L 为飞行器的特征长度。与常规风洞试验相比，声爆试验在模型、支撑，以及风洞流场品质等方面都有其特殊要求。

4.1.1 试验模型

一般情况下，声爆风洞试验模型的尺寸小于常规测力、测压试验模型的尺寸，具体模型的尺寸则需根据风洞试验段尺寸以及模型试验的 H/L 需求来确定。

关于声爆风洞试验模型的缩比尺度通常有两种思路。第一种思路是采用小尺寸模型（见图 4 - 1），尽可能测量距离模型较远处的空间压力分布。根据当前超声速风洞尺寸限制，一般可测量 5 ~ 50 倍模型长度的距离（$(H/L) = 5 \sim 50$）。采用小尺寸模型的优势为可直接得到模型的中、远场声爆强度和波形。但由于满足声爆信号的远场条件需要模型尺寸极小，而极小尺寸的模型给外形精细化模拟和精细化加工均带来极大的困难，因而难以保证远场压力分布的精确模拟。第二种思路是采用相对较大的模型，这样可以在一定程度上克服模型外形模拟不准确及精细加工困难等问题，但由于风洞尺寸限制，只能测量模型近场（通常指 $(H/L) < 5$）的空间压力分布，远场传播需要通过近场数据进行推算。因此，合理选择声爆试验模型的缩比尺寸是获得理想试验结果的重要因素之一。早期的声爆风洞试验通常采用第一种思路，而近年来的声爆试验研究则主要采用第二种思路。

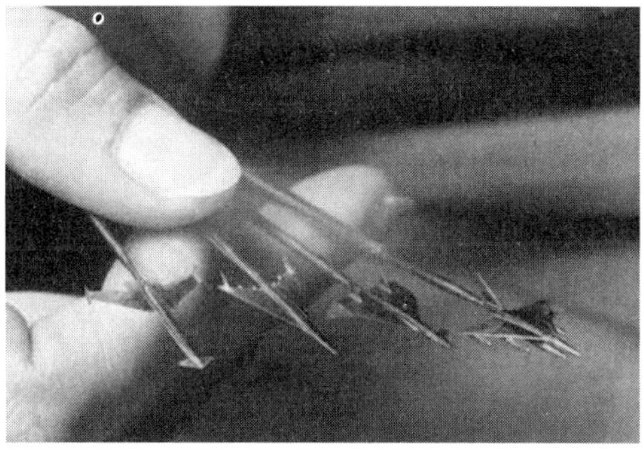

图 4 - 1　声爆风洞试验的小尺寸模型

在发展声爆数值预测技术和风洞试验技术过程中，NASA 发布了一系列标准模型，用来作为声爆预测技术的校验。2014 年 NASA 组织了第一届声爆预测研讨会，评估近场压力信号的数值模拟计算精度，为远场声爆预测奠定基础。研讨会以旋成体模型（SEEB - ALR）、69°后掠三角翼模型（DWB）和洛克希德 - 马丁公司的低声爆概念机模型（LM1021）等三个不同复杂程度的模型（见图 4 - 2）作为标准模型，参会各方对此开展了数值计算，并与其高质量的风洞试验数据进行了对比分析，结果显示数值预测结果与试验测量结果一致性虽然总体较好，但仍存在一定误差。2017 年，在 AIAA 会议举办期间，NASA 组织了第二届声爆预测研讨会，与第一届会议主要关注近场压力计算方法不同，第二届会议将近场压力计算方法和远场声爆预测均作为讨论内容。关于近场压力计算，会议选择了四个不同复杂程度的模型作为标准模型，包括两套全机概念模型（C25F 通流模型和 C25P 带动力模型，见图 4 - 3）。这些声爆标准模型已在全世界范围内得到了广泛应用，可用于检验数值模拟方法的准确性和风洞试验技术的可靠性。

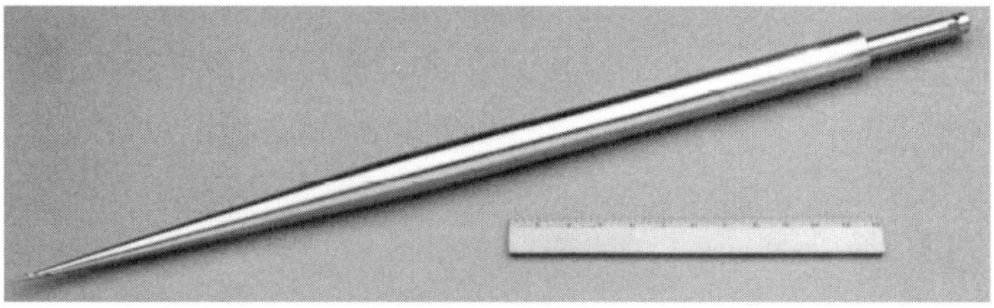

（a）SEEB-ALR

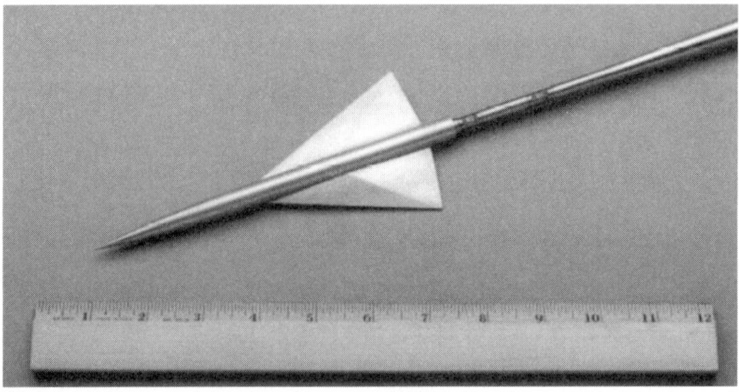

（b）69°后掠DWB

（c）LM1021

图 4－2　第一届声爆预测研讨会风洞试验模型

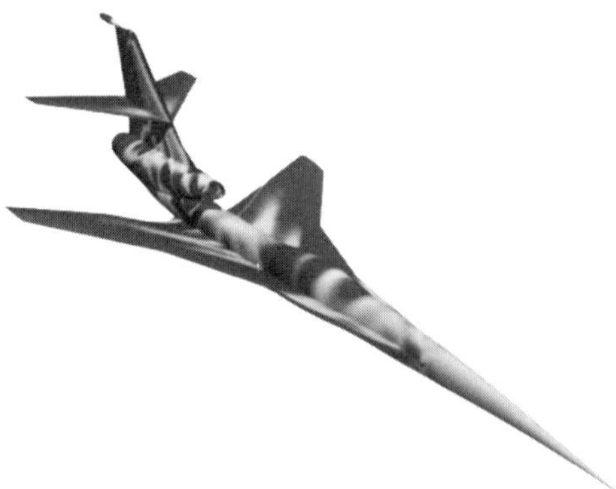

（a）C25F通流模型

（b）C25P带动力模型

图 4－3　第二届声爆预测研讨会模型

4.1.2　模型支撑

为将模型固定在试验段指定位置，在风洞试验中需要引入额外的模型支撑结构。声爆试验常用的模型支撑方式有尾撑和背撑两种。研究表明，模型支撑会给声爆信号测量结果特别是后体声爆信号造成严重影响，因此声爆试验设计中需要考虑模型支撑带来的测量信号干扰问题。

为了减小风洞试验中模型支撑对飞行器后体声爆信号的影响，科研人员进行了大量研究。其中一种方法是将试验模型尾部支撑与飞行器尾喷管羽流的有效外形进行一体化设计，即利用模型支杆的几何外形来模拟飞行器喷管羽流的形状，以此减小模型支撑对真实飞行器后体声爆信号的干扰。这种支撑方法虽然能够在一定程度上改善测量结果，但也存在显著缺点。由于不同的飞行条件对应不同的喷流条件，喷管羽流的有效外形也不相同，这就需要设计一系列模拟不同羽流边界的尾撑支杆，且设计结果仍存在一定不确定性，因此限制了这种支撑方法的广泛使用。

近年来，随着对飞机后体声爆信号的关注，研究人员研发了一种叶片型支撑方法，其实质是一种外形经过精心设计的带后掠的模型背部支撑方法。美国湾流公司的低声爆概念机风洞试验就采用了这种支撑方法，如图4－4所示。研究表明，这种叶片型支撑从模型背部伸出并沿着马赫线后掠，可以使得模型支撑对声爆信号测量的影响最小化。叶片型支撑方法在近年来的低声爆模型，尤其是主要关注后体声爆特性的研究中得到了广泛应用。

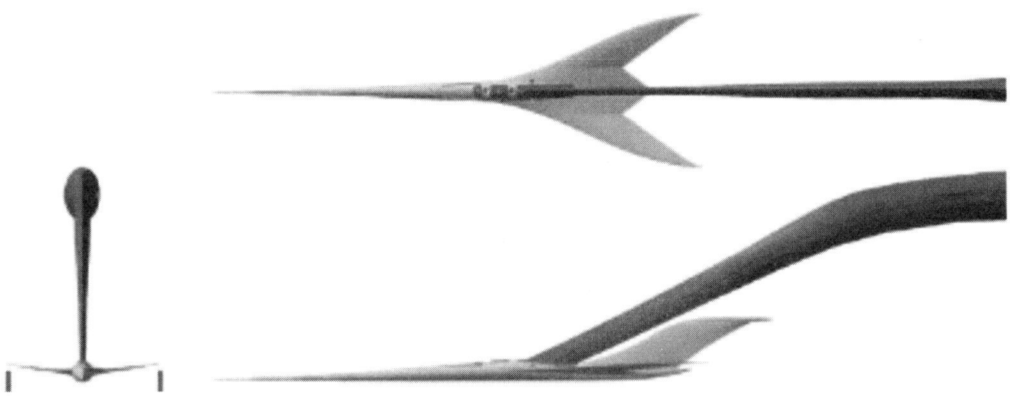

图4－4　采用叶片型支撑方法的低声爆概念机模型三视图

4.1.3　风洞流场品质

由于声爆试验模型尺寸较小，需测量与模型有一定距离的空间压力信号。与常规模型表面测压试验相比，通常情况下声爆试验测量的空间压力信号要弱得多，因此声爆试验对风洞试验段的流场品质提出了更高要求。但是由于加工和装配误差，风洞试验段壁面不可避免地存在一些缺陷，导致风洞流场在空间上存在一定的不均匀性。另外由于风洞的主控系统一般都采用基于伺服反馈的动态调节方法，当试图将流场总压保持在某一设定值时，流场参数仍是随时间波动的。空间不均匀性和时间非定常性对于常规风洞试验来说影响较小，但对于声爆试验，这些因素带来的流场压力波动可能比模型激波诱导的声爆空间过压还要大。因此对于声爆近场空间压力测量试验，风洞流场的空间均匀性和时间稳定性都是需要重点考虑的。在开展声爆试验之前有必要对风洞试验段流场进行校测，充分了解风洞的流场特性，以便制订开展声爆试验的具体方案，选择合适的试验工况，确定模型和测量设备在风洞中的摆放位置。

4.1.4 其他干扰因素

风洞试验过程中模型一般都存在振动，其振动特性与模型尺寸、气动载荷，以及支撑刚度等多种因素有关，对声爆信号的精确测量可能产生影响；试验模型及测量设备产生的激波在试验段壁面上的反射及激波与壁面边界层的相互干扰等，也会对声爆信号测量产生影响；此外，试验介质的湿度、环境温度的变化会对声爆测量结果、压力测量结果产生影响。因此试验过程中需要严格把试验介质的湿度控制在很低的水平，并尽量保持介质湿度和环境温度的相对稳定。

4.2 声爆风洞试验技术发展趋势

声爆风洞试验技术的核心是近场空间压力精确测量技术。自 1959 年 Carlson 首次在超声速风洞中开展声爆试验研究以来，研究人员逐渐发展了测压板、静压探针、测压轨和无反射测压轨等多种空间压力测量技术。下面对这几种空间压力测量技术分别进行简要介绍。

4.2.1 测压板

空间压力测量最直接的方法就是采用静压探针，但是由于声爆试验需要得到压力信号的空间分布，基于探针的单点测量因其需逐点采集空间压力而导致试验效率不高，特别是对于复杂模型，静压探针的试验效率通常是难以接受的。为解决这一问题，Carlson 等设计了专用的测压板（反射平板），它是一种表面布置有多个测压孔的平板装置，用来测量空间压力分布的测量技术，1959 年 Carlson 进行的声爆试验即采用了这种测量技术。测压板试验方案示意图如图 4－5 所示，将测压板固定安装在风洞壁面，采用支撑机构支撑模型在距离测压板一定高度位置处，利用测压板表面的多个测压孔可以进行模型空间压力信号的测量。

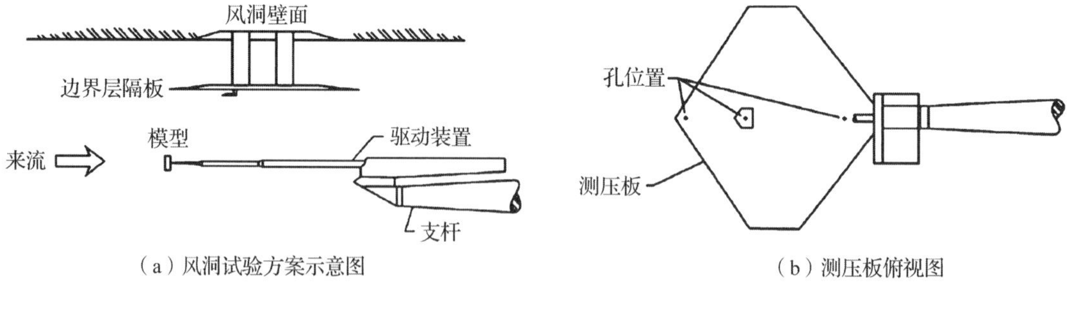

（a）风洞试验方案示意图　（b）测压板俯视图

图 4－5　测压板试验方案示意图

理想情况下，测压板表面的反射系数为 2.0，即采用测压板测量得到的声爆过压是真实值的两倍，1961 年 Carlson 通过静压探针和测压板测量结果的对比试图验证这一结论，但由于在流场中测压板表面存在严重的边界层累积，模型激波与测压板边界层相互作用影响了测压板的反射效果，测量结果并不理想。

4.2.2　静压探针

自 Carlson 的试验后，研究人员又回到了采用静压探针测量的方法。在几十年来的声爆风洞试验研究中，研发了多种形式的超声速静压探针，其中一种细长的锥形探针得到了广泛的应用，如图 4－6 所示。探针直径为 0.2in，半锥角在 1°～2°之间，在前端锥段约一半位置的截面上均匀分布有四个测压孔。这种探针适用的马赫数范围广，对测量结果无反射，测量精度较高。

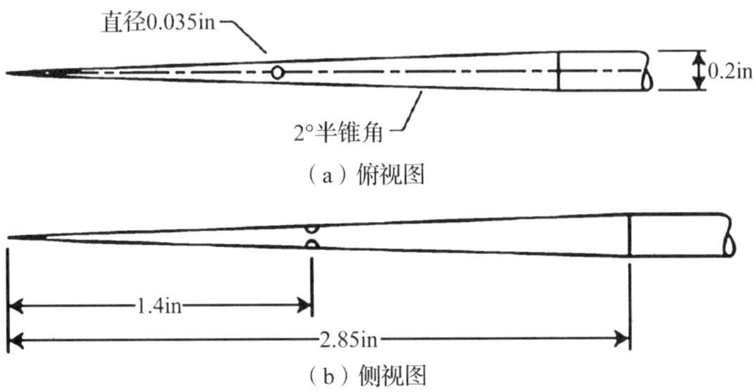

图 4－6　静压探针

采用静压探针进行声爆信号的压力测量是一种单点测量技术，其主要缺点在于试验效率较低，为了获得一个复杂模型状态的近场压力分布数据往往需要几十分钟甚至超过一小时的试验时间，这对于连续式风洞虽然可以实现，但由于超声速试验能耗巨大，对于暂冲式风洞来说，受气源条件限制，几乎是不可能完成的。此外即便是连续式超声速风洞，在如此长的运行时间内保持试验段条件的平稳也十分困难。这些因素增加了采用静压探针开展声爆信号测量结果的不确定性。为了克服上述不足，研究人员研发了测压轨测量技术。

4.2.3　测压轨

测压轨是一种在细长形轨道上密集分布排成直线的几百个测压孔的空间压力测量装置，相比于静压探针，其优点是试验效率高，一般能够在一次测量中得到完整的空间压力分布信号。与传统的在大面积平板上布置若干成方阵的测压孔的测压板相比，这种测压轨是在又细又长的条形轨道表面上布置一排测压孔，轨道表面为细长平面或弧面。因而与测压板相比，大大减小了边界层累积造成的测量不确定性。近年来，美国和日本相继采用该形式的测压轨，分别在 NASA 和 JAXA 的超声速风洞中开展了声爆试验研究，测压轨试验装置如图 4－7 所示。

采用测压轨技术进行声爆信号测量仍存在一定缺点。相比测压板，测压轨虽然较大幅度减弱了边界层累积，但由于测压轨装置本身厚度较大，对流场带来的干扰仍然十分严重。另外，由于前期采用的测压轨高度不够，导致测压面距离风洞壁面高度不足，无法完全避免洞壁边界层及模型波系经壁面反射对测量结果造成的干扰。实际验证表明，测压轨

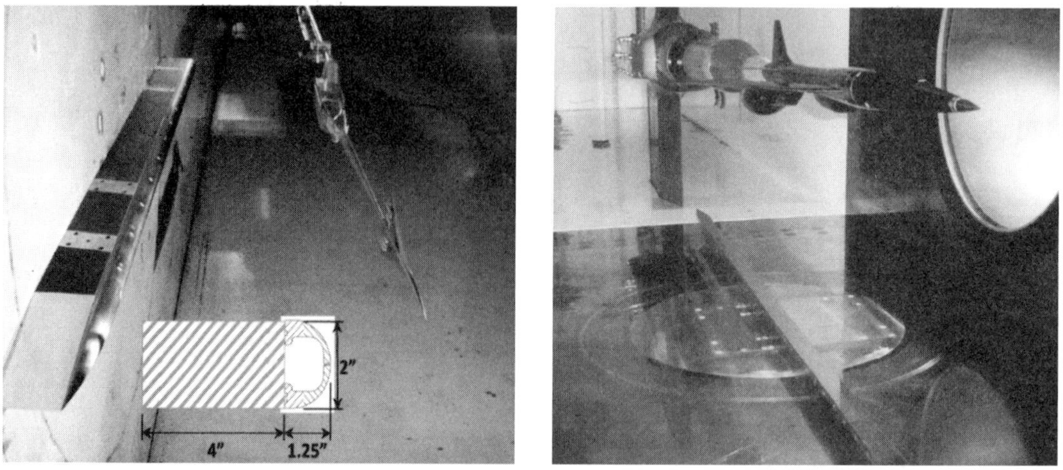

（a）NASA的测压轨　　（b）JAXA的测压轨

图 4－7　测压轨试验装置

表面不同位置的反射系数仍然存在不确定性，并非理想的 2.0。为了克服以上问题，近年来研究人员进一步发展了新型的无反射测压轨。

4.2.4　无反射测压轨

在几十年的声爆风洞试验研究中，一方面，超声速静压探针得到了成功的应用，这种探针对空间压力测量结果无反射，具有较高测量精度，但试验效率严重不足；另一方面，测压轨技术可以高效测量空间压力信号，但测量精度仍不能令人满意。受此启发，2011 年 NASA 率先提出无反射测压轨的概念，称之为 RF1.0（Reflection Factor 1.0）测压轨。所谓无反射测压轨，是指测压轨的测压表面对模型波系不产生反射，即不会对空间压力的测量结果产生放大影响，其原理与采用超声速静压探针获取压力类似。这种测压轨的顶端设计为与静压探针类似的圆弧形，在圆弧面上布置测压孔，这种设计使得测压轨顶端与静压探针表面具有相似的流动特性，可以很好地解决测量面对激波的反射干扰。无反射测压轨从顶端到底部设计成一体形式，两侧面呈夹角很小的薄刃形状，尽可能地减弱对流动的干扰。无反射测压轨所需具体高度与模型尺寸、试验马赫数，以及洞壁边界层厚度等因素有关。如图 4－8 所示，在 NASA 埃姆斯研究中心的 9ft×7ft 超声速风洞中，这种测压轨的高度为 14in，可以避免洞壁边界层及模型激波经由风洞壁面反射对测压孔测量结果造成影响。由于无反射测压轨非常薄，顶端直径只有 0.1in，底部宽度为 1in，两侧面呈 3.5°夹角。这样的外形设计使得新型无反射测压轨对流场干扰比较小，并且实现了测压表面的无反射条件，即反射系数为 1.0。

图 4－8　无反射测压轨

近年来发展的新型无反射测压轨测量技术同时具有传统测压轨测量效率高和静压探针测量精度高的优点，成为声爆风洞试验技术的重要发展方向。

4.3 基于FL-60风洞的声爆试验技术研究

4.3.1 FL-60风洞及压力测量系统

FL-60风洞是一座亚、跨、超三声速风洞（见图4-9），采用下吹引射运行模式，试验马赫数范围为0.3~4.2，试验段尺寸为1.2m×1.2m，试验时间通常为数十秒。对于超声速范围，通过采用二维全柔壁喷管实现试验马赫数从1.3到4.2的连续变化，试验可以在柔壁喷管段第一菱形区内进行，也可以在专用的超声速试验段中进行。风洞总压最高可达15atm①，风洞总温为环境温度。

图4-9 FL-60风洞

声爆试验属于压力测量试验，需要采用高精度压力测量系统。FL-60风洞配备了1024通道的PSI8400压力数据采集系统（见图4-10），配有多个电子压力扫描阀模块，每个模块有64个通道，试验时可根据被测的压力范围选择合适量程的压力扫描阀模块，可选用的阀块量程范围为1psi②、2.5psi、5psi、10psi、15psi、30psi、75psi、150psi，其满量程压力测量精度为0.05%FS。考虑一般超声速风洞试验段静压范围，对于近场声爆过压通常只有几百帕量级的低声爆模型，一般应选择2.5psi量程以下的扫描阀模块才能保证测量结果的可靠性。

4.3.2 试验装置

如图4-11所示，FL-60风洞声爆试验装置包括无反射测压轨、试验模型、转接支杆、轴向移动机构和风洞支架等。测压轨通过可更换窗口安装在柔壁喷管出口段的第一菱形区侧壁上，试验模型置于无反射测压轨上方一定距离处，通过转接支杆与轴向移动机构

① 1atm=101.325kPa。

② 1psi≈6.89kPa。

图 4－10　PSI8400 压力数据采集系统

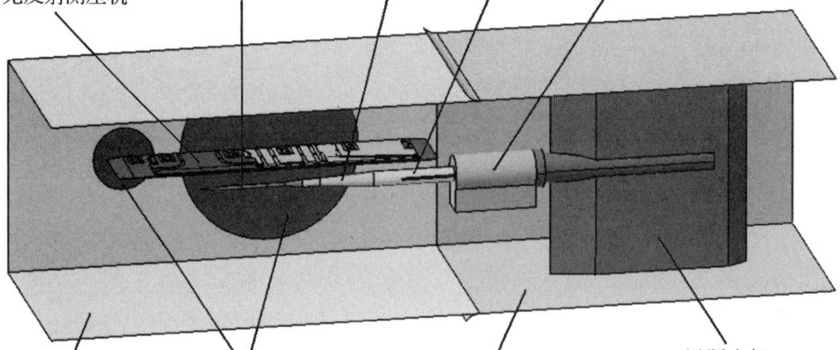

图 4－11　FL－60 风洞声爆试验装置

的丝杠相连接，轴向移动机构与位于超声速扩散段内部的风洞支架相连接。通过轴向移动机构，可以实现试验模型沿风洞轴向位置的在线自动调节。针对不同的试验模型，可更换不同类型的转接支杆。

4.3.2.1　试验装置设计

采用测压轨进行声爆试验时风洞内的典型波系结构如图 4－12 所示，可以看出除了模型激波，风洞中还存在测压轨前缘激波、支架干扰激波、洞壁反射激波，以及测压轨反射激波等伴生波系，流场结构非常复杂。声爆试验需要测量模型波系产生的压力信号，采用传统测压轨测量的声爆试验主要存在以下几个方面的问题：模型信号的精确测量容易受到测压轨前缘激波的影响；支架激波也会对模型信号造成干扰；如测压轨高度不足，模型信号容易受到洞壁反射激波以及洞壁边界层的影响；传统全反射测压轨测量表面宽度较大，仍会产生一定的边界层累积，发生激波与边界层相互干扰导致反射系数难以确定。

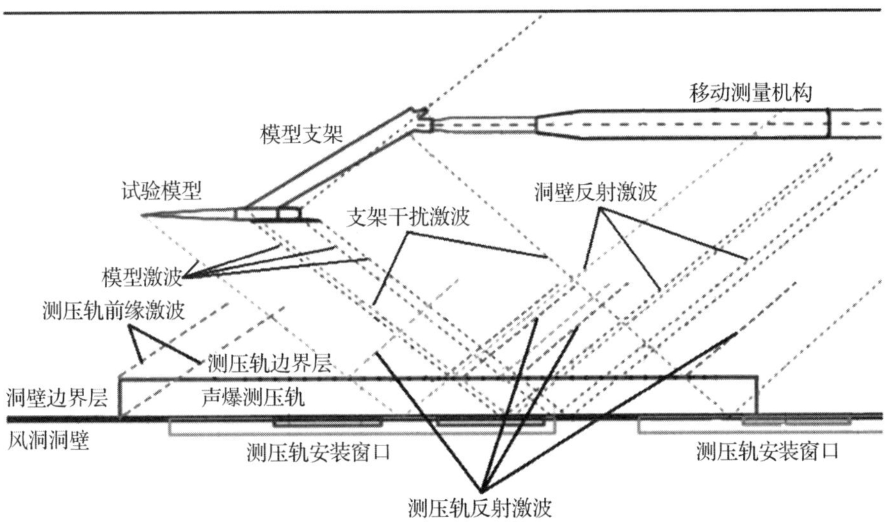

图 4－12　传统测压轨声爆试验波系结构示意图

针对第一个问题，模型激波产生的压力信号通过测压轨上表面分布的一排测压孔进行测量。为了避免受到测压轨前缘激波的影响，通过轴向移动机构控制模型在风洞中的轴向位置，使模型信号的测量位置位于测压轨前缘激波影响区域之后（见图 4－13）。针对第二个问题，声爆试验通常采用的模型支撑方法有两种，分别是尾撑和背撑，为了尽量减小模型支撑带来的干扰，支撑与模型采用一体化设计，对于尾撑方式，设计中使支杆的激波离模型信号远一些以避免干扰（见图 4－13）；而对于背撑方式，设计中则考虑不同试验马赫数采用不同后掠角度的叶片支架，并充分利用 CFD 技术对支撑干扰进行评估和优化。

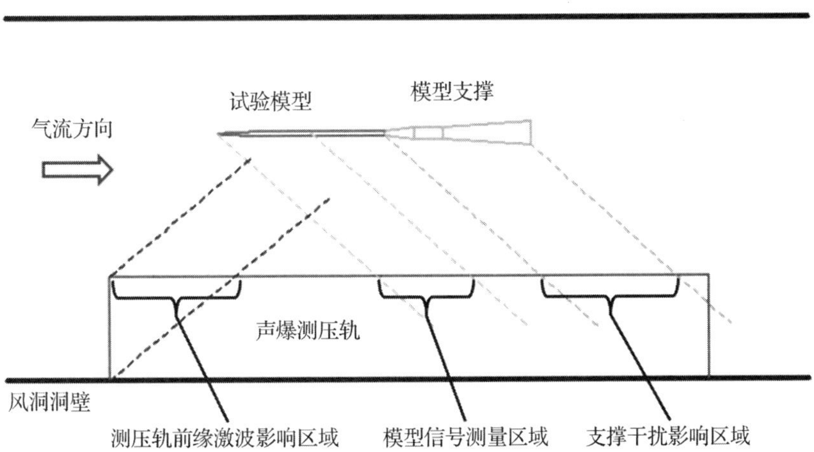

图 4－13　测压轨前缘激波与支撑干扰影响区域示意图

第三和第四个问题都与测压轨本身设计直接相关。如图 4－14 所示，若测压轨高度不足，测量中模型信号容易受到风洞洞壁反射激波的影响，而且也容易受到风洞洞壁边界层的干扰，若测压轨过高则导致测量信号的离体距离受限。因此测压轨的高度应该根据风洞尺寸、模型长度、试验马赫数、洞壁边界层厚度等因素综合考虑。

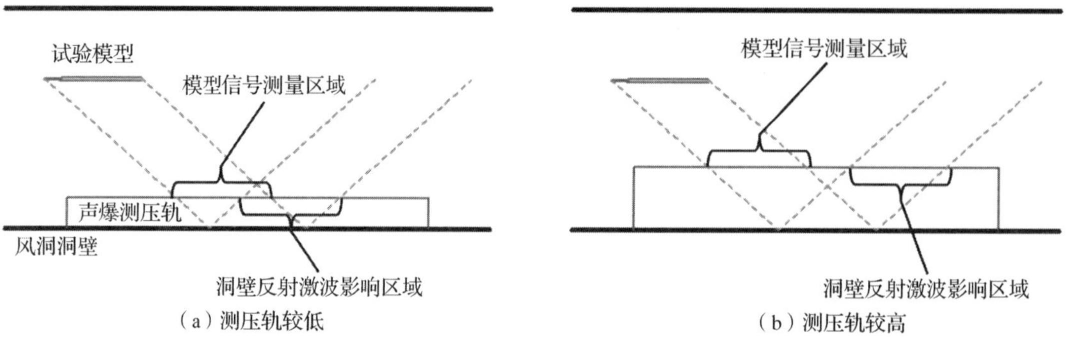

图 4－14　不同高度的测压轨洞壁反射激波影响区域示意图

传统全反射测压轨测量表面宽度较大，存在一定的边界层累积，将给模型信号的反射系数带来不确定的影响。参考文献[38]～[40]的思路，研发了一种反射系数为 1.0 的无反射测压轨。图 4－15 展示了这种测压轨的横截面形状，这种测压轨整体呈非常薄的刀刃形状，顶端为直径很小的半圆弧形，从顶端到底部以很小的夹角过渡，测压孔位于顶端的圆弧表面上，孔的中轴线与来流方向垂直。由于顶端测量表面的宽度很小并且呈圆弧状，使得测压轨顶部附近产生与锥形静压探针侧面相类似的流动特征，这使得测压轨的测量表面不会对模型信号产生反射，从而实现与锥形静压探针类似的无反射测量。选取测压轨的横截面设计参数为：顶端圆弧直径为 3mm，底部宽度为 24mm，从顶端到底部的外形面夹角约为 3.5°，测压轨的高度为 343mm。总体来看，整个测压轨厚度非常薄，对流场的干扰达到最小化。

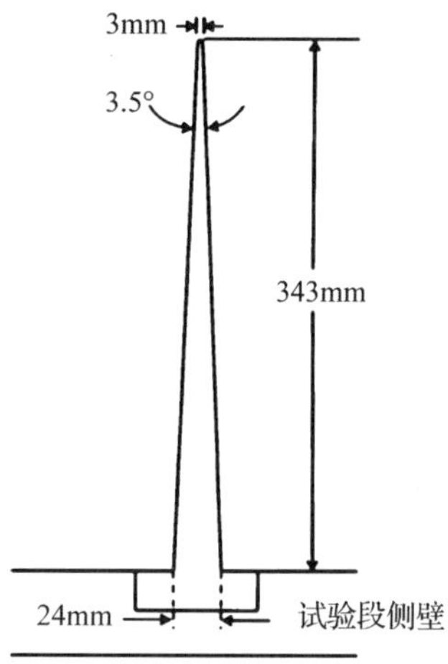

图 4－15　FL－60 风洞无反射测压轨的横截面外形

如图 4－16 所示，所设计的无反射测压轨由前缘、后缘、测量段和底座等部分组成。整个测压轨的长度设计为 1810mm，主体测量段的长度为 1650mm，测压孔的内径为 1mm，相邻测压孔的间距为 4mm。整个测压轨通过四个底座与风洞侧壁的可更换窗口相连接。在测压轨的主体测量段的顶端圆弧表面中心线上均匀分布有 375 个测压孔，测压管路沿盖板下面的沟槽从

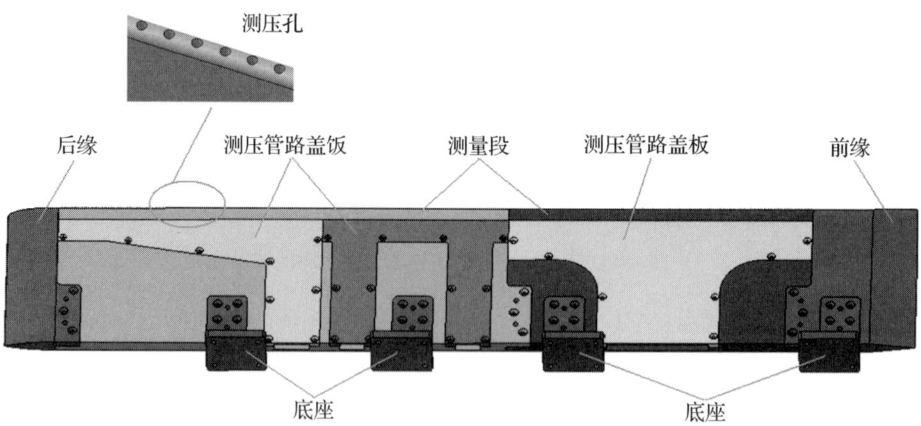

图 4－16　FL－60 风洞无反射测压轨的三维模型图

测压轨顶端走到底部，最终通过风洞侧壁钢窗引至洞外，与电子压力扫描阀相连。图4－17展示了安装在FL－60风洞侧壁的无反射测压轨实物照片。

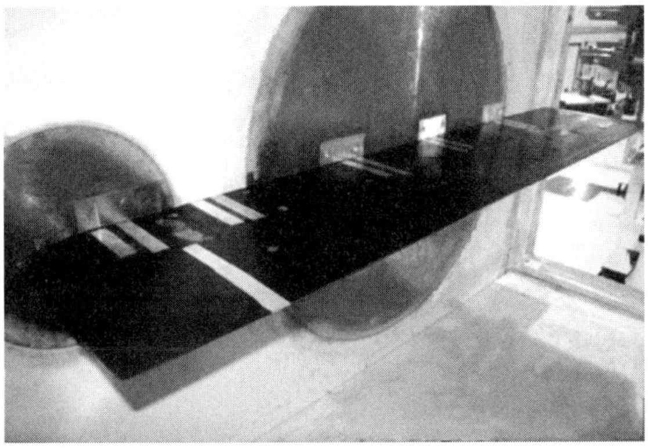

图4－17　安装在FL－60风洞侧壁的无反射测压轨

4.3.2.2　CFD评估

根据风洞试验流程，CFD验证分为以下三步进行：首先，在没有模型的条件下模拟测压轨和风洞洞壁的流场特征；其次，在有模型的条件下模拟模型、测压轨和风洞洞壁的整个流场特征；最后，将两次计算得到的模型近场压力分布数据相减，即可得到修正后的模型近场声爆过压，理论上应该与单独模型在自由来流中的计算结果相等。这里给出了马赫数为1.8条件下的CFD验证分析。SEEB－ALR的特征长度为224.5mm，模型距离测压轨的高度为257mm。图4－18展示了没有模型条件下测压轨和洞壁的压力云图，压力云图下方对应的曲线代表测压轨上表面的压力分布。可见，测压轨上表面的压力曲线可以分为三段：A段为受测压轨前缘激波影响的压缩区域，B段为未受强压缩波影响的较为平坦的区域，C段为受测压轨前缘激波的洞壁反射波影响的压缩区域。

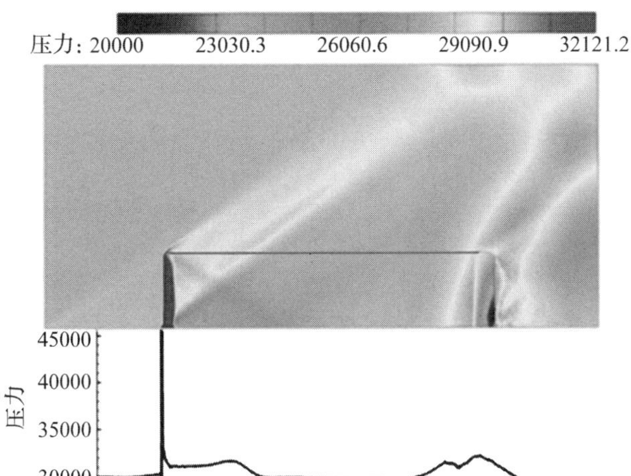

图4－18　测压轨和洞壁的压力云图（$Ma=1.8$）

图4－19～图4－21展示了SEEB－ALR信号分别位于测压轨A段、C段和B段三个不同位置的计算结果。

图4－19表明当模型信号位于测压轨前部时，模型信号受测压轨前缘激波干扰严重，导致修正后的压力波形与SEEB－ALR在自由来流中的基准值相差较大，因此试验过程中应该避免模型信号位于测压轨前缘激波的影响范围内。

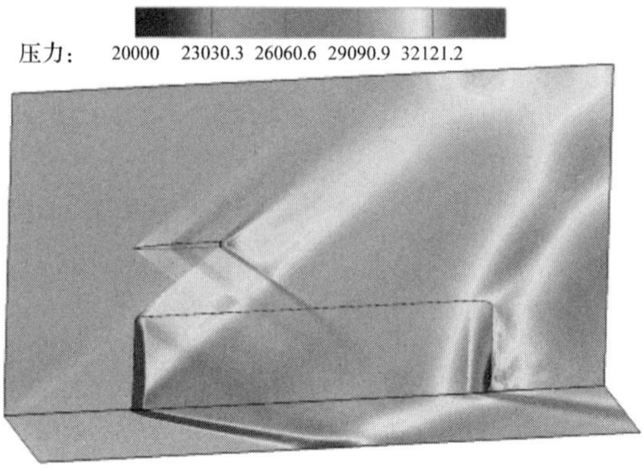

（a）模型、测压轨和洞壁的压力云图

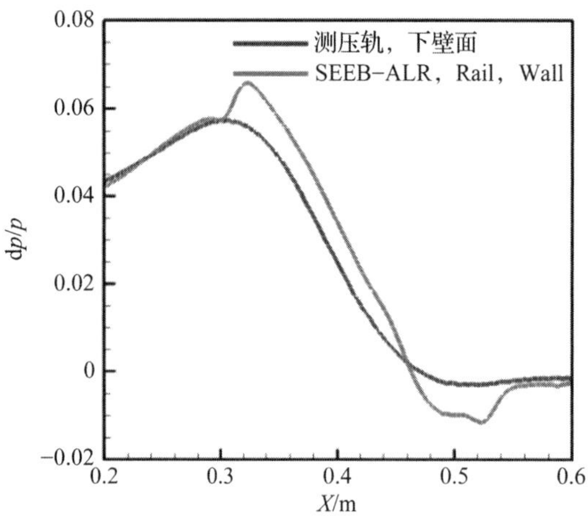

（b）压力曲线对比

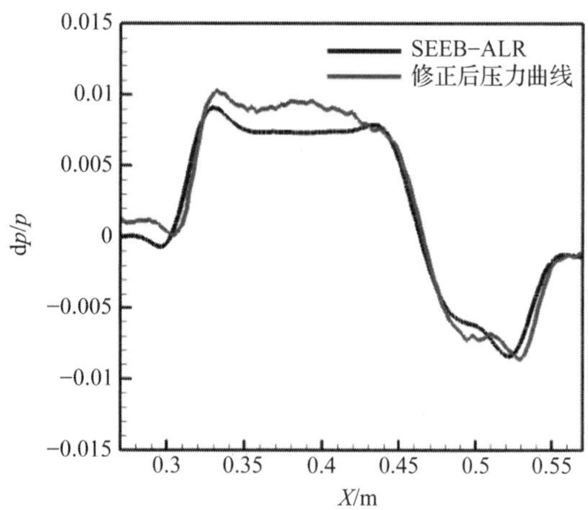

（c）修正后的压力曲线

图4－19　模型信号位于测压轨A段的计算结果（$Ma=1.8$）

图4－20表明当模型信号位于测压轨后部时，模型信号受测压轨前缘激波的洞壁反射激波影响严重，导致修正后的压力波形与SEEB－ALR在自由来流中的基准值相差较大，因此试验过程中也应该避免模型信号位于测压轨后部洞壁反射激波的影响范围内。

图4－21表明当模型信号位于测压轨中部时，修正后的压力波形与SEEB－ALR在自由来流中的基准值一致性很好，证明所设计的新型无反射测压轨对模型激波无反射，实现了反射系数1.0的设计目标。

综合以上CFD计算结果可以得出，当选取的测量位置合适时所设计的测压轨对模型激波无反射，可实现反射系数1.0的目标。在风洞试验中，测压轨前缘激波及其洞壁反射波较强，会对模型近场压力信号的测量产生较强的干扰，因此试验中模型信号应该位于测压轨中间部位以提高测量精度，具体位置需根据CFD辅助分析来确定。

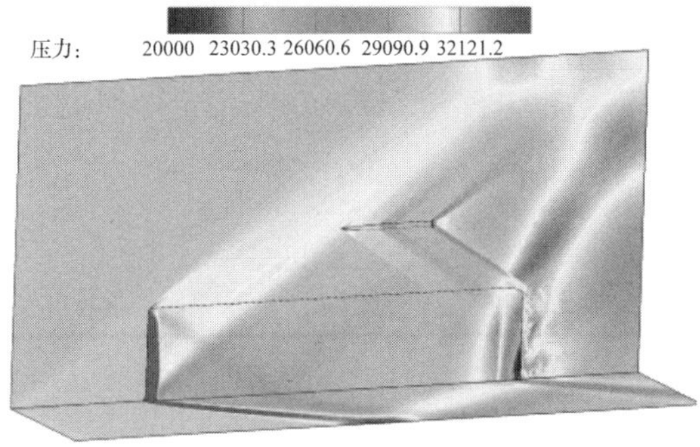

（a）模型、测压轨和洞壁的压力云图

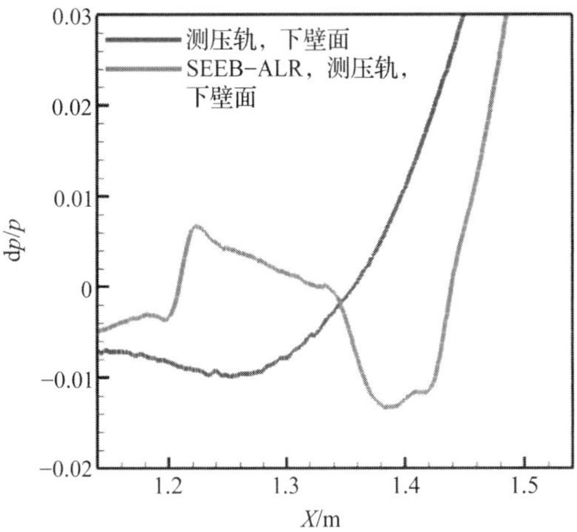

（b）压力曲线对比

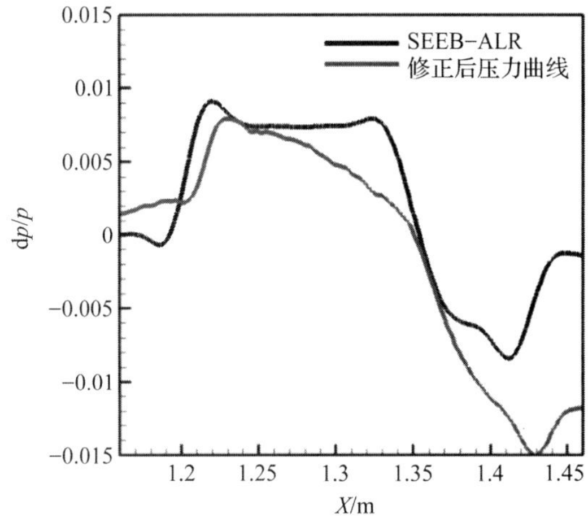

（c）修正后的压力曲线

图 4－20　模型信号位于测压轨 C 段的计算结果（$Ma=1.8$）

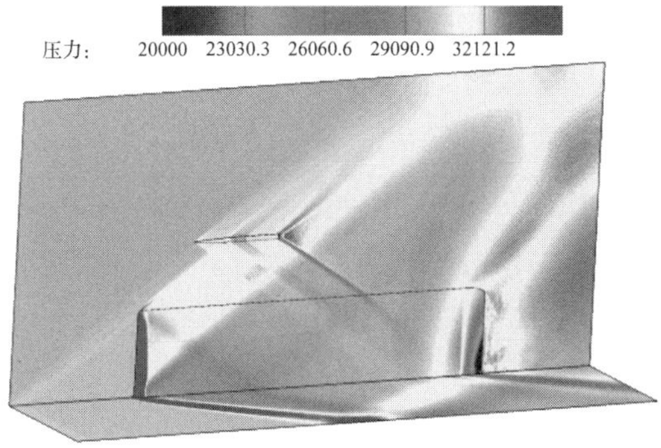

（a）模型、测压轨和洞壁的压力云图

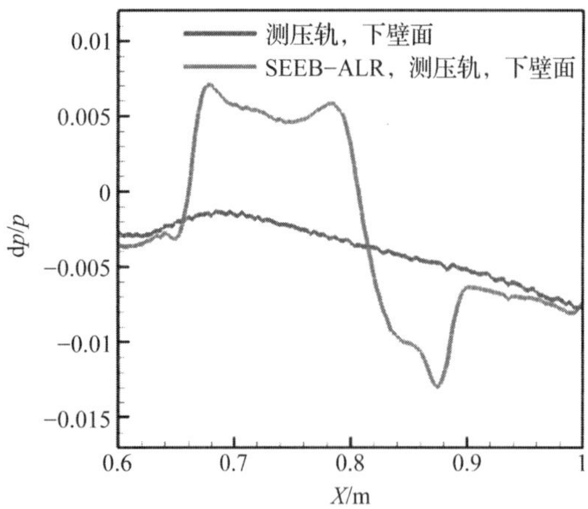

（b）压力曲线对比

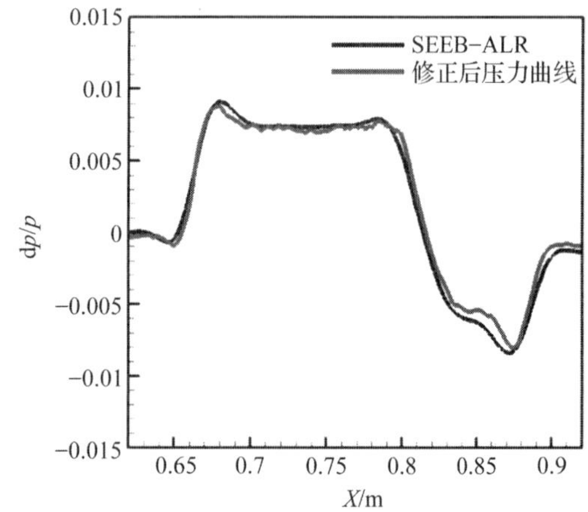

（c）修正后的压力曲线

图 4 – 21　模型信号位于测压轨 B 段的计算结果（$Ma=1.8$）

4.3.3　试验数据处理技术

4.3.3.1　参考车次法

虽然与传统全反射测压轨相比，新型无反射测压轨厚度更小、对流场干扰较小，但测量装置带来的伴生波系等因素仍会对声爆信号测量引起不可忽视的误差，一般可采用参考车次方法对伴生波系干扰进行修正。这样做的主要目的是扣除伴生波系对流场的干扰，保证测量结果仅仅是模型产生的信号。参考车次与测量车次的布置如图 4 – 22 所示，具体的修正方法如下。

第一步：将模型置于测压轨上方测量位置，测量得到模型与测压轨等全体部件在流场中的情况下的空间压力分布数据，称之为测量车次数据。

第二步：将模型移到测量区域之外或将其拆除，测量得到只有测压轨在流场中的情况下的空间压力分布数据，称之为参考车次数据。

第三步：将空间压力分布的测量车次数据减去参考车次数据，得到的差值认为是模型产生的波系所引起的空间压力变化，即近场声爆过压。

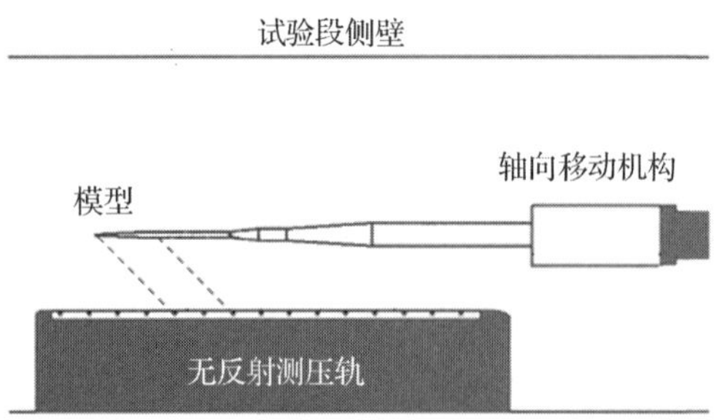

（a）测量车次

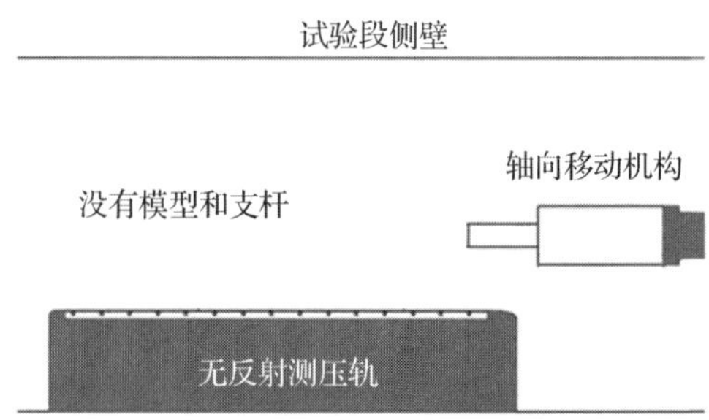

（b）参考车次

图 4 – 22　参考车次与测量车次布置图

无量纲化的声爆过压为$\frac{\mathrm{d}p}{p}=\frac{p_{\mathrm{rail}}-p_{\infty}}{p_{\infty}}$，式中：$p_{\mathrm{rail}}$为测压轨测量得到的静压，$p_{\infty}$代表风洞自由来流静压。当模型位于测量位置时得到未经过修正的数据，即测量车次数据$\left(\frac{p_{\mathrm{rail}}-p_{\infty}}{p_{\infty}}\right)_{\mathrm{data}}$，当模型移出风洞或模型信号位于测压轨测量区域之外时得到参考车次数据$\left(\frac{p_{\mathrm{rail}}-p_{\infty}}{p_{\infty}}\right)_{\mathrm{ref}}$，将测量车次数据减去参考车次数据即可得到修正后的单纯由模型引起的近场声爆过压，记为f_i，即

$$f_i=\left(\frac{p_{\mathrm{rail}}-p_{\infty}}{p_{\infty}}\right)_{\mathrm{corrected}}=\left(\frac{p_{\mathrm{rail}}-p_{\infty}}{p_{\infty}}\right)_{\mathrm{data}}-\left(\frac{p_{\mathrm{rail}}-p_{\infty}}{p_{\infty}}\right)_{\mathrm{ref}} \tag{4-1}$$

4.3.3.2　空间平均技术

由于超声速风洞存在如喷管加工误差、试验段分段搭接台阶不光滑等因素，因而试验段流场中一般也存在由激波和膨胀波引起的空间非均匀扰动。同时，由于风洞控制系统引起的前室总压波动也会导致试验段流场参数表现出一定的时间非定常特性。这些因素对声爆试验测量结果的影响也是必须考虑的。图4－23和图4－24分别展示了航空工业气动院的FL－60风洞和NASA的Ames中心的9ft×7ft超声速风洞试验段流场的纹影图像，从图中可以看出其试验段流场均存在一些明显的杂波。这些杂波导致马赫数、流向角、压力等流场参数在空间各个方向上和时间上都不是绝对均匀的。

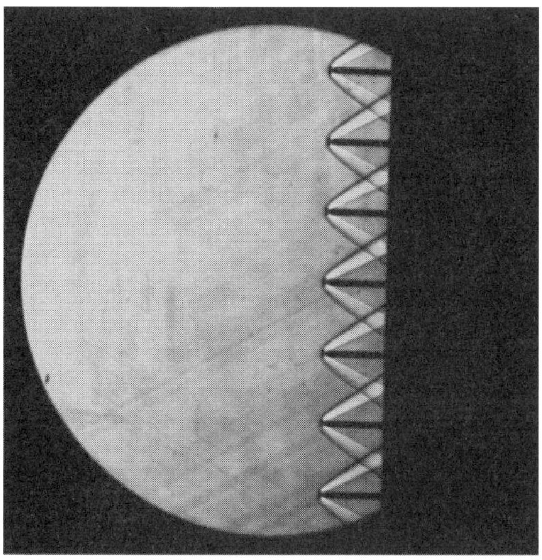

图4－23　FL－60风洞流场的纹影图像

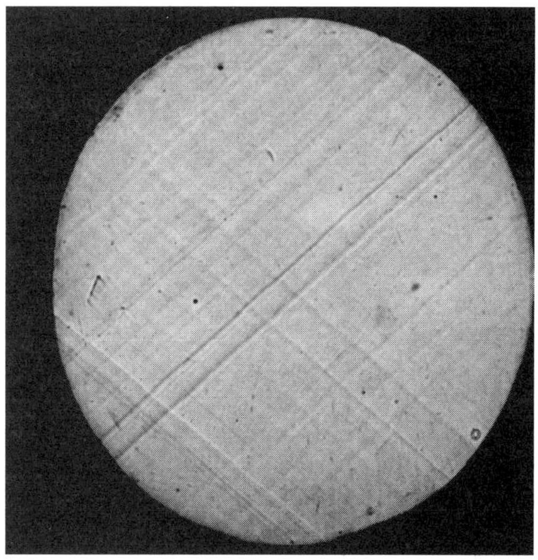

图4－24　NASA的Ames中心的9ft×7ft超声速风洞的纹影图像

近年来，国际上发展的低声爆超声速概念机模型，模型信号引起的近场压力波动可能比空风洞流场本身的压力波动还要弱。参考车次法有效的前提是假设风洞本身没有压力波动，因为压力扰动的存在，导致参考车次法的效果往往并不像CFD分析得那样理想(CFD数值模拟假设风洞是干净的，即没有杂波扰动)。为了降低风洞流场非均匀扰动给声爆信号测量带来的不利影响，数据处理技术采用了空间平均技术，如图4－25所示。

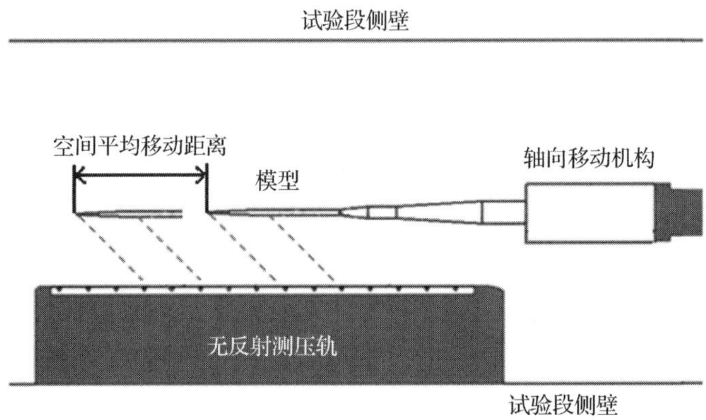

图 4－25　FL－60 风洞空间平均技术示意图

空间平均技术的具体方法是：模型在测压轨上方沿轴向（如 X 方向）以一定间隔距离移动，共测量 N 个位置，在每个位置处采集一次测量数据，经过无反射测压轨干扰扣减修正的无量纲声爆过压记为 f_i，则共可得到 N 组数据。然后将这 N 组测量数据进行位置对齐后作算术平均，即得到空间平均后的模型近场声爆过压测量结果，记为 $\bar{f}$，即

$$\bar{f} = \frac{\sum f_i}{N} \tag{4-2}$$

由此得到测量数据的标准差为

$$\sigma = \sqrt{\frac{\sum (f_i - \bar{f})^2}{N}} \tag{4-3}$$

本试验中采用沿风洞轴向（X 方向）的空间平均方法，在进行算术平均之前需要将多组测量信号在 X 方向上进行对齐，可以通过将测压轨上的测压点坐标加上模型的移动距离实现将各组信号在 X 方向上的位置对齐，即

$$X_{\text{aligned}} = X_{\text{orifice}} + X_{\text{moving}} \tag{4-4}$$

4.3.4　试验验证

4.3.4.1　SEEB－ALR

SEEB－ALR 是在 Seebass、George 和 Darden 等模型基础上发展的一种低阻低声爆旋成体模型，近年来在声爆风洞试验中作为标模被广泛使用。SEEB－ALR 的近场压力信号在头激波之后存在一段较长的压力平台区，这种压力特征非常有利于分辨测量误差。

根据 FL－60 风洞试验段的尺寸，试验中 SEEB－ALR 的几何外形如图 4－26 所示，特征长度（L）为 224.5mm，等直段直径为 17.714mm，模型距离测压轨的高度（H）为 257mm。风洞试验中 SEEB－ALR 的实物照片如图 4－27 所示。

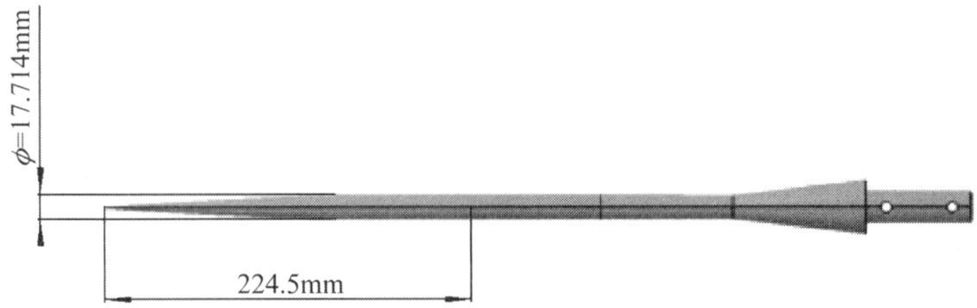

图 4－26　SEEB－ALR 几何外形

图 4－27　SEEB－ALR 实物照片

图 4－28 展示了在马赫数为 1.8 条件下采用参考车次法修正后的单个模型位置的声爆近场压力信号。从图中可以清楚地看到，由于风洞背景流场存在非均匀扰动，导致修正后的单次测量结果仍然存在较大幅度的振荡。

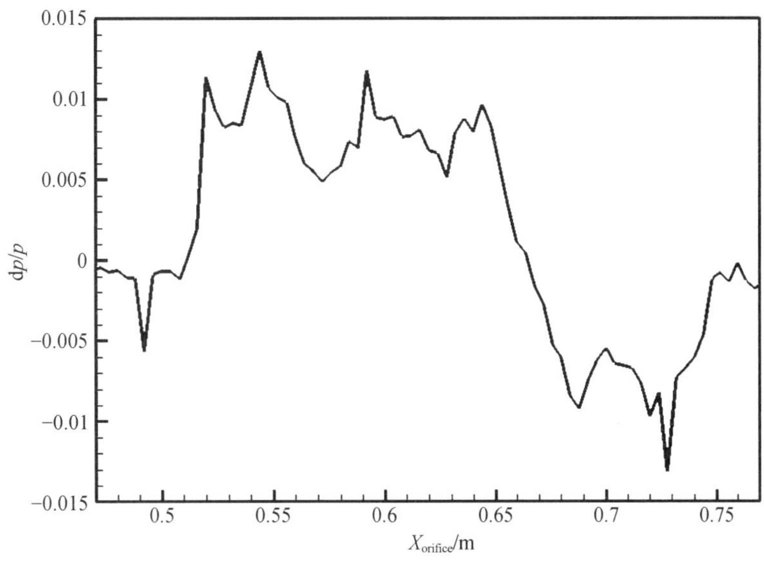

图 4－28　采用参考车次法修正后的单个模型位置的声爆近场压力信号（Ma＝1.8）

图 4－29 展示了马赫数分别为 1.5、1.6、1.8 和 2.0 等不同条件下采用空间平均技术之后的测量结果与 CFD 计算结果（自由流计算）的对比，空间平均测量次数（N）为 18 次，每个模型测量位置间隔 16mm。从图中可以看出试验测量结果与 CFD 计算结果重合性较好，初步验证了本项研究所发展的声爆试验测量技术的合理性。同时可以看出，由于风洞流场非均匀扰动的影响，经过空间平均后的试验测量结果仍然存在一定幅度的波动，通过增加空间平均的测量次数（N）可以进一步降低扰动误差，提高测量结果的精准度。

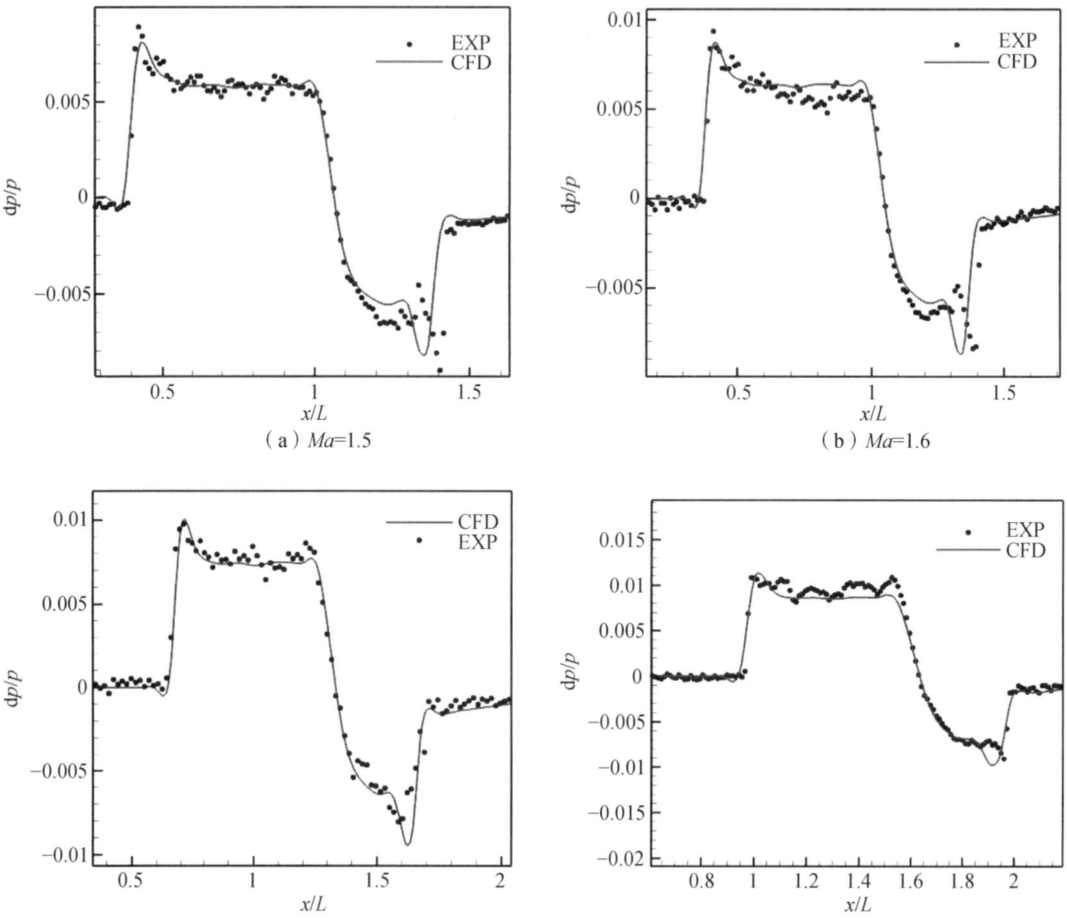

（a）Ma=1.5　（b）Ma=1.6　（c）Ma=1.8　（d）Ma=2.0

图 4－29　SEEB－ALR 风洞测量结果与 CFD 计算结果对比

4.3.4.2　带喷流的旋成体模型

图 4－30 为自行设计的带喷流的旋成体模型图，由前锥、中段、喷管以及通气支臂四部分组成，其中通气支臂与模型中段一体化设计，通过支臂内部的气流通道提供高压气流。模型等直段直径为 42mm，总长为 531.6mm，喷管设计出口马赫数为 2.024，设计压比为 8.12，喷管尾部带有 5°船尾角，模型距离测压轨的高度（H）为 157mm。风洞试验中带喷流的旋成体模型的实物照片如图 4－31 所示。

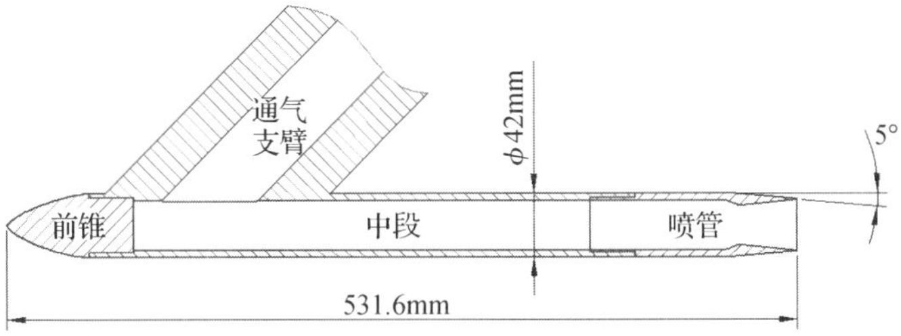

图 4－30　带喷流的旋成体模型设计

图 4－31　带喷流的旋成体模型的实物照片

图 4－32 展示了喷流模型在马赫数为 2.0、不同落压比（NPR）条件下，采用空间平均技术之后的测量结果与 CFD 计算结果的对比，空间平均的测量次数（N）为 13 次，每个模型测量位置间隔 16mm。从图中可以看出，相比于低声爆的 SEEB－ALR，本项研究设计的带喷流的旋成体模型近场压力信号更强，试验测量结果与 CFD 计算结果（自由流计算）一致性更好，进一步验证了声爆试验测量系统的可靠性。

4.3.4.3　LM1021

根据 FL－60 风洞试验段的尺寸，试验中 LM1021 的几何外形如图 4－33 所示，特征长度（L）为 500mm，模型距离测压轨的高度（H）为 465mm。风洞试验中 LM1021 的实物照片如图 4－34 所示。

图 4－35 展示了马赫数分别为 1.6、1.8 和 2.0 等不同条件下采用空间平均技术之后的测量结果与 CFD 计算结果（自由流计算）的对比，空间平均测量次数（N）为 18 次，每个模型测量位置间隔 16mm。从图中可以看出试验测量结果与 CFD 计算结果重合性较好，进一步验证了声爆试验测量系统的可靠性。

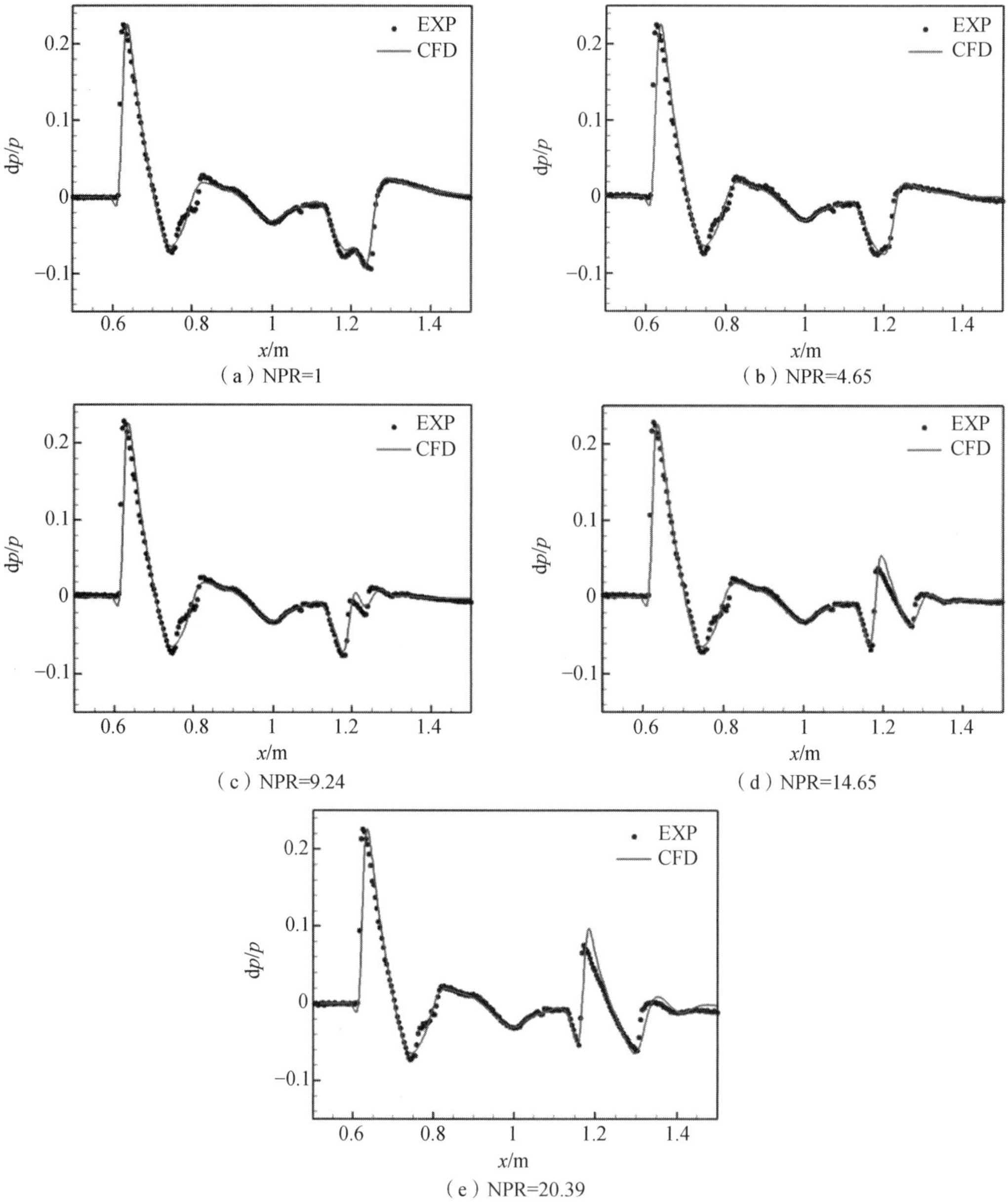

（a）NPR=1　（b）NPR=4.65　（c）NPR=9.24　（d）NPR=14.65　（e）NPR=20.39

图 4－32　喷流模型的风洞测量结果与 CFD 计算结果对比

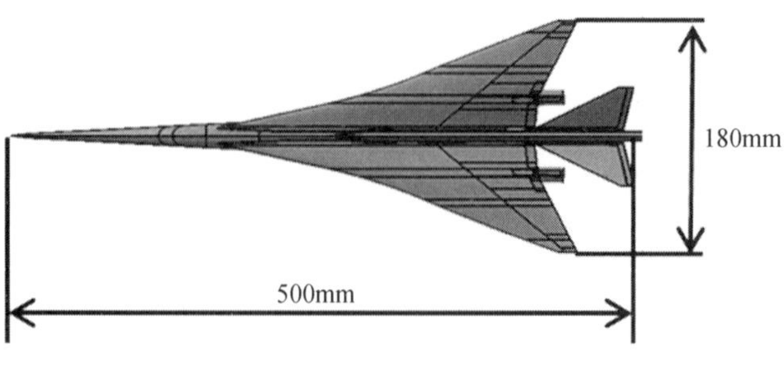

图 4－33　LM1021 几何设计

图 4－34　LM1021 的实物照片

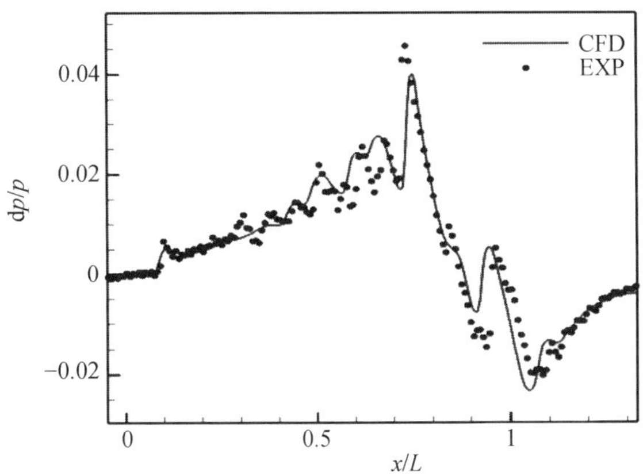

（a）Ma=1.6

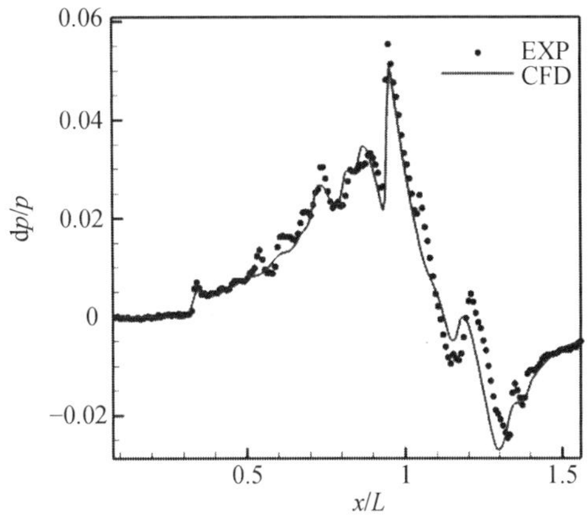

（b）Ma=1.8

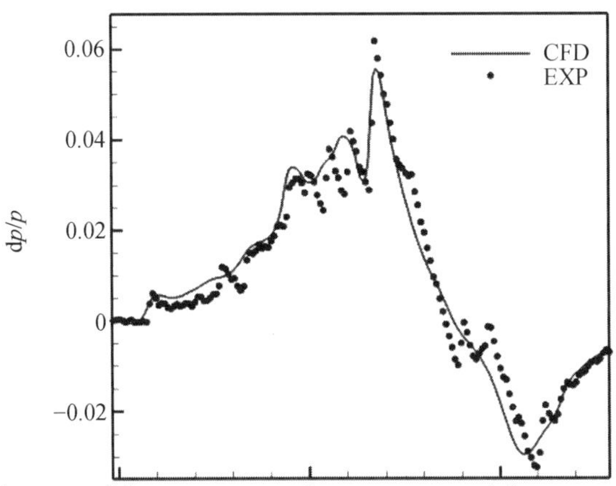

（c）Ma=2.0

图 4－35　LM1021 的风洞测量结果与 CFD 计算结果对比

4.4 基于 FD－12 风洞的声爆试验技术研究

4.4.1 FD－12 风洞简介

FD－12 风洞是一座直流暂冲式亚、跨、超三声速风洞。风洞试验段横截面尺寸为 1.2m×1.2m，亚跨声速试验段长度为 3.8m，超声速试验段长度为 2.4m。试验的马赫数范围为0.3～4.0，迎角范围为－15°～25°。亚、跨声速试验时，用声速喷管通过改变前室总压的方法可得到不同马赫数（Ma=0.3～1.2）。超声速试验时，可通过更换二元喷管块来改变马赫数（1.49～4.0）。风洞两侧壁各有两个观察窗，可用于试验观察或纹影仪拍摄流场。风洞具有自动控制和测试系统，并配有专用的数据检测处理系统。可把仪器仪表所感应的物理量转变成电信号，通过快速巡回检测装置直接输入计算机，对试验数据进行联机处理。

2011 年，FD－12 风洞通过“中国合格评定国家认可委员会”和“国防科技工业实验室认可委员会”的双重认可，对 FD－12 风洞实验室管理水平和技术实力进行了充分的肯定，颁发了国际通行的实验室认可证书，是国内第一家通过国家实验室认可的风洞试验单位（见图 4－36）。

图 4－36　FD－12 亚跨超声速风洞

4.4.2 高精度测压系统

4.4.2.1 测压设备

本次开展的声爆标模试验属于测压试验，需要采用高精度压力测量系统。对于稳态测压试验，FD－12 风洞配备了多个 DTC Initium 电子扫描阀（见图 4－37），单个扫描阀包括 8 个通道，最大采样频率为 50kHz，量程为 ±0.7MPa。FD－12 风洞配有多个电子压力扫描阀，单模块/扫描阀通道测点为 64 个，最多可支持超过 1000 个测点同时进行压力数据的采集及传输。

根据被测压力范围选择合适量程的压力扫描阀模块，可选用的阀块量程范围为 5psi（3 个）、15psi（3 个）、30psi（多个）和 100psi（多个），压力校准单元精度为 0.01% FS，满量程压力测量精度为 0.05% FS。本试验测点数为 220 个，采用 3 个 5psi 和 1 个 15psi 的测压模块（见图 4－38）。本试验中，流场气流参数采用 Honeywell 高精度压力传

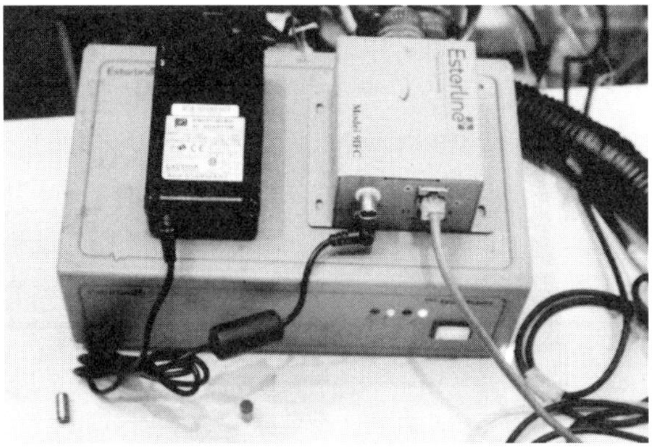

图4－37　DTC Initium 电子扫描阀

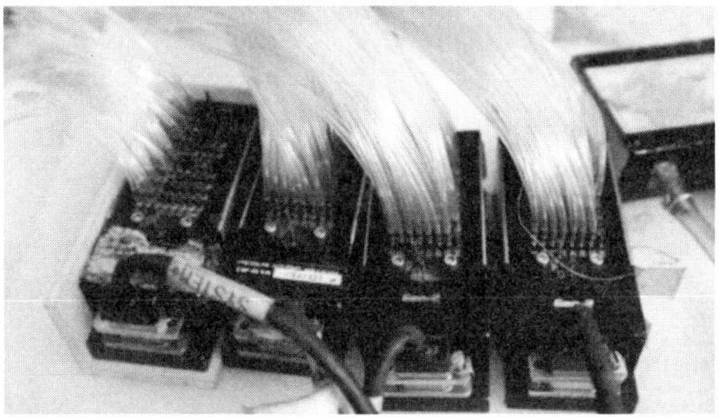

图4－38　本试验采用的测压模块

感器（20psi 和 100psi）测量。Honeywell 高精度压力传感器从美国引进，压力的测量精确度高，为满量程的0.05%，工作性能稳定。

4.4.2.2　测压轨设计及安装

采用一排包含数百个压力测点的测压轨进行声爆风洞试验，其相比探针测量的优点在于能在较短时间内获得尽可能多的声爆压力信号数据，对于下吹暂冲式的超声速风洞尤为适用。但测压轨也有其自身问题，需要重点考虑：

①测压轨自身前缘的弓形激波可能会干扰破坏模型激波在导轨上呈现的压力信号，测压轨前缘激波经风洞上下壁面反射后可能破坏模型激波在导轨靠后位置处的压力信号；

②传统测压轨上的压力信号会通过激波反射系数而放大，这是由于作用在压力孔上的入射和反射激波引起的，无限宽平板中心线上的测压孔具有的反射系数为2.0；

③测压轨高度不能过低，太低的话会位于洞壁边界层内，导致所测数据存在问题，同时高度过低的测压轨会引起模型上的压力信号经洞壁反射后干扰测压轨上偏后位置处的压力信号；

④模型支撑引起的对模型压力信号测量的干扰。

对于第一个问题，在设计完测压轨后确定测压轨实际数据可用的范围，在后期试验数据处理时仅处理该可用范围内的试验数据，排除测压轨干扰的数据信号；对于第二个问题，若将测压轨上测量面设计得尽可能薄，可将反射因子降为1.0（即无反射测压轨），参考其测压轨的设计思路，开展试验测压轨外形设计；对于第三个问题，测压轨高度设计兼顾风洞实际和模型可能的最大尺寸，进行测压轨高度和长度的设计；对于第四个问题，在模型设计时采取模型支撑一体化的设计思路，设计尾撑方式使得支撑的激波距离模型信号尽量远一些从而减小干扰。

最终设计的测压轨如图 4 – 39 所示。测压轨高度为 250mm，总长度为 1305mm，有效点数 220 个，两点间隔 5mm，孔径为 0. 6mm。图 4 – 39 右子图展示了这种测压轨的横截面形状，测压轨整体呈现为很薄的刀刃形状，顶端为直径 4mm 的半圆弧形，从顶端到底部以很小夹角（3. 5°）过渡，测压孔位于顶端圆弧表面上，孔中轴线与来流方向垂直，圆弧的顶部设计使得面向模型表面的宽度接近于无穷小，产生的反射系数达到 1. 0，底部宽度为 19. 16mm。测压轨外侧加工一段配合段衬套，以便与风洞外部的衬套及钢窗窗盘配合。

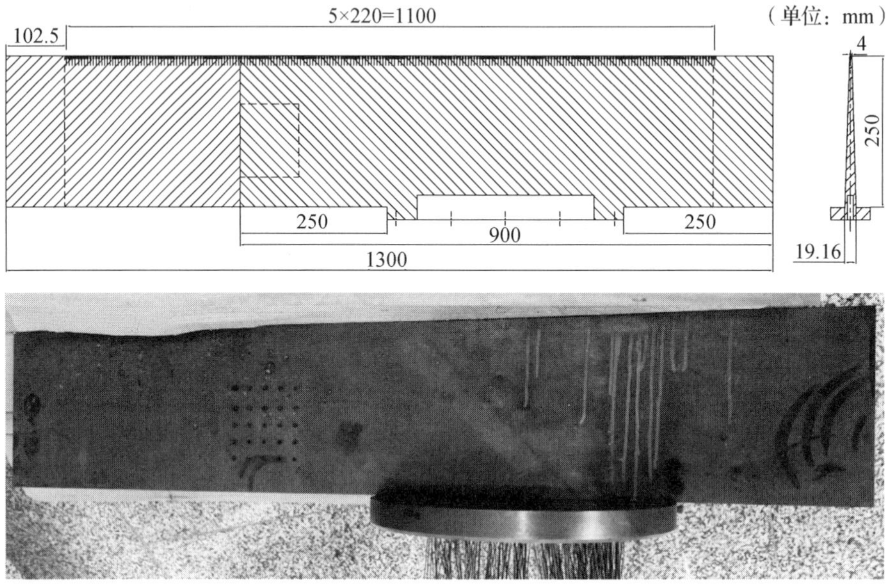

图 4 – 39　测压轨详细尺寸及实物图

将测压轨安装在 FD – 12 风洞超声速试验段北侧一窗位置，采用新加工的 500mm 直径的窗盘及相应衬套固定测压轨（见图 4 – 40 和图 4 – 41）。考虑到 1. 3m 长的测压轨无法在 1. 2m 的风洞中快速翻转，为了便于快速拆卸绕一窗窗心旋转 180°。

图 4 – 42 给出的是模型和测压轨方案示意图，模型有效长度为 350mm（区域 3 ~ 4）。首先，对于高度为 250mm 的测压轨，其头部及头部的壁面反射波间距为 559. 22mm（区域 3 ~ 5），即头部反射波影响测压轨上 5 之后区域的压力信号，对模型长度内（350mm）的压力信号没有干扰，即 250mm 高度的测压轨能获得整个模型自身无干扰的压力信号。其次，测压轨前缘激波的影响范围为区域 0 ~ 2，测压轨头部激波经上下壁面反射对测压轨的影响为区域 6 ~ 1，因此该测压轨的实际有效使用范围为区域 2 ~ 6，区域长度为 782. 91mm。

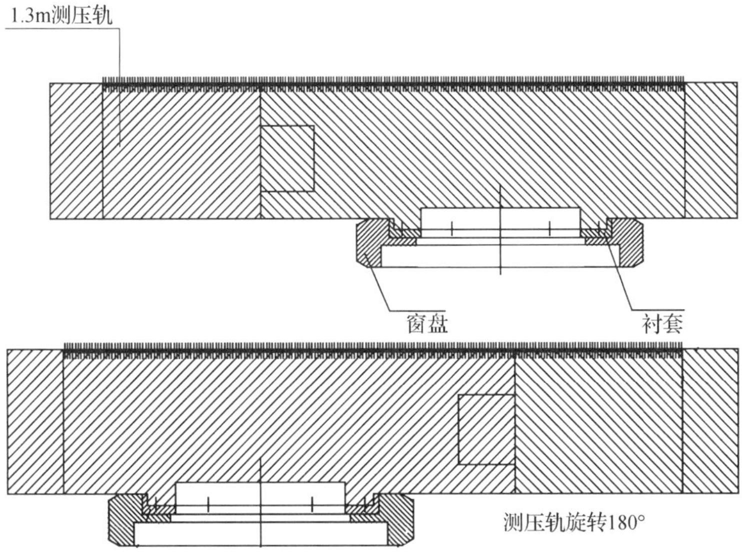

图 4－40　测压轨在风洞上的安装示意图

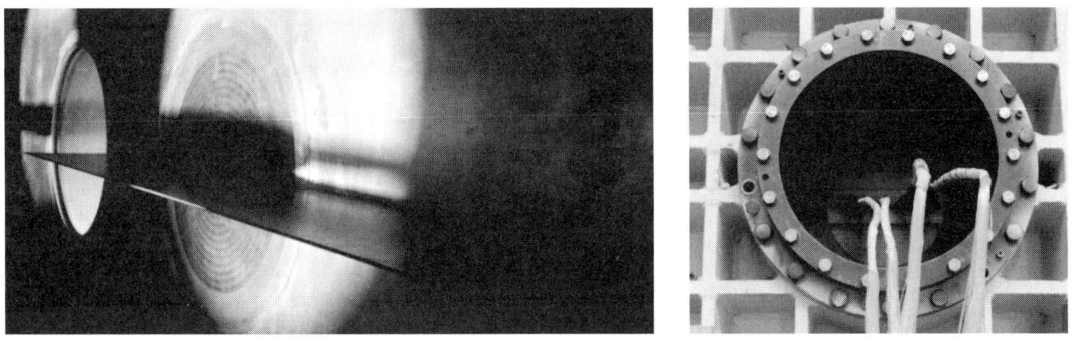

图 4－41　测压轨在风洞里的实际安装图

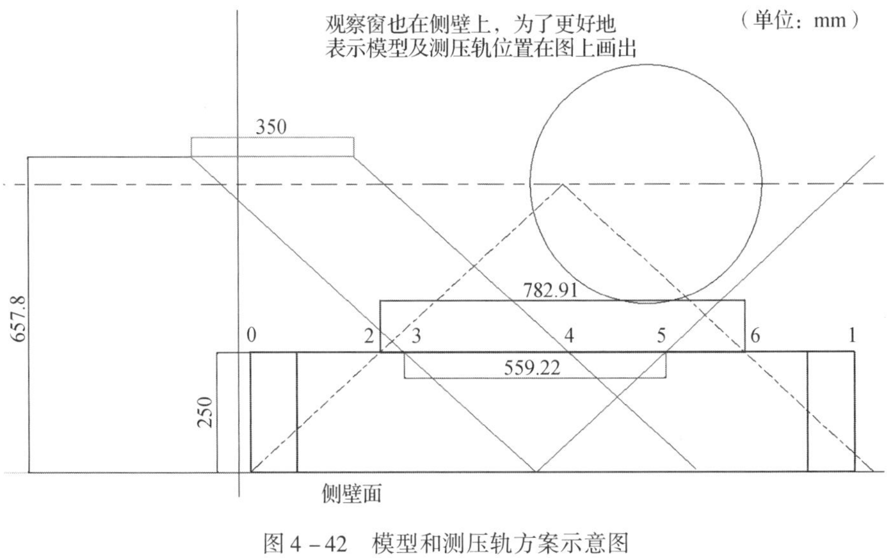

图 4－42　模型和测压轨方案示意图

4.4.3 试验数据处理和误差

试验数据处理方法同本书4.3.3节所列技术，这里不再赘述。本节重点讨论试验数据误差。

（1）压力测量误差

根据前面所述，采用了3个5psi和1个15psi的差压式测压模块开展测压轨压力测量，风洞静压则采用20psi的绝压式Honeywell压力传感器，以 $Ma=1.5$ 为例，各测点的过压系数误差如表4-1所示。

表4-1 过压系数误差

参数	下限值	上限值
测压模块量程/psi	5	15
过压系数误差	0.00068	0.00204

（2）流场误差

根据《高速风洞和低速风洞流场品质规范》（GJB 1179A—2012）的要求，亚跨声速试验时，马赫数控制误差 $\Delta Ma \leq \pm 0.005$。在超声速时，流场主要由超声速喷管型面决定，马赫数控制误差约为0.01~0.02，流场中马赫数均方根偏差为0.011（$Ma=1.5$）和0.012（$Ma=2.0$），马赫数轴向梯度为0.013（$Ma=1.5$）和0.016（$Ma=2.0$）。

图4-43给出了由流场马赫数偏差引起的激波位置的偏差，以流场中马赫数控制精度上下限来看，$Ma=1.479$ 和 $Ma=1.496$ 会引起测压轨上激波位置偏移达到9.36mm。而由马赫数偏差（1.479~1.496）引起的理论静压偏差最大约为626.3Pa，换算为过压系数偏差为0.024。

（3）模型位移定位误差

模型位移 X 的定位误差为：$\Delta X \leq \pm 0.1$mm。

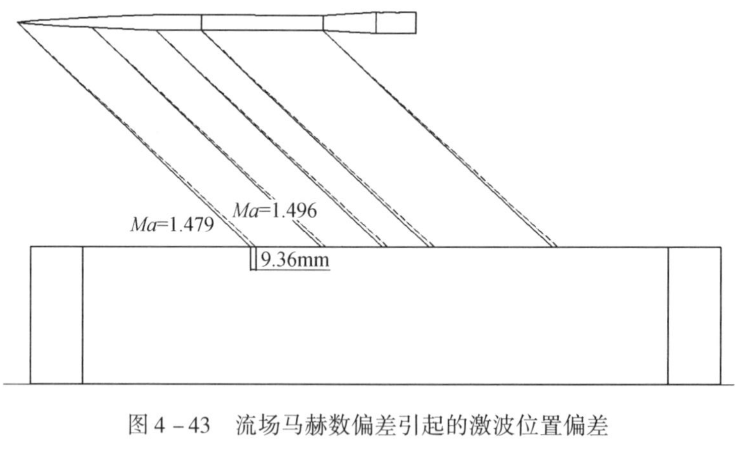

图4-43 流场马赫数偏差引起的激波位置偏差

4.4.4 国内 SEEB – ALR 标模试验验证

4.4.4.1 模型及支撑设计方案

本次试验采用的是 SEEB – ALR 标模，如图 4 – 44 所示。该模型是由洛克希德 – 马丁公司依据 Seebass、George 和 Darden 而设计的，其形状代表了传统的低声爆低阻力旋成体，设计该模型主要是用于校验和确认新的压力测量设备。SEEB – ALR 的近场压力信号在头激波之后存在一段较长的压力平台，这种压力特征非常有利于分辨测量误差。本次试验的模型参考长度 L 为 350mm，参考面积为 6094.76mm^2，等直段直径为 27.715mm。

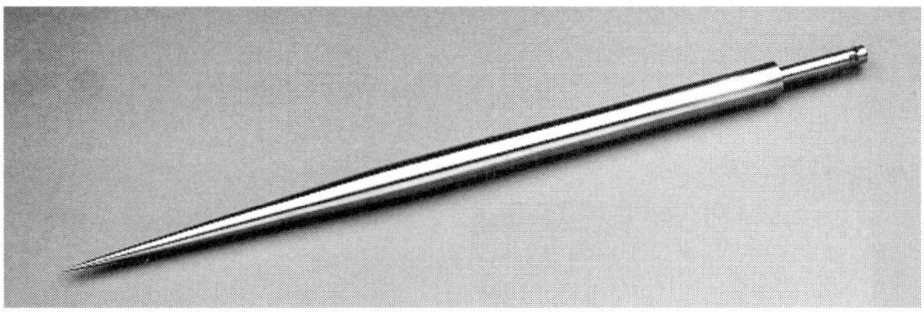

图 4 – 44 SEEB – ALR

模型在风洞中的安装图如图 4 – 45 所示，试验模型采用尾支撑。试验中 $H/L = 1.165$，模型距测压轨高度 H 为 407.8mm，在模型尾部设计有拐支杆和连接段，与风洞中移测机构上的前支杆相连。移测机构由电机、丝杠及直支杆和带滑轮的辅助支撑构成。在电机驱动下，直支杆沿着丝杠做单自由度的轴向直线运动，通过地面标定，位移精度达 0.1mm，能满足试验需求。试验过程中，首先将模型置于试验段最靠前位置，流场稳定 3s 后采集压力数据，之后控制电机运动机构和模型向后移动 20 ~ 30mm，重复之前的步骤，单次试验采集位置为 10 ~ 15 个，以便进行空间平均，消除流场中杂波及流场空间不均匀对压力信号的影响和干扰。

4.4.4.2 试验结果和讨论

本次试验采用 SEEB – ALR 主要开展了 $Ma = 1.5$ 时的风洞试验验证。试验中采取增强引射开车，一是减小模型和测压轨在风洞启停瞬时的冲击载荷，二是减小吹风时模型和测压轨所受的稳态气动载荷，从而减小其弹性变形，提高试验数据的精度。

图 4 – 46（a）给出了采用参考车次法修正后的多个模型位置的声爆近场压力信号。从各条曲线总体来看，能看出通过头部之后过压迅速增加到 0.01 附近，之后减小到 0.005 附近波动，在保持一段距离后迅速减小至 – 0.005 附近波动，再恢复到 0。从图上可以明显地看出，由于风洞背景流场存在一定的非均匀扰动，引起马赫数、流向角及压力沿轴向位置的波动，使得修正后的单次测量结果仍然存在较大幅度的波动。

图 4 – 46（b）给出的是将数据平移对齐后的结果，平移后能看出各曲线总体上处于重合的状态，但有些状态的压力值整体存在平移，这和各条线测量时所处的不同时刻有关，风洞中前室总压、风洞参考压力（静压）、实际运行马赫数都会随时间而存在一定波动，使得过压数据产生一定的分散，同时这种波动也引起了在局部位置压力信号的突变，在正压力平台上的畸变幅值为±30%。因此，采用单个位置的测量结果衡量过压是不合适的，具有较大的随机性和不确定度。

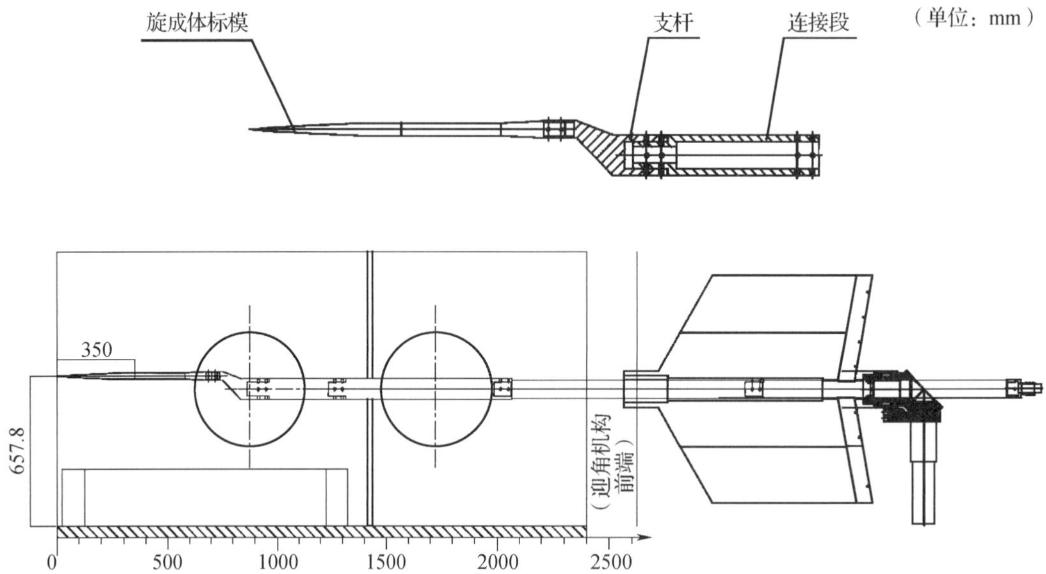

图 4－45　模型在风洞中的安装图

图 4－46（c）给出了 *Ma* 为 1.5 工况下得到的空间平均技术的试验结果，空间平均采取了 10 个轴向位置的试验结果，各位置间距为 30mm。图上同时给出了 CFD 计算结果以及 NASA Ames 风洞的 $Ma = 1.6$ 工况下 $H/L = 1.165$ 的试验结果。图 4－46（d）给出了测量数据的标准差。总体来看，本次试验结果与 CFD 结果以及 NASA Ames 研究中心 9ft×7ft 风洞中 $Ma = 1.6$ 的试验结果波形总体特征一致，最大过压和最小过压位置以及大小基本相同，可以验证本试验方案的可行性以及所设计的测压轨的有效性和可靠性。另外，与 NASA 试验数据的差别其一是两者采用的模型大小（参考长度分别为 449mm 和 350mm）和马赫数（$Ma = 1.6$ 和 $Ma = 1.5$）不同，其二是由于风洞流场品质影响，风洞中流场均匀性不一样，本次试验采取了 10 个位置的平均，可能空间平均次数略少，一定幅度的数据波动无法完全消除。

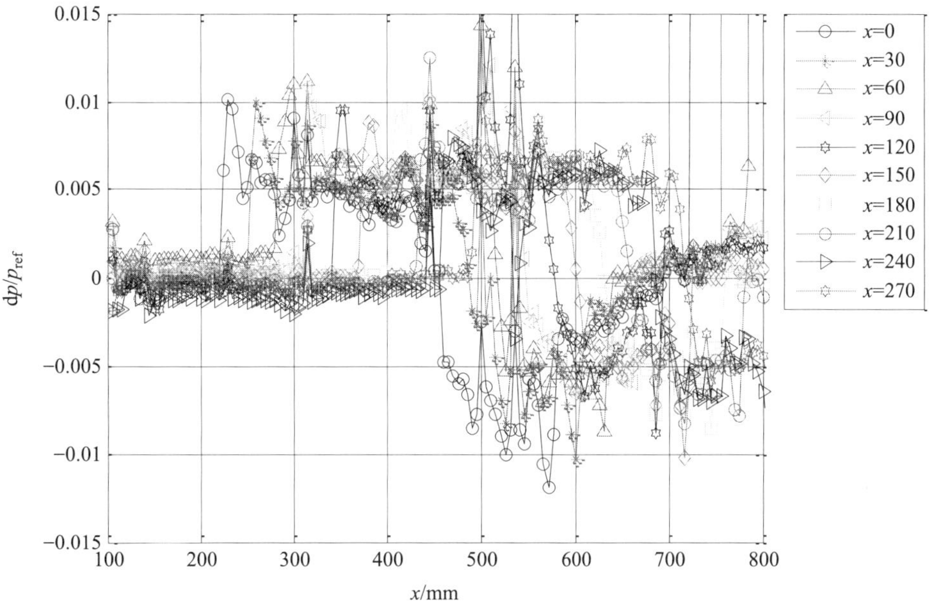

（a）仅由模型引起的声爆无量纲过压（参考车次法）

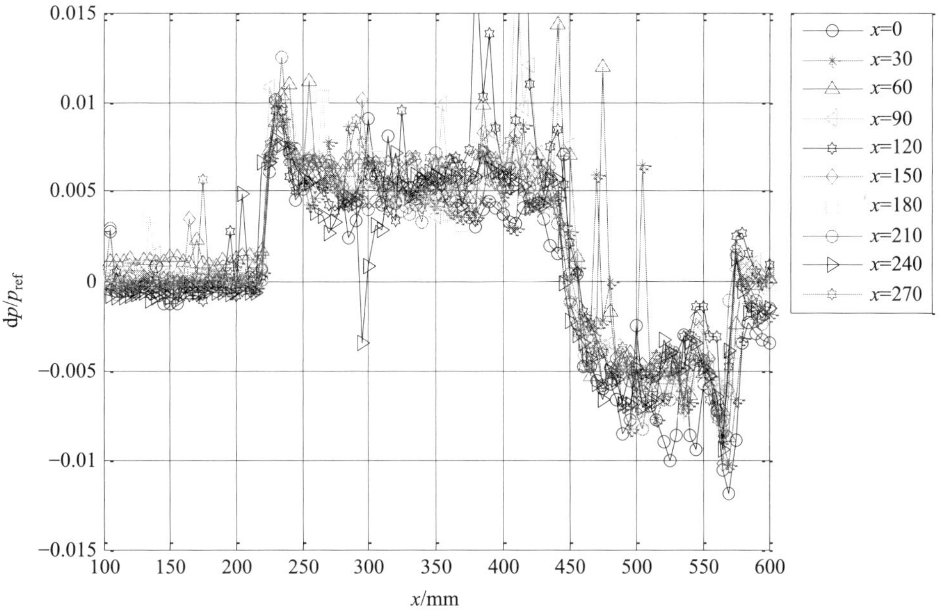

（b）数据平移对齐后的结果

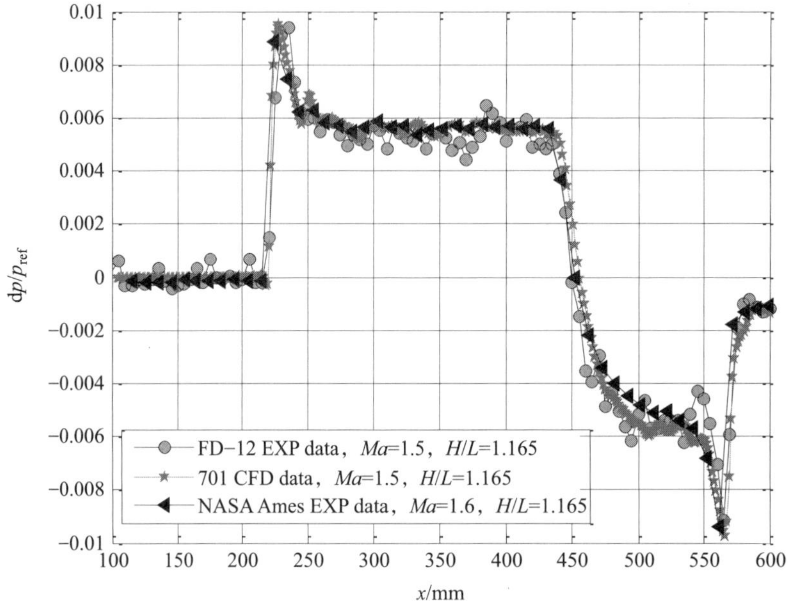

（c）空间平均试验结果

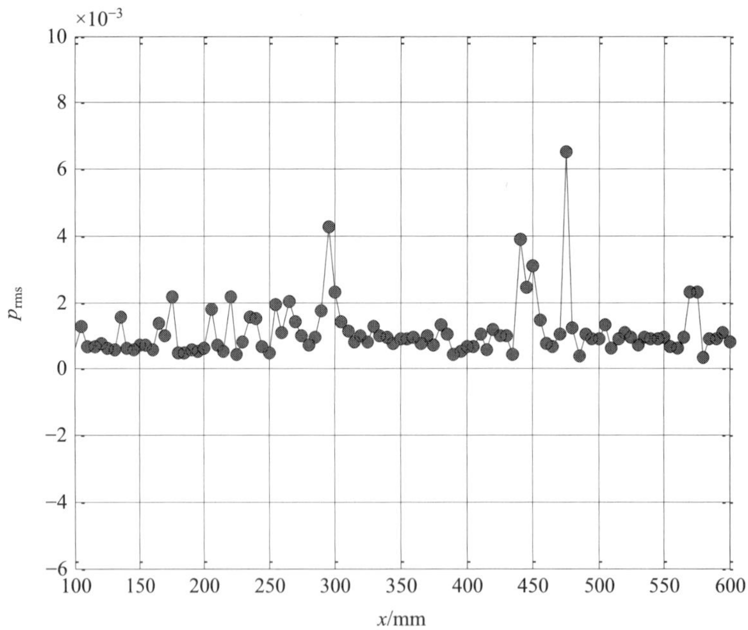

（d）试验数据标准差

图 4－46　$Ma=1.5$ 近场声爆过压试验结果

4.5　超声速民机典型布局风洞试验及数据库

4.5.1　基础布局模型

针对 6.3.1 节设计的基础布局，根据 FL－60 风洞试验段的尺寸，设计得到图 4－47 所示的基础布局风洞试验模型几何外形，其特征长度（L）为 400mm，模型距离测压轨的高度（H）分别为 200mm、400mm 和 600mm。风洞试验中基础布局风洞试验模型的实物照片如图 4－48 所示。

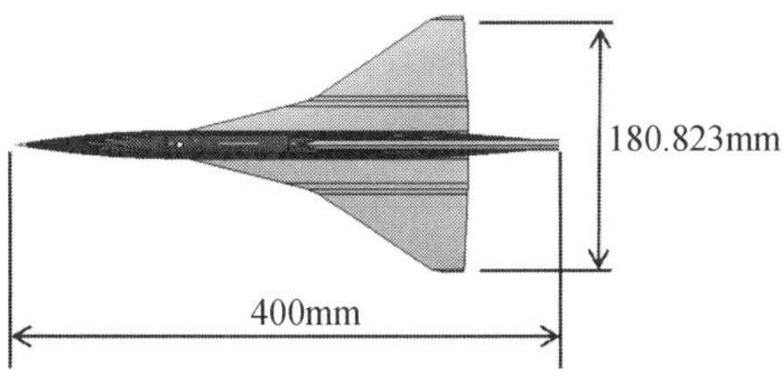

图 4－47　基础布局风洞试验模型几何外形设计

图 4－48　基础布局风洞试验模型实物照片

基于上述试验方案及空间压力测量设备，采用基础布局模型开展了验证性试验。试验马赫数为 1.6、1.8 和 2.0，试验过程中模型在测压轨上方 400mm 高度沿风洞轴向以 16mm 为间隔移动，每个车次测量 15 个位置，在每个位置处扫描阀采集一次测量数据，总共采集 15 次。然后将这 15 组测量数据进行位置对齐后作算数平均，即得到空间平均后的模型近场声爆过压测量结果。对于模型每个测量位置，在测压轨采集试验数据的同时，同步采集前室总压，作为计算该时刻风洞自由来流静压的依据，以此减小因时间波动导致的测量误差。

从基础布局模型验证试验结果（见图 4－49 ~ 图 4－52）可以看出，在马赫数为 1.6、1.8、2.0 等超声速民机典型速度范围，通过风洞试验测量都得到了基本正确的模型近场压力波形，验证了基于 FL－60 暂冲式风洞发展的声爆试验测量系统的合理性，同时也证明了所设计的无反射测压轨是成功的，所采用的参考车次修正技术和空间平均技术是有效的。分析三个马赫数条件下的近场声爆波形可以看出，修正后的测量结果与 CFD 数据吻合较好，但是在第二道激波的模拟上二者差别较大，尤其是在大迎角情况下，这可能是在 CFD 计算过程中，由于网格或者数值格式的耗散造成的，后续将通过加密网格消除这一影响。

4.5.2　低声爆布局模型

低声爆布局设计（详细设计过程见本书 6.3.2 节）采用 T 尾、箭形翼平面布局和带弯度机身，其几何外形如图 4－53 所示。根据 FL－60 风洞和 FD－12 风洞试验段的尺寸，试验中低声爆布局模型的特征长度（L）为 400mm，模型距离测压轨的高度（H）为 400mm。风洞试验中的实物照片如图 4－53 所示。

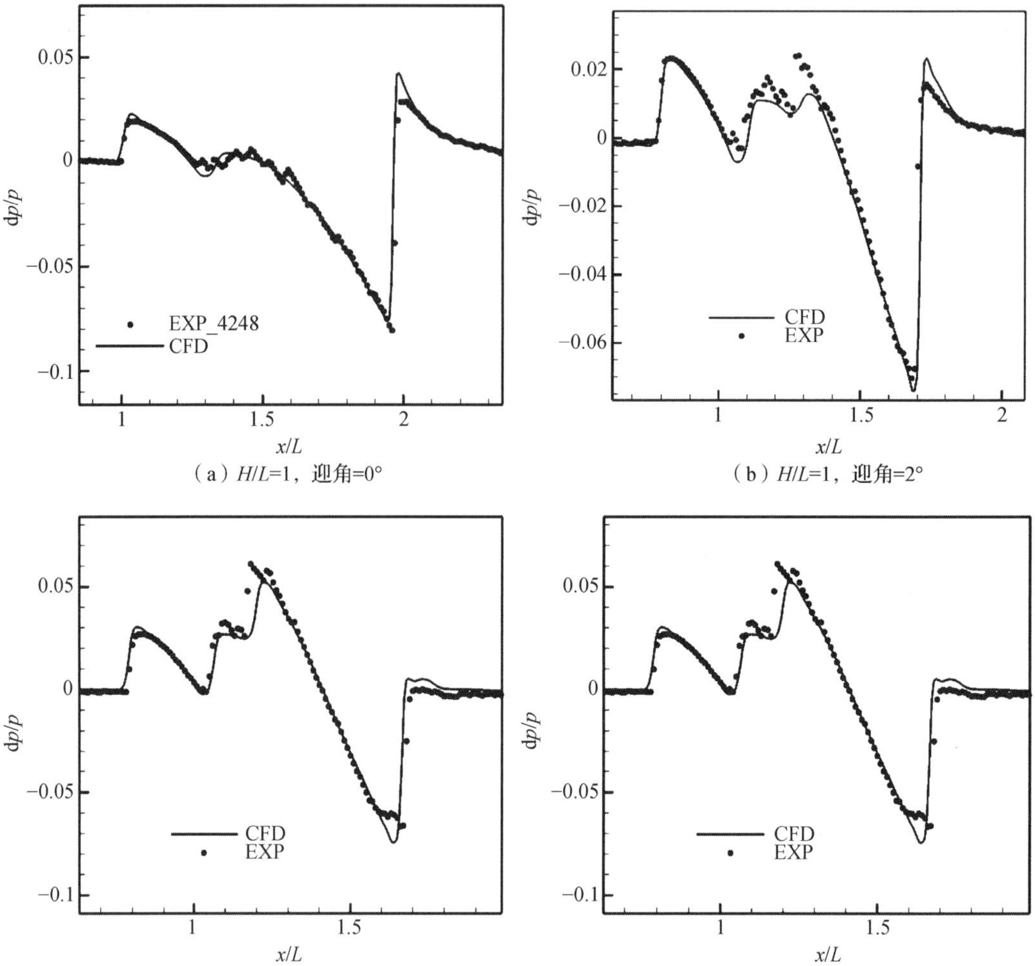

（a）H/L=1，迎角=0°　（b）H/L=1，迎角=2°

（c）H/L=1，迎角=4°　（d）H/L=1，迎角=6°

图 4－49　Ma = 1.6 空间平均后的测量结果

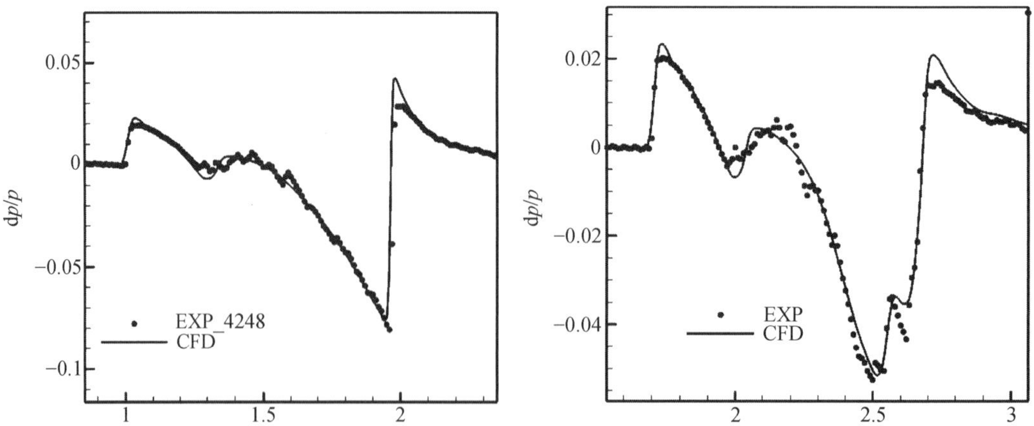

（a）H/L=1，周向角=0°　（b）H/L=1，周向角=2°

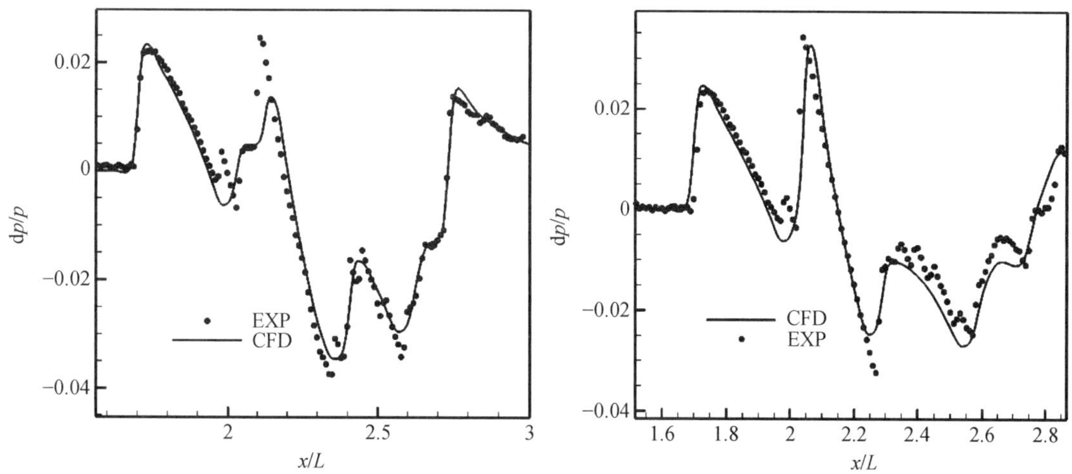

（c）H/L=1，周向角=4°　　（d）H/L=1，周向角=6°

图 4-50　Ma = 1.8 空间平均后的测量结果

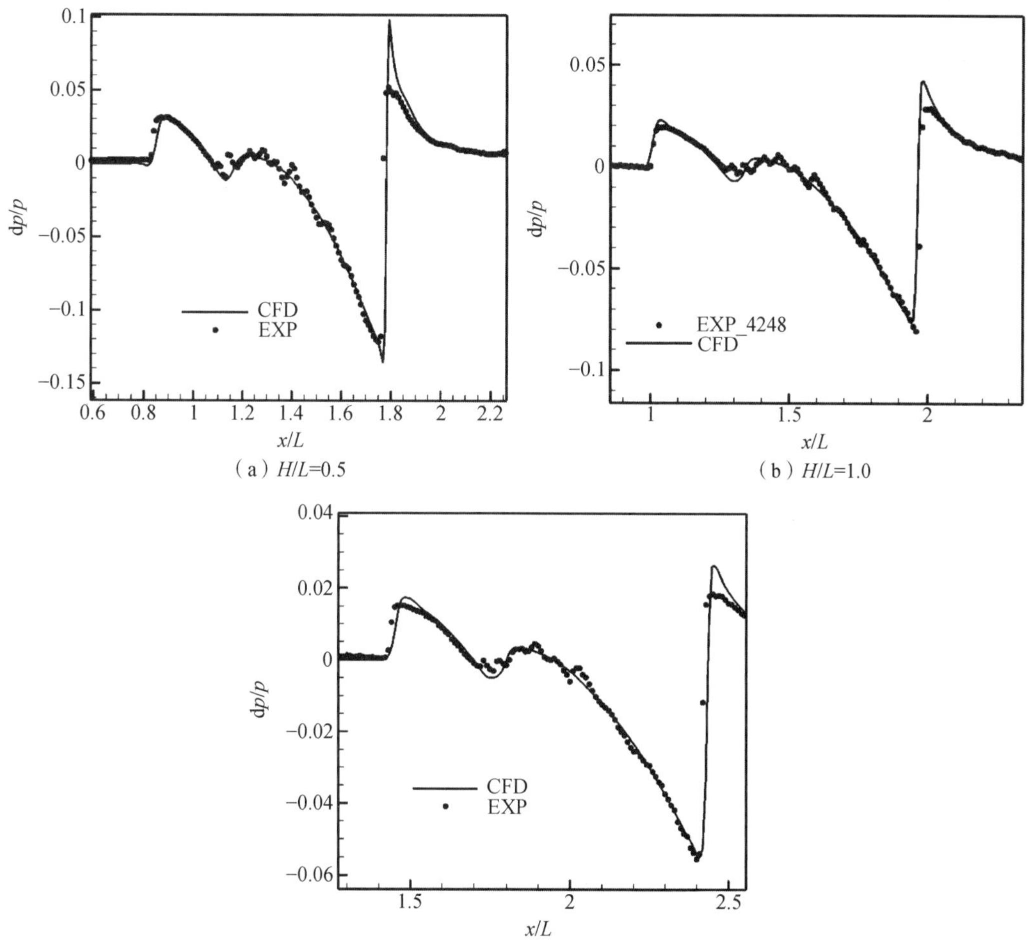

（a）H/L=0.5　　（b）H/L=1.0

（c）H/L=1.5

图 4-51　Ma = 2.0 空间平均后的测量结果

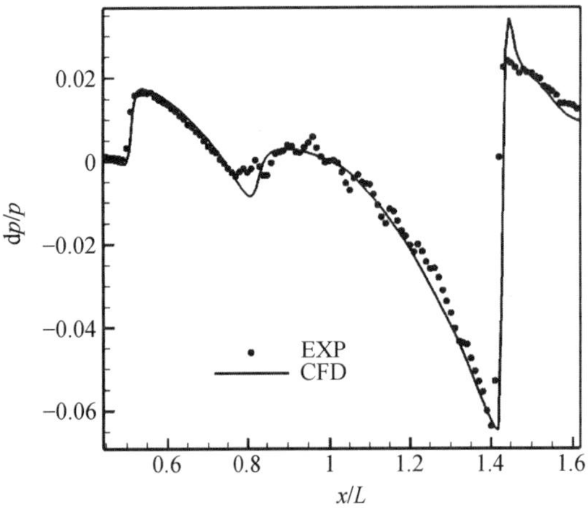

（a）*Ma*=1.6

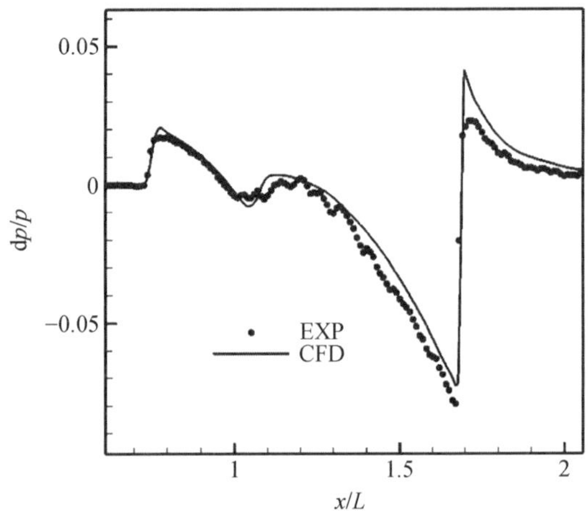

（b）*Ma*=1.8

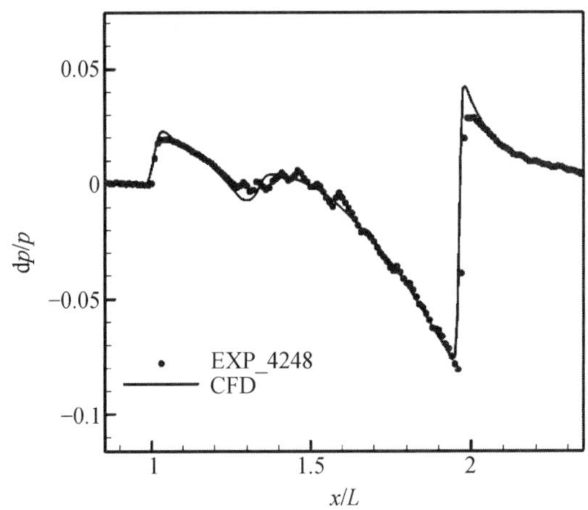

（c）*Ma*=2.0

图 4－52　不同马赫数空间平均后的测量结果

（a）在FL-60风洞中的安装图

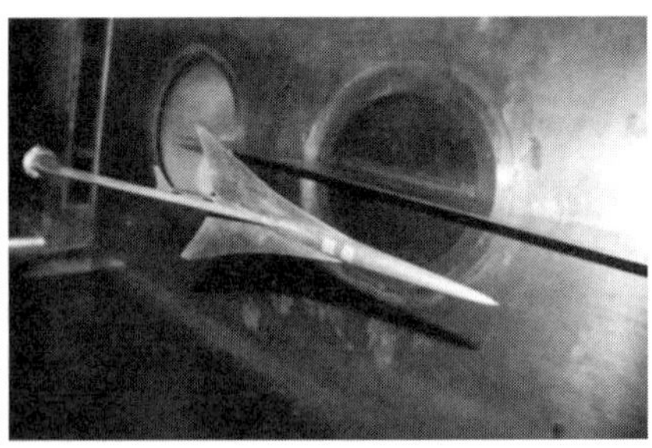
（b）在FD-12风洞中的安装图

图 4－53　低声爆布局风洞试验模型在风洞中的安装图

基于上述试验方案及空间压力测量设备，采用低声爆布局模型开展了验证性试验。试验马赫数为1.6，1.8 和 2.0，试验过程中模型在测压轨上方 400mm 高度沿风洞轴向以

16mm 为间隔移动，每个车次测量 15 个位置，在每个位置处扫描阀采集一次测量数据，总共采集 15 次。然后将这 15 组测量数据进行位置对齐后作算数平均，即得到空间平均后的模型近场声爆过压测量结果。本期试验对于模型每个测量位置，在测压轨采集试验数据的同时，同步采集前室总压，作为计算该时刻风洞自由来流静压的依据，以此减小因时间波动导致的测量误差。

图 4－54 和图 4－55 分别给出了低声爆布局模型在 FL－60 和 FD－12 风洞不同工况下的近场声爆过压试验与 CFD 结果的对比。总体来看，试验结果和 CFD 结果吻合非常好，能捕捉头部激波引起的最大的过压信号、沿程过压逐渐下降的变化规律、最小过压信号、模型机翼尾缘突升的过压信号以及背支撑引起的一个更高的过压信号及随后的压力恢复。这进一步验证了试验技术和试验方法的可靠性，也从侧面说明了低声爆布局模型测得的试验结果的可信度。

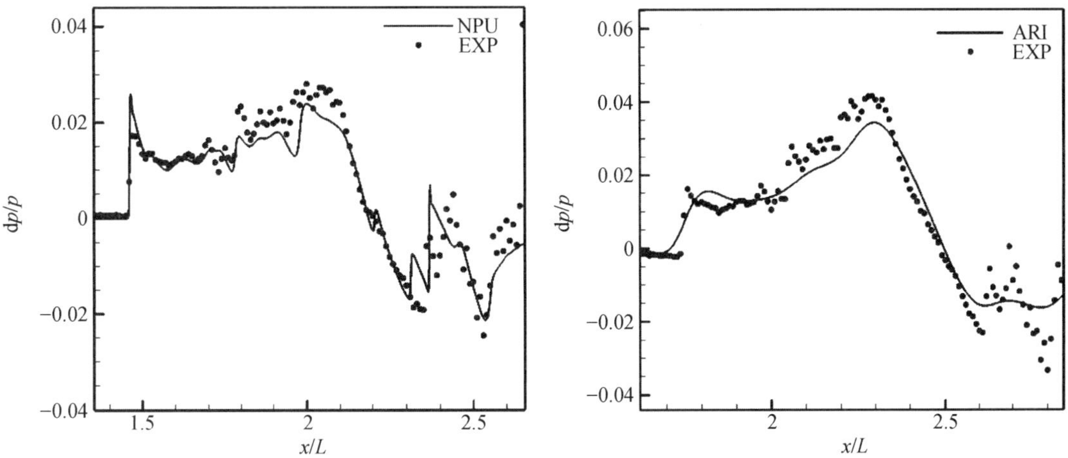

（a）Ma=2.0，迎角=5.126°　　（b）Ma=2.0，迎角=6°

图 4－54　低声爆布局模型在 FL－60 风洞的试验数据

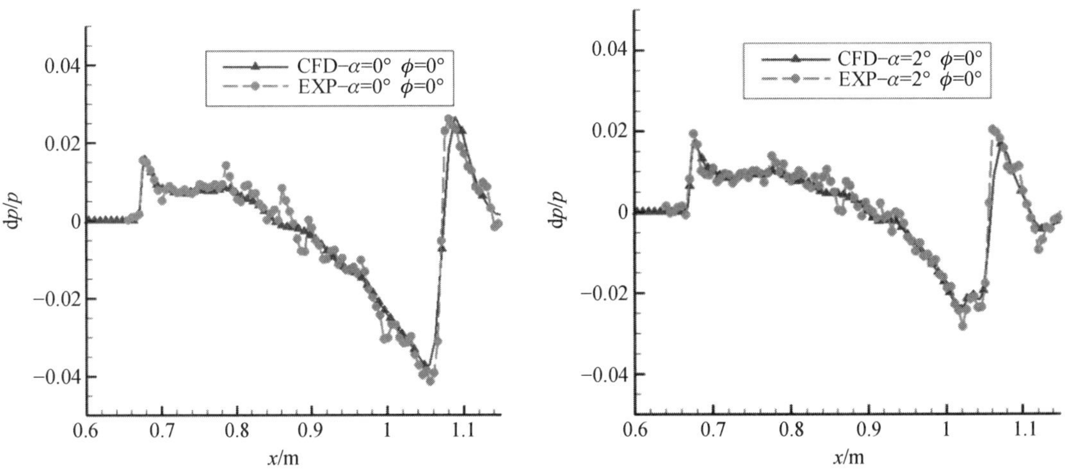

（a）迎角=0°，周向角=0°　　（b）迎角=2°，周向角=2°

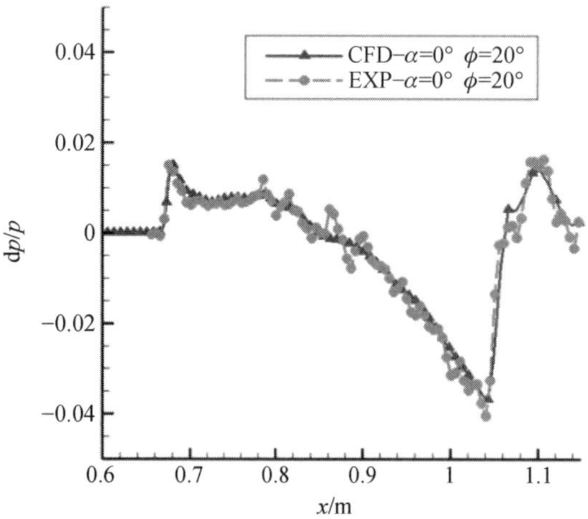

（c）迎角=0°，周向角=20°

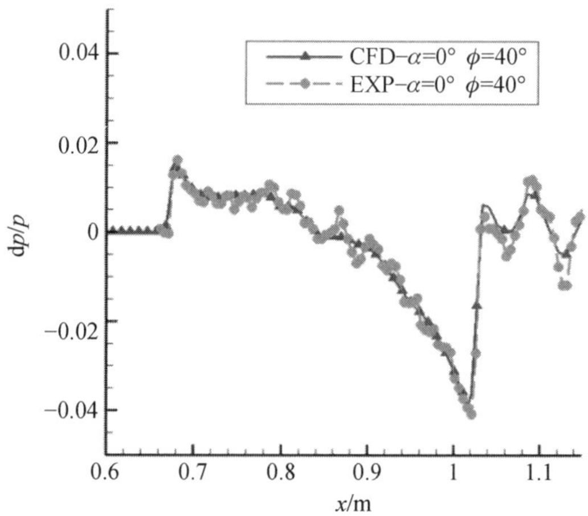

（d）迎角=0°，周向角=40°

图 4－55 低声爆布局模型在 FD－12 风洞的试验数据

4.5.3 声爆标准模型风洞试验数据库

针对国外声爆研究标准模型、国内声爆研究标准模型和自研超声速民机典型模型这三类声爆标准模型，开展声爆标准模型风洞试验数据库顶层规划研究，分析声爆标准模型需要管理存储的几何外形参数、风洞试验测量数据和数值计算数据，开发声爆标准模型风洞试验数据库管理平台软件，并完成数据录入，构建声爆标准模型风洞试验数据库，以提高声爆标准模型风洞试验数据的有效利用度。到目前为止，声爆标准模型风洞试验数据库包含 42 个国内外声爆研究标准模型和自研超声速民机典型模型的风洞试验数据，数据库界面如图 4－56 所示。

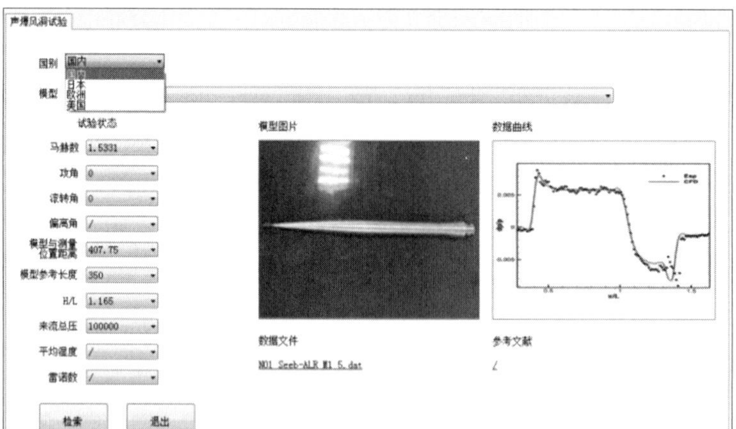

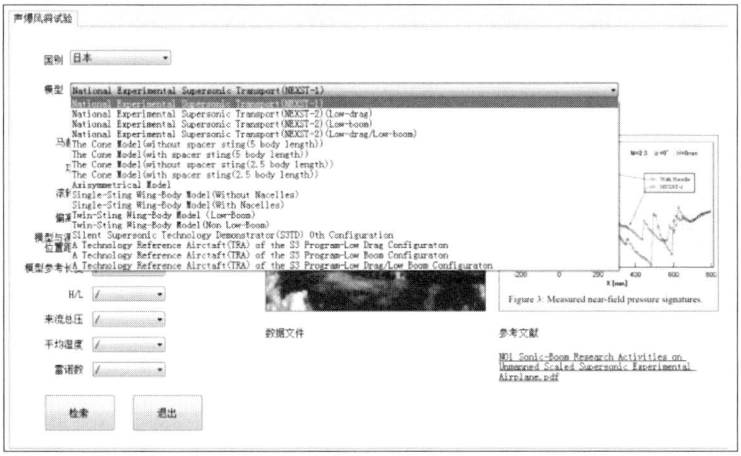

图4-56 数据库界面

4.6 本章小结

风洞试验技术是开展声爆问题研究的有效手段。本章在总结分析声爆试验的特点、难点及发展趋势的基础上，基于航空工业气动院FL-60风洞和航天十一院FD-12风洞初步开展了声爆试验技术研究。通过CFD评估以及SEEB-ALR和喷流模型的验证性试验表明，所发展的声爆近场空间压力测量技术是合理可行的，主要体现在以下几点。

①根据下吹式暂冲式超声速风洞试验时间短、耗气量大等特点，设计了无反射测压轨，可在一次试验中获得空间一条线上的完整压力分布，显著提高了声爆试验近场空间压力的测量效率。

②为了验证无反射测压轨设计方案的可靠性，通过CFD对其流动特性进行了评估。计算结果表明，为了避免模型信号受到测压轨前缘激波及模型激波洞壁反射的影响，应该通过控制轴向移动机构使模型信号位于测压轨的中部位置。

③采用SEEB-ALR低声爆标模和自行设计的带喷流的旋成体模型进行了验证性试验，风洞测量结果与自由流CFD计算结果一致性较好，试验结果也表明，通过空间平均技术能够显著降低风洞背景流场非均匀扰动带来的测量误差，大幅提高模型近场压力信号的测量精度。

同时，通过SEEB-ALR低声爆标模的验证性试验可以看出，声爆近场空间压力精确测量仍然面临较大挑战，试验测量精度有待进一步提高。在声爆近场空间压力测量试验中主要有以下几点需要注意。

①根据风洞试验段的尺寸以及试验马赫数，统筹考虑合理的模型尺寸、测压轨的高度和长度、模型与测压轨的距离等重要参数。

②在确保模型波系空间充分发展的前提下，模型尺寸尽量大一些，以提高测量信号的信噪比。

③测压轨等空间压力测量装置设计需要借助CFD手段进行充分评估，确保实现对模型信号无反射。

④模型信号在测压轨上的测量位置应避开测压轨前缘激波以及洞壁反射激波的影响区域。

⑤低声爆模型空间压力信号很弱，试验采用的压力测量传感器应该具有足够高的精准度和分辨率。

参考文献

[1] Carlson H W. An investigation of some aspects of the sonic boom by means of wind－tunnel measurements of pressures about several bodies of revolution at a Mach number of 2.01 [R]. NASA TND－161, 1959.

[2] Sbrout B L, Mack R J, Dollybigb S M. A wind－tunnel investigation of sonic－boom pressure distributions of bodies of revolution at Mach 2.96, 3.83, and 4.63 [R]. NASA TND－6195, 1971.

[3] Mack R J, Darden C M. Wind－tunnel investigation of the validity of a sonic boom minimization concept [R]. NASA TP－1421, 1979.

[4] Makino Y, Noguchi M. Sonic－boom research activities on unmanned scaled supersonic experimental airplane [R]. AIAA Paper 2003－3574, 2003.

[5] Mack R J. An analysis of measured sonic－boom pressure signatures from a Langley wind－tunnel model of a supersonic－cruise business jet concept [R]. NASA TM－2003－212447, 2003.

[6] Graham D H, Dahlin J A, Page J A, et al. Wind－tunnel validation of shaped sonic boom demonstration aircraft design [J]. AIAA Paper 2005－0007, 2005.

[7] Bobbitt P J, Darden C M. A wedge－shaped supersonic flow field probe [R]. NASA CP－10133, Ⅱ: 379－398, 1993.

[8] Durston D A, Cliff S E, Wayman T R, et al. Near field sonic boom test on two low－boom configurations using multiple measurement techniques at NASA Ames [R]. AIAA Paper 2011－3333, 2011.

[9] Cliff S, Elmiliggui A, Aftosmis M, et al. Design and evaluation of a pressure rail for sonic boom measurement in wind tunnels [C]. Seventh International Conference onComputational Fluid Dynamics (ICCFD7), Big Island, Hawaii, July 9－13, 2012.

[10] Morgenstern J M. How to accurately measure low sonic boom or model surface pressures in supersonic wind tunnels [R]. AIAA Paper 2012－3215, 2012.

[11] Furukawa T, Makino Y, Noguchi M, et al. Supporting system study of wind－tunnel models for validation of aft－sonic－boom shaping design [R]. AIAA Paper 2008－6596, 2008.

[12] Kiseleva T, Kosinov A, Ermolaev Y, et al. Modeling of sonic boom phenomena [C]. Proceeding of the International Conference on High－Speed Vehicle Science and Technology (HiSST), Moscow, Nov. 25th－29th, 2018.

[13] Pritulo T, Cheneyshev S, Ivanov A, et al. Development of the technique of sonic boom experimental researches [C]. Proceeding of the International Conference on

High－Speed Vehicle Science and Technology（HiSST），Moscow，Nov. 25th－29th，2018.

[14] Qian Zhansen，Yang X M. Key aerodynamic technologies of high Mach number civil transport [C]. Proceeding of Young Research Conference of the 5th International Forum of Aviation Research，Zhuhai，China，November 8th－11th，2014.

[15] 刘中臣，钱战森，冷岩. 声爆近场空间压力分布风洞试验精确测量技术研究 [C]. 首届中国空气动力学大会，2018 年 8 月 15—19 日，四川绵阳.

[16] Leng Yan，Qian Zhansen，Liu Zhongchen. Numerical simulation assistant design of the near－field sonic boom signature measurement system for AVIC ARI's FL－60 wind tunnel [C]. Proceeding of the International Conference on High－Speed Vehicle Science and Technology（HiSST），Moscow，Nov. 25th－29th，2018.

[17] Durston D A，Elmiligui A A，Cliff S E，et al. Experimental and computational sonic boom assessment of Boeing N＋2 low boom models [C]. AIAA Paper 2014－2140，2014.

[18] Whitham G B. On the propagation of weak shock waves [J]. Journal of Fluid Mechanics，1965，1：290－318.

[19] Edge P M，Hubbard H H. Review of sonic－boom simulation devices and techniques [J]. Journal of the Acoustical Society of America，1972，51：722－728.

[20] Carlson H W，Morris O A. Wind－tunnel sonic－boom testing techniques [J]. Journal of Aircraft. 1967，4（3）：245－249.

[21] Mack R J，Kuhn N S. Determination of an extrapolation distance with pressure signatures measured at two to twenty span lengths from two low－boom models [R]. NASA TM－2006－214524，2006.

[22] Cliff S E，Durston D A，ELMILIGUI A A，et al. Computational and experimental assessment of models for the first AIAA sonic boom prediction workshop [R]. AIAA 2014－0560，2014.

[23] Park M A，Morgensterny J M. Summary and statistical analysis of the first AIAA sonic boom prediction workshop [J]. AIAA Paper 2014－2006，2014.

[24] Morgenstern J M. Measurements supporting the 2014 first sonic boom workshop prediction cases [R]. AIAA 2014－2007，2014.

[25] Park M A，Nemec M. Near field summary and statistical analysis of the second AIAA sonic boom prediction workshop [R]. AIAA 2017－3256，2017.

[26] Rallabhandi S K，Loubeau A. Summary of propagation cases of the second AIAA sonic boom prediction workshop [R]. AIAA 2017－3257，2017.

[27] Ferri A，Wang Huaichu. Observations of problems related to experimental determination of sonic boom [R]. NASA SP－255，1970.

[28] Hicks R M，Mendoza J P，Thomas C L. Pressure signatures for the Apollo command module and the Saturn V launch vehicle with a discussion of the strong shock extrapolation procedures [R]. NASA TMX－62117，1972.

[29] Hicks R M, Mendoza J P. A brief study of the space shuttle sonic boom during ascent [R]. NASA TMX -62050, 1971.

[30] Wayman T R, Waithe K A, Home D C, et al. Near field acoustic test on a low boom configuration in Langley' s 4 ×4 wind tunnel [R]. AIAA Paper 2011 -3331, 2011.

[31] Jackson C M Jr, Corlett W A, et al. Description and calibration of the Langley Unitary Plan Wind tunnel [R]. NASA TP 1905, 1981.

[32] Carlson H W. An investigation of the influence of lift on sonic boom intensity by means of wind – tunnel measurements of the pressure fields of several wing – body combinations at a Mach number of 2. 01 [R]. NASATND -881, 1961.

[33] Carlson H W. Measurements of the flow properties in the vicinity of three wing – fuselage combinations at Mach numbers of 1. 61 and 2. 01 [R]. NASA – TMX –64, 1967.

[34] Putnam L E, Capone F J. Experimental determination of equivalent solid bodies to represent jets exhausting into a Mach 2. 24 externalstream [R]. NASATND -5553, 1969.

[35] Bobbitt P J, Maglieri D J, Banksd W, et al. Wind – tunnel and flight – test results for the measurements of flow variables at supersonic speeds using improved wedge and conical probes [R]. NASATM -2012 -216004, 2012.

[36] Morgenstern J M. Distortion correction for low sonic boom measurement in wind tunnels [R]. AIAA 2012 -3216, 2012.

[37] Furukawa T, Makino Y, Noguchi M, et al. Supporting system study of wind – tunnel models for validation of aft – sonic – boom shaping design [R]. AIAA Paper 2008 – 6596, 2008.

[38] Maglieri D J, Bobbitt P L, Plotkin K J, et al. Sonic boom six decades of research: NASA SP 2014 -622 [R]. Wangshington D. C.: NASA, 2014.

[39] 钱战森，韩忠华. 声爆研究的现状与挑战 [J]. 空气动力学学报，2019，37 (4): 601 -619.

[40] 刘中臣，钱战森，冷岩. 声爆近场压力测量风洞试验技术研究进展 [J]. 空气动力学学报，2019，37 (4): 636 -645.

[41] George A R, Seebass R. Sonic Boom Minimization Including Both Front and Rear Shocks [J]. AIAA J, 1971, 9 (10): 2091 -2903.

[42] Darden C M. Sonic Boom Minimization with Nose – Bluntness [C]. NASA TP 1979 – 1348, 1979.

第 5 章　超声速民机声爆飞行试验技术

通过飞行试验进行真实条件下的声爆测量是进行声爆问题研究的重要技术手段。飞行试验作为声爆问题最直接且不可或缺的研究与验证手段，是新技术探索和演示验证的重要途径，也是航空器表明符合适航规章或设计定型标准的必经之路。本章概述国内外航空器声爆测量飞行试验技术发展概况，介绍超声速民机全传播路径声爆测量的飞行试验技术方案，阐述超声速民机声爆飞行试验测量关键技术，对超声速民机声爆预测与飞行试验相关性进行探讨，最后给出技术发展总结和展望。

5.1　国内外航空器声爆飞行试验研究概览

5.1.1　技术发展阶段概览

自 20 世纪 50 年代以来，美国、日本、欧盟、苏联/俄罗斯、中国等开展了大量的声爆研究项目，以 XB－70 Valkyrie、SR－71、B－58、F－100、F－104、F－5、“协和”号 (Concorde)、图－144、F－15、F－16、F－18、苏－30、J－XX 等为研究对象，通过飞行试验进行声爆的产生与传播特性、影响因素、对人类的影响，以及飞行试验技术等研究，建立了庞大的数据库，支撑超声速航空器的设计、声爆预测技术研究、低声爆优化技术验证、声爆主观响应评价研究和社会影响评估等。这些项目进行了声爆飞行试验技术的探索，发展了声爆测量设备设施，形成了全传播路径的声爆测量技术，推动了飞行试验技术的快速发展。

世界范围内开展的具有代表性的航空器声爆测量飞行试验项目如表 5－1 所示。依据试验时间和试验目标的不同，大体可分为三个典型的技术发展阶段：声爆飞行试验技术探索与数据积累阶段（20 世纪 50 年代至 70 年代）、声爆飞行试验技术完善与低声爆技术探索阶段（20 世纪 80 年代至 21 世纪初期）和低声爆设计技术验证与适航取证飞行试验阶段（21 世纪初至今）。

表 5－1　具有代表性的声爆飞行试验项目

项目名称	时间	项目责任方	试验对象
F－100 声爆飞行试验（F－100 sonic boom flight tests，SBFT）	1956 年	美国 NASA、爱德华兹空军基地（EAFB）等	F－100
国家声爆评估项目（national sonic boom evaluation program，NSBEP）	1966—1967 年	美国 NASA、EAFB 等	XB－70、B－58、F－104
SR－71 的声爆公众反应系列试验（public response to SR－71's sonic boom tests，PRSSBT）	1967 年	美国 NASA、EAFB 等	SR－71
法国 Jericho Carton 飞行试验（French operation Jericho Carton，FOJC）	1969 年	法国 Service Technique Aeronautique（STA）	Mirage Ⅲ、Mirage Ⅳ

表 5－1（续）

项目名称	时间	项目责任方	试验对象
1970 BREN 高塔系列试验（1970 BREN（bare reactor experiments Nevada）tower tests	1970 年	美国 NASA、Air Force 等	F－104
“协和”号系列飞行试验（Concorde flight tests）	1976—1978 年	瑞典 Kiruna Geophysical Institute	“协和”号（Concorde）
美国空军噪声和声爆优化技术项目（U. S. Air Force's noise and sonic boom impact technology program，NSBIT）	1987 年	美国 Air Force、EAFB 等	F－4、T－38、AT－38、SR－71、F－111、F－14、F－15、F－16、F－18
高速飞行研究项目（high－speed research program，HSR）	1993 年	美国 NASA	图－144
美国空军飞行学校 1994 年可控聚焦声爆项目（Have BEARS）	1994 年	美国空军	F－16B
高速飞行研究项目的 SR－71 声爆传播试验（SR－71 sonic boom propagation experiment of high－speed research program，SR－71 SBPE）	1995 年	美国 NASA	SR－71
安静超声速飞行平台：声爆控制演示项目（quiet supersonic platform：shaped sonic boom demonstration，QSP－SSBD）	2000—2004 年	美国 DARPA	F－5E、F－5 SSBD
“安静锥”项目（Quiet Spike™）	2006 年	美国 Gulfstream、NASA 等	F－15B
波形和声爆感知与响应项目（waveforms and sonic boom perception and response，WSPR）	2010 年至今	美国 NASA、Wyle 等	F/A－18
非对称声爆分布简化评估抛放试验（drop test for simplified evaluation of non－symmetrically distributed sonic boom，D－SEND）	2011 年，2015 年	JAXA	第一阶段 NWM 和 LBM，第二阶段为 S3CM
超声爆聚焦面分析和测量项目（superboom caustic analysis and measurement project，SCAMP）	2011 年	美国 NASA、Wyle 等	F－18B
远场无声爆临界范围研究项目（farfield investigation of no－boom thresholds project，FaINT）	2012 年	美国 NASA、Wyle、Boeing 和法国 Dassault 等	F－18B
2018 安静超声速飞行试验项目（quiet supersonic flights 2018，QSF18）	2018 年	美国 NASA	F/A－18
OS－X0 试验飞行器声爆特性测量试验	2018 年	中国航空工业空气动力研究院、北京零壹空间科技有限公司	OS－X0 试验飞行器
声爆毯测定整体试验（carpet determination in entirety measurements，CarpetDIEM）	2019 至今	美国 NASA Armstrong	F/A－18
低声爆水平标准规范研究（RegUlation and norM for low sonic Boom Levels，RUMBLE）	2020 年	欧盟、俄罗斯等国家和地区的研究机构	苏－30
超声速飞行器地面声爆测量试验	2020 年	中国飞行试验研究院、中国航空研究院等	超声速飞行器
低声爆飞行验证机（low－boom flight demonstration，LBFD）	2023 年起	美国 NASA、Lockheed Martin、FAA、ICAO	正在研制的 X－59QueSST
Boom Supersonic Overture SST/XB－1 声爆飞行试验	2024 年起	美国 Boom Supersonic	正在研制的 Overture SST 和其验证机 XB－1

5.1.1.1　声爆飞行试验技术探索与数据积累阶段

20 世纪 50 年代至 70 年代，大量军用超声速航空器出现，超声速民机“协和”号（Concorde）和图－144 投入商用，美国波音和 NASA 也推出民用超声速航空器研制计划。军用和民用航空器超声速飞行的声爆引发一系列社会问题，声爆问题开始受到强烈关注，掀起了声爆飞行试验研究第一波热潮。欧美航空强国对 XB－70、B－58、F－100、F－104、F－106、SR－71、Concorde、图－144 和 Mirage Ⅲ/Ⅳ等超声速航空器进行了从近场至远场地面的声爆测量，代表性的项目包括 NASA/EAFB 的 SBFT、NSBEP 和 PRSS-BT，以及法国 STA 的 FOJC 等。通过大量飞行试验研究声爆的产生及传播特性，促进了声爆理论与计算工具的发展，在声爆对人类生产生活、动植物、建筑物和海洋等的影响研究方面取得了重要进展，并促进了声爆飞行试验技术的快速发展。

初步形成声爆全传播路径飞行试验测量技术方案。空中声爆测量飞行平台多样化发展，声爆探针开始出现并应用于空中声爆测量，大规模近地面/地面声爆测量传感器阵列得到了成功应用，大气条件和飞行航迹测量成为飞行试验的必要组成部分，图 5－1 为 NASA/EAFB 的 NSBEP 项目通过声爆探针和地面传感器阵列测量 XB－70 声爆的技术方案示意图。但是，这一阶段的声爆飞行试验测量技术存在设备自动化水平低、测量精度差和集成度低等问题。

声爆对人类影响的研究大量开展。最具代表性的是 NASA 与 EAFB 联合开展的一系列飞行试验项目，通过军用航空器长时间有计划地在 EAFB 基地附近居民区产生不同强度和持续时间的声爆，探索主观评价方法，通过飞行后的社会调查考察居民对声爆的反应。

这一阶段，通过飞行试验积累大量声爆数据，验证和发展了声爆理论和计算工具，为超声速航空器的声爆预测与声爆优化设计等技术研究奠定了基础，对后续的声爆问题研究具有深远影响。

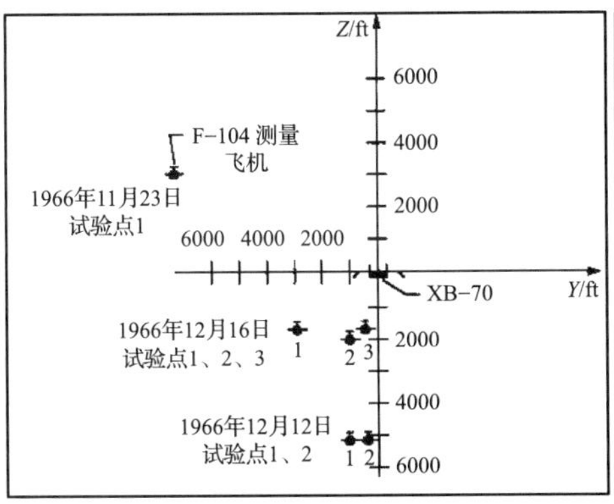

（a）近场声爆测量方案

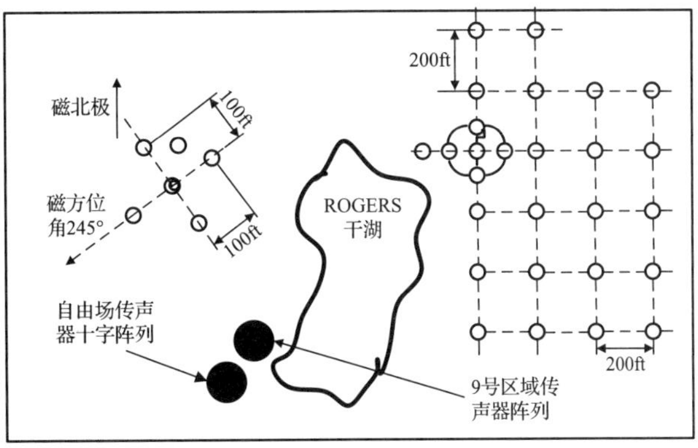

（b）地面声爆测量阵列

图 5－1　NASA/EAFB 的 NSBEP 项目的声爆测量方案

5.1.1.2　声爆飞行试验技术完善与低声爆技术探索阶段

20 世纪 80 年代至 21 世纪初期，尽管“协和”号和图－144 退出了商业运营，但人们对民用超声速飞行的追求并未停歇，开展了大量的声爆问题研究。得益于航空技术快速发展以及公众对安全性、环保性要求的提高，低声爆技术更加受到重视。ICAO 和 FAA 等适航审定机构也开展了超声速民用航空器声爆适航标准的研究。美国、欧洲、日本等提出了新一代民用超声速航空器方案，实施大量低声爆设计技术试验验证项目。这一阶段具有代表性的项目有美国空军的 NSBIT、NASA 的 SR－71 SBPE、DARPA QSP－SSBD、湾流/NASA 的 Quiet Spike™、NASA/Wyle 的 WSPR 与 SCAMP、JAXA 的 D－SEND #1 等。

声爆飞行试验技术体系逐步完善，全传播路径声爆测量技术取得突破性进展。研制了专用地面和空中声爆测量系统，声爆测量设备超系统化和智能化发展，实现了声爆、飞行状态、飞行航迹和大气条件等参数的空地一体化测量。飞行测量平台携带的声爆探针和前支杆传声器装置的发展使得空中声爆测量技术日臻成熟，NASA 基于 YO－3A、F－15B、F－18、TG－14 和系留飞艇等航空器研制了多种空中声爆测量平台，JAXA 也基于飞艇平台研发了空中声爆测量系统（aerial boom measurement system，ABMS）。图 5－2（a）～（c）为声爆测量新技术在试验中的应用。

通过飞行试验探索航空器设计参数和超声速飞行参数对声爆的影响，初步阐明气动外形、飞行状态、飞行航迹和大气条件等对声爆的作用机制。如 NASA/Wyle 等的 SCAMP 通过飞行试验进行“聚焦声爆”研究，探究机动飞行状态的声爆产生及传播特征。

启动了一系列低声爆设计技术飞行试验验证项目。基于军机平台进行低声爆优化设计技术研究，DARPA 的 QSP－SSBD 和湾流/NASA 的 Quiet Spike™通过飞行试验证实几何修形和改变气动布局能够显著降低声爆强度。出现了超声速民用航空器概念设计，大量的研究机构开始投入新一代低声爆航空器的研发并计划开展飞行试验验证。为配合低声爆航空器研发，开展了大量的低声爆主观响应研究，探索人类可接受的声爆强度极限值以及对低声爆的容忍度，代表性项目有 NASA/Wyle 的 WSPR。

持续开展飞行试验进行新的或改进的声爆预测方法和工具的验证，并将声爆预测工具应用于飞行试验的设计。NASA Armstrong 采用基于飞行状态数据的声爆实时预测技术指导飞行试验设计和执行，开发了可安装在 F－18 航空器座舱和地面监控设施中的声爆空间分布显示软硬件系统 CISBoomDA，如图 5－2（d）所示。

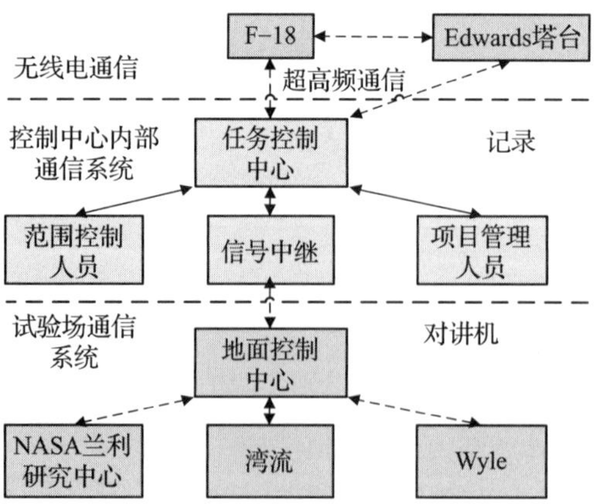

(a) NASA/Wyle的WSPR的飞行试验任务指挥体系

(b) NASA/Wyle的SCAMP的声爆测量平台TG-14

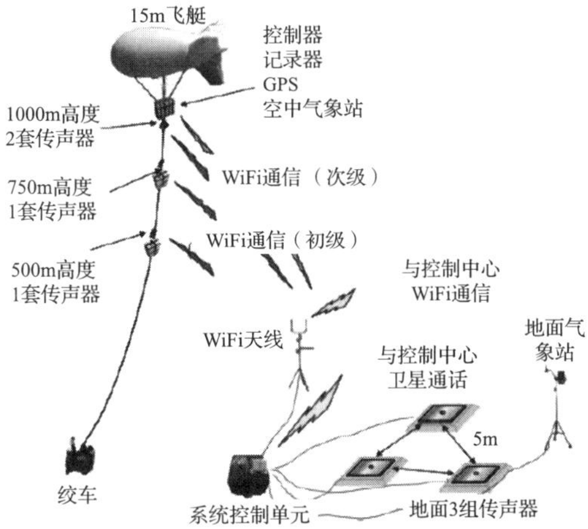

（c）JAXA的D-SEND的近地面/地面声爆测量设施

（d）NASA研制的座舱声爆显示设施CISBoomDA

图5－2　20世纪80年代至21世纪初形成的声爆飞行试验新技术

ICAO和FAA等适航管理机构开展新一代民用超声速航空器的声爆评价方法和适航标准的研究，但仅限于技术探索，标准指定方面取得的进展有限。总的来说，这一阶段积累了大量的声爆实测数据，深入研究了声爆对人类的影响，成功验证了低声爆技术以及声爆预测和优化设计工具，为研制低声爆超声速航空器奠定了基础。

5.1.1.3　低声爆设计技术验证与适航取证飞行试验阶段

从21世纪初开始，航空器声爆飞行试验测量技术研究进入了新一代低声爆航空器设计技术验证与适航取证飞行试验新阶段。在绿色、经济、安全的航空发展趋势下，世界各国对超声速民用航空器回归商用的期望愈发迫切。依据当前技术发展趋势，2020年至2035年是超声速民用航空器飞速发展并再次实现商用的阶段。美国、欧洲、俄罗斯、日本和中国等国家和地区围绕新一代低声爆航空器启动或规划了大批声爆飞行试验研究项目，包括JAXA的D－SEND#2，欧盟/俄罗斯的RUMBLE，NASA的LBFD、QSF18、CarpetDIEM与SonicBAT，以及Boom Technology的Overture SST等。中国飞行试验研究院、中国航空研究院、中国航空工业空气动力研究院等也开展了地面声爆测量。

一些新的地面和空中声爆测量技术得到了探索和验证。NASA的CarpetDIEM利用飞行试验对地面超大尺寸声阵列（长约48km）技术进行了验证，如图5－3（a）所示。NASA的QSF18研究可控声爆飞行方法和测量方法，采用改进的纹影测量设备测量T－38航空器近场的声爆流场，典型测量结果见图5－3（b）。NASA联合Eagle Aeronautics，利用F－15B飞行试验验证声爆探针的改进设计，如图5－3（c）所示。

设计制造模型、验证机或商用航空器来开展声爆飞行试验。多家研究机构和商业公司公开了超声速民用航空器设计制造和投入商用的计划时间表，也公布了相应的声爆飞行试验和适航审定飞行试验计划，其中包括NASA的LBFD和Boom Supersonic公司Overture SST/XB－1项目等，图5－4为具有代表性的超声速民机概念设计。

（a）NASA CarpetDIEM项目的地面声爆测量阵列

（b）NASA采用纹影设备测量的近场声爆流场

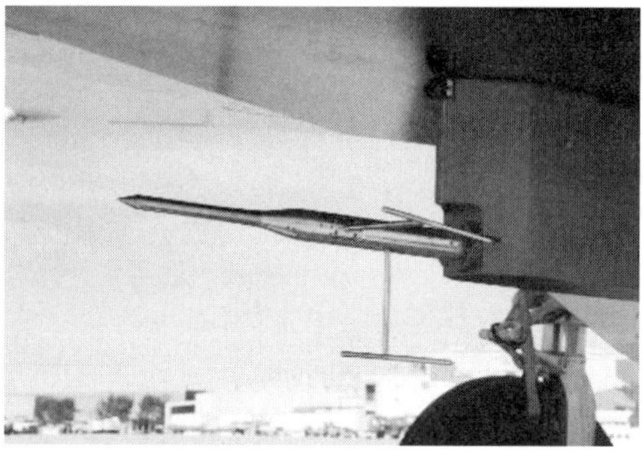

（c）NASA、Eagle Aeronautics的声爆探针

图 5 - 3　低声爆航空器技术验证的新阶段飞行试验

（a）美国Aerion公司的AS2

（b）NASA/Lockheed Martin的X-59 QueSST

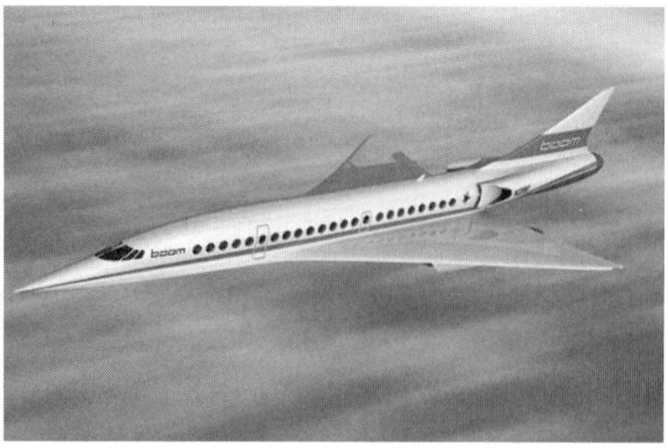

（c）美国Boom Technology的Overture SST

（d）JAXA Sky Frontier项目的QSSA

图 5 - 4　超声速民用航空器概念设计

在超声速民用航空器声爆适航标准的制定方面，ICAO 和 FAA 等适航管理机构借助多个飞行试验项目迈出了实质性的步伐。FAA 发布了针对超声速航空器特许飞行和适航标准修订的 NPRM、ICAO 和 FAA 介入 NASA 的 LBFD 项目，基于新一代民用航空器的低声爆特征，开展声爆适航标准制定研究，推进超声速民用航空器技术发展和投入商业运营。从当前的研究趋势看，声爆问题将纳入新一代民用超声速航空器适航审定范畴，声爆适航审定飞行试验即将开展，但符合性验证方法仍需要通过飞行试验进行探索和验证。

世界范围内超声速航空器低声爆技术发展不同步，开展飞行试验的技术途径有很大差异。NASA 的大量声爆飞行试验、欧盟/俄罗斯的 RUMBLE、中国的声爆飞行试验采用现有军机作为试验对象，而 JAXA 的 D－SEND#2 采用高空投放无动力模型的方法开展飞行试验，NASA 和一些航空器制造商则研制试验机或新型号航空器开展飞行试验。

这一阶段的声爆飞行试验项目主要围绕低声爆航空器设计技术的验证开展，进行了大量声爆测量新技术的探索，从美国、欧洲的民用超声速航空器研制进展看，用于型号设计定型或适航审定的声爆试验将大规模开展，声爆飞行试验将助推新一代民用超声速民机研制和重返商用。

5.1.2　国内外技术进展及典型试验案例

5.1.2.1　国外技术进展及典型案例

近年来，绿色超声速飞行技术成为世界范围内航空领域的研究热点。美国、欧洲、俄罗斯、日本等国家和地区开展了大量绿色超声速飞行技术研究并取得了较大进展，绿色超声速航空器投入商用已为期不远，将为世界民航业带来革命性变革。自有人驾驶航空器 BELL XS－1 于 1947 年突破声障实现超声速飞行以来，为了突破制约超声速民用飞行器的声爆问题，国外陆续开展了大量的超声速声爆技术研究项目，进行声爆机理、传播特性、破坏性、对人类的主观影响、预测方法、低声爆设计方法等方面的研究，国际民航组织（ICAO）、美国联邦航空局（FAA）等民机适航管理部门也开展了超声速民机声爆适航标准制定方面的研究。纵观国外开展的超声速飞行器声爆技术研究项目，均结合理论、数值、风洞试验和飞行试验多种手段开展，其中飞行试验作为技术探索、技术验证最为直接的手段和适航审定的必要手段历来受到极大重视，在声爆飞行试验方面投入巨大。已经开展的项目有美国 NASA/EAFB 开展的 F－100 声爆飞行试验（1956 年）、美国 NASA/EAFB 开展的公众对 SR－71 的声爆响应飞行试验（1967 年）、美国 NASA/EAFB 开展的 EAFB NSBEP 项目（1966—1967 年）、美国 NASA 开展的 SR－71 SBPE 项目（1995 年）、美国 DARPA 主导的 QSP－SSBD 项目（2000—2004 年）、美国 Gulfstream/NASA 开展的 Quiet Spike™项目（2006 年）、JAXA 的 D－SEND 项目（2011 年，2015 年）、美国 NASA/Wyle Laboratories 等开展的 SCAMP 项目（2011 年）、美国 NASA/Wyle/Gulfstream 等开展的 WSPR 项目（2010 年至今）等。而且，随着世界范围内人们对民用超声速飞行重返商用的期待，国外也开展了大量绿色超声速民机声爆特性及声爆优化技术研究，当前正在开展或计划开展飞行试验的项目有美国 NASA 主导的 Quiet Supersonic Flights 2018 项目（X－59 QueSST 飞行试验的先导项目）、美国 NASA 主导的 CarpetDIEM（地面大型声阵列技术验证，X－59 QueSST 飞行试验的先导项目）、美国 NASA 主导的 SonicBAT（声爆在大气湍流中的传播机理研究，X－59 QueSST 飞行试验的先导项目）、美国 NASA/Lockheed Martin 的 X－59 QueSST 飞行试验项目（2021 年）、美国 Boom Technology 公司的 Overture SST 项目（验证机 XB－1）、JAXA 的 Sky Frontier Program 和欧盟/俄罗斯联合开展的 RUMBLE 项目等。至今仍有大量的围绕超声速航空器声爆飞行试验相关的项目还在开展或计划开展。

国外的超声速飞行器的声爆研究项目开展或计划开展大量的飞行试验，而且项目均以飞行试验演示验证完成作为技术成熟的标志。以美国 NASA/Lockheed Martin 的 X－59 QueSST 项目为例，该项目目标是解决民用超声速飞行的声爆和经济性技术障碍，计划由 Lockheed Martin 建造 X－59 演示验证飞行器，开展飞行试验进行技术研究和验证，同时 ICAO/FAA 介入该项目进行民机适航标准研究，开展飞行试验进行社区噪声研究，建立陆上商用超声速飞行噪声标准。

从国外超声速航空器声爆飞行试验研究的发展趋势可以看出，美国、欧洲、日本等自 20 世纪 50 年代起就已经持续开展了大量超声速航空器声爆飞行试验，对各类军民用超声速航空器开展了声爆飞行实测，在试验机研制、飞行测量平台设计、专用测量设施研制，以及试验场、空域、飞行保障资源建设等方面取得了重大突破，积累了海量的飞行试验数据库，建立丰富的飞行试验手段，极大地助推了声爆理论、优化设计工具、预测工具乃至超声速航空器的发展。下面介绍一些具有代表性的航空器声爆飞行试验项目。

（1）美国 DARPA 主导的 QSP－SSBD 项目（2000—2004 年）

随着一系列声爆研究项目的开展，人们对声爆特性以及人类对声爆的主观响应的认识越来越深入，同时也因为“协和”号（Concorde）、图－144 两型超声速民用飞机停飞而意识到降低声爆强度的必要性，为此美国开始开展一系列低声爆技术研究，并开展了大量飞行试验验证，典型的代表项目是美国 DARPA 联合工业界与政府部门开展的 QSP－SSBD 项目，该项目是美国首次通过飞行试验证明能够通过改变飞机几何外形来降低声爆的项目。

QSP－SSBD 项目开展飞行试验的目的是：获得超声速歼击机真实的激波/声爆特性，验证低声爆（声爆≤0.3lb[①]/ft^2，适航噪声满足 ICAO ANNEX 16 Vol.1 规定的第 3 阶段）设计技术和提高超声速飞行效率的技术。被试飞机为 F－5E 和 F－5 SSBD（F－5E 头部修形），如图 5－5 所示。

（a）基准型F-5E

（b）低声爆改型F-5 SSBD

图 5－5　QSP－SSBD 项目的试验对象 F－5E/F－5 SSBD

① 1lb（磅）＝0.454kg（千克）。

飞行试验持续两年，项目中 F－5E 基准型和 F－5 SSBD 同时飞行，飞行高度 H_p = 32000ft，飞行马赫数 Ma = 1.36，F－5 SSBD 飞行 21 架次，近场（与被试对象的距离约 100ft）激波特性由 F－15B 携带前支杆声爆探针进行伴飞测量，如图 5－6 所示。远场地面采用地面测量设备，典型试验结果如图 5－7 所示。该项目首次通过飞行试验证实了可通过外部几何形状的修形来显著降低声爆强度，声爆强度减弱了约 1/3。

图 5－6　QSP－SSBD 项目采用 F－15B 伴飞进行近场声爆测试

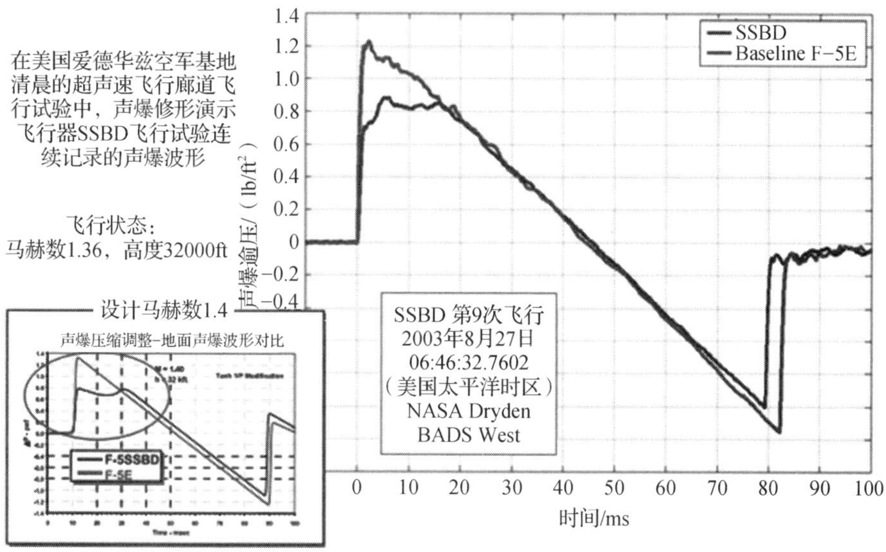

图 5－7　QSP－SSBD 项目的典型飞行试验结果

（2）美国湾流/NASA 开展的 Quiet Spike™项目飞行试验（2006 年）

在美国 DARPA 主导的 QSP－SSBD 项目通过飞行试验证实了通过外部修形可显著降低声爆之后，美国湾流/NASA 联合开展了 Quiet Spike™项目，来进一步验证通过外部修形降低声爆的技术，该项目不对飞行器机体进行大的修形，而是通过在头部加装可以伸缩和形状优化的 Quiet Spike™支杆来进行声爆优化，并通过飞行试验验证。

Quiet Spike™项目的飞行试验目的：进行基于外部修形方法的声爆优化方法验证，通过飞行试验验证在飞机头部加装可伸缩 Quiet Spike™支杆降低声爆的效果，验证声爆优化方法和声爆预测方法。试验对象为改装的 F－15B（#836）。

飞行试验中，近场声爆采用 F－15B（#837）加装前支杆声爆探针（美国 DARPA QSP－

SSBD项目的形成的测量技术）来进行空中近场伴飞测试，近场声爆测试方案如图5-8所示。传播路径的大气条件采用氦气探空气球携带大气测量设备进行测量。

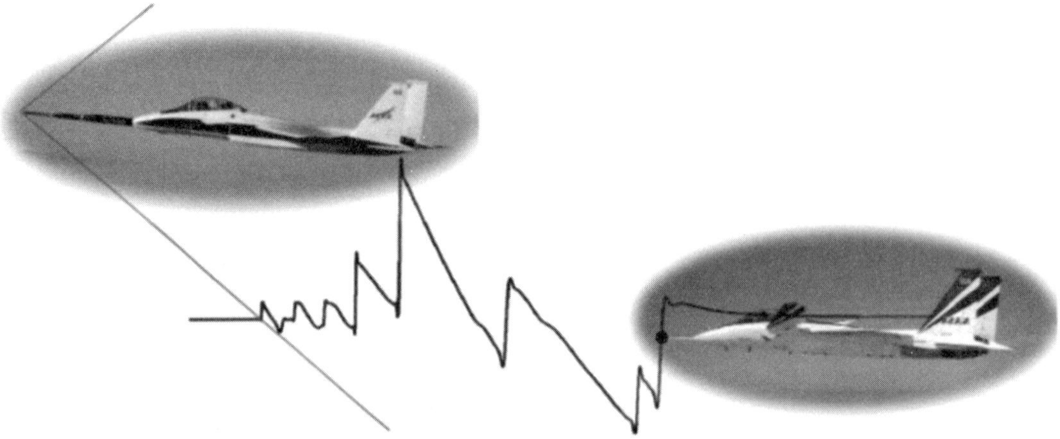

（a）近场声爆测试方法

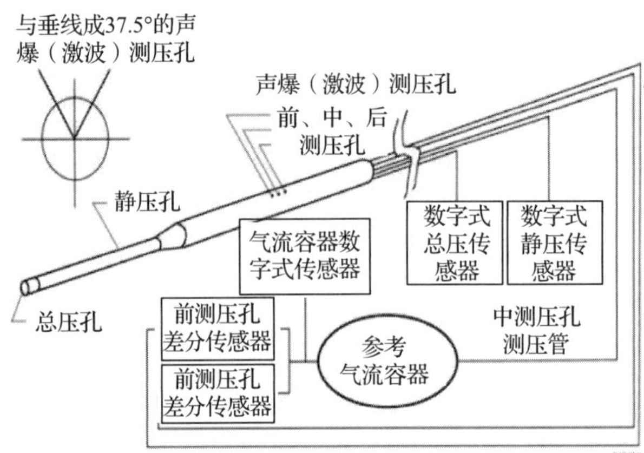

（b）近场声爆测试的声爆探针

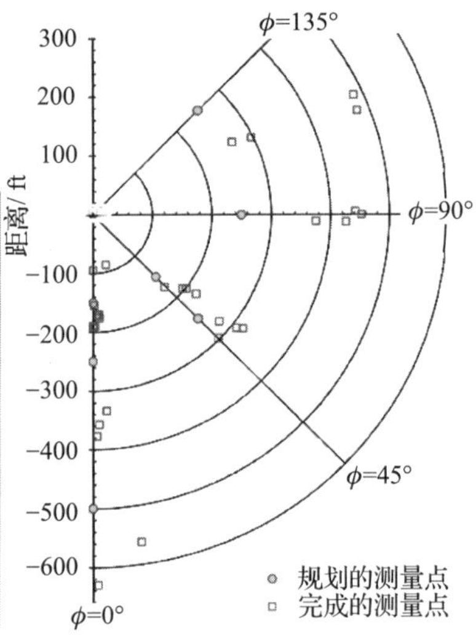

（c）近场声爆测量点

图5-8 Quiet Spike™项目的近场声爆测试方案

加装Quiet Spike™支杆的被试飞机F-15B（#836）飞行高度H_p=40000ft，飞行马赫数Ma=1.4，测量如图5-8（c）所示目标位置（空中伴飞测量平台飞机与被测飞机的距离为95~630ft）的近场声爆，每组测量两次，先从激波后穿过，然后从激波前穿过，进行了不少于50架次的飞行试验，共31个飞行试验状态点。飞行试验结果证实了加装Quiet Spike™支杆可以对产生的激波系进行优化，不同部位产生的激波不随传播合并，近场激波/声爆强度显著降低，典型的飞行试验结果如图5-9所示。

（3）NASA的LBFD项目的飞行试验（2016年至今）

美国NASA开展超声速飞行技术研究已有70年的历史，为了推动超声速航空器重返民用市场，推出了LBFD项目，综合数值计算、风洞试验和飞行试验等多种手段开展低声

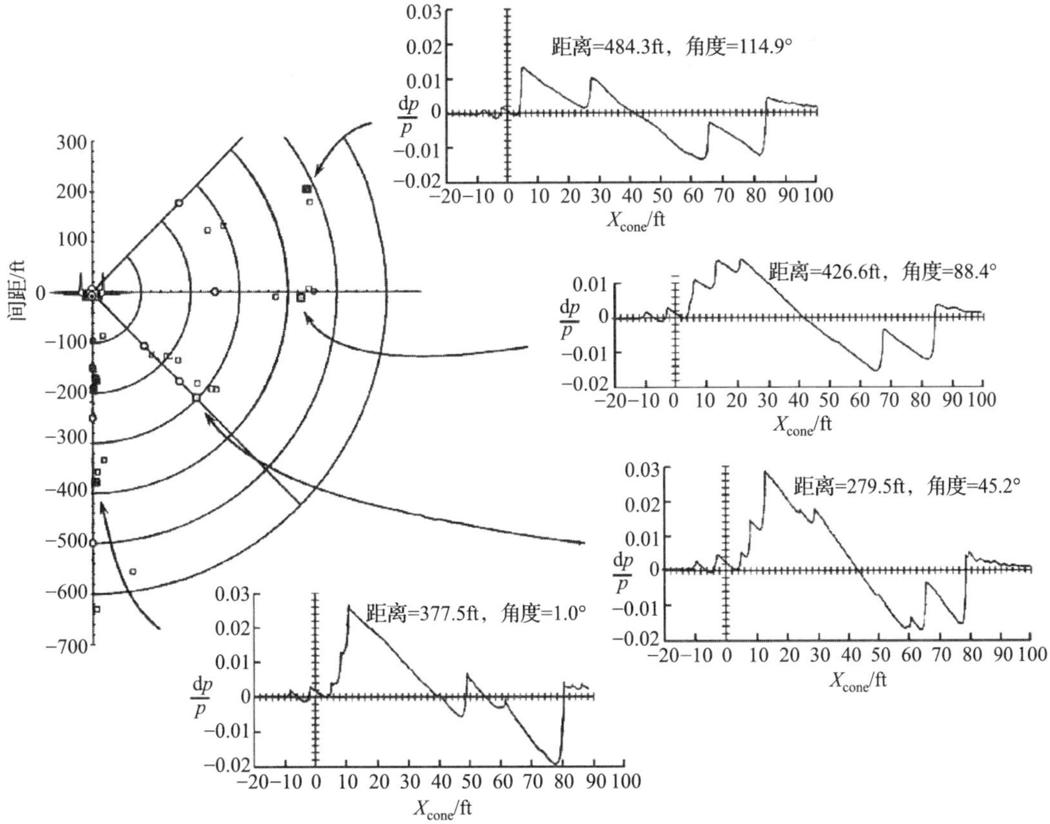

图 5－9　Quiet Spike™项目的典型飞行试验结果

爆技术研究，设计制造全尺寸超声速试验机 X－59 QueSST，研究低声爆飞机对人类的影响，推动制定超声速民用航空器声爆适航标准，实现低声爆超声速民机重返商用舞台，打破超声速民机的陆上禁飞规定。NASA 联合 Lockheed Martin 以及航空技术研究机构，采用安静超声速技术设计新型超声速试验机 X－59 QueSST，规划了大规模的飞行试验。

NASA 早在 2021 年就在其官网公布了 X－59 QueSST 的飞行试验计划，当时声称于 2023 年起分三个阶段进行声爆飞行试验以及技术研究：第一阶段，在验证 X－59 QueSST 的基本亚声速/超声速飞行性能后，即开展声爆飞行试验来验证低声爆技术（目标是地面声爆低于 75PLdB）；第二阶段，ICAO/FAA 介入该项目获得低声爆实测数据，开展低声爆对人类的主观影响、民众对低声爆的响应研究；第三阶段，开展超声速航空器声爆/噪声适航标准研究，制定可接受的国际适航标准。但 X－59 QueSST 的设计研制进度有一定延迟，2023 年 12 月才完成试验机总装，2024 年初开始做地面试验和飞行试验准备，2024 年 5 月启动 X－59 地面和飞行试验计划审查。NASA LBFD 项目的声爆测量飞行试验技术方案如图 5－10 所示。

在开展 X－59 飞行试验之前，NASA 开展了声爆测试技术验证飞行试验，进行大型声阵列技术研究。NASA 于 2019 年在加州莫哈韦沙漠开展了大型传声器阵列测试，采用 F－18超声速飞行产生声爆，在超过 30mile① 的区域采用地面传声器阵列进行声爆测试，

① 1mile（英里）＝1609. 344m（米）。

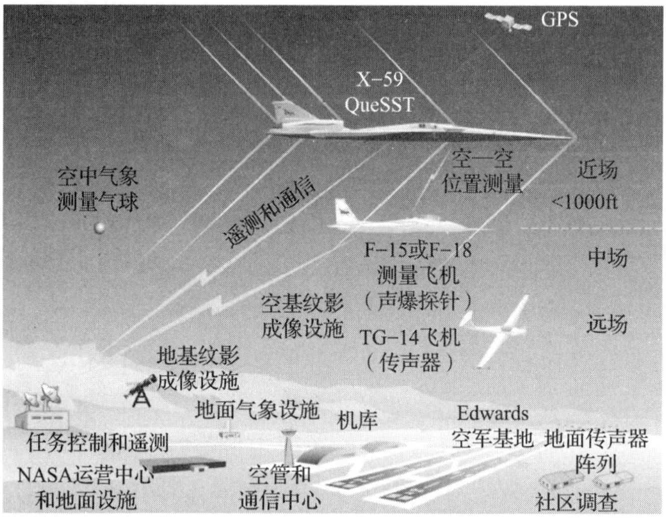

图 5 - 10　NASA 规划的 X - 59 QueSST 的声爆测量飞行试验方案

对该项技术进行了全面验证，以胜任即将开展的 X - 59 声爆测试。图 5 - 11 为该项目的地面大型传声器阵列及其布置方式。

图 5 - 11　NASA CarpetDIEM 项目的地面大型传声器阵列及布置方式

NASA 还开展了声爆在大气湍流中的传播机理研究（NASA SonicBAT），该项目也是 NASA LBFD 项目的先导项目。该项目的主要目的之一是研究低空湍流对 F/A - 18 产生的声爆的影响。这是 NASA 研究大气条件对声爆影响特性的第二研究阶段，2016 年该项目飞行试验在美国空军 EAFB 成功开展，F/A - 18 飞机从肯尼迪航天中心起飞，按指定飞行轨迹飞行，在卡纳维拉尔角海岸和肯尼迪航天中心上空 32000ft 飞行，两周内产生了 69 次声爆，如图 5 - 12 所示。中远场（高度 4000 ~ 10000ft）声爆测量采用TG - 14 飞机在翼尖安装的传声器进行，如图 5 - 13 所示，TG - 14 在测量声爆时短暂关闭发动机滑翔飞行。地面声爆测试采用 2 个传声器阵列（每个阵列有 16 个传声器）进行测试。该项目旨在收集低湍流度、中等湍流度和高湍流度下的声爆数据，以获得对不同程度湍流对声爆的影响的研究数据。同时在试验区进行了大气条件同步测量。

（4）NASA 开展的声爆流场显示测量技术研究系列飞行试验（20 世纪 90 年代至今）

美国 NASA 自 20 世纪 90 年代起就开展了声爆空间流场显示测量技术研究。流场空间

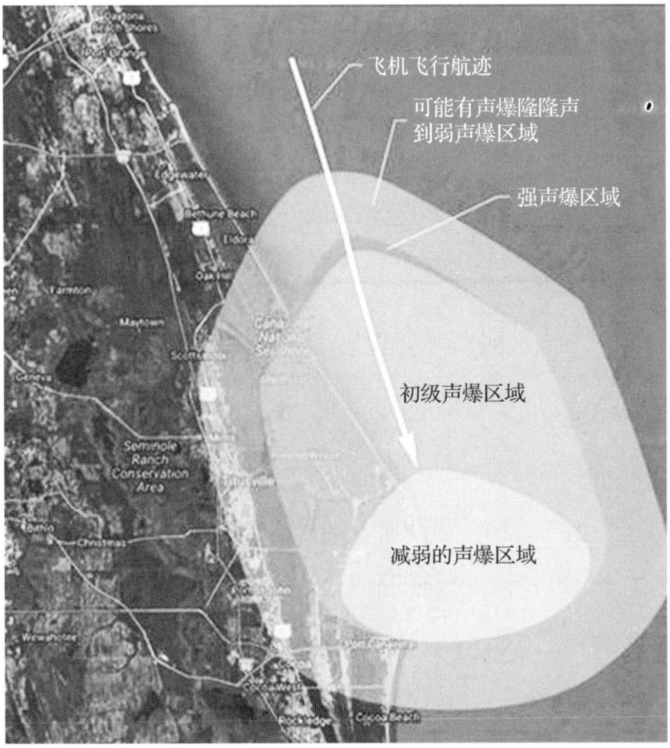

图5-12　NASA SonicBAT项目的F/A-18声爆飞行方案

图5-13　NASA SonicBAT的空中中远场声爆测量飞机TG-14及其测量设施

分布可视化测量可以一次测量大范围、精细化的声爆传播特性，测试设备可以安装在地面和测量飞机上，测试数据全面且直观，能够大大提高飞行试验效率。纹影测量技术已有几十年历史，常见于早期的风洞流场显示试验，为了能够应用于飞行条件下的声爆和低声爆测量，美国NASA Armstrong持续开展了大量的地面纹影测量技术和机载纹影测量技术研究，并开展了一系列的飞行试验。NASA分别于2015年2月和2019年3月采用地面/机载纹影测量设备测量了T-38飞机的声爆空间流场，如图5-14所示。该项技术计划将应用于X-59 QueSST飞行试验。

5.1.2.2　国内技术进展及典型案例

国内的声爆飞行试验研究具有以下特点：①超声速飞行器声爆飞行试验技术体系未建立，地面声爆测试技术初步具备，但全传播路径的测试技术、试验平台、飞行测量平台、专

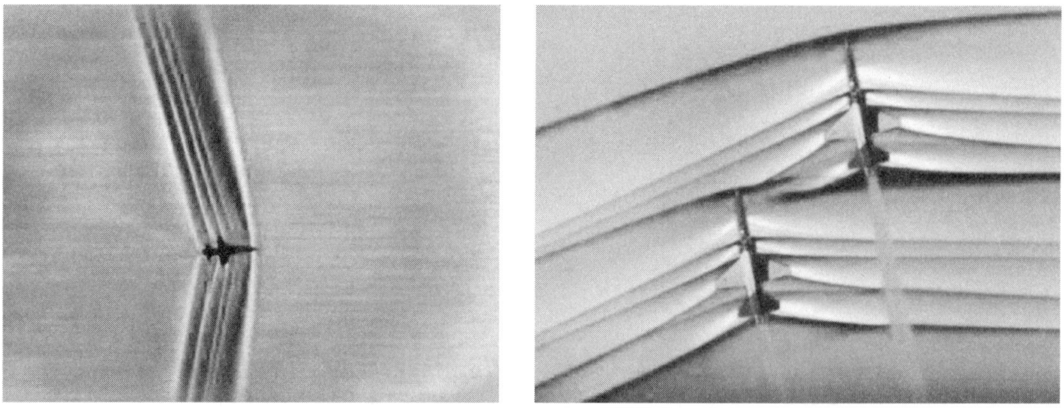

（a）2015年2月测量结果　　（b）2019年3月测量结果

图 5－14　NASA 采用纹影技术测量的 T－38 飞机的声爆空间流场分布

业测试设备等尚需进一步发展；②超声速歼击机技术发展倾向于实现超声速飞行能力及使用效能提升，声爆特性研究和声爆优化相关飞行试验未开展；③由于声爆飞行试验技术发展和资源建设相比于国外滞后，大量的声爆技术验证依赖于风洞试验或依赖于国外的飞行试验数据；④随着我国航空工业发展和超声速民用航空器技术研究成为热点，国内在声爆飞行试验方面的需求迫切，中国航空工业（中国航空研究院、中国飞行试验研究院、航空工业气动院等）、中国航天（中国航天空气动力技术研究院）、中国空气动力研究与发展中心，以及高校、工业企业等加紧开展声爆飞行试验方面的研究，针对国内的需求开始进行可控声爆飞行、全传播路径声爆测试、飞行测量平台建设、声爆分析评价等方面的技术研究，起步进行资源方面的建设。近年来，我国开展了大量的航空器声爆问题研究，迫切需要开展飞行试验进行技术探索和验证，但国内飞行试验技术研究进展却与需求不匹配。国内的航空器声爆飞行试验未全面开展，相比于国外，在试验对象、飞行测量平台、专用测试设施、试验场地与空域等方面发展相对不充分。在行业的努力下，也开展了一系列的飞行试验项目，获取了宝贵的数据资源，取得了一定的技术突破，如中国航空研究院、中国飞行试验研究院联合开展了超声速飞行器地面声爆飞行实测，航空工业空气动力研究院进行了亚轨道飞行器的地面声爆实测，中国科学院声学研究所开展了某火箭发射过程中包括声爆在内的次声波检测等。

（1）航空工业气动院开展的 OS－X0 试验飞行器声爆特性飞行试验（2018 年）

航空工业气动院联合北京零壹空间科技有限公司，结合我国自研的试验飞行器 OS－X0 的飞行试验任务开展了声爆特性测试，进行了沿弹道的声射线轨迹特性、双声爆现象、地面信号持续时间、激波上升时间和发动机喷流影响效应的分析，并与飞行试验测量数据进行了比较，旨在为今后发展超声速民用飞行器提供技术支撑。该项目获得了真实大气环境下高马赫数飞行器的地面声爆信号，发展了声爆测量方法，采用飞行试验结果验证了声爆预测方法和 ARI－Boom 工具。飞行试验中，在地面布置 7 个传声器进行地面声爆测量，测试设备及测量点布置方案如图 5－15 所示。在测量点 7 采用便携式气象站进行地面气象参数的同步测量。

该试验进行了 OS－X0 试验飞行器爬升阶段产生的传播至地面的声爆测量，飞行试验状态为斜爬升（$H_p = 7000 \sim 18000$m，$Ma = 3.0 \sim 6.0$）。OS－X0 试验飞行器长 9m，重

（a）声爆测试设备

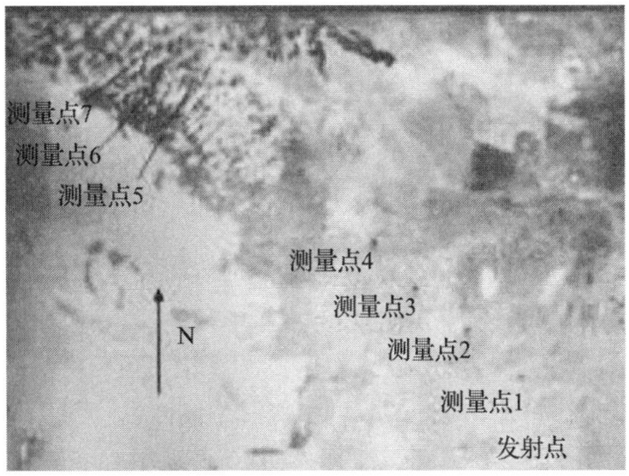

（b）声爆测量点布置方案

图5－15 试验飞行器OS－X0的声爆特性飞行试验的声爆测试设备及测量点布置方案

7.2t，采用固体火箭发动机作为动力。该次试验OS－X0试验飞行器最大飞行高度约42km，飞行马赫数最大为6.0，飞行时长265s，飞行距离273km。该飞行试验主要分为动力爬升段、弹道拉平段、无动力滑翔段，测量工作主要集中在爬升段，飞行马赫数为3.0～6.0。地面布置的7个声爆测量点，除测量点6出现故障外，其余6个测量点都记录到了有效的试验数据，测量点1和2与预测分析结果一致，未测到声爆信号，测量点3和4获得了助推火箭发动机工作时的声爆信号，测量点5和7获得了助推火箭发动机熄火后的声爆信号。该试验测量了真实大气环境下飞行器在高马赫数飞行状态的声爆数据，对比了声爆预测结果与实测结果，分析了发动机喷流对声爆的影响。

（2）中国航空研究院/中国飞行试验研究院的超声速飞行器声爆测量飞行试验（2020年）

为了突破超声速航空器地面大范围声爆的高精度测量飞行试验技术，中国航空研究院与中国飞行试验研究院联合开展了超声速飞行器地面声爆测量飞行试验，进行高空、低空不同的超声速巡航飞行状态下的地面大范围声爆测试，地面声爆测试方案如图5－16所示。

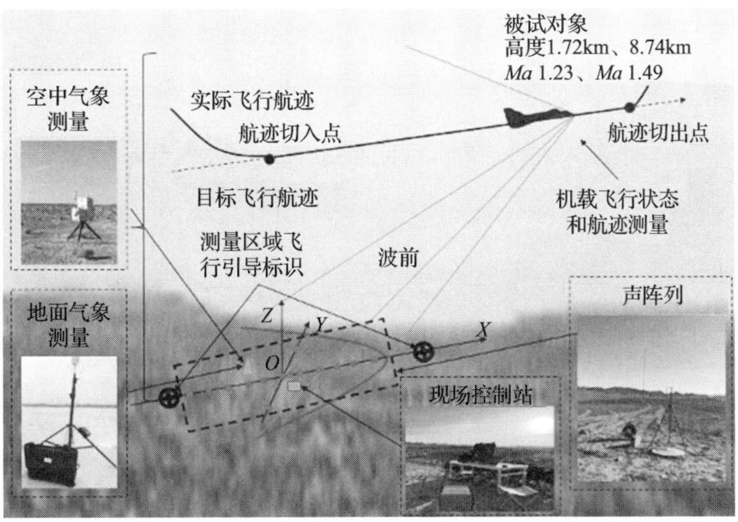

图5－16 地面声爆测试方案

采用由高声压传声器组成的十字形声阵列设施进行地面声爆测量。实际飞行试验中，试验条件（飞行状态、航迹、大气条件、声环境、地面条件等）难以保持绝对理想，尤其是大气条件难以严格控制，因此，对于稳定飞行状态的地面声爆测量，将声阵列主方向与航向保持一致，采用多个测量点进行不同飞行时刻的相同方位的声爆测量，通过对多个测量点结果进行算数平均来提升声爆逾压的测量精度，即采用系综平均方法，有助于消除试验条件波动的影响。而横向布置的阵元主要用于评估声爆沿横向的分布情况。

图 5－17 为以声阵列为核心的地面测试设施布置，声阵列主方向沿目标飞行航迹地面投影，采用分布式测试系统，主要由 3 组声阵列子系统组成。声阵列设计尺寸为横向 480m×航向 1200m，共 15 个测量点，其中测量点 1～11 沿航向等间隔布置，测量点 12 和 13 沿横向等间隔布置。测量点 1～13 的传声器采用图 5－17（a）中第一种安装方式，感压面近似位于地平面内，测量点 14 和 15 布置在测量点 6 附近（3 个测量点之间间隔一定距离，避免测量干扰），安装高度分别为 1.6m 和 10m。试验前，对所有声爆测量点采用差分 GPS 设备进行定位测量，实际测量点位置与目标位置偏差不大于 2m。采用航迹切入程序进行飞行试验，试验飞机切入位于声阵列正上方的目标航线后，迅速调整至目标高度、速度、姿态、构型后保持不变，匀速直线飞越声阵列，直至所有测量点测得的声爆信号衰减至背景噪声水平后，该试验动作结束。现场设置了两组飞行标识，用于引导飞行航线。

在声爆测量的同时，同步进行飞行状态参数、飞行航迹和试验场地面至空中气象条件测量。所有测试系统统一采用 GPS 时间进行同步。地面至空中气象条件测量站的位置如图 5－17（b）所示。在声阵列中心附近设置了现场测试控制站，对声爆测试系统、气象条件测试系统进行控制和测试结果预处理，同时与飞行控制中心通信。

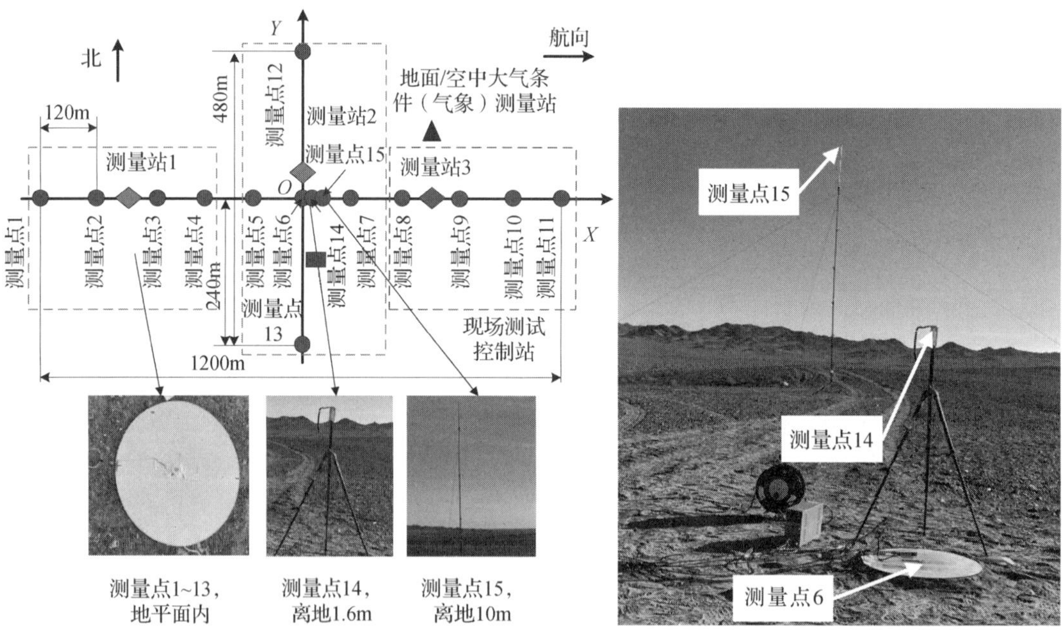

（a）声阵列及其测试系统布置　　（b）特殊测量点的传声器安装方式

图 5－17　地面测试系统布置和传声器安装

图 5 – 18 为试验采用的地面声爆测量的测试系统，其以声阵列为核心，根据阵型分布式布置，各子系统可独立工作并在当地进行数据预处理，各子系统之间采用统一的时间基准，各子系统测量数据经预处理后通过有线或无线网络传输至测量控制站。

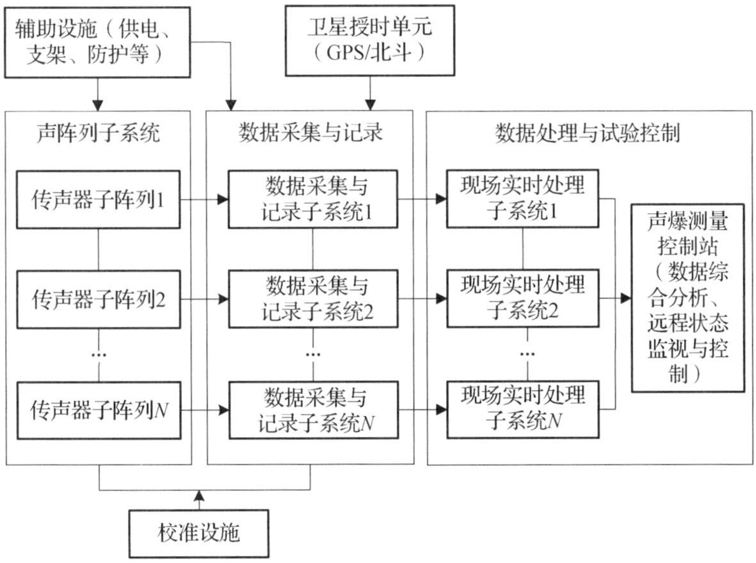

图 5 – 18 分布式地面声爆测量系统设计方案

本次试验作为国内首次进行的航空器大规模地面声爆测量飞行试验的技术演示验证，对航空器试验平台、超大范围试验场地、超声速飞行试验空域、航空器超声速飞行综合保障条件进行了全流程检验，提升了超声速航空器的声爆—飞行状态—飞行航迹—大气条件综合测试飞行试验能力。

5.2 全传播路径声爆测量飞行试验技术方案

5.2.1 真实大气中声爆传播特征与飞行试验总体方案

声爆的产生与传播受航空器气动布局、飞行状态、飞行航迹、大气条件和地面散射等多方面因素的影响。图 5 – 19（a）为通过飞行试验得到的典型的声爆在真实大气中的传播特征，可以看出声爆在传播过程中发生了复杂的演化。声爆的传播过程受大气非均匀性的影响显著，在机体周围至其几十倍特征长度范围的近场，结构外边界与气流相互作用产生以头部和尾部为主的复杂激波和膨胀波系；在距离机体几十倍特征长度外的中场，复杂波系在传播过程中发生复杂的非线性演化与融合；而在远场和近地面，波系逐渐融合形成波形趋于稳定的声爆，表现出显著辐射特性，但近地面大气非均匀性更加显著，且地面对声爆具有明显的散射作用，远场和近地面声爆受当地大气和地面环境影响会发生波形畸变：一方面，近地面大气具有更显著的非均匀性，影响声爆的传播演化；另一方面，地面对声爆产生散射，改变声爆的传播方向，将使其进一步向近地面空间传播。基于此，通常将声爆的传播划分为近场、中场和远场（地面）等典型阶段，如图 5 – 19（b）所示，但近场、中场和远场没有明确的界线。

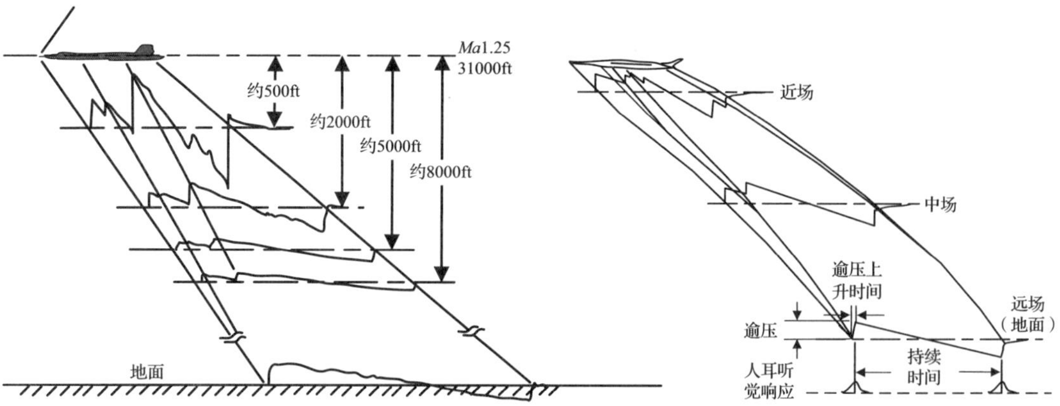

（a）美国SR-71飞机产生的声爆及其传播　　（b）声爆传播的典型阶段

图 5－19　声爆的产生及远距离传播特征

对于地面声爆，如图5－20（a），某一时刻，在声爆（激波）波阵面与地面的交线上可观测到声爆，声爆的横向分布范围可达几十甚至上百千米。而且，在非均匀大气以及地面散射影响下，还出现多级声爆毯现象，如图5－20（b）所示，声爆特征更加复杂。这种按照传播路径对声爆进行空间传播阶段划分的方法，从宏观上简洁勾勒出声爆的传播规律，对全传播路径的声爆测量提出了准确的差异化需求，对飞行试验技术方案的制定具有很大的指导意义。在国内外已开展的大量声爆飞行试验中，近场至中场、中场至远场和地面的声爆测量都采用不同测量平台或设施组合进行测量。

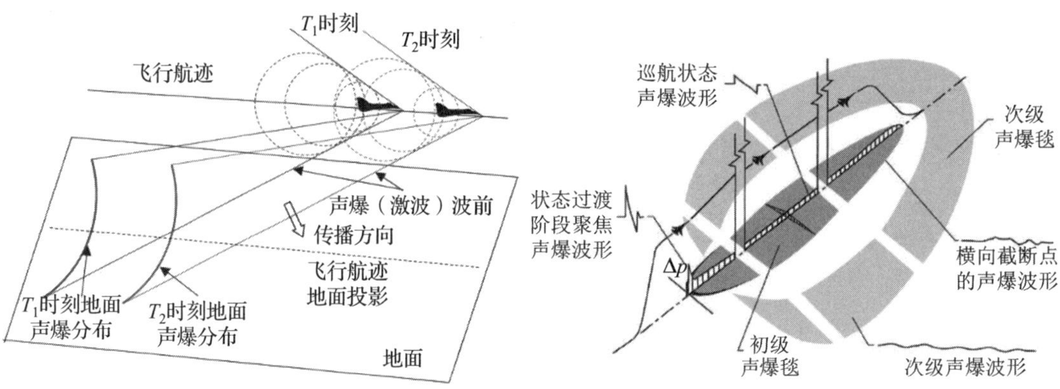

（a）地面声爆的分布特征　　（b）地面多级声爆毯

图 5－20　地面声爆及其分布特性

5.2.2　声爆飞行试验技术方案

声爆测量飞行试验技术方案组成主要包括通用试验资源建设、飞行方法设计、声爆/辅助参数测量方法等，各组成要素及逻辑关系如图 5－21 所示。

（1）通用试验资源建设

通用试验资源由试验对象、通用保障资源和试验场地等组成。试验对象是进行声爆飞行试验首要面对的资源问题。在声爆飞行试验中常选取的试验对象有三类：一是选用成熟

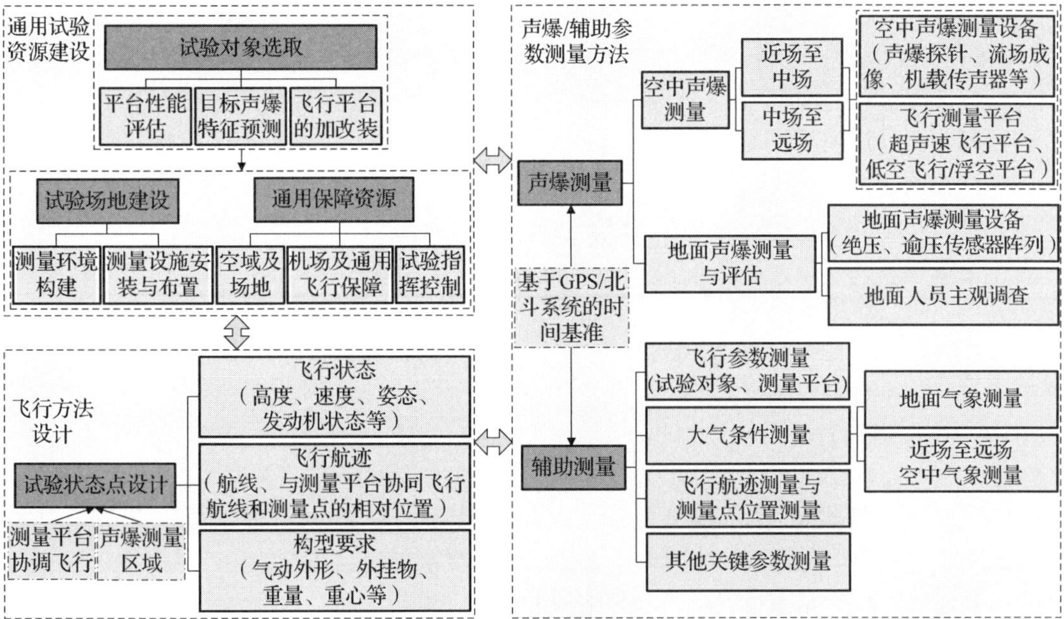

图 5－21　声爆测量飞行试验技术方案的组成要素及逻辑关系

的超声速民机平台，如在声爆产生机理和声爆对人类影响的研究项目中，选择 J－XX、F－100、XB－70、SR－71、“协和” 号（Concorde）、F－104、图－144、F－18 等作为试验对象；二是选用成熟飞行平台进行大的改装设计作为试验机，如 DARPA 的 QSP－SSBD 和湾流/NASA 的 Quiet Spike™分别对 F－5E 和 F－15B 飞机进行改进设计，用于声爆机理和低声爆技术探索研究；三是设计制造试验机（模型）或研制新型号作为试验对象，如 JAXA 的 D－SEND 项目研制了 NWM、LBM 和 S3CM 等模型，NASA 的 LBFD 项目则研制新一代超声速民机验证机 X－59 QueSST，这一技术路线往往结合新型号的研制开展，用于低声爆技术探索和新型号适航取证试验，技术、人力和物力成本相对较高。

地面声爆测试对空域和试验场有特定要求：

①应具有足够大的飞行空域，有适宜飞行和测量的自然环境。

②考虑声爆对人以及地面附着物的潜在危害，场地应选择在可承受破坏或人类生产生活较少的地方。

③声爆测量区域具有大范围平坦的地形地貌，无遮挡和阻碍声爆传播的地面附着物，可进行场地改造或环境构建。

④试验期间试验空域内无其他飞行，无人类生产生活或自然界噪声干扰测量。

美国的声爆飞行试验一般选择在空军的 EAFB 和 NASA 的 Kennedy Space Center、Dryden 基地等进行，设置有大范围超低空至高空的超声速飞行廊道，可飞行天气多，背景声环境优良，具有大范围地势平坦的无人区来设置试验场地，可进行环境改造和构建，附近有小范围居住区供开展主观调查。

通用保障资源方面主要是可供试验对象和测量平台起降的机场以及飞行保障设施，这方面资源相对成熟，本书不赘述。

（2）飞行方法设计

飞行方法设计是指借助声爆理论分析、预测手段以及必要的探索试验，产生目标声爆的试验状态点设计方法，包括飞行状态、飞行航迹和构型要求等要素。试验对象的构型（气动外形、外挂物、重量、重心等）、飞行状态和飞行航迹决定了近场声爆特征，如何确定目标声爆对应的构型和飞行状态存在一定技术难度，既需要借助历史经验数据，也需要声爆理论和计算工具支撑。NASA Armstrong 采用基于飞行状态数据的声爆预测技术指导飞行试验点的设计和执行，用声爆预测软件进行试验点设计，飞行员和工程师可实时监控不同飞行状态下在飞行航迹下方的声爆空间分布。NASA 通过 QSF18 项目为 LBFD 项目探索声爆飞行试验方法，选择 F/A－18 平台进行飞行试验，设计了产生可控目标声爆的飞行方法。飞行航迹通常根据试验对象的飞行性能、空域和试验场大小，以及声爆测量点布置等进行设计。当采用飞行平台进行空中声爆测量时，飞行状态和飞行航迹的设计还需要考虑与测量平台协同飞行。

（3）声爆测量

声爆测量是声爆飞行试验技术方案的核心。需要根据试验目的选择性进行近场、中场和远场（地面）等不同阶段的声爆测量，纵观表 5－1 的声爆飞行试验项目，不同阶段的声爆测量均根据声爆传播规律来制定差异化的测量方法。对近场至中场声爆，常采用具有与试验对象飞行性能相当的飞行平台携带测量设备在中高空测量，常见测量设备有声爆探针和流场成像设施，如 NASA 采用战斗机测量平台携带声爆探针进行测量。对中场至远场声爆，由于不需要近距离跟随试验对象，飞行高度和速度相对低，可选用飞行性能和成本更具优势的亚声速低空平台或浮空平台，补充超声速测量平台难以覆盖的超低空测量区域，并且对测量设施的环境适应性要求降低，常采用频响性能好、分辨率高且动态范围宽的带支杆和整流装置的传声器设施进行测量，如 NASA 采用 TG－14 携带前支杆传声器装置进行声爆测量，JAXA 研制了系留飞艇声爆测量平台 ABMS。对于地面声爆测量，为考虑在地面的分布特征，常采用大尺度的传感器阵列进行分布测试，一般选取传声器和动态压力传感器组件阵列。在考察声爆对人类影响的飞行试验中，声爆可以不直接测量，而是对地面人员进行主观感受调查。

（4）辅助测量

声爆飞行试验还需要辅助测量试验对象、飞行测量平台的飞行状态、飞行航迹、声爆传播路径上的大气条件和测量点位置等参数。试验对象、飞行测量平台的飞行状态、飞行航迹参数的测量常采用加装在其内部的机载测试系统以及地面辅助设施进行。大气条件测量主要用于考察声爆产生和传播的真实大气环境，常采用地面和空中气象测量设施进行测量。

5.2.3 声爆测量技术方案

一般情况下，研究人员根据声爆飞行试验目标选择所需的声爆测量技术方案。声爆飞行试验目标主要包括：①研究声爆的产生机理和传播规律，提炼或验证声爆理论模型与预测方法；②考察大气条件和地面及其附着物等对声爆传播的影响；③研究航空器设计参数和飞行参数对声爆产生与传播的影响；④探索声爆对人类生产生活的影响以及声爆主客观评价方法；⑤进行地面声爆的实测与评定，支持型号设计定型或适航审定。对目标①和②类试验，一般要求自近场至远场（地面）进行全传播路径的声爆测量；对目标③类试验，为排除大气条件对声爆传播的影响，直观反映飞机设计参数飞行状态与近场激波系的物理关联，可仅进行近场声爆测量；对目标④和⑤类试验，通常进行地面声爆测试即可，声爆对人类影响的研究还须对受声爆影响的居民区人群进行主观调查。

纵观已开展的声爆飞行试验项目，既有上述目标中的某一个，也有多目标的组合。声爆飞行测量技术方案中，试验资源建设和飞行方法设计是必要要素，而声爆测量则根据目标不同可选用近场至中场、中场至远场（地面）等不同阶段测量方案的组合。如湾流/NASA 的 Quiet Spike™项目仅测量近场声爆，NASA/Wyle 的 SCAMP 项目和 JAXA 的 D－SEND 项目仅测量了远场和地面声爆，而 NASA 的 SR－71 SBPE 项目则测量了全传播路径声爆。

大量的声爆飞行试验研究实践表明，由于声爆的传播与演化过程复杂且分布范围广，当前还没有统一且简单有效的全传播路径测量手段，仍然依赖于近场至中场、中场至远场（地面）的不同测量平台及设施进行组合式测量。图5－22 为 NASA 的 SR－71 SBPE 项目全传播路径声爆测量方案，近场至中场声爆测量采用 F－16XL 飞机携带声爆探针，远场近地面空中声爆测量采用 YO－3A 飞机携带前支杆传声器装置，地面声爆测量则采用3组传感器阵列。表5－1 中的声爆飞行试验多数采用了与图5－22 相近的测量方案，根据目标不同选择近场至中场、中场至远场（地面）声爆测量方法中的一种或其组合。NASA 的 LBFD 项目为更好保障2023 年启动的 X－59 QueSST 声爆测量飞行试验，开展了超大型地面测量声阵列、近场声爆探针、近场流场纹影测量等新技术攻关，制订了如图5－10 所示声爆测量方案，但全传播路径声爆测量仍依据图5－19（b）的传播阶段划分，也是采用组合式的测量方案。

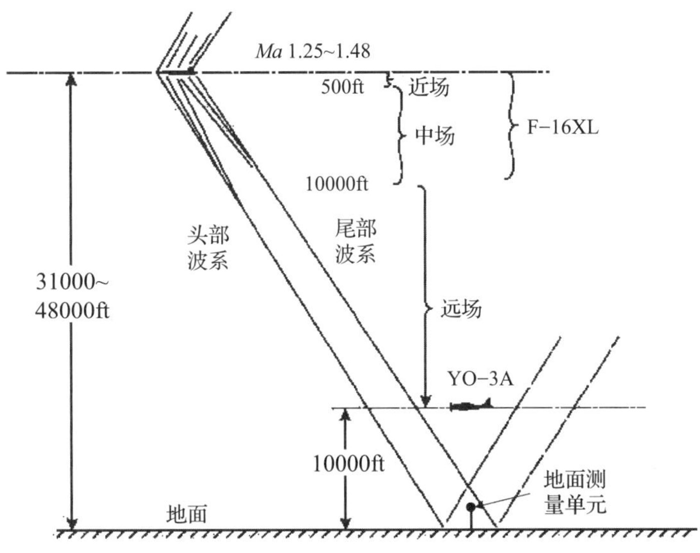

图5－22　NASA SR－71 SBPE 项目的声爆测量飞行试验技术方案

综合国内外开展的航空器声爆飞行试验项目，可总结出如图5－33 所示全传播路径声爆测量飞行试验技术方案，涵盖了近年来飞行试验技术的进展和成果，遵循了技术发展现状和近期的航空器声爆飞行试验技术需求。从这一声爆测量飞行试验技术方案看，全传播路径声爆测量需要研制试验对象，开发高低空搭配的飞行测量平台和专用测量设施，同步进行大气条件、试验对象/测量平台飞行状态与飞行航迹等的辅助测量，需要消耗大量的空地试验资源，是一项复杂的系统工程。

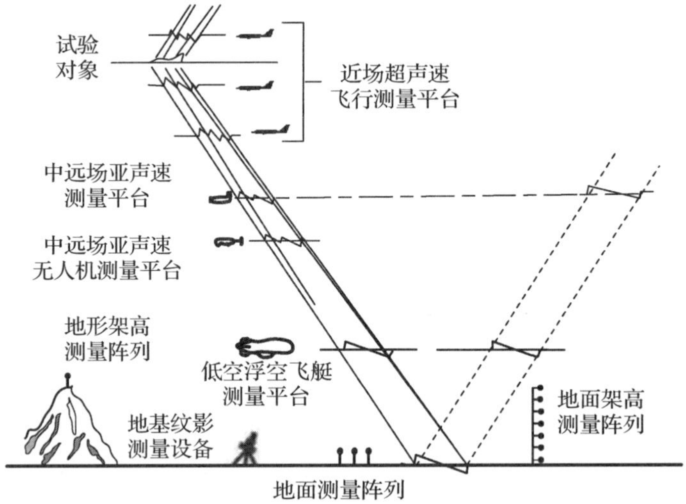

图 5-23　全传播路径声爆测量飞行试验技术方案

5.3　声爆飞行试验测量技术

5.3.1　试验点设计

为了准确测量到目标状态的声爆，一般采用航迹切入程序可以连续进行声爆测试，试验中通过一处声爆测量场地和空域可以测量多种飞行状态的声爆，降低了对试验对象、测量场地、飞行空域、测试设施的过高要求，提升试验效率，降低试验成本。如图 5-24 所示，飞机可根据飞行性能和空域等选择飞行航线，自 A_1/A_2点切入目标飞行航迹，开始调整飞行状态，至 B_1/B_2点达到目标飞行状态，试验动作正式开始，保持目标飞行状态沿目标飞行航迹飞行至 C_1/C_2点，即完成一次声爆测试，飞机继续飞往 D_1/D_2点，然后改出目标飞行航迹和飞行状态，飞往 A_1/A_2点按照同样的程序执行下一个试验动作，直至所有试验动作完成或需要返场。

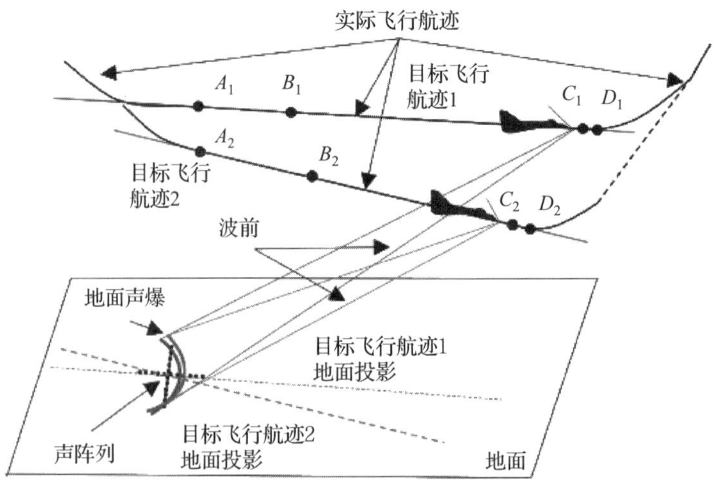

图 5-24　采用航迹切入程序进行试验动作设计

采用航迹切入程序时，试验对象以较高的飞行速度切入目标航迹，需要快速将飞行状态和构型调整到目标状态，飞越声阵列布置区域后，应继续保持足够的目标状态飞行时长，直至实测声爆信号衰减至接近背景噪声水平后方可改出。

5.3.2　地面声爆测量

地面声爆的物理特性及其对人类的影响是声爆飞行试验最为关注的问题。地面声爆测量通常在地平面高度和影响对象的特征高度实施，测量区域布置在专用的试验场地、居民区或建筑物内。地面声爆测量设施的设计研制和地面声爆测量传感器阵列的设计布置是地面声爆测量的关键技术。

5.3.2.1　地面声爆测量设施的设计研制

地面声爆测量大多采用以压力传感器（如动态绝压传感器和传声器等）阵列为核心的测量设施，测试系统包括传感器阵列、信号调理设施、信号采集记录设施和数据分析平台。地面声爆具有持续时间短、能量高、动态范围广等特点，因此，与常规航空声学测量相比，地面声爆测量传感器的动态范围要求更宽（可达 120dB），量程上限更高（可至 190dB 以上或逾压达 100kPa 以上），关注的频率范围更低（通常低至 0.1 ~5Hz）。NASA/EAFB 等开展的 NSBEP 项目和 PRSSBT 项目最早通过大型地面传感器阵列（使用动态压力传感器和传声器）测量地面声爆，并将居民区的人的听觉作为声爆的主观响应评估手段。其中 NSBEP 项目的主要目标是研究 XB－70 地面声爆特征和分布规律，基于 NASA 自 1961 年起开发的专用地面声爆测量系统开展了多架次的地面声爆测量。该系统采用了宽带频响特性较好的电容式传声器和磁带式记录器，分析频率范围为 0.1Hz ~10kHz（限于分析设备指标限制，高频截止频率为 5kHz）。美国空军在 20 世纪 70—90 年代研制了声爆测量专用的 BEAR 系统，其传感器为一种响应速度快的逾压传感器，频率测量范围为 0.1 ~2500Hz，压力测量范围为 0.5 ~3600Pa。NASA 在 1995 年开展的 SR－71 SBPE 项目采用经低频特性改良的绝压和逾压传感器进行地面声爆测量，低频截止频率达 0.3Hz。

随着传声器和动态压力传感器技术的发展，频响特性优良的电容式传声器和动态范围广的压电式传声器具备较好的地面声爆测量能力。这类传感器的测量频率范围通常覆盖 5 ~10kHz，经频响修正后可将频率范围扩展至 0.1 ~20kHz，其动态范围可覆盖 35 ~180dB。采用压电/压敏材料制造的动态压力传感器相比传声器则具有更宽的频率范围，其频响平直段的频率范围可覆盖 0 ~100kHz。NASA 的 CarpetDIEM 项目采用了基于高声压电容式传声器的地面声爆测量传感器阵列。中国航空研究院、中国飞行试验研究院联合开展的地面声爆测量则采用了电容式高声压传声器和压敏式动态压力传感器的组合。

为了更有效和有针对性地测量地面声爆，需要开发专用的地面声爆测量设施。美国空军研制的 BEAR 系统是一种无人值守的便携式数字化地面声爆测量和分析系统，可实现一定背景噪声中声爆的自动触发采集记录，且可组成 BEAR 阵列使用。NASA 的 SR－71 SBPE 项目也研制了地面声爆专用测量设施，包括 PATS 单元、SABER 单元和 MiniDisc 数据采集记录设备等，其传感器子系统采用低频特性改良的绝压和逾压传感器，提高了数据采集记录系统的数字量化精度（高至 16bit），引入了自动触发测量技术，进行了系统小型化设计，并将数据存储、单片机等计算机技术的新进展应用到测量系统中。NASA 的 WSPR 项目研制了居民区地面声爆测量系统 SBUDAS 和 SNOOPI，开发了用于数据传输、控制的无线通信系统，如图5-25所示。SBUDAS和SNOOPI可通过太阳能自主充电，与主站通过无线信号实现双向通信，可连续自主工作数周，且具有自动触发的数据采集记录功能。由于SBUDAS单元布置于社区中，自动触发功能容易受社区背景噪声的影响，NASA发展了声爆自动捕捉技术，专门设计了4～10Hz带通滤波器来捕捉声爆的主导频率成分，用于自动触发记录条件的精确判定。NASA Armstrong在飞行试验中还通过在声爆测试系统中集成数据的无线传输功能，解决了数百米至数十千米级大范围地面声爆测量带来的大规模线缆布设难题，大大简化了测量系统，降低了测试设施布设与维护难度。

（a）SBUDAS单元　　（b）SNOOPI单元

图5-25　NASA的WSPR项目的专用地面声爆测量设施

随着超声速航空器的快速发展以及自动化与智能化测量技术的进步，声爆测量设施向智能化发展，且规模进一步扩大。NASA为支持LBFD项目规划的X-59 QueSST低声爆飞行试验，持续开展了WSPR、CarpetDIEM和SonicBAT等一系列先导项目研究测量技术，研制了如图5-26所示的新一代地面声爆测量系统CI-GRS。CI-GRS系统可实现在一定噪声环境中的超低声爆自动识别和自主采集记录，可连续自主工作数天，还可自主定制软件进行声爆的实时分析以及感觉响度级等指标的计算，具有更强的可靠性和环境适应性，可通过远程控制站实现多达175组单元的有效控制，组建的阵列尺度可达48km。

图5-26　NASA的LBFD项目新研地面声爆测量设施CI-GRS

声爆测量场地一般设置在广袤的无人区或少量居民居住区，地面声爆测量设施需要长时间布置在野外环境中，对设施的环境适应性提出了特殊要求。NASA Armstrong 在总结其承担 SonicBOBS、SCAMP、WSPR 和 FaINT 等项目的飞行试验经验时指出，野外布置的声爆测量设施应考虑可能面临的恶劣野外环境，具备抵抗气候与气象环境变化、防止被野生动物破坏和无人值守自主工作的能力，同时还应具有自动触发和人工操作触发进行采集记录的功能，能自主智能地区分人类生产生活噪声与被测声爆信号。

当前，发展更加精确、高效和智能的地面声爆专用测量设施是声爆测量技术的重要发展方向。现有的地面声爆专用测量设施集成了新的传感器技术、数采技术、自动控制技术、通信技术和计算机技术，针对不同种类的地面声爆试验任务进行测量方案设计，系统集成度、自动化程度和智能化程度显著提高，增强了系统的试验环境适应性，大大提升了测量能力和效率。

5.3.2.2　地面声爆测量传感器阵列的设计布置

声爆可以在大气中远距离传播，地面声爆毯横向分布范围达到几十甚至上百千米。非均匀大气与地面的散射作用还容易导致多级声爆毯现象。大量飞行试验采用传感器阵列测量地面声爆，工程应用中难以在整个声爆毯范围内布设无限大规模的传感器阵列，如何设计与布置传感器阵列也是地面声爆测量的一个关键。

应根据试验目标和声爆分布特性有针对性地设计地面声爆测量传感器阵列。采用理论分析和预测技术评估声爆，分析声爆毯的横向和航向分布特征，为阵列的布置范围、关键位置和阵型设计提供指导。NASA 基于飞行实测的有限声爆数据计算 F－18 的地面声爆分布，指导声爆传感器阵列的优化设计。NASA 在 F－104 飞行试验中，预估声爆横向截断特性，将地面声爆测量阵列横向布置在声爆毯截断点附近 16km 范围内，准确获取了横向截断点位置，实测声爆毯横向宽度约 21km。NASA 在 1970 BREN Tower Tests 项目中，为研究地面声爆横向截断特性，在地面垂直于航迹方向布置长 3200ft、间隔 100ft 的线性传声器阵列，如图 5－27（a）所示。美国 EAFB 通过 F－106 声爆飞行试验进行大气湍流对声爆传播的影响研究，沿航迹方向布置了长 7000ft 的传声器阵列，如图 5－27（b）所示，阵型长度的选取考虑了 F－106 飞机的声爆传播特征和 KC－135 制造的湍流区分布特征。为了研究地面声爆测量传感器安装方式对测量的影响，美国空军在 1966 年和 1987 年采用图 5－27（c）所示方案进行地面声爆测量，在面积为 $4ft^2$ 方形反射板上的半径为 1ft 的圆内布置 6 套不同安装方式的传声器。DARPA 的 QSP－SSBD、NASA/Wyle 的 SCAMP、NASA 的 CarpetDIEM 及 SonicBAT、JAXA 的 D－SEND 和中国飞行试验研究院等的歼击机地面声爆测量等项目均采用了大尺度的传感器阵列，考察不同飞行状态、大气条件和地面地形等的影响，阵列设计均考虑了试验对象目标状态的声爆特征，采用声爆理论分析和预测技术进行辅助设计，图 5－27（d）为 NASA/Wyle 的 SCAMP 的阵列，图 5－27（e）为中国航空研究院/中国飞行试验研究院的纵向长度 1.20km、横向长度 0.48km 的十字形阵列。

地面声爆测量传感器阵列的设计布置还需要解决如何考虑或修正地面对声爆传播的散射影响，即如何在地面布置每个阵元的传感器。一般采用如图 5－28 所示的 3 类布置方式：①将传感器安装于地面的反射板上，根据反射板对声爆的反射规律，近似得到自由场情况下的声爆逾压，如图 5－27（c）为美国空军通过飞行试验研究传声器在反射板上的安装方式对测量的影响，得到了具体固定方式对测量影响可以忽略的重要结论，为后续在地面布置传感器提供了重要指导，之后大量项目采用了这类传感器布置方式，JAXA 的

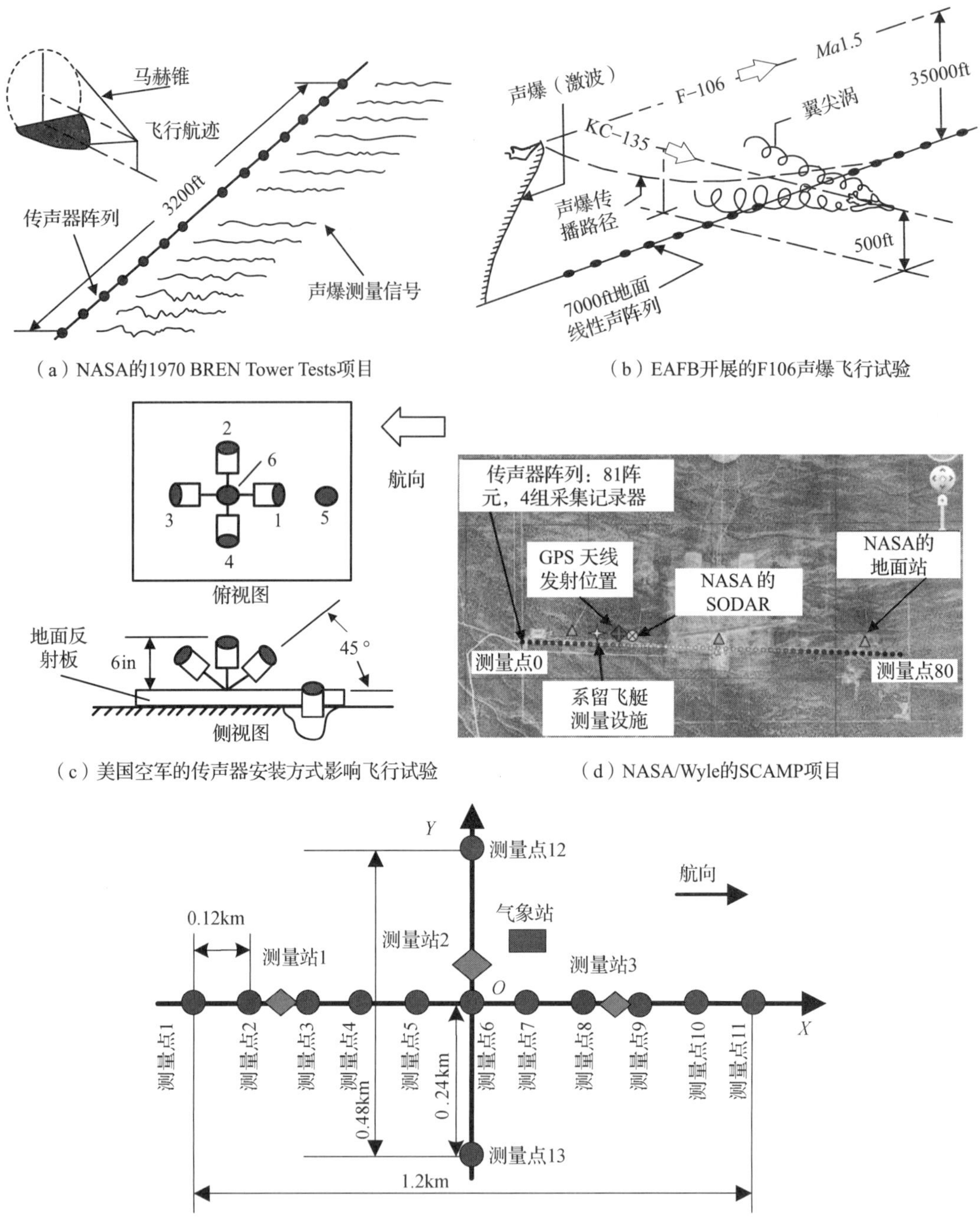

图 5-27　具有代表性项目的地面声爆测量方案

D-SEND、中国航空研究院/中国飞行试验研究院的声爆飞行试验和 NASA 的 CarpetDIEM 等；②将传感器安装于人正常站姿的耳位高度（1.6m 或噪声适航标准要求的 1.2m），这一布置方式尽管难以定量分析地面的影响，但真实反映了人正常站姿情况下实际感受的声爆水平，如 NASA/Wyle 的 WSPR、中国航空工业空气动力研究院的 OS-X0 试验飞行器声爆特性测量试验等；③安装于远离地面的加高支撑设施上，可得到未受地面影响的直达声爆和受地面反射的声爆，考察地面影响，分析近地面声爆特征，如 NASA 的 1970 BREN Tower Tests 项目采用地面高塔进行近地面声爆测量，考察对声爆的散射作用。

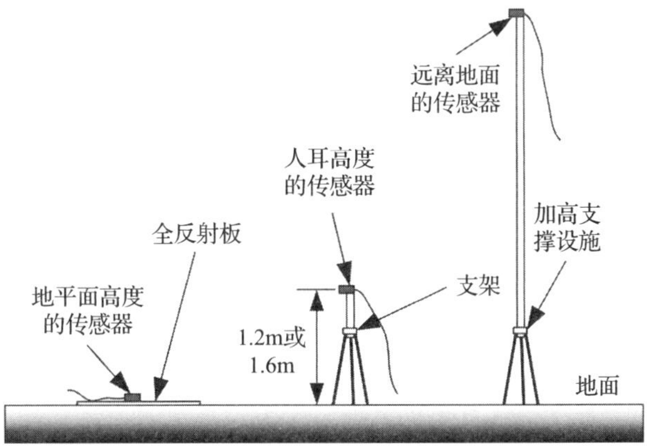

图 5－28　地面声爆测量传感器的典型布置方式

综上，地面声爆测量技术及其设施发展相对最为充分，通用和专用设施发展完善，技术发展趋势集中在自主化工作、测量与分析的智能化、超大范围分布式布置等方向。面对新一代低声爆航空器，其测量指标以及阵列设计及布置方式的适用性还需要实践检验。

5.3.3　空中近场声爆测量

空中声爆测量的目的通常是为研究声爆的产生机理及传播规律，提炼声爆理论和预测方法，验证低声爆设计技术。空中声爆测量需要空中飞行或浮空测量平台，近场至中场声爆测量、中场至远场声爆测量的技术路线有一定差异，下面先介绍近场至中场声爆测量技术。近场至中场声爆测量主要对试验对象附近的流场压力进行测量，涉及测量平台的选取设计和近场至中场声爆测量设施设计两方面关键技术。

5.3.3.1　近场至中场声爆测量飞行平台

为了在空中测量距离试验对象足够近的区域的声爆，需要采用与试验对象飞行能力相当的测量飞行平台携带压力测量装置或流场成像设施进行测量。声爆测量飞行平台的使用显著增加了飞行试验的难度、成本和周期。首先，测量平台需要与试验对象协同飞行，试验通常希望测量平台与试验对象保持尽可能近的距离，大大增加飞行的难度与风险；其次，声爆测量飞行平台与试验对象同时进行飞行保障和测试，增加了测试和保障设施需求，使得有效试验时间占总飞行试验时间的比例明显降低；最后，声爆测量飞行平台需要进行大量的测试设施的加改装，甚至需要专门研制飞行平台。

声爆测量飞行平台设计的关键是平台的选取和加改装。飞行平台应该具有与试验对象相当甚至更优异的飞行性能，以便能与试验对象协同飞行，并降低飞行试验风险。从 NASA/EAFB 的 NSBEP 和湾流/NASA 的 Quiet Spike™的近场至中场声爆测量技术方案，可以看出测量飞行平台需要在试验对象周围以不同方向进行穿越飞行，最近距离不到 100ft，因而要求飞行平台技术成熟度高、安全性高和飞行性能优良。声爆测量飞行平台还需要进行测试设施的加改装，包括声爆测量设施的加改装和飞行状态、航迹测试设施的加改装。声爆测量设施对飞行平台的结构和气动外形具有一定影响，需要进行试验飞行，评估加改装对飞行平台安全性和性能的影响，并进行声爆和其他辅助参数测量的修正方法研究。NASA 的 SR－71 SBPE 项目采用 F－16XL 加装声爆探针对 SR－71 的近场声爆进行测量，正式试验前开展了试验飞行，并进行了压力校准的地面和飞行试验，以研究空中声爆测量修正方法。

基于声爆测量飞行平台的近场至中场声爆测量技术方案被大量运用，成熟且性能可靠的军用超声速战斗机成为理想的测量平台。1956 年，NASA/EAFB 等的 SBFT 项目最早进行了近场声爆测量，采用 F－100 飞机携带专门设计的逾压压力传感器伴飞被测的F－100飞机进行近场声爆测量。在此之后，大量的飞行试验项目采用改装的战斗机携带声爆探针进行空中近场测量，如 NASA 采用的测量飞行平台有 F－104、F－16、F－15B、F－18 等。

5.3.3.2 声爆探针

近场至中场声爆测量需要在研制的测量飞行平台上安装压力测量设施。声爆探针是一种基于皮托管测压原理的声爆压力测量设施，一般安装于飞行平台的头部、机身下部或其他受气流干扰较小的部位，有的声爆探针与飞行平台的空速管、姿态测量装置等集成一体。声爆探针的基本功能单元通常包括气流管路、整流装置、气流容器、压力测量装置、压力运算单元、补偿装置等。NASA/EAFB 的 SBFT 项目最早采用测量飞机携带专门设计的逾压测量装置实测近场声爆压力，该测压装置是一种早期的声爆探针，安装于飞机头部，与两个位于飞机头部的静压支杆的静压孔相连。此后，利用声爆探针测量近场声爆的项目大量出现，技术也不断改进。NASA/EAFB 的 B－58 近场声爆测量项目设计了一种具有代表性的现代声爆探针，得到了成功应用，之后还被用于 NASA/EAFB 的 NSBEP 项目，加装于 F－104 飞机上对 XB－70 的近场声爆进行了测量，该声爆探针及其安装如图 5－29（a）所示。

压力测量装置是声爆探针的核心功能单元，由气流总压、静压和差压传感器及管路组成，并设有多路静压和差压测压孔进行测量修正。NASA 的 SR－71 SBPE 项目在 F－16XL 测量平台上加装声爆探针，其结构与测压原理如图 5－29（b）所示，采用了 5 孔测压法，具有 2 套差压、2 套静压和 1 套总压等测量装置，具有消除头部气流反射和补偿温度影响的功能。该声爆探针在正式试验前开展了压力校准地面和飞行试验，修正了因振动导致的压力测量不准问题，同时修正了声爆入射角度和压力延迟等对测量结果的影响。DARPA 的 QSP－SSBD 项目在 F－15B 加装该声爆探针测量了 F－5E 和 F－5 SSBD 的近场声爆。湾流/NASA 的 Quiet Spike™项目对该声爆探针进行改进，加入了数字式测压装置，将其安装于 F－15B 上测量了 F－15B QS 的近场声爆，如图 5－29（c）所示。

声爆探针需要导引气流测量压力，引气管路存在一定的系统误差和信号延迟，动态范围和分辨率受感压装置影响较大，因此初期的声爆探针测量精度、动态范围、分辨率等相对较差，测量修正不完善。声爆探针的设计需要考虑安装位置、形状、测量误差和飞行影响等诸多修正，常借助数值计算、风洞试验以及飞行试验研究修正方法，设计成本较高，其可靠性和耐用性也需要着重考虑。NASA 一直致力于声爆探针的设计改进，联合 Eagle Aeronautics 研制了低延迟、高可靠性且更耐用的声爆探针 Eagle Aero Probes，安装在 F－15B 机身下部进行了飞行测量，如图 5－3（c）所示。为了消除载机机体气流扰动对声爆测量的影响，使用中将其装于 F－15B 的头部。NASA 为支持 LBFD 项目 X－59 QueSST 低声爆飞行试验，研制了新一代低声爆测量探针 Shock Sensing Probe，属 Eagle Aero Probes

改进版。为确保能测量 X－59 QueSST 产生的可能比以往强度都低的近场声爆，将其安装在 F－15 头部，如图 5－29（d）所示，开展了多次飞行试验验证，在约 42000ft 高度测量了 F/A－18 附近 300～500ft 范围的声爆。

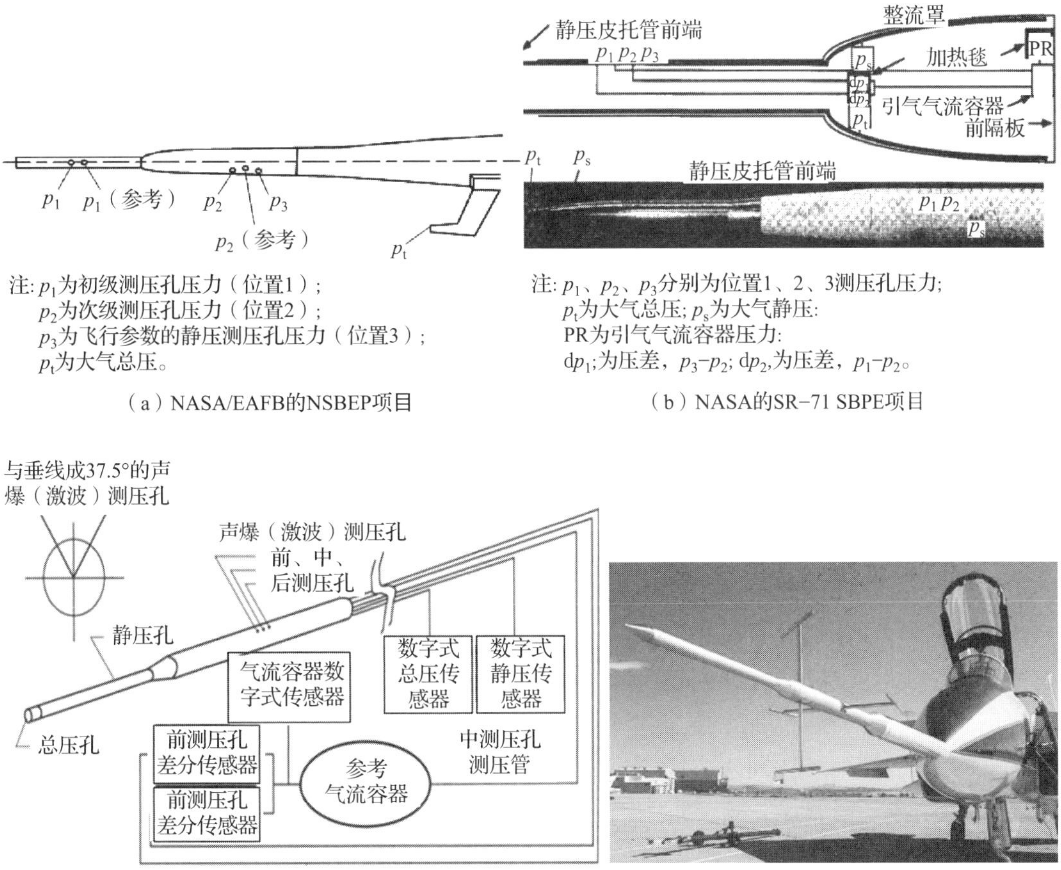

注：p_1为初级测压孔压力（位置1）；
p_2为次级测压孔压力（位置2）；
p_3为飞行参数的静压测压孔压力（位置3）；
p_t为大气总压。

（a）NASA/EAFB的NSBEP项目

注：p_1、p_2、p_3分别为位置1、2、3测压孔压力；
p_t为大气总压；p_s为大气静压；
PR为引气气流容器压力；
dp_1;为压差，p_3-p_2；dp_2,为压差，p_1-p_2。

（b）NASA的SR-71 SBPE项目

（c）湾流/NASA的Quiet Spike™项目

（d）NASA的LBFD项目新研发的声爆探针

图 5－29　空中近场声爆测量声爆探针

综上所述，声爆的准确测量要求声爆探针的动态范围广、分辨率高且响应速度快，结构和系统设计应考虑飞行平台的匹配，并评估对飞行平台安全性和飞行性能的影响。声爆探针在应用前需要利用大量风洞和飞行试验进行测量校准和修正评估。随着低声爆设计技术发展，新一代民用超声速航空器声爆强度将显著降低且传播特征发生变化，相应的声爆探针要求具有更低的动态范围下限、更高的测试精度、更快的响应速度，以及更强的飞行平台适应性，在这方面仍需要持续的技术研究，并开展飞行试验进行验证。

5.3.3.3　声爆（激波系）流场成像设施

近年来，以纹影成像技术为代表的流场成像技术持续发展与完善，逐步应用于近场至中场声爆流场的测量。采用纹影成像技术，可以直接观测航空器周围大范围的激波和膨胀波系的产生和演化。NASA 在 20 世纪 90 年代就开始了近场声爆纹影成像设施的研制，开发了地基的 GASPS 系统和空基的 AirBOS 系统，成功运用于声爆流场飞行测量。根据 LBFD 项目的飞行试验需求，NASA 开发了新一代地基系统 BOSCO，并持续改进 AirBOS 系统，开展了大量飞行试验验证。2019 年，NASA 采用安装于 B－200 飞机上的 AirBOS 系统测量了 T－38 飞机近场声爆流场，图 5－30 为纹影成像的测量原理和地基测量设施 BOSCO，典型结果如图 5－14 所示。

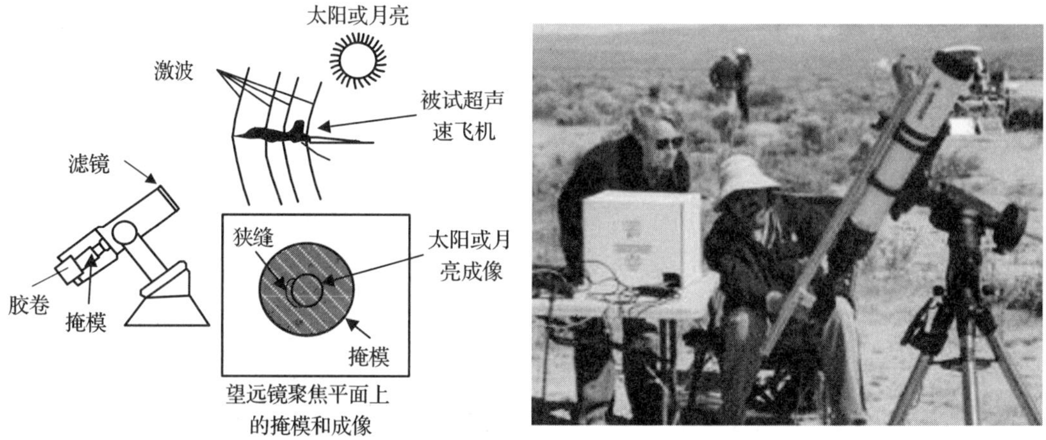

（a）纹影成像测量原理　　（b）NASA Armstrong的纹影成像设施

图 5－30　NASA 的声爆（激波）流场纹影成像技术及设施

纹影成像类流场测量设施既可以在飞行平台布置，也可以布置在地面上，通过少量试验就可得到大范围的流场信息，但成像设施相对复杂，测量时需要借助太阳光，要求试验对象飞行航迹应在测量设施和太阳之间，且要求大气能见度高，一定程度上限制了该技术的应用。此外，声爆纹影成像是一种非接触式间接测量技术，成像结果是基于光线通过不同密度的大气的散射规律来反演运算得到的，测量参数的数量和精度低于声爆探针类的直接测量法。

5.3.4　空中中场至远场声爆测量

声爆自近场传播至中远场后通常发生较大演化，测量区域远离试验对象，声爆测量平台以及测试系统相对于近场至中场声爆测量的要求不同。中场至远场声爆测量的关键技术也在于测量平台和测量设施的设计研制。中场至远场声爆测量降低了对测量平台飞行速度与高度的要求，既可以采用低空飞行平台和浮空平台，也可以采用加高的地面设施，或者直接借助地形。早期的声爆飞行试验中，由于缺乏低空飞行/浮空测量平台，采用在地面建设的高塔上安装传声器的方式进行近地面声爆测量。美国空军在 Virginia 的 Wallops 岛采用 1500ft 和 250ft 的高塔进行了两架 F－106 的声爆测量，如图 5－31 所示。之后，美国空军和 NASA 还在 Nevada 建设了 1500ft 的 BREN 测量塔，应用于 1970 BREN Tower Tests 项目。

随着低空飞行/浮空测量平台的出现，大量飞行试验项目采用低空亚声速飞行的通用飞机、滑翔机和飞艇等进行声爆测量，如图 5－2（a）所示。NASA 的 SR－71 SBPE 项目和 NASA/Wyle 等的 SCAMP 项目分别采用 YO－3A、TG－14 飞机携带前支杆传声器装置进行中场至远场声爆测量，DARPA 的 QSP－SSBD 项目采用安装于 L－13 滑翔机上的前支杆传声器装置测量中远场近地面的入射和反射声爆。JAXA 的 D－SEND 系列项目使用 3 组

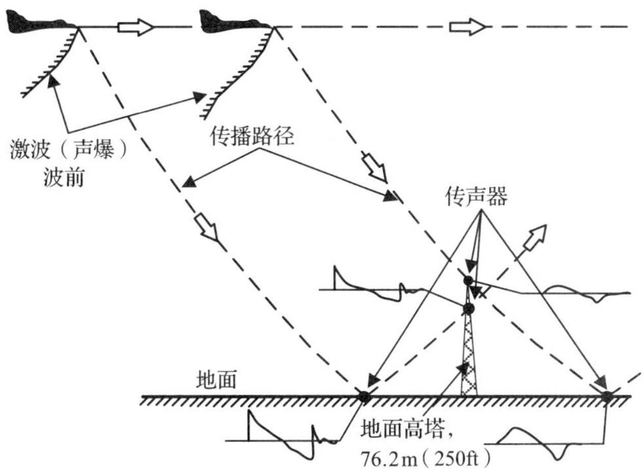

图 5－31　采用地面高塔进行远场近地面声爆测量

以飞艇作为测量平台的 ABMS 测量地面至 1km 高度的声爆，每组 ABMS 系留绳上布置 4 套传声器以及数据采集记录设备、飞行控制设施、GPS、无线通信设施和空中气象测量单元。NASA/Wyle 的 SCAMP 项目采用 2 套以飞艇作为测量平台的 AADC 系统（airborne acoustic data collection system）对聚焦声爆进行测量，每套 AADC 系统安装有 3 套传声器以及 GPS 设备、数据采集记录器和飞行控制设施。从上述应用案例看，基于测量飞行平台进行中场至远场声爆测量的技术仍然面临飞行平台设计研制成本高和飞行保障复杂的问题。当前，无人机技术迅猛发展，其具有体积小、飞行灵活、成本低等优势，在航空声飞行测量领域得到了一定的成熟应用，为一种可用于声爆飞行测量的新型平台。

由于测量平台飞行高度和速度降低，声爆测量多采用结构简单、性能可靠、动态范围广、频率响应快的可安装于机身外部支杆或浮空器牵引绳索上的传声器装置。尽管中远场声爆可以采用与地面声爆测量同类的传声器，但技术要求存在不同之处：一是需要研制可安装在测量平台上的支杆，进行支杆空气动力学设计与分析以修正其对测量结果的干扰；二是传声器的选择需要考虑频响特性与动态范围的差异以及环境适应性；三是需要设计用于整流的头锥结构，以消除或修正气流干扰。近年来，噪声和动态压力测量技术快速发展，频响特性优异的电容式传声器和环境适应性强、动态范围广的压电/压敏式传声器均可应用于空中声爆测量。传声器头锥设计也趋于成熟，提高了传声器对飞行或风洞高速气流环境的适应性和测量能力。但是，前支杆传声器装置设计方案多样，尤其是加装头锥或整流装置后，如何进行动态校准和测量修正仍是技术难点，当前依赖于不完备的风洞试验或飞行试验数据归纳方法，影响了声爆的绝对测量精度，相关的技术研究还需要进一步开展。

5.3.5　辅助测量技术

声爆飞行试验除了进行全传播路径的声爆测量外，还要同时进行试验对象和测量平台的飞行状态、飞行航迹、地面至空中大气条件，以及其他与声爆测试相关的参数的综合辅助测量。

试验对象和测量平台的飞行状态可采用机载测试系统和必要的地面辅助设施来测量，通过加装的测量设施实测和总线参数抽引相结合，参数测量一般采用统一的全球卫星定位系统（如 GPS、北斗系统）时间基，这类测量技术是飞行试验的通用技术。

飞行航迹或飞机位置测量有光学测量法、惯性导航测量法、雷达追踪法和全球卫星定位系统测量法等。在美国早期开展的 SBFT 和 NSBEP 项目中，近场声爆测量平台与试验对象的相对距离采用光学测量法，光学相机被安装于伴飞平台上，通过比例成像原理进行距离计算。光学测量方法、雷达追踪法等的测量范围有限，精度控制困难，高空中还需要飞行测量平台，成本高昂。随着全球卫星定位系统（如 GPS、北斗系统）的建设完善，基于差分定位的飞行航迹/位置测量技术成熟，测试设施相对简单且加改装难度低，测量范围大、精度高，在飞行试验中得到了广泛应用。

地面至空中大气条件测量对于声爆飞行试验也很重要，已开展的飞行试验项目主要采用无线电探空仪、气象气球或微波辐射计等测量空中气象五要素（压力、温度、风速、风向和相对湿度），地面则采用常见的地面气象站测量，图 5－32（a）为 NASA/Wyle 的 SCAMP 项目采用的地面气象站和气象气球，图 5－32（b）为中国飞行试验研究院在声爆飞行试验中采用的地面气象站和空中气象测量设施微波辐射计。JAXA 的 D－SEND 项目直接将气象测量系统集成在 ABMS 中。

（a）NASA/Wyle的SCAMP项目　　（b）中国飞行试验研究院等的声爆飞行试验项目

图 5－32　声爆飞行试验中常见的气象测量设施

声爆飞行试验中还需要其他必要的辅助测量手段。例如，NASA 采用了实时综合数据分析与座舱显示技术辅助开展飞行试验，试验设施及其应用见图 5－2（d），试验人员和飞行人员根据座舱实时显示结果设计和控制试验点，有效提高了试验能力和效率。航空器超声速飞行时，结构几何变形对声爆的产生影响较大，NASA 的 LBFD 项目研发了机载光纤传感系统（FOSS）以测量机体几何变形量，重点监测翼尖弯扭变形。

5.4　超声速飞行器声爆飞行试验与声爆预测评估

5.4.1　超声速飞行器声爆飞行试验概况

声爆专项试飞前，首先根据声爆试飞的试验要求和所需验证的飞机性能，详细设计飞机飞越声爆测试阵列上空时的飞行状态（包括飞行姿态、飞行高度、飞行马赫数和飞行轨迹)。然后根据设计的飞机试飞航迹，预估地面声爆的强度、持续时间等特征信息，结合试验当地温湿度、气压等气象条件，选取满足试验声爆特性的声爆测试设备，并形成完整的测试方案。飞机按设计飞行状态飞过地面声爆测试阵列上空时，按照测试方案进行飞行轨迹、声爆信号、实时气象等数据采集，获得真实大气条件下的大量重要实测数据。

该系列飞行试验主要进行低空和高空超声速匀速直线平飞状态的地面声爆测量。设计飞行试验状态点如表5－2所示，其中 H_p 为飞行高度。试验状态点（以下简称试验点）的设计基于以下两点：一是考察飞机在不同高度和不同速度飞行状态下的声爆特征；二是检验声爆飞行试验方案和声爆测量技术。飞行试验对大范围的地面声爆信号进行了测量，其中试验点1执行2次，每次试验持续时间不少于120s，通过测量阵列前、通过测量阵列后这两个时间段各保持不低于60s；试验点2执行1次，试验点持续时间不少于480s，通过测量阵列前、通过测量阵列后这两个时间段各保持不低于240s。

表5－2　飞行试验设计状态点

试验点序号	飞行高度 H_p/km	飞行马赫数
1	3～5	1.2～1.5
2	10～11	≥1.4

该系列飞行试验共进行了3组试验动作，试验动作概况如表5－3所示。试验动作1和试验动作2为低空飞行状态，飞行状态、航迹基本相同，用于进行声爆测量的准确度、可重复性验证；试验动作3为高空超声速巡航状态，通过该试验动作进一步验证方案的可靠度。

表5－3　飞行试验动作概况

试验点	离地高度/km	马赫数	航向角/（°）	飞行状态
试验动作1（Fx1）	1.72	1.23	0.31	平飞，巡航构型
试验动作2（Fx2）	1.75	1.23	－0.42	平飞，巡航构型
试验动作3（Fx3）	8.74	1.49	45.4	平飞，巡航构型
注：航向角为飞行航迹地面投影与 X 轴正半轴夹角，俯视逆时针为正。				

飞行试验选择在无降水、动作区无云、地面风速小且风向稳定的气象条件下进行，图5－33为具有代表性的试验动作执行期间（声爆产生时刻前后各30s的平均）地面至空中气象条件的测试结果。

图5－34给出了3组试验动作的实测声爆逾压时间历程对比。3组试验动作中所有测量点自左至右依次接收到声爆信号，试验动作1和2的声爆波形近似为“N”形与“U”形的组合，试验动作3的声爆波形表现出更明显的“N”形特征。该型飞机在平飞状态、巡航构型下，其头部、机翼、尾部等产生的激波和膨胀波波系是声爆的主要成分，试验动作1和2为低空飞行，离地较近，从逾压波形能看出，波系的合并演化仍在发展中，声爆逾压波形尚未演化至常见的“N”形或“U”形，波形中包含一系列峰值，表现出典型的中场特征。而试验动作3离地高度较高，约为前两组的5倍，波形演化相对充分，声爆波形更接近“N”形或“U”形。这一特征与参考文献［3］中NASA的SR－71的声爆试验

测量结果较一致。

如图 5－35 所示，采用系综平均法对阵列主方向上的测量点 1～11 的逾压进行了平均计算，平均值在图中用直线给出。相比于试验动作 1，试验动作 2 的正逾压极值的平均值相差 5%，最大负逾压极值的平均值相差 6%，考虑到两次试验的大气条件和飞机飞行状态并非理想上的完全一致，可认为试验动作 1 和试验动作 2 获得了相近的测试结果。这说明对于同一目标试验动作，本书的测试方案能够可靠且可重复地进行声爆测量。还可看出，尽管试验动作 1 和试验动作 2 中飞机沿阵列主方向可能保持匀速直线飞行，但每个试验动作的声阵列主方向上的测量点 1～11 所测的逾压有一定差异，这证明了采用沿航向布置大尺度声阵列的主方向进行声爆测量的必要性，即借助系综平均法可减弱试验条件不严格一致对声爆测量的影响，提升测试精度。同时上述分析也表明，声阵列阵型及飞行状态需要统筹设计，这是声爆测试方案的关键。

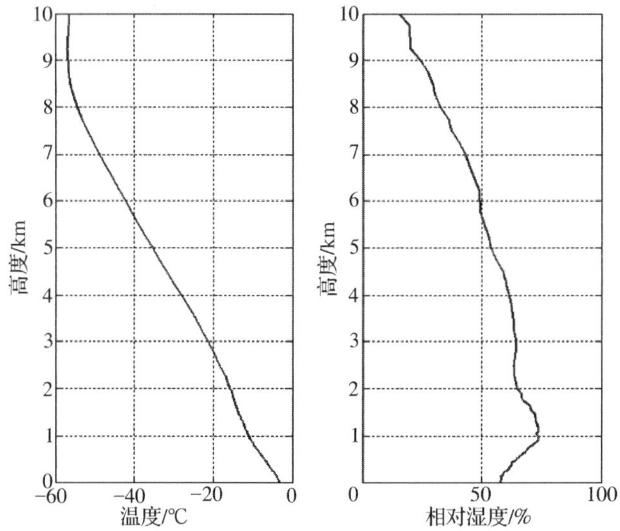

注：地面温度 －3.1℃，地面相对湿度（RH）57.4%，地面大气压 863.5hPa，风速 3.4m/s，风向东偏南 48°。

图 5－33 试验动作期间（声爆产生时）的大气条件测试结果

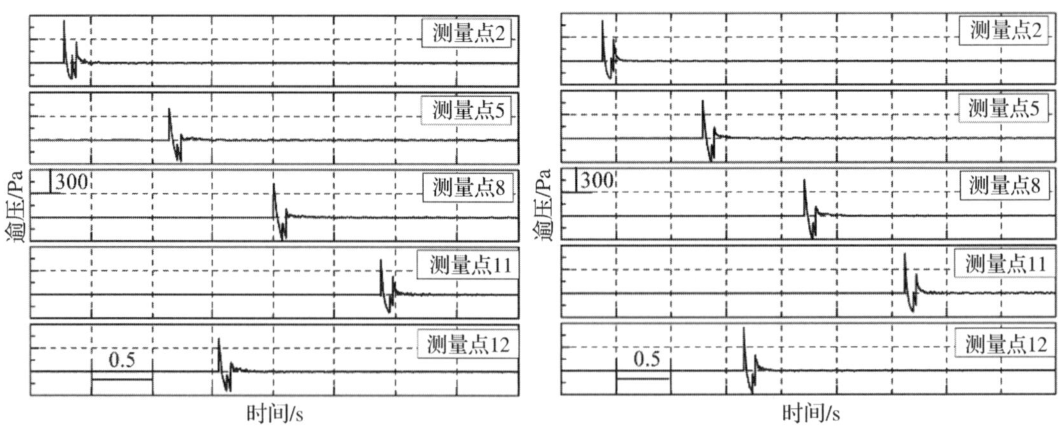

（a）试验动作1　　（b）试验动作2

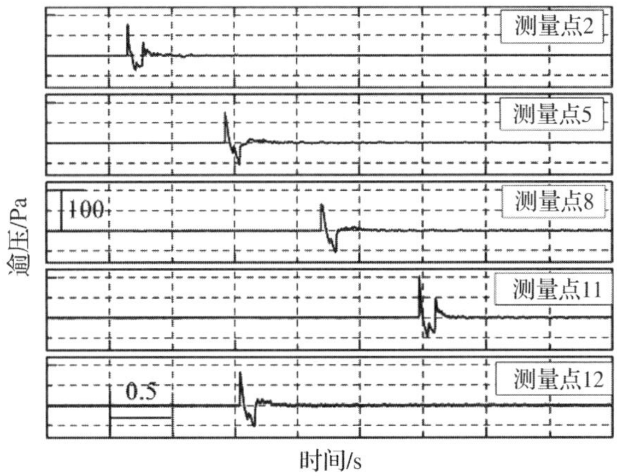

（c）试验动作3

图 5－34　声爆逾压时间历程测量结果

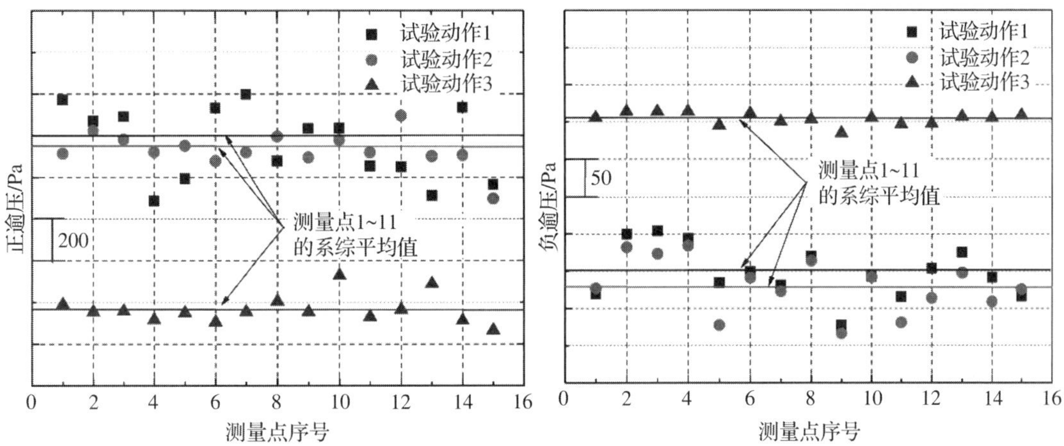

（a）最大逾压（正逾压极值）对比　　（b）最小逾压（负逾压极值）对比

图 5－35　声爆逾压极值对比

为分析地面对声爆的散射影响，图 5－36 给出了测量点 6 和不同离地高度的测量点 14、测量点 15 的逾压波形对比，这 3 个测量点的现场布置如图 5－17 所示。可以看出，不同离地高度的测量点波形有较大差异。位于地平面的测量点 6，基本不受地面散射的影响，保留了自由场情况的波形特征，较好地反映了被测飞机头部、机身和尾部波系抵达地面的情形。对于离地有一定高度的测量点 14、15，测得的声爆信号包含直达信号和地面散射信号，且两者到达传声器的时刻不相同，导致其波形和幅值相对于自由场发生畸变，尽管其与飞机产生的未受地面污染的声爆波形有较大差异，但这是相应高度上人或者结构感受到的声爆的实际情形，具有实际意义。这表明，进行地面声爆测试需要考虑试验目的，选择恰当的传声器离地高度和安装方式，采用在地面平面内安装的方式能更好地获取真实的声爆波形特征。

为了考察飞行航迹正下方及一定方位角的实测数据，结合 Fx1 和 Fx3 的典型试验点数据，采用已经过充分验证的 CFD 方法求解三维 Euler 方程预测近场声爆信号，利用基于增

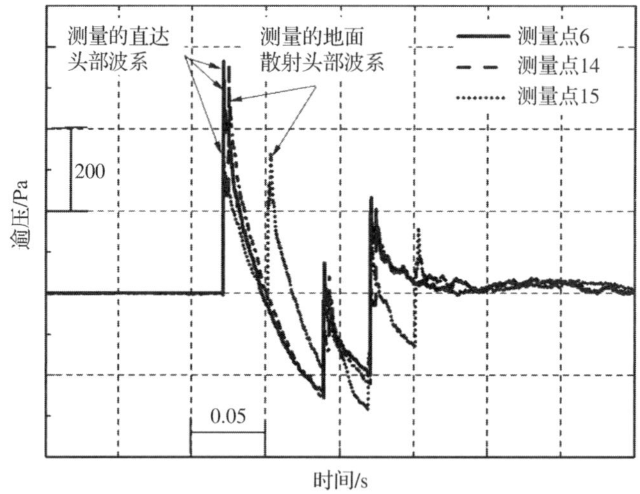

图5-36　试验动作2不同离地高度的声爆测量点的逾压波形对比

广 Burgers 方程的远场传播程序预测远场声爆信号的传播过程，并计算得到地面声爆信号（地面反射因子取值1.9）。选择史蒂文斯响度法作为声爆总响度级的计算方法，开展地面声爆信号的主观响应评估。

5.4.2　低空飞行试验与数值模拟结果对比分析

从飞行航迹测试数据来看，被测飞机在 Fx1 架次飞行试验时，基本按照预定的飞行路径从测试阵列正上方飞过，各试验点得到声爆过压信号如图5-34所示。图5-36中给出了 Fx1 架次飞行试验过程中，声爆信号测试时刻对应的地面/空中气象测试结果，可用作远场传播程序的计算输入。

根据被测飞机的飞行状态，对巡航马赫数1.23、巡航高度1.72km、不考虑动力影响的简化模型，采用 CFD 方法预测得到近场声爆信号。CFD 计算得到的近场过压云图如图5-37所示，图中给出了对称面及距离飞机轴线3倍、5倍机身长度（$H/L=3$ 和 $H/L=5$，H 为距离飞机轴线间距，L 为模型长度）处的过压云图。

图5-38给出了飞机正下方的近场过压信号随距离机身间距（$H/L=1$，2，3，5，10）变化情况。在3倍机身距离内，可观测到复杂的锯齿状声爆信号，激波分别来自机头和座舱盖，随后是一个较强的机翼激波。随着距离增大，整个声爆信号的长度增加，过压减小，机翼前缘激波向头激波移动并趋于合并。

采用上述不同 H/L 值对应的近场信号进行远场传播计算，研究表明：3倍左右机身长度处提取的近场信号作为远场传播方程的输入，具有较高的可信度。因此，以 $H/L=3$ 位置处提取的近场过压信号作为输入，采用基于增广 Burgers 方程的远场传播程序，预测得到

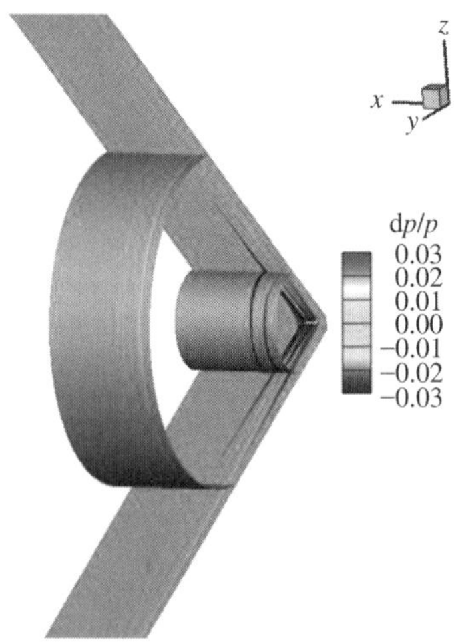

图5-37　CFD 计算得到的近场过压云图（$Ma=1.23$）

不同离地高度（ALT 表示离地距离，ALT = 0m 即为地面）处的远场波形。图 5 - 39 给出了近场过压信号传播到远场地面的演变过程。可见，随着与机身之间距离的增大，声爆波形逐渐演变为接近 N 型波形态，声爆信号强度大幅衰减，对应的过压峰值大幅减小，但持续时间有所增加。尤其是在 ALT = 1.0 ~ 1.5km 范围内，声爆信号过压峰值衰减迅速。但是由于被测飞机在 Fx1 架次飞行试验过程中，飞行的离地高度只有 1.72m，距离地面测试阵列较近，所测得的声爆信号尚未完全发展为典型 N 型波形态。

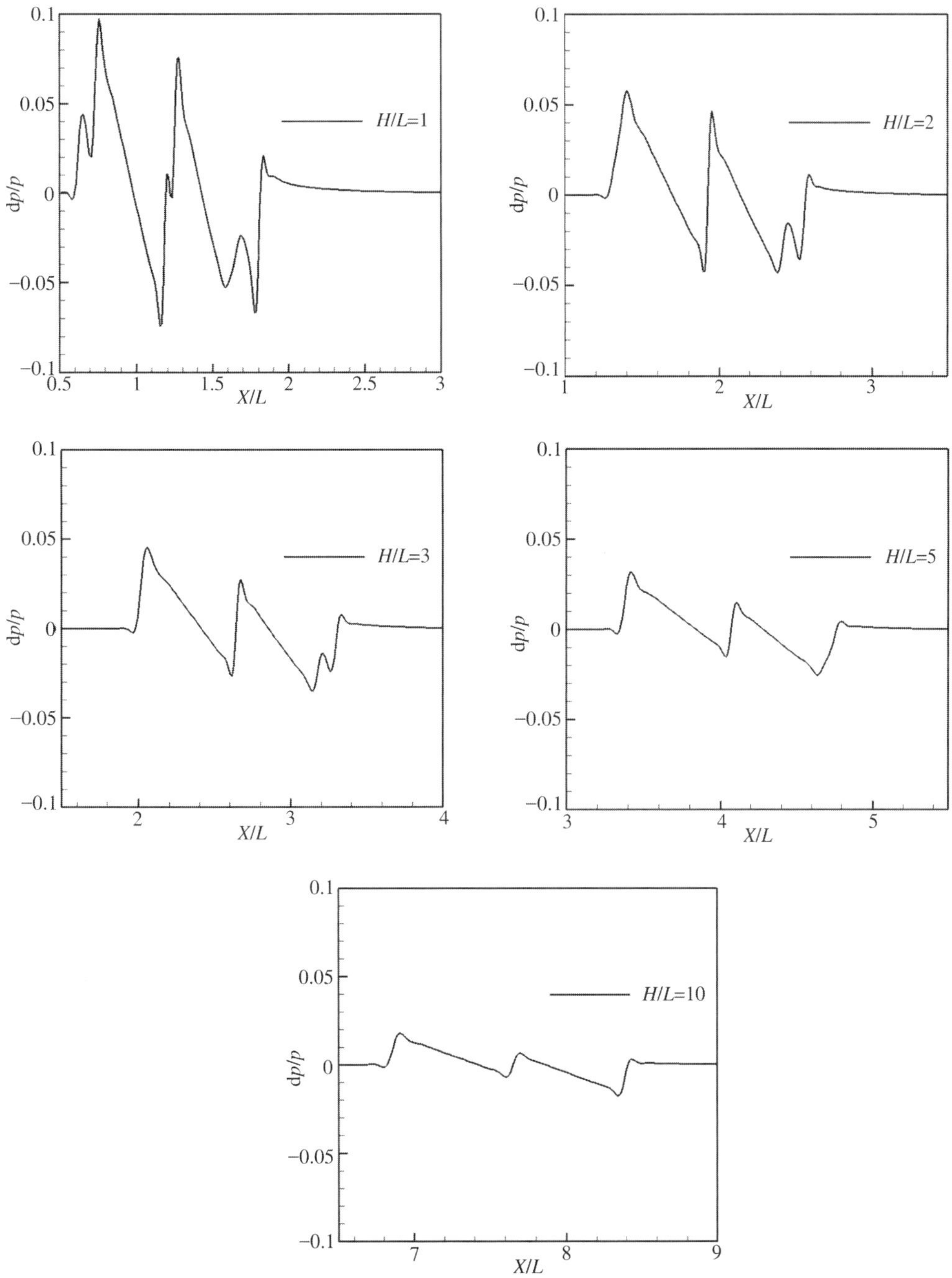

图 5 - 38　飞机正下方的近场过压信号随距离机身间距变化情况（$H/L = 1 \sim 10$，$Ma = 1.23$）

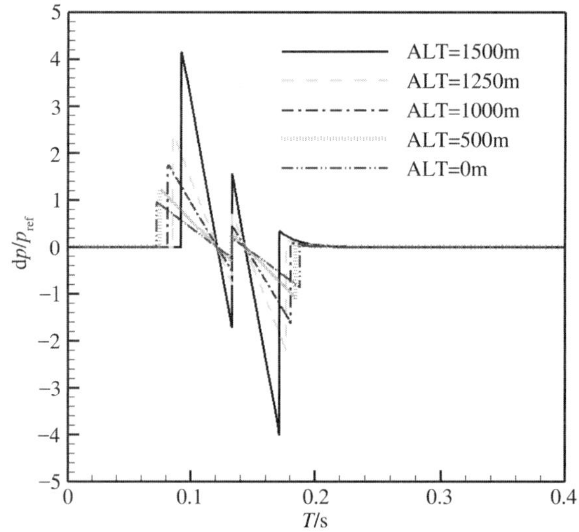

图 5 - 39　近场过压信号传播到远场地面的演变过程（$Ma=1.23$，$H/L=3$）

在距离飞机轴线 3 倍机身长度处（$H/L=3$）提取近场过压分布，选取若干个典型周向角（Φ）位置的声爆过压信号作为输入，预测其传播到远场的地面声爆信号如图 5 - 40 所示。可见，在马赫数 1.23 的飞行条件下，被测飞机所产生的声爆信号传播侧向截止点在 $\Phi=69°$位置。飞机正下方的声爆信号过压峰值最大，持续时间最短；随周向角增大，过压峰值和持续时间呈单调变化。图 5 - 41 给出了声爆传播射线及地面影响域的预测结果。在无风条件下，声爆由飞机向地面传播的射线组相对于 xz 平面（飞行轨迹所在的垂直面）呈对称分布，其所形成的地面影响域在 xy 平面（地面）上的投影线也呈对称分布。射线与地面相交的最大周向角为 69°，最小周向角为 -69°。

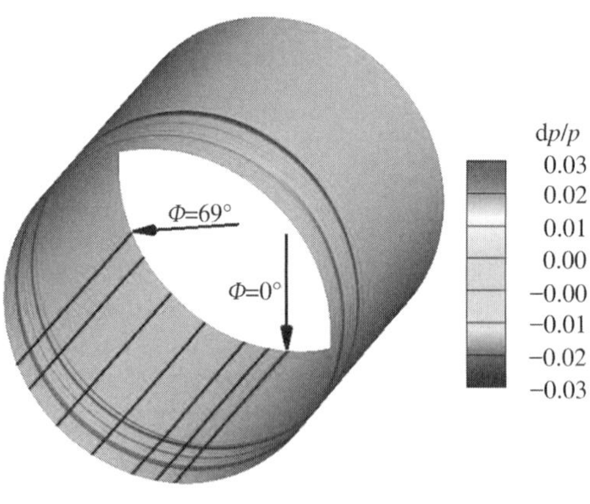

（a）H/L=3等值面过压云图

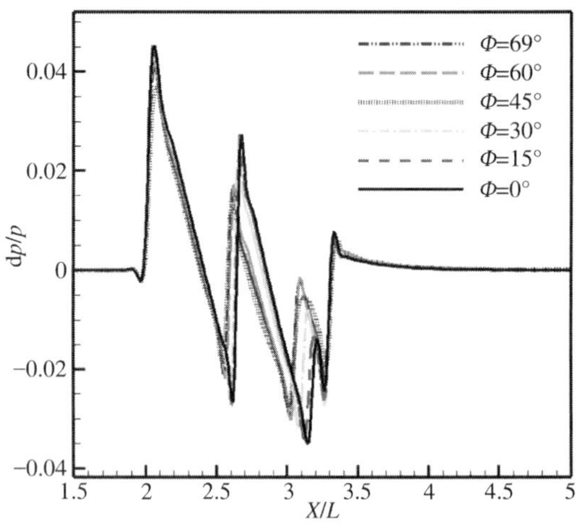

（b）声爆过压信号

图 5 - 40　$H/L=3$ 圆柱面上典型周向角声爆信号预测值（$Ma=1.23$）

图 5 - 42 给出了 Fx1 架次飞行试验过程中测量点 6、12、13 对应的飞行试验实测数据与 CBoom 数值模拟结果的对比。由测量点 6（Fx1_ P6）的结果可见：除了尾部发动机喷流激波外，实测数据与预测得到飞机航迹正下方（$\Phi=0°$）的头激波、机翼前缘激波峰值

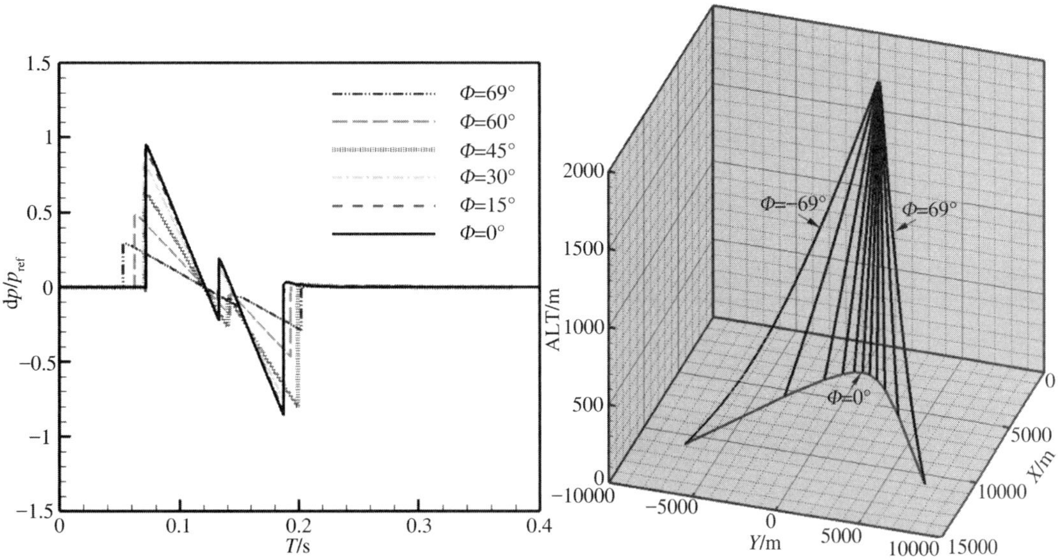

（a）地面声爆信号　　　　（b）声爆传播射线及地面影响域

图 5－41　$H/L=3$ 圆柱面上典型周向角声爆信号传播到地面的预测结果（$Ma=1.23$）

都吻合较好，相对误差小于 5%；声爆信号基本形态一致，持续时间比较接近。由此表明，声爆信号的预测值与飞行试验测量值具有很好的相关性。但是，测量点 12、13、6 测得的声爆过压峰值发生了显著变化（测量点 12、13 与测量点 6 相距仅 120m，位于被测飞机侧向 ±6.63°处），分析推测这极有可能是与大气条件相关的声爆信号波形变化导致的，由此推论，与大气层相关的微观大气效应对声爆信号的综合影响非常重要。

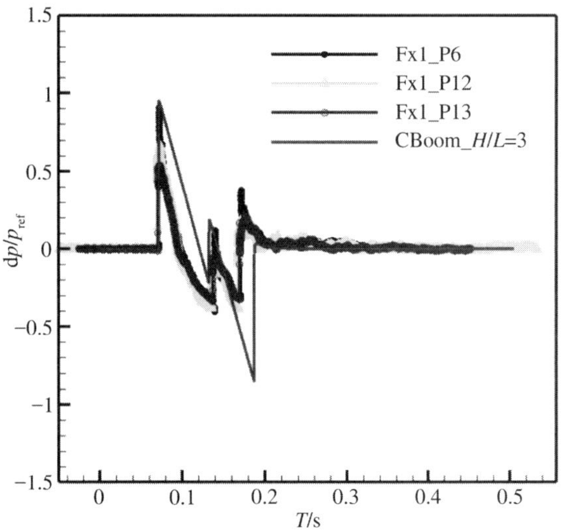

图 5－42　地面声爆过压信号对比（$Ma=1.23$）

根据 Fx1 架次飞行试验与预测得到的地面声爆信号，采用史蒂文斯响度法计算了 $H/L=3$处、不同周向角的近场过压信号传播到远场的声爆信号对应的响度级。飞机飞过测试阵列正上方时，地面声爆响度级对比如图 5－43 所示。实测数据的响度级均值为 120.3PLdB，预测数据得到的响度级为 123.0PLdB，误差在 ±3PLdB 以内。

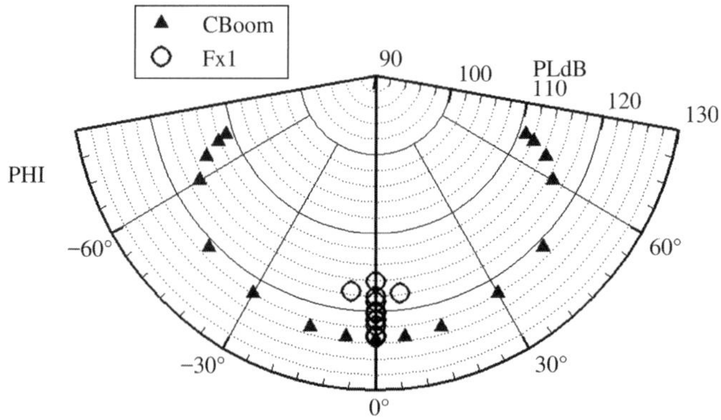

图 5－43　地面声爆信号响度级对比（$Ma=1.23$）

5.4.3　高空飞行试验与数值模拟结果对比分析

从飞行航迹测试数据来看，被测飞机在 Fx3 架次飞行试验时，飞机距离地面较远。根据被测飞机的飞行状态，对巡航马赫数 1.49、巡航高度 8.74km、不考虑动力影响的简化模型，采用 CFD 方法计算得到的近场过压云图如图 5－44 所示，包括对称面以及距离飞机轴线 3 倍、5 倍机身长度处过压云图。图 5－45 给出了不同位置（$H/L=1$，2，3，5，10）的近场过压信号。波形变化趋势与 5.4.2 节情况类似。

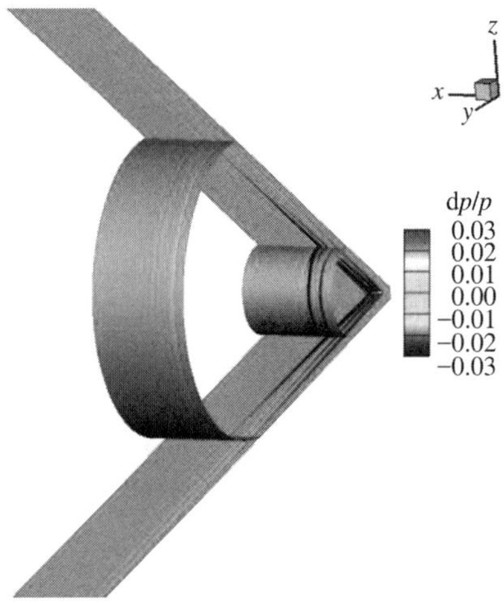

图 5－44　CFD 计算得到的近场过压云图（$Ma=1.49$）

图 5－46 给出了以 $H/L=3$ 位置处提取的近场过压信号作为输入，采用基于增广 Burgers 方程远场传播程序，预测得到的近场过压信号传播到远场地面的演变过程，趋势与 6.4.1 节情况类似。其中，在 ALT＝6.0～8.0km 范围内，声爆信号过压

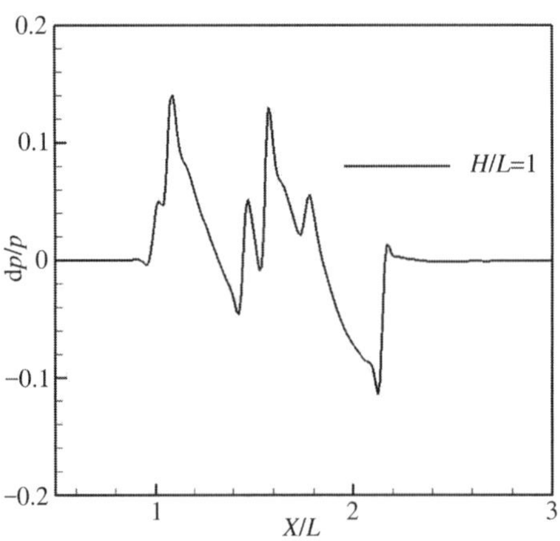

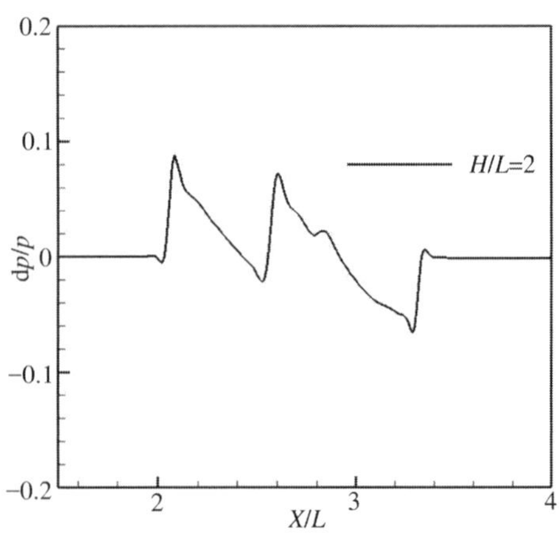

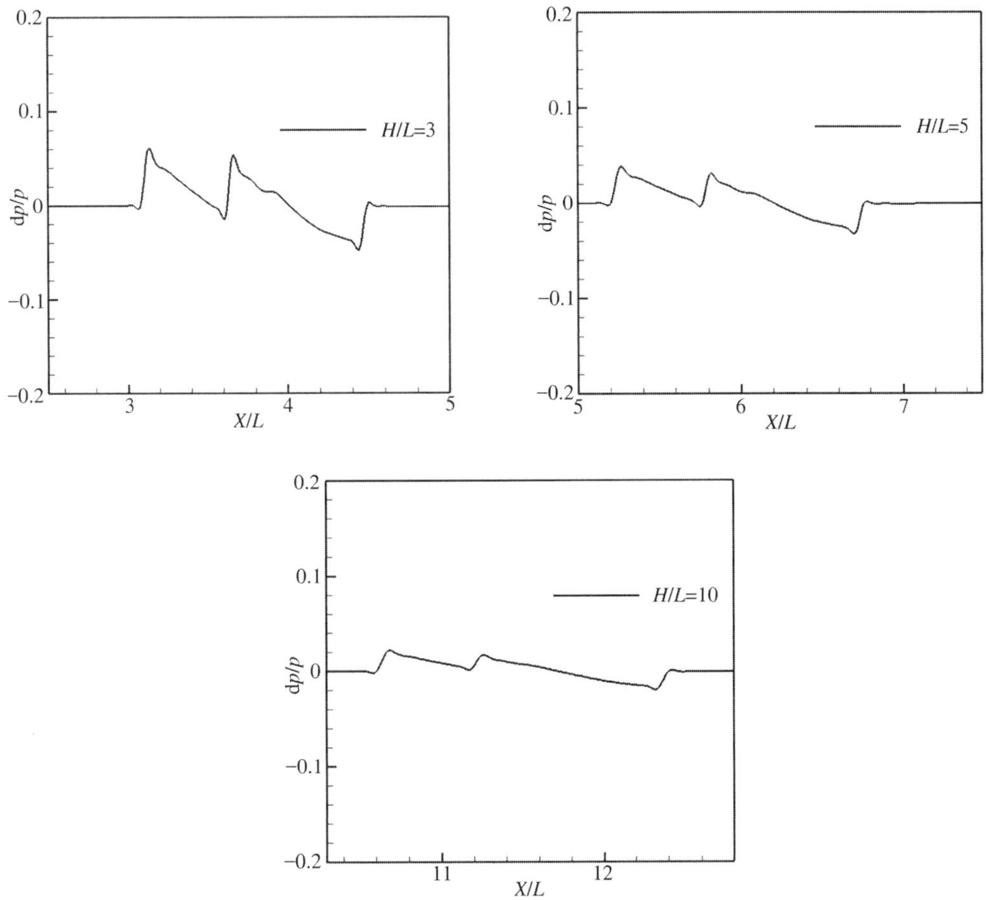

图 5－45　飞行器正下方过压信号随距离机身间距变化情况（$H/L=1\sim10$，$Ma=1.49$）

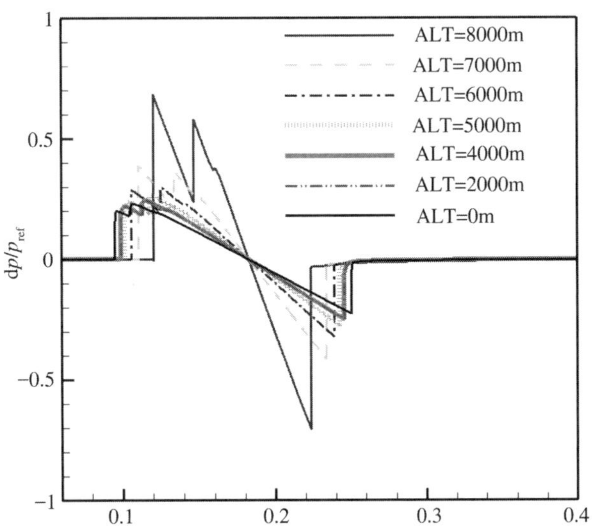

图 5－46　近场过压信号传播到远场地面的演变过程（$Ma=1.49$，$H/L=3$）

峰值衰减最快。声爆波形在离地 5.0km 高度附近已完全发展为典型 N 型波形态，然后波形基本保持不变地传播到了地面。

图 5 –47 给出了在马赫数 1.49 飞行条件下，距离飞机轴线 3 倍机身长度处（$H/L=3$）的圆柱面上典型周向角声爆信号预测值。图 5 –48 所示为 $H/L=3$ 圆柱面上典型周向角声爆信号传播到地面的预测结果，信号总体变化趋势与 6.4.1 节类似。其中，被测飞机所产生的声爆信号传播侧向截止点约在周向角 52°位置。

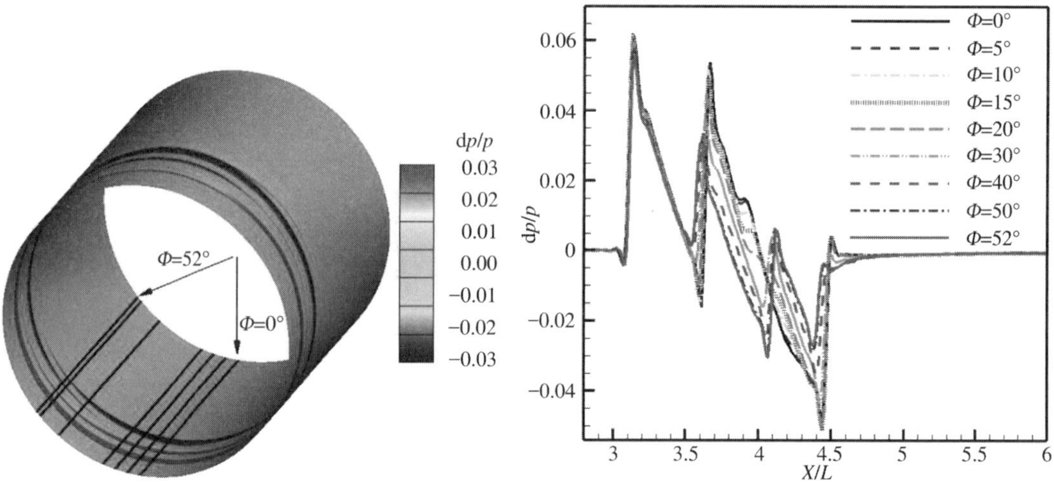

（a）H/L=3等值面过压云图　　（b）声爆过压信号

图 5 –47　$H/L=3$ 圆柱面上典型周向角声爆信号预测值（$Ma=1.49$）

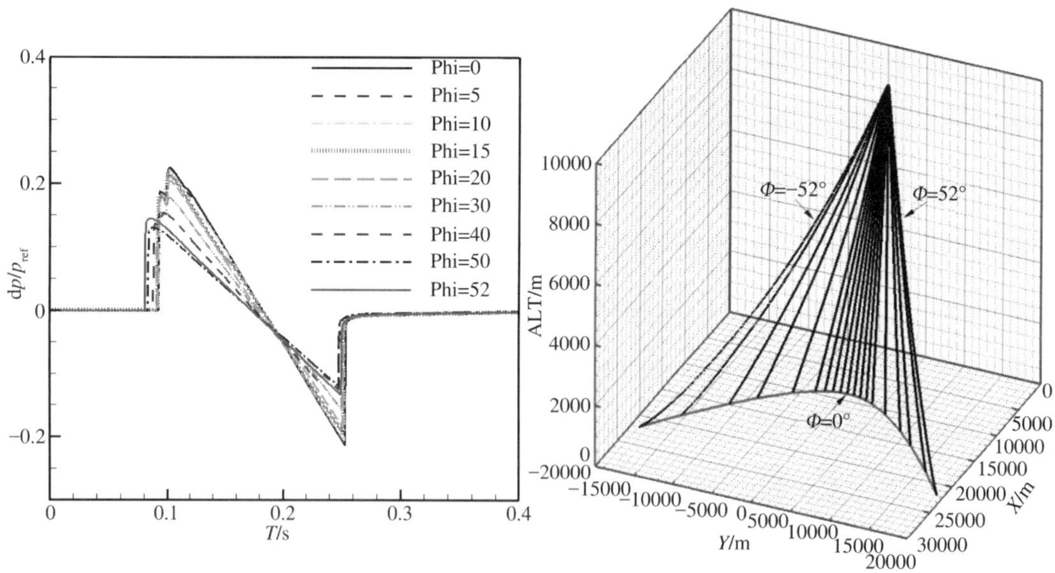

（a）地面声爆信号　　（b）声爆传播射线

图 5 –48　$H/L=3$ 圆柱面上典型周向角声爆信号传播到地面的预测结果（$Ma=1.49$）

图 5 –49 给出了 Fx3 架次飞行试验过程中，测量点 6、12、13 对应的飞行试验实测数据与 CBoom 数值模拟结果的对比。由于飞行器飞行航迹偏离测试阵列较远，导致测得的

声爆信号波形与数值预测结果有较大差异。根据 Fx3 架次飞行的航迹位置，判断测试阵列位于飞行器 45°周向角附近。对比测量点 12 与 CBoom 预测得到的 45°周向角的声爆过压信号，头激波峰值基本吻合，尾激波峰值差异较大；两组声爆信号持续时间比较接近。测量点 13 的声爆信号波形有较明显变化，极有可能是由于大气扭曲效应所致。

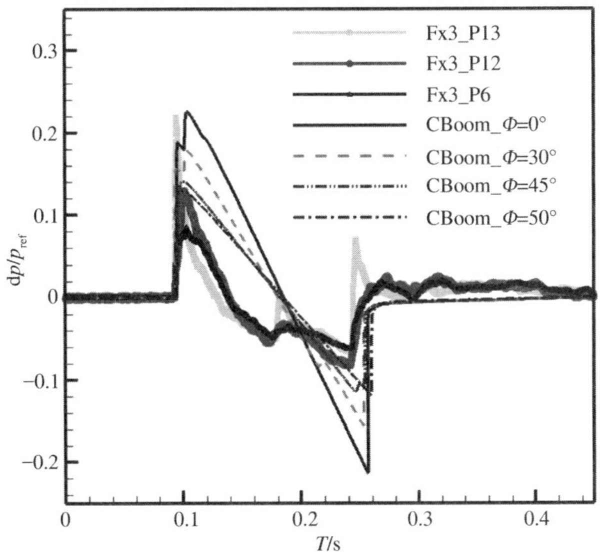

图 5－49　地面声爆过压信号对比（$Ma=1.49$）

根据 Fx3 架次飞行试验与预测得到的地面声爆信号，采用史蒂文斯响度法计算了 $H/L=3$ 处、不同周向角的近场过压信号传播到远场的地面声爆信号响度级（见图 5－50）。飞机 45°周向角附近，由飞行试验实测值计算得到的响度级均值为 96.0PLdB，数值模拟预测计算得到的响度级为 99.0PLdB，误差在 ±3PLdB 以内。

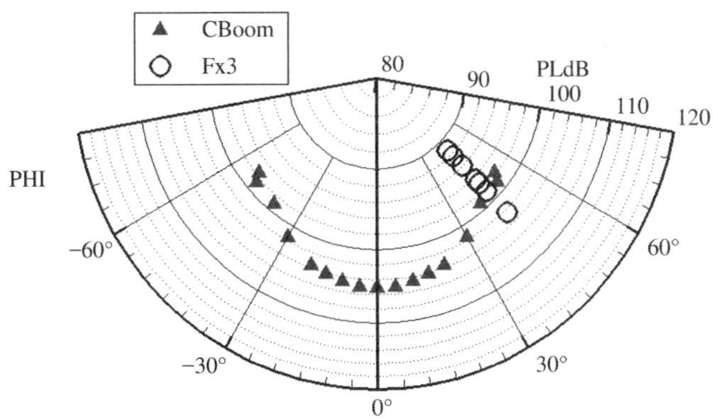

图 5－50　地面声爆信号响度级对比（$Ma=1.49$）

本次声爆飞行试验成功采集了多组声爆信号以及对应的大气条件和飞行状态数据，实测数据达到试验方案规划设计预期，验证了试验方案的合理性。同时，验证了真实飞机开展声爆试飞的一系列关键技术，如声爆测试飞行轨迹规划技术、低空一体化大型阵列声爆测量技术、可控声爆的超声速飞行技术等。

5.5 本章小结

开展声爆飞行实测是声爆研究的必要手段，是新技术探索和演示验证的重要途径，也是航空器表明符合适航规章或设计定型标准的必经之路。本章对航空器声爆飞行试验技术进行介绍，分析了地面、空中声爆测量以及辅助测量的关键技术及其发展趋势，归纳了航空器声爆测量飞行试验技术方案，介绍了自航空器近场、中场至远场（地面）的全传播路径声爆测量技术；同时，针对超声速民机声爆专项测试飞行试验所获得的真实大气条件下大量重要数据，结合数值模拟方法对测试结果进行了对比分析。综合本章内容，总结航空器声爆测量飞行试验技术具有以下特征、问题及发展趋势：

①新一代低声爆航空器技术的探索与研制促使声爆飞行试验技术研究成为航空界的一个热点问题，同时也对声爆精细化飞行测量提出了新的技术挑战。

②声爆测量不具备全传播路径都有效的统一测量手段，需要依赖近场至中场、中场至远场（地面）的不同测量平台及设施进行组合测量，还需要同步测量大气条件、试验对象/测量平台飞行状态和飞行航迹，依赖特殊的飞行空域、测量场地和飞行保障设施等资源，涉及的技术面广，动用资源多，是复杂的系统工程。

③声爆飞行试验测量的技术难点在于试验方案设计，以及空中/地面专用测量设施设计、试验对象/飞行测量平台研制等方面，相关技术和设施向空地一体化、精细化与智能化方向快速发展，当前地面声爆测试设施、空中声爆测量的声爆探针和成像设施的测量精度、测量范围、环境适应性和可靠性还有待进一步提升。

④随着新一代超声速民机设计研制步伐加快，人工智能技术、新材料技术和新概念传感技术、空地一体测量技术、微机电技术、计算机技术、新概念飞行技术等的发展将为声爆测量技术发展提供新方向和新思路，需要通过飞行试验进行新技术的探索与验证。

⑤进一步开展低声爆、低成本飞行演示验证，积累丰富的飞行试验数据，为超声速民机设计研发、声爆主观响度评价试验、适航标准建立、航线规划等提供数据支持。

参考文献

[1] 徐悦，韩忠华，尤延铖，等. 新一代绿色超声速民机的发展现状与挑战［J］. 科学通报，2020，65（S1）：127－133.

[2] 宋亚辉，樊高宇，瞿丽霞，等. 航空器声爆飞行试验测量技术研究进展概述［J］. 航空学报，2023，44（2）：47－70.

[3] Loubeau A. Recent progress on sonic boom research at NASA［C］//International Noise 2012，2012.

[4] Benson L R. Quieting the boom：the shaped sonic boom demonstrator and the quest for quiet supersonic flight［M］. Washington，D. C.：NASA，2013：1－216.

[5] Maglieri D，Bobbitt P，Plotkin K，et al. Sonic boom：six decades of research：NASA/SP－2014－622［R］. Washington，D. C.：NASA，2014.

[6] 朱自强，兰世隆. 超声速民机和降低声爆研究［J］. 航空学报，2015，36（8）：2507－

2528.

[7] 钱战森，韩忠华. 声爆研究的现状与挑战 [J]. 空气动力学学报，2019，37 (4)：601 -619，600.

[8] HQ United States Air Force. The sonic boom problem [R]. Washington, D. C.: Office, Director of Development Planning DCS/Research and Development HQ USAF, 1963.

[9] 朱自强，吴宗成，陈迎春. 民机空气动力设计先进技术 [M]. 上海：上海交通大学出版社，2013：49 -54.

[10] Gipson L. Low boom flight demonstrator (LBFD) [EB/OL]. (2018 -9 -5) [2021 -7 -20]. https://www.nasa.gov/aeroresearch/programs/iasp/lbfd/lbfd - project - description.

[11] Kamlet M. NASA marks continued progress on X - 59 [EB/OL]. (2020 - 9 - 7) [2021 -7 -20]. https://www.nasa.gov/nasa - x59 - quesst - takes - shape.

[12] Doebler W J, Rathsam J. How loud is X -59's shaped sonic boom? [C] // Proceedings of Meetings on Acoustics, 5th International Conference on the Effects of Noise on Aquatic Life, 2019.

[13] Masahisa H, Kenji Y. D - send project for low sonic boom design technology [C] // 28th International Congress of the Aeronautical Sciences, 2012.

[14] Saito Y, Ukai T, Miyakoshi K, et al. Sonic boom estimation using the multipole method for free - flight experiments [C] // 52nd Aerospace Sciences Meeting. Reston: AIAA, 2014.

[15] Fomin V M, Kiseleva T A, Volkov V F, et al. Sonic boom problem: Past, present and future [C] // Proceeding of the 1st International Conference on High - Speed Vehicle Science and Technology (HISST), 2018.

[16] De Florio F. Airworthiness: An introduction to aircraft certification and operations [M]. 3rd ed. Saint Louis: Elsevier Science, 2016.

[17] Honda M D - SEND#2 Successful flight [J]. JAXA Aeronautics Magazine Flight Path, 2015 (9/10): 5 -7.

[18] 韩忠华，乔建领，丁玉临，等. 新一代环保型超声速客机气动相关关键技术与研究进展 [J]. 空气动力学学报，2019，37 (4)：620 -635.

[19] Grossarth S, Schreckenberg D, Oosten V, et al. Psychological assessment of noise annoyance due to low sonic boom [C] // Forum Acusticum 2020, 2020.

[20] Emmanuelli A, Lechat T, Dragna D, et al. Ground effects on sonic boom reflection [J]. The Journal of the Acoustical Society of America, 2019, 146 (4): 2781.

[21] Løvholt F, Noren - Cosgriff K, Park J, et al. Building vibration due to sonic boom—results from simulations and field measurements [J]. The Journal of the Acoustical Society of America, 2021, 149 (4): A100.

[22] Mullens M E. A flight test investigation of the sonic boom: U. S. Air Force AFFTC TN 56 -20 [R]. Washington, D. C.: United States Air Force, 1956.

[23] Clow L W. 6th weather wing pamphlet - weather - sonic boom: No. 105 - 1 - 1 [R]. Washington, D. C.: 6th Weather Wing Air Weather Service, United States Air Force,

1966.

[24] Hilton D, Maglieri D. Experiments on the effects of atmospheric refraction and airplane accelerations on sonic – boom ground – pressure patterns: NASA TN – D 3520 [R]. Washington, D. C.: NASA, 1966.

[25] Maglieri D J, Huckel V, Henderson R. Sonic boom measurements for SR –71 aircraft operating at Mach numbers to 3. 0 and altitudes to 24384 meters: NASA TN D –6823 [R]. Washington, D. C.: NASA, 1972.

[26] Stephen R N, Edward A, Haering Jr. E A, et al. Ground – based sensors for the SR – 71 sonic boom propagation experiment: NASA – TM – 104310 [R]. Washington, D. C.: NASA, 1995.

[27] Hilton D, Hubbard H H, Huckel V, et al. Ground measurements of sonic – boom pressures for the altitude range of 10000 to 75000 feet: NASA TR R –198 [R]. Washington, D. C.: NASA, 1964.

[28] Wanner J L, Vallee J, Vivier C, et al. Theoretical and experimental studies of the focus of sonic booms [J]. The Journal of the Acoustical Society of America, 1972, 52 (1A): 13 –32.

[29] Liszka L. Long – distance focusing of Concorde sonic boom [J]. The Journal of the Acoustical Society of America, 1978, 64 (2): 631 –635.

[30] Downing M, Zamot N. USAF flight test investigation of focused sonic booms [J]. The Journal of the Acoustical Society of America, 1995, 97 (5): 3257.

[31] Cliatt L J, Hill M A, Haering E A, et al. A summary of the lateral cutoff analysis and results from NASA's far – field investigation of no – boom thresholds [J]. AIP Conference Proceedings, 2015, 1685 (1): 090007.

[32] Hubbard H H, Maglieri D, Huckel V. Variability of sonic boom signatures with emphasis on the extremities of the ground exposure patterns: NASA SP –255 [R]. Washington, D. C.: NASA, 1971.

[33] Haglund G, Kane E. Flight test measurements and analysis of sonic boom phenomena near the shock wave extremity: NASA CR –2167 [R]. Washington, D. C.: NASA, 1973.

[34] Kryter K, Johnson P J, Young J R. Psychological experiments on sonic booms conducted at Edwards air force base: AD689844 [R]. California: Stanford Research Institute, 1968.

[35] Hubbard H H, Mayes W H. Sonic boom effects on people and structures: NASA SP –147 [R]. Washington, D. C.: NASA, 1967.

[36] Haber J, Nakaki D. Noise and sonic boom impact technology. sonic boom damage to conventional structures: U. S. Air Force HSD – TR –89 –001 [R]. Washington, D. C.: United States Air Force, 1989.

[37] Haering Jr. E A, Ehernberger L J, Whitmore T A. Preliminary Airborne Measurements for the SR – 71, Sonic Boom Propagation Experiment [R]. NASA TM 104307, 1995.

[38] Haering E, Ehernberger L, Whitmore S. Preliminary airborne measurements for the SR – 71 sonic boom propagation experiment: NASA TM 104307 [R]. Washington, D. C.: NASA, 1995.

[39] Mack R J. A Whitham theory sonic – boom analysis of the TU – 144 aircraft at a Mach number of 2. 2 [C] // 1995 NASA High – Speed Research Program Sonic Boom Workshop: Volume Ⅱ – Configuration a Design, Analysis, and Testing. Washington, D. C.: NASA, 1995: 1 – 17.

[40] Haering Jr. E A, Murray J E, Purifoy D D, et al. Airborne measurements of shaped sonic boom demonstration aircraft pressure signatures and comparisons to CFD: AIAA – 2005 – 0009 [R]. Reston: AIAA, 2005.

[41] Plotkin K J, Haering Jr. E A, Murray J E, et al. Ground data collection of shaped sonic boom experiment aircraft pressure signatures [C] // 43rd AIAA Aerospace Sciences Meeting and Exhibit. Reston: AIAA, 2005.

[42] Howe D, Waithe K, Edward Haering J Jr. Quiet spike near field flight test pressure measurements with CFD comparisons [C] // 46th AIAA Aerospace Sciences Meeting and Exhibit. Reston: AIAA, 2008.

[43] Cliatt L J, Haering E A, Jones T P, et al. A flight research overview of WSPR, a pilot project for sonic boom community response [C] // 32nd AIAA Applied Aerodynamics Conference. Reston: AIAA, 2014.

[44] Page J, Plotkin K, Haering E, et al. SCAMP: Superboom caustic Analysis and measurement project overview [C] // 51st AIAA Aerospace Sciences Meeting including the New Horizons Forum and Aerospace Exposition. Reston: AIAA, 2013.

[45] Page J, Hobbs C, Haering E, et al. SCAMP: Focused sonic boom experimental execution and measurement data acquisition [C] // 51st AIAA Aerospace Sciences Meeting including the New Horizons Forum and Aerospace Exposition. Reston: AIAA, 2013.

[46] Kamlet M. NASA flights off GALVESTONWILL test ways to measure response to low booms [J]. Airport Noise Report, 2018, 30 (36): 143 – 146.

[47] David O B. NASA deploys 30 – Mile array ahead of quiet supersonic X – Plane tests [J]. Noise Regulation Report: The Nation's Only Independent Noise Control Publication, 2019, 46 (9): 73 – 74.

[48] Btoadbent M. Overture [J]. Air International, 2019, 96 (5): 98.

[49] Maureen O'Hare. Boom supersonic aims to fly anywhere in the world in four hours for $100' [N]. CNN Travel, 2021 – 5 – 18.

[50] 钱战森，刘中臣，冷岩，等. OS – X0 试验飞行器声爆特性飞行测量与数值模拟分析 [J]. 空气动力学学报，2019，37 (4): 675 – 682.

[51] Plotkin K, Maglieri D. Sonic boom research: History and future (invited) [C] // 33rd AIAA Fluid Dynamics Conference and Exhibit. Reston: AIAA, 2003.

[52] Federal Aviation Administration. Electronic Code of Federal Regulations, Part 91 – General Operating and Flight Rules, Subpart I – Operating Noise Limits [S]. Washington,

D. C.: Federal Aviation Administration.

[53] Chudoba B, Coleman G, Oza A, et al. What price supersonic speed? A design anatomy of supersonic transportation Part 1 [J]. The Aeronautical Journal (1968), 2008, 112: 141-151.

[54] Cowart R, Grindle T. An overview of the Gulf-stream/NASA Quiet Spike™ flight test program [C] // 46th AIAA Aerospace Sciences Meeting and Exhibit. Reston: AIAA, 2008.

[55] Benson L R. Quieting the boom: the shaped sonic boom demonstrator and the quest for quiet supersonic flight [M]. Washington, D. C.: NASA, 2013: 1-216.

[56] Waggoner E, Cliatt L J, Hill M A, et al. An overview of lessons learned from sonic boom flight research projects conducted by NASA Armstrong flight research center [C] // 2018 Flight Testing Conference. Reston: AIAA, 2018.

[57] Kamlet M. NASA's improved supersonic cockpit display shows precise locations of sonic booms [EB/OL]. (2016-12-18) [2021-7-20]. https://www.nasa.gov/centers/armstrong/features/cockpit_display_shows_sonic_boom_location.html.

[58] Buonanno M, Chai S, Marconi F, et al. Overview of sonic boom reduction efforts on the Lockheed Martin N+2 supersonic validations program [C] // 32nd AIAA Applied Aerodynamics Conference. Reston: AIAA, 2014.

[59] Meredith K, Dahlin J, Graham D, et al. Computational fluid dynamics comparison and flight test measurement of F-5E off-body pressures [C] // 43rd AIAA Aerospace Sciences Meeting and Exhibit. Reston: AIAA, 2005.

[60] Liebhardt B, Lütjens K, Ueno A, et al. JAXA's S4 supersonic low-boom airliner - A collaborative study on aircraft design, sonic boom simulation, and market prospects [C] // AIAA Aviation 2020 Forum. Reston: AIAA, 2020.

[61] Welge H, Nelson C, Bonet J. Supersonic vehicle systems for the 2020 to 2035 timeframe [C] // 28th AIAA Applied Aerodynamics Conference. Reston: AIAA, 2010.

[62] Sarrow V W, Stout T A, Bradley K A, et al. SonicBAT: Some highlights and subsequent developments [C] // 23rd International Congress on Acoustics (ICA 2019), 2019.

[63] Heineck J T, Banks D W, Smith N T, et al. Background-oriented schlieren imaging of supersonic aircraft in flight [J]. AIAA Journal, 2020, 59 (1): 11-21.

[64] Creech G. NASA dryden flies new supersonic shockwave probes [EB/OL]. (2017-8-7) [2021-7-20]. https://www.nasa.gov/topics/aeronautics/features/shockwave_probes.html.

[65] Federal Aviation Administration. Fact sheet - supersonic flight [EB/OL]. (2020-11-25) [2021-7-20]. https://www.faa.gov/newsroom/supersonic-flight.

[66] Federal Aviation Administration. Special flight authorizations for supersonic aircraft FAA-2019-0415 (Amdt 91-362) [S]. Washington, D. C.: Federal Aviation Ad-ministration, 2021.

[67] Federal Aviation Administration. Noise certification of supersonic airplanes FAA –2020 –0316 (Notice No. 20 –06) [S]. Washington, D. C.: Federal Aviation Administration, 2020.

[68] Page J A, Loubeau A. Overall vehicle system noise: sonic boom [J]. CEAS Aeronautical Journal, 2019, 10 (1): 335 –353.

[69] Leatherwood J D, Sullivan B M, Shepherd K P, et al. Summary of recent NASA studies of human response to sonic booms [J]. The Journal of the Acoustical Society of America, 2002, 111 (1 Pt 2): 586 –598.

[70] Marshall A J. Development of a model of startle resulting from exposure to sonic booms [D]. West Lafayette: Purdue University, 2012.

[71] Bolander C R, Hunsaker D F, Shen H, et al. Procedure for the calculation of the perceived loudness of sonic booms [C] // AIAA Scitech 2019 Forum. Reston: AIAA, 2019.

[72] Weinstein L M, Stacy K, Vieira G J, et al. Imaging supersonic aircraft shock waves [J]. Journal of Flow Visualization and Image Processing, 1997, 4 (3): 189 –199.

[73] Kamlet M. NASA flights advance celestial schlieren imagery for supersonic aircraft [EB/OL]. (2017 –12 –15) [2021 –7 –20]. https://www.nasa.gov/centers/armstrong/feature/nasa_advances_schlieren_imagery_for_super –sonic_aircraft.html.

[74] Norri G. Seen as well as heard [J]. Aviation Week & Space Technology, 2015, 177 (18): 64.

[75] 瞿丽霞，韩硕，宋亚辉，等. 超声速飞行器声爆飞行试验与声爆预测评估 [J]. 空气动力学学报，2022，40 (4)：69 –80.

[76] 宋亚辉，赵元明，张晓亮，等. 基于声阵列的飞机地面声爆测试技术 [J]. 声学技术，2022，41 (5)：697 –704.

[77] Walkden F. The shock pattern of a wing – body combination, far from the flight path [J]. Aeronautical Quarterly, 1958, 9 (2): 164 –194.

[78] Lansing D L. Some effect of flight maneuvers on the distribution of sonic booms [J]. Proceedings of Symposium on Atmospheric Acoustic Propagation, 1961, 1: 24 –43.

[79] Downing M, Zamot N, Moss C, et al. Controlled focused sonic booms from maneuvering aircraft [J]. The Journal of the Acoustical Society of America, 1998, 104 (1): 112 –121.

[80] Henderson H R, Hilton D, Huckel V, et al. Measurements of sonic boom signatures from flights at cutoff Mach number: NASA SP –255 [R]. Washington, D. C.: NASA, 1971.

[81] Coulouvrat F, Blumrich R, Heimann D. Meteorologically induced variability of sonic boom of a supersonic aircraft in cruising or acceleration phase [C] // International Symposium on Nonlinear Acoustics – Sonic – Boom Forum, 2006.

[82] Baize D G, Mcelroy M O, Fenbert J A, et al. A performance assessment of eight low – boom high – speed civil transport concepts: NASA CP –1999 –209699 [R]. Washington, D. C.: NASA, 1999.

[83] Kane E, Palmer T Y. Meteorological aspects of the sonic boom: FAA SRDS RD 64 - 160 [R]. FAA, 1964.

[84] Rickley E J, Pierce A D. Detection and assessment of secondary sonic booms in New England [J]. The Journal of the Acoustical Society of America, 1981, 69 (S1): S100.

[85] Hutchinson A D, Bowersox R D. A sonic boom propagation code for studying atmospheric effects and uncertainties [C] // AIAA Scitech 2021 Forum. Reston: AIAA, 2021.

[86] Yamashita R, Suzuki K. Full - field sonic boom simulation in stratified atmosphere [J]. AIAA Journal, 2016, 54 (10): 3223 - 3231.

[87] Rendón P L, Coulouvrat F. Reflection of caustics and focused sonic booms [J]. Wave Motion, 2005, 42 (3): 211 - 225.

[88] Haering E, Cliatt L, Bunce T, et al. Initial results from the variable intensity sonic boom propagation database [C] // 14th AIAA/CEAS Aeroacoustics Conference (29th AIAA Aeroacoustics Conference). Reston: AIAA, 2008.

[89] Gipson L, Dunbar B. Low - boom flight demonstration: The mission [EB/OL]. (2020 - 9 - 18) [2021 - 7 - 20]. https: //www. nasa. gov/mission_pages/lowboom/ mission.

[90] Maglieri D J, Hubbard H H. Ground measurements of the shock - wave noise from supersonic bomber airplanes in the altitude range from 30000 to 50000 feet: NASA TN D - 880 [R]. Washington, D. C.: NASA, 1961.

[91] Kamlet M. Cutting edge ground recorders selected to measure future X - 59 quiet supersonic flights [EB/OL]. (2021 - 3 - 22) [2021 - 7 - 20] https: //www. nasa. gov/certers/armstrong/features/how - nasa - will - measure - quiet - supersonic - flight. html.

[92] Maglieri D, Hilton D, Mcleod N. Summary of sonic boom signatures resulting from atmospheric effects [C] // 5th Meeting of the (FAUSST) French Anglo - Saxon United States Supersonic Transport Committee. Washington D. C., 1967.

[93] Hilton D A, Newman J W Jr. Instrumentation techniques for measurement of sonic - boom signatures [J]. The Journal of the Acoustical Society of America, 1966, 39 (5B): S31 - S35.

[94] Maglieri D J, Ritchie V S, Bryant J F Jr. In - flight shock wave pressure measurements above and below a bomber airplane at Mach numbers from 1.42 to 1.69: NASA TN - D1968 [R]. Washington, D. C.: NASA, 1963.

[95] Maglieri D J, Henderson H R, Tinetti A F. Measured sonic boom signatures above and below the XB - 70 airplane flying at Mach 1.5 and 37000 feet: NASA/CR - 2011 - 217077 [R]. Washington, D. C.: NASA, 2011.

[96] Kamlet M. NASA tests supersonic shock probe using historical NACA flight test technique [EB/OL]. (2019 - 12 - 6) [2021 - 7 - 20].

[97] Banks D, Vandam C P, Shiu H, et al. Visualization of In - flight flow phenomena using infrared thermography [C] // 9th International Symposium on Flow Visualization, 2000.

[98] Maglieri D. Sonic boom flight research – Some effects of airplane operations and the atmosphere on sonic boom signatures: NASA SP – 147 [R]. Washington, D. C.: NASA, 1965.

[99] Merino – Martínez R, Sijtsma P, Snellen M, et al. A review of acoustic imaging methods using phased microphone arrays [J]. CEAS Aeronautical Journal, 2019, 10 (1): 197 – 230.

[100] Yang J L, He L B, Zhu H J, et al. Progress of calibration on methods for high sound pressure microphone [C] // 26th International Congress on Sound and Vibration 2019: ICSV26, 2019.

[101] Tian B, Li K, Liu J, et al. Eccentric reflective optical fiber MEMS micro – pressure sensor [J]. Journal of Micro – mechanics and Micro – engineering, 2020, 30 (8): 085010.

[102] Hessler E, Hessler D M, Brandstatt P, et al. Experimental study to determine wind – induced noise and windscreen attenuation effects on microphone response for environmental wind turbine and other applications [J]. Noise Control Engineering Journal, 2008, 56 (4): 300 – 309.

[103] Fields R S Jr, Tso J, Soderman P T. An experimental investigation of cavity flow oscillations and tones of an In – flow microphone [J]. International Journal of Aeroacoustics, 2006, 5 (2): 173 – 191.

[104] Conner M. NASA Armstrong fact sheet: Fiber optic sensing system [EB/OL]. (2018 – 1 – 17) [2021 – 7 – 20]. https://www.nasa.gov/centers/armstrong/news/FactSheets/FS – 110 – AFRC.html.

[105] Pawlowski J, Graham D, Boccadoro C, et al. Origins and overview of the shaped sonic boom demonstration program [C] // 43rd AIAA Aerospace Sciences Meeting and Exhibit. Reston: AIAA, 2005.

[106] Loubeau A. Recent progress on sonic boom research at NASA [C] // International Noise 2012, 2012.

第 6 章　超声速民机低声爆设计方法

根据适用于概念设计阶段的国内外超声速民机低声爆设计方法的研究进展，本章介绍基于 JSGD 声爆最小化理论和混合可信度的低声爆反设计方法、高效全局的基于代理模型的优化设计方法、采用被动控制原理的静音锥技术和采用主动控制原理的后体喷流声爆抑制技术。为了方便读者更清楚地了解与运用本书所介绍的低声爆设计方法，本章最后给出一种 140t、120 座级超声速民机低声爆布局的详细设计过程。

6.1　低声爆反设计方法与优化设计方法

超声速民机低声爆设计方法主要分为三类：飞机操纵（aircraft operation）、主/被动控制方法和飞机气动外形设计。飞机操纵是指，在声爆限制区域（如人口稠密的城市）时，通过操纵飞机爬升或以截断马赫飞行等来降低当地声爆强度的方法。该方法对超声速民机运营航迹规划有较大约束，难以发挥设计方案的经济性，同时在飞行过程中频繁改变飞行状态，也会降低旅客的舒适度。因此，在低声爆设计中，飞机操纵方法并不是首先选取的方法。主/被动控制方法是指，通过在飞机附近注入能量或在飞机上添加额外的机构，改变飞机附近流场中激波/膨胀波系结构以降低声爆的方法。其中，最具代表性的是湾流公司提出的机头静音锥技术。该方法在声爆抑制方面的有效性已经在飞行试验中得到了验证，但由于额外部件的添加改变了原本外形设计，进而影响气动性能（如静音锥会增加阻力）。相比之下，飞机气动外形设计方法则是通过设计飞机气动外形来降低声爆，在设计时更易兼顾其他学科性能，是目前更实用的方法，主要包括低声爆反设计方法和优化设计方法。

低声爆反设计方法是指，通过调整外形使其等效截面积分布或近场超压分布，匹配给定的低声爆目标分布的方法。现有方法可分为基于 JSGD 声爆最小化理论的反设计方法、基于近场超压分布的反设计方法，以及混合可信度反设计方法。其中，基于 JSGD 声爆最小化理论的低声爆设计方法的效率高，被广泛用于超声速民机方案的概念设计前期阶段，构成了低声爆反设计的基础。然而该方法基于细长体理论，属于线化理论，设计结果已不能满足现有低声爆设计精度的需求。基于近场超压分布的反设计方法通过调整飞机外形直接匹配近场超压信号，能够更好地考虑飞机部件的外形，设计精度高。该方法通常采用昂贵的近场 CFD 数值模拟以获得精确的近场超压分布，适用于精细化设计。混合可信度反设计方法通过结合低/高可信度方法，能够兼顾效率和可信度，已被广泛应用于美国 NASA C25D 等低声爆布局设计中。

低声爆优化设计方法通过对飞机外形参数化，采用梯度优化方法、启发式方法或代理优化方法，获得满足约束条件下的最优外形，可相对容易地考虑气动、操稳等目标和约束。随着高性能计算技术的发展，该方法受到越来越广泛的关注和研究。优化算法是驱动寻找新外形的核心，梯度优化是一种局部优化算法，优化结果依赖初始点；启发式方法存在“维数灾难”难题，即随设计变量数（维数）增加，数值模拟分析次数呈指数级增长，会带来巨大的计算量问题；代理优化方法利用代理模型替代真实函数用于子优化问题求解，并指导获取新的样本点加入，减少了昂贵数值模拟分析次数，兼顾了优化效率和全局性。

6.1.1　基于 JSGD 理论的低声爆反设计方法

20 世纪 60—70 年代，Jones、Seebass、George 和 Darden 基于修正线化理论，提出了经典的 JSGD 声爆最小化理论。该理论是低声爆反设计方法的基础，至今仍在低声爆布局设计中广泛应用。

（1）声爆最小化理论

在给定飞机重量、长度、巡航马赫数和高度的条件下，该理论能够给出使飞机达到最低超压峰值和最小头激波强度的 F 函数分布。其中，F 函数表征了飞机的声爆源大小。

对于飞机下方距离为 r 位置处的声爆信号，根据 Whitham 修正线化理论描述头激波强度的 F 函数表达式，不难发现

$$\frac{1}{2}kr^{1/2}F(y_0)\cdot F(y_0)=\int_0^{y_0}F(y)\mathrm{d}y \tag{6-1}$$

k 的表达式如下

$$k=\frac{(\gamma+1)(Ma)^4}{B^{3/2}} \tag{6-2}$$

式中：$B=\sqrt{(Ma)^2-1}$；y_0 为飞机轴向位置，即从机头到 y_0 处的扰动经演化后形成头激波；γ 为比热比。

结合图 6－1 可以看出，式（6－1）反映了“面积平衡”原理，阴影部分“Ⅰ＋Ⅲ”的面积与“Ⅱ＋Ⅲ”的面积相等，即阴影部分Ⅰ和Ⅱ的面积相等，并称虚直线为 F 函数头激波的平衡线，其斜率为 F 函数的平衡斜率。要使声爆信号头激波强度最小，须使 y_0 处 F 函数值达到最小。

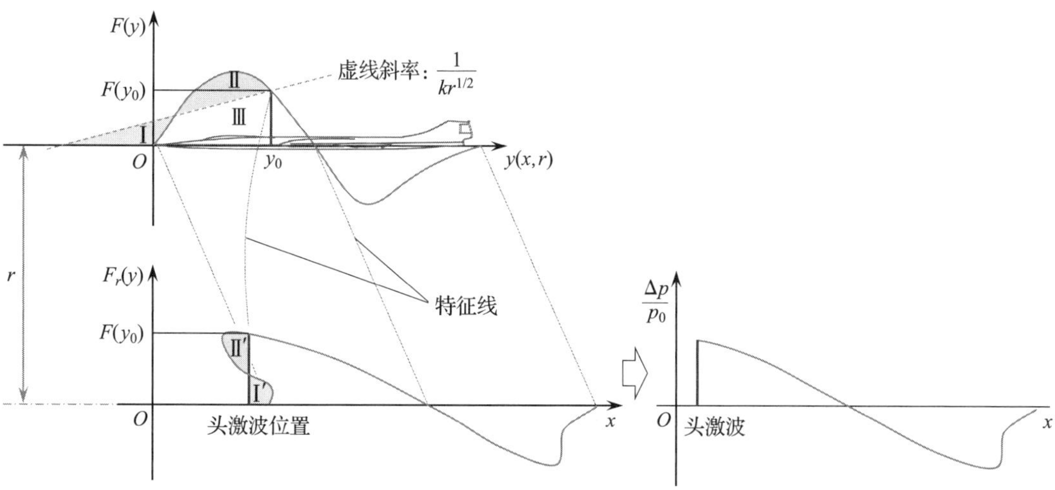

图 6－1　声爆头激波形成示意图

考虑如图 6－2 所示的两种不同的 F 函数分布，分别记为 F_1 和 F_2。由于 F_2 函数的值在头部大于 F_1，若要保证升力相等，则之后 F_2 函数的值要小于 F_1。由此可得阴影部分Ⅳ的面积小于阴影Ⅴ的面积，那么 F_2 函数头激波的平衡线与 F_2 函数相交点 $F_2(y_0')$ 函数值要小于 $F_1(y_0)$，从而使飞机具有较低的头激波强度（具体推导过程请参考文献《声爆预测与低声爆设计方法》）。因此，使 F 函数在头部有较大的峰值可以降低飞机前体的激波强度。这便是 JSGD 声爆最小化理论的主要思想。

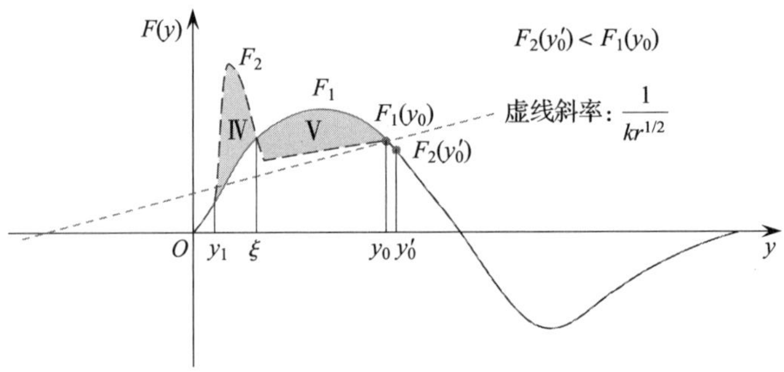

图 6－2　两种不同的 F 函数分布示意图

（2）反设计方法

下面主要介绍基于经典 JSGD 理论建立起的低声爆反设计方法（本书简称为“JSGD 反设计方法”）。该方法以声爆最小化理论定义的低声爆 F 函数为目标，调整飞机的等效截面积分布（体积分量和升力分量之和）以满足目标。

对于一架给定巡航重量 W、飞机等效长度 l、巡航高度 H_{cruise}、巡航马赫数 Ma 的飞机，该方法流程如图 6－3 所示，主要步骤如下：

第一步：根据设计点参数确定具有低声爆特征的目标 F 函数分布以及相应的目标等效截面积分布 $A_{e,T}$。

第二步：计算飞机基准外形（或设计外形）的等效截面积分布 A_e。

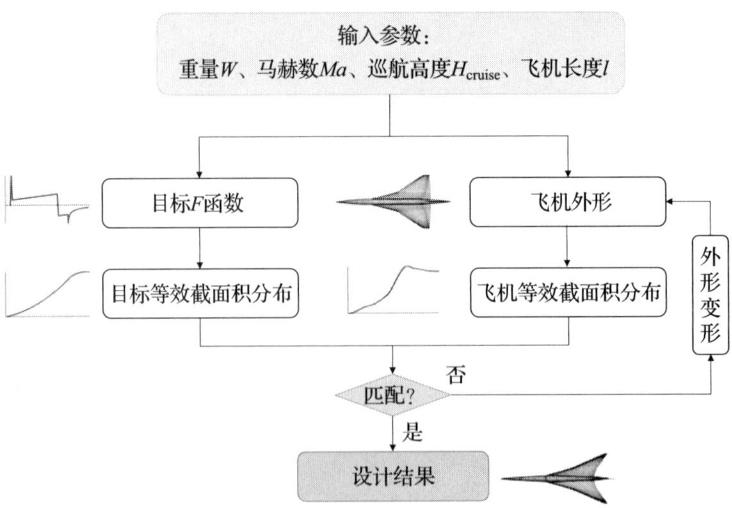

图 6－3　JSGD 反设计方法基本流程

第三步：对比 $A_{e,T}$和 A_e，若两者匹配（偏差小于收敛标准）则设计结束，若不匹配则回到第二步，对飞机进行修形。

声爆最小化理论定义了低声爆目标 F 函数的形式，是一个具有头尾尖峰形态的分布。图 6－4 给出了低声爆 F 函数的具体定义。其中，上图为低声爆的等效截面积分布，中图为低声爆 F 函数形态，下图为对应的斜坡状远场波形。

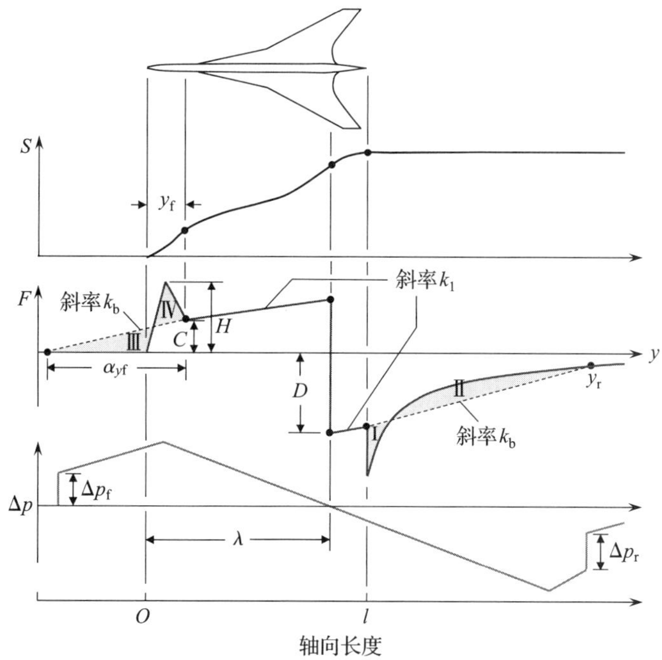

图 6－4 低声爆 F 函数的形态及参数化定义

根据图 6－4 中的参数，具有低声爆特征的 F 函数可写为如下分段函数

$$F(y)=\begin{cases}2yH/y_f, & 0\leqslant y<y_f/2\\ C(2y/y_f-1)-2H(y/y_f-1), & y_f/2\leqslant y<y_f\\ k_1(y-y_f)+C, & y_f\leqslant y<\lambda\\ k_1(y-\lambda)-D, & \lambda\leqslant y\leqslant l\end{cases} \tag{6-3}$$

式中：y_f 为钝头系数，是 F 函数头激波的面积平衡点（即图 6－4 中阴影部分Ⅲ和Ⅳ的面积相等）；y_r 是尾激波的面积平衡点（即图 6－4 中阴影部分Ⅰ和Ⅱ的面积相等）；H 是头部尖峰的 F 函数值；C 是在头部面积平衡点的 F 函数值；D 是膨胀后的 F 函数值；λ 是在膨胀区 F 函数与横轴交点的横坐标；k_1 为 F 函数的斜率，需要在设计中根据飞机实际布局和设计要求进行修改；k_b 为平衡斜率，由大气参数和飞行马赫数决定。上述参数中，钝头系数 y_f 和 F 函数斜率 k_1 需要由设计者给定，k_b、H、C、D、λ 和 y_r 是未知量。

在给定头尾激波强度比后，根据 5 个约束条件（头部面积平衡、尾部面积平衡、头尾激波强度比、升重平衡，以及 F 函数在 y_r点和平衡斜率线相交），解出上述六个未知参数以获得低声爆 F 函数的表达式。（参考文献[23]列出了约束表示式，并给出了应用实例供读者参考。）

在实际中，在进行低声爆反设计时必须兼顾气动性能等其他因素，而经典 JSGD 理论无法权衡各项要求，设计灵活性不足。国际上提出了一些改进方法，主要思路是利用多段 F 函数来权衡低阻等要求，如 Plotkin 提出的广义 F 函数和 Haas 提出的多激波 F 函数，有兴趣的读者可参见相关文献。

6.1.2 混合可信度低声爆反设计方法

为了权衡设计精度和效率，Li 提出了混合可信度低声爆反设计方法（也称为 LSG 方法）。该方法结合了低可信度分析（Whitham 理论）和高可信度分析（CFD 数值模拟），采用低/高可信度等效截面积来进行设计。其中，低可信度等效截面积 A_e^{low} 和高可信度等效截面积 A_e^{high} 表达式参见参考文献[1]。LSG 方法假设基准构型和设计构型的高可信度等效截面积差值近似等于低可信度等效截面积差值，如式（6－4）所示

$$A_{e,design}^{high}-A_{e,baseline}^{high}\approx A_{e,design}^{low}-A_{e,baseline}^{low} \tag{6-4}$$

式中，下标 baseline 和 design 分别表示基准构型和设计构型。

混合可信度反设计方法的实施流程如图 6－5 所示。Li 还假设在设计过程中升力等效截面积不变，基准构型和设计构型的高可信度等效截面积差异主要是由体积分量引起的。这样在设计过程中仅需对体积等效截面积进行匹配即可，使得设计过程只需少量的高可信度数值模拟分析，大幅提升了设计效率。

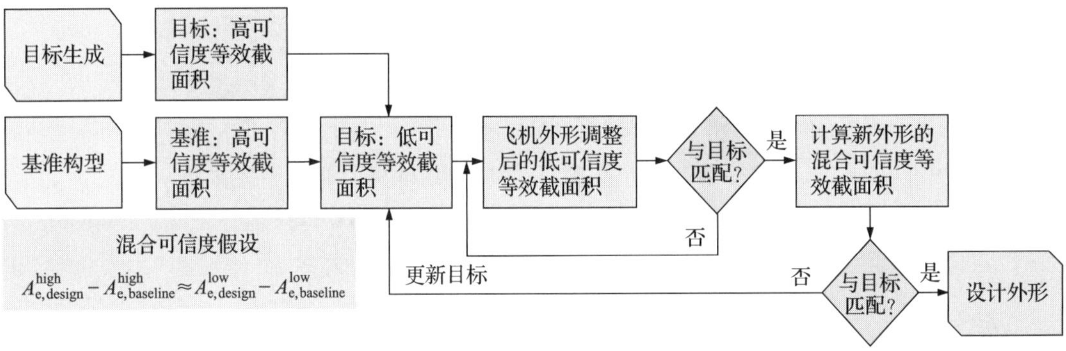

图 6－5　混合可信度反设计方法实施流程

目前，国际上有两种低声爆目标生成方法。第一种是参数化等效截面积（parametric equivalent area，PEA）方法，其以参数化的等效截面积作为目标分布，能直接考虑地面感觉声压级。PEA 方法是目前生成低声爆目标的主流方法，然而其缺点是不能描述飞机机头、机翼和尾翼等重要的几何部件特点，约束升力的方法是经验性的，对机身的装载要求考虑不充分，给出的低声爆目标分布可实现性不足，可能会设计出不实用的外形。感兴趣的读者可参见参考文献［23］，本书不再赘述。第二种是参数化近场超压分布（parametric near－field overpressure，PNFO）方法。PNFO 方法能够显著改善 PEA 方法难以考虑升力和客舱容积约束、生成的低声爆目标不合理问题。下面对该方法进行介绍。

6.1.2.1　基于 PNFO 的低声爆反设计方法框架流程

基于 PNFO 的低声爆反设计方法（PNFO 反设计方法）采用了内外层迭代设计框架，其中每一次外迭代包含目标生成步骤和目标匹配步骤。新的目标生成策略使用优化方法，在升力和体积要求下获得参数化 dp/p 目标分布。目标匹配步骤使用外形变形和等效截面积分析方法以匹配给定的目标分布。该方法流程如图 6－6 所示，主要的步骤包括了基准构型的近场超压分布计算、新的低声爆目标生成策略、匹配目标分布的内层迭代、外层迭代设计和终止条件。

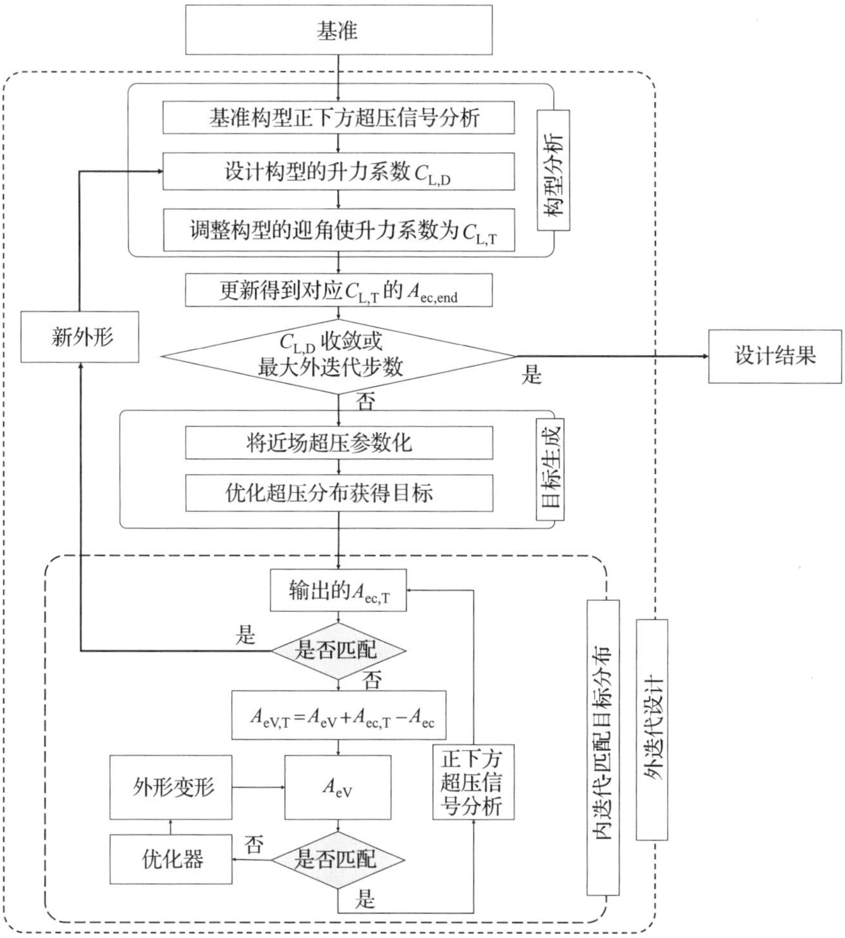

图 6－6　PNFO 反设计方法的框架流程

①基准构型的正下方近场超压信号分析：为了给参数化近场超压分布提供参考，首先需要对基准构型进行定升力计算，以获得在设计升力系数下的近场声爆波形，再转换为转换等效截面积分布 A_{ec}（converted equivalent area）。

②反设计目标生成策略：从近场声爆波形中提取关键控制点进行参数化。固定转换等面积分布的末端点值（$A_{ec,end}$）以约束巡航升力，机头和客舱的关键站位被限制以保证机身约束。采用代理优化方法获得一个地面感觉声压级最小的参数化近场声爆波形，并将其作为反设计目标。

③目标匹配的内层迭代：通过修改飞机外形来匹配反设计目标，当转换等效面积目标分布 $A_{ec,T}$ 不能再被进一步逼近时，内层迭代终止。

④外层迭代设计：PNFO 反设计方法采用了内外层迭代嵌套的策略以保证设计构型的升力系数 $C_{L,D}$ 逐渐收敛于要求的目标升力系数 $C_{L,T}$。因此，在外层迭代设计中，首先采用第②步中的方法，基于前一个设计构型获得一个新的参数化近场超压分布目标；进而重复第③步内层迭代设计来匹配给定的新目标。

⑤设计流程终止条件：当达到设计流程终止条件时，第④步的外层迭代设计停止。PNFO 反设计方法是一种满足升力约束的低声爆反设计方法。因此，当外层迭代设计获得的设计构型升力系数 $C_{L,D}$ 与目标升力系数 $C_{L,T}$ 的差异足够小时，设计终止。或者，外层迭代设计的次数达到最大值时，设计终止。

6.1.2.2 转换等效截面积分布

转换等效截面积分布 A_{ec} 的转换公式为

$$A_{ec}(x,\theta) = \int_0^x C(P-\rho_\infty)\sqrt{x-t}\,dt \tag{6-5}$$

其中

$$C = 4(2R\sqrt{(Ma)^2-1})^{0.5}/(\gamma\rho_\infty(Ma)^2) \tag{6-6}$$

需要说明的是，此处的转换等效截面积分布 A_{ec} 不同于第 3 章中修正线化理论的等效截面积分布 A_e，也不同于 PEA 方法中的引入的反等效截面积 $A_{e,r}$。

转换等效截面积末端点 $A_{ec,end}$ 定义为在飞机尾部之后 A_{ec} 上的极小值点，如图 6-7 所示。$A_{ec,end}$ 横坐标值表示飞机扰动信号的有效距离。

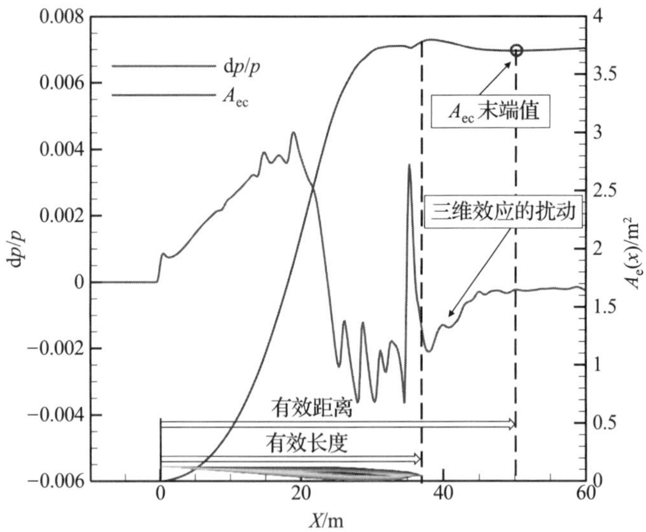

图 6-7 转换等效截面积末端点的定义

由转换等效截面积分布预测远场声爆的流程如图 6-8 所示。首先将转换等效截面积分布换算为正下方 R 处的超压分布 dp/p；再将 dp/p 作为输入，采用求解广义 Burgers 方程的远场传播方法预测出地面声爆波形；最后，计算地面波形的感觉声压级。

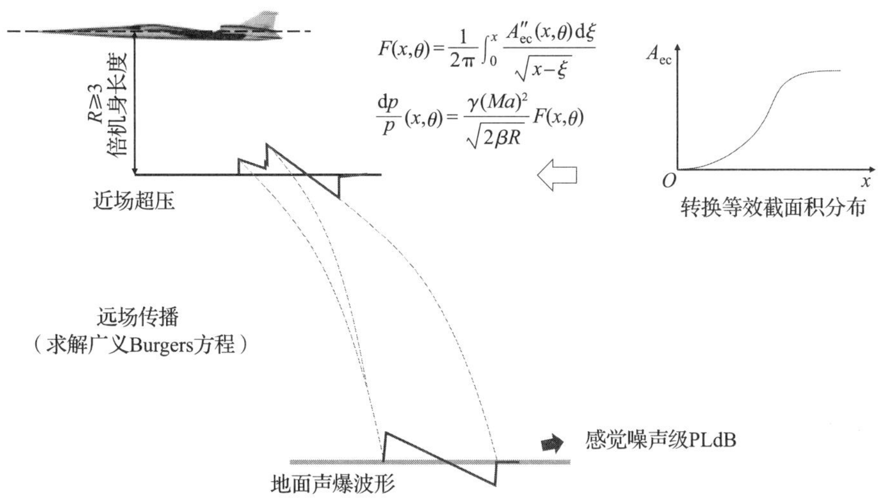

图 6－8　由转换等效截面积分布预测远场声爆的流程示意图

6.1.2.3　低声爆目标生成策略

考虑升力约束的声爆最小化反设计方法的核心是新的低声爆目标生成策略，该策略是：直接将基准构型的近场超压分布参数化，并在升力和机身体积的约束下，通过优化近场超压的参数使地面感觉声压级最小化，所获得的分布即作为低声爆反设计的目标分布。

近场超压分布的参数化方式如图 6－9 所示，从参考近场超压分布上提取关键点来描述参数化的近场超压分布。通常，飞机机头、机翼、尾翼等主要部件是构型最重要的几何特征，决定了近场波系形态和激波位置。参数化近场波形的关键点是根据基准近场超压分布波形上的极大值或极小值点而选取的。

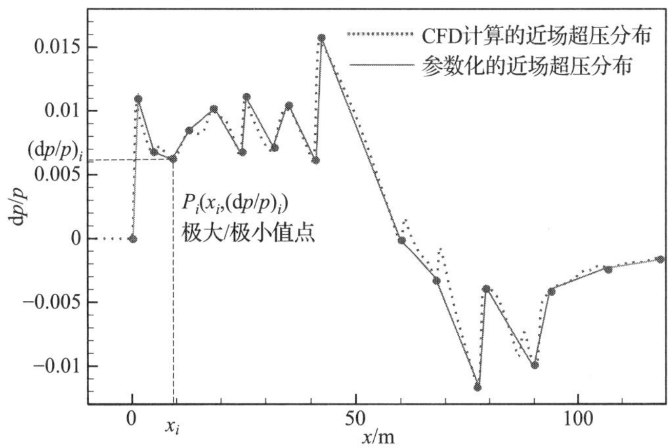

图 6－9　参数化 $\mathrm{d}p/p$ 的定义示意图，其中实心圆点表示参考构型 $\mathrm{d}p/p$ 上选取的关键点

为了给出可实现的目标分布，巡航点的升力和客舱装载要求被作为约束，引入到获取目标分布的优化中。飞机等效截面积末端点的值由巡航升力决定，类似地，将目标生成中对巡航升力的约束转化为约束转换等效截面积末端值，同时选取客舱起始站位、最宽站位和结束站位作为客舱段的关键站位，对客舱体积进行约束。

6.1.2.4 内层迭代——目标匹配

内层迭代设计旨在驱动飞机外形变形使其满足预先给定的目标分布。针对概念设计，为了较好地权衡设计效率和设计结果可信度，反设计匹配采用了混合可信度反设计方法。混合可信度反设计通过匹配转换等效截面积分布使设计外形达到目标，其核心在于混合可信度假设，即假设在扰动强度较小、非线性程度较弱的情形下，调整机身、短舱的形状所引起的转换等效截面积分布的变化，约等于体积等效截面积分布产生的变化，可表示为

$$A_{eV,T} \approx A_{eV} + A_{ec,T} - A_{ec} \tag{6-7}$$

其中，转换等效截面积分布是由 CFD 数值模拟结果获得的高可信度结果，而体积等效截面积分布是根据马赫面切割获取的低可信度结果。

6.1.2.5 外层迭代——目标更新

进行多次外层迭代，使设计外形的升力系数逐渐收敛于设计点要求的升力系数，并具有最优的声爆特性。在完成前一次外层迭代后，更新参数化 dp/p 目标，并作为下一次外层迭代设计的目标。目标更新的关键是获得满足设计点巡航设计升力系数 $C_{L,T}$的新 $A_{ec,end}$，将其作为获取目标分布的优化中的约束。

6.1.3 基于代理模型的低声爆优化设计方法

如何给出低声爆反设计目标严重依赖于设计者的经验，同时在升力、阻力、容积等作为目标或约束的情况下也很难达到设计目标。因此，采用数值优化方法开展低声爆设计已成为一种新的有效手段（具体介绍见参考文献［23］）。

现代飞行器设计中基于代理模型的优化方法可追溯至 20 世纪 70 年代，最早应用于结构优化设计，后至 20 世纪末被引入气动优化设计中，并逐渐在航空航天领域得到广泛重视。经过近半个世纪的发展，代理模型已不仅可以替代复杂费时的数值分析，同时还构成了一种基于历史数据来驱动新样本点加入并使产生的样本序列逐步逼近局部或全局最优解的优化算法，称为“代理优化算法”（surrogate - based optimization，SBO）。

代理优化算法的要素包括试验设计、代理模型建模、优化加点、优化终止条件等。其中，常用的代理模型有克里金（Kriging）、多项式响应面（PRSM）、径向基函数（RBF）、人工神经网络（ANN）、支持向量回归（SVR）和多项式展开（PCE）等。其中，Kriging 模型具有预估值方差估计的独特功能，逐渐成为最具代表性和发展潜力的代理模型之一。

基于代理模型的低声爆优化设计流程如图 6 - 10 所示。对于给定的初始外形，低声爆优化设计的主要步骤如下：第一步，在设计空间中通过拉丁超立方等方法开展试验设计，获得初始样本点。对初始样本点对应的外形开展声爆/气动分析，得到优化目标（声爆强度）及约束响应值。第二步，将样本点、优化目标及约束响应值存入数据集内，建立数据库。第三步，通过初始样本点及其响应值数据集建立目标问题和约束的代理模型。第四步，基于代理模型，按照改善期望准则（EI）和最小化代理模型预测准则（MSP）等加点准则构造子优化问题，并采用遗传算法（GA）和序列二次规划（SQP）等优化算法求解得到新样本点。评估新外形的声爆特性，并将其信息添加到样本数据集中，更新代理模型。第五步，判断声爆强度是否满足设计要求，如果满足要求则优化设计停止并输入设计外形，否则再生成新的外形样本，重复第四步，直至获得最优外形。本章的后续结果依托于代理优化工具箱 SurroOpt。

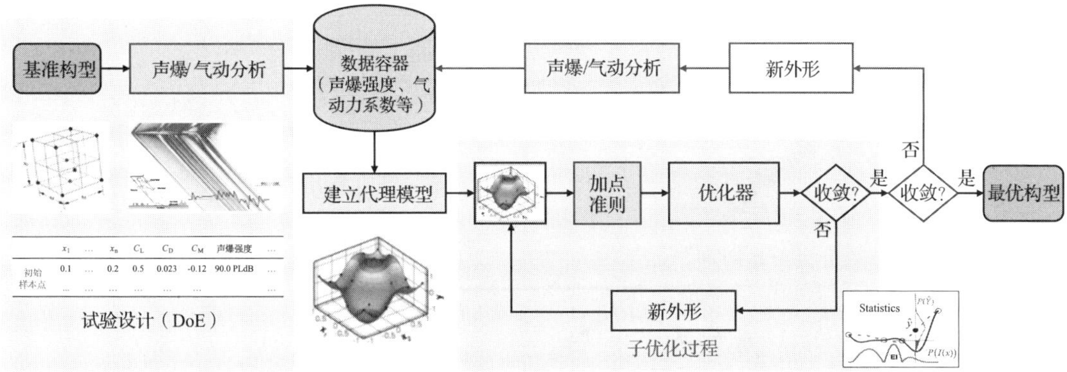

图 6 – 10　基于代理模型的低声爆优化设计流程

上述低声爆优化设计方法中主要包括以下几个方面：外形参数化方法、网格变形方法、近场声爆 CFD 计算、近场声爆信号的提取和高精度远场传播等。其中，常用的外形参数化方法有基于类别形状函数变换（CST）和自由变形技术（FFD）方法，常用的网格变形方法有基于径向基函数以及中心点自适应方法的网格变形方法。近场声爆计算与声爆信号提取以及高精度远场传播方法已在第 3 章详细介绍，本节不再赘述。

6.2　声爆抑制技术

6.2.1　机头静音锥技术

21 世纪初，美国湾流公司研究员 Howe 提出了机头静音锥技术。静音锥是安装在机头的由多段细长杆组合而成的机构，其利用细长杆产生的若干道弱激波代替原本较强的弓形激波，避免传播过程中激波/膨胀波系合并，降低远场声爆头激波强度以及增加上升时间，实现对远场声爆强度的抑制。美国 NASA 于 2002 年对静音锥开展了风洞试验，并将测量数据与近场 CFD 预测结果进行对比，验证了静音锥声爆抑制原理的可行性。2006 年，湾流公司将该技术应用到 F – 15B 飞机上并开展了飞行试验（见图 6 – 11），验证了声爆抑制效果的有效性。湾流公司将其应用于 QSJ（quiet supersonic jet）超声速公务机中，与

图 6 – 11　加装静音锥的 F – 15B 飞机

SSBJ（supersonic business jet）传统超声速民机相比，远场波形由N型波变为具有阶梯状头部的波形，最大超压值大幅降低，上升时间大幅增加，如图6-12所示。

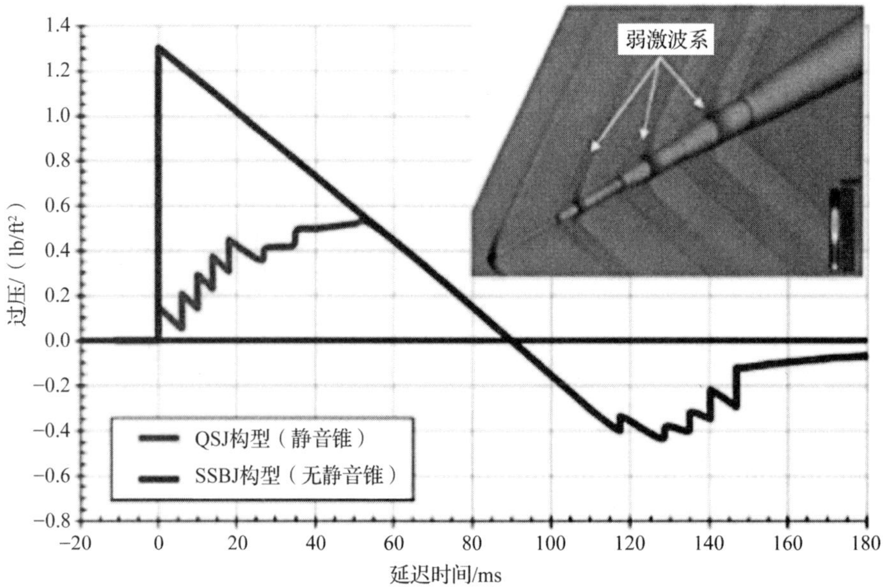

图6-12　QSJ构型（静音锥）与SSBJ构型（无静音锥）远场声爆波形对比

6.2.1.1　基准构型的选取与评估

以经过低声爆设计的构型作为研究对象（基准外形方案）。基准构型的几何视图如图6-13所示，其具有低声爆的头部、曲线机翼前缘、大后掠上反机翼、T形尾翼，全机长度为71m。

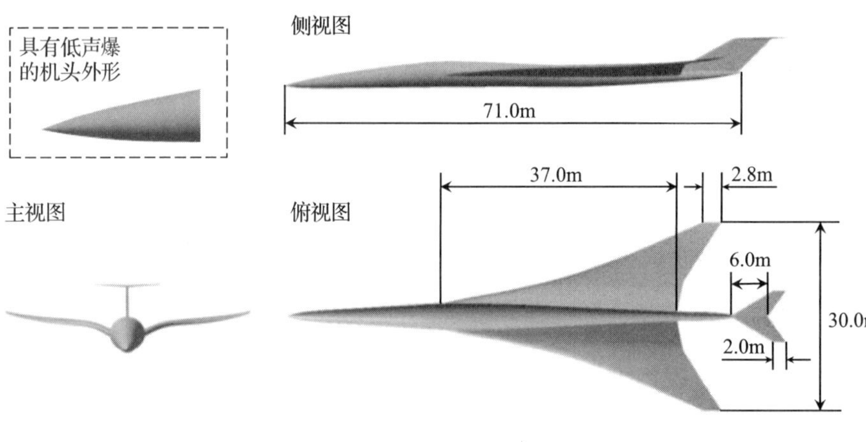

图6-13　基准构型示意

采用稀、中、密三套计算网格（见表6-1），在马赫数2.0，迎角5.12°状态下求解欧拉方程，空间离散采用Roe迎风格式。飞机正下方三倍机身长度处的近场波形对比如图6-14所示。中等网格能够较好捕捉波系并用于后续计算分析。在标准大气参数及飞行高度18.60km条件下计算得到的远场波形如图6-15所示，感觉声压级为98.90PLdB。

表 6－1　三套计算网格参数　　$\times 10^7$ 个

名称	结构网格量	非结构网格量	总网格量
稀网格	0. 97	6. 34	7. 31
中等网格	1. 92	12. 73	14. 65
密网格	3. 80	25. 50	29. 30

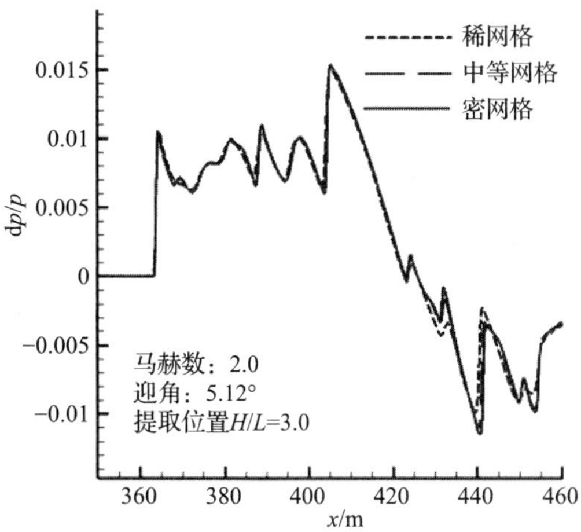

图 6－14　三套网格的近场波形对比

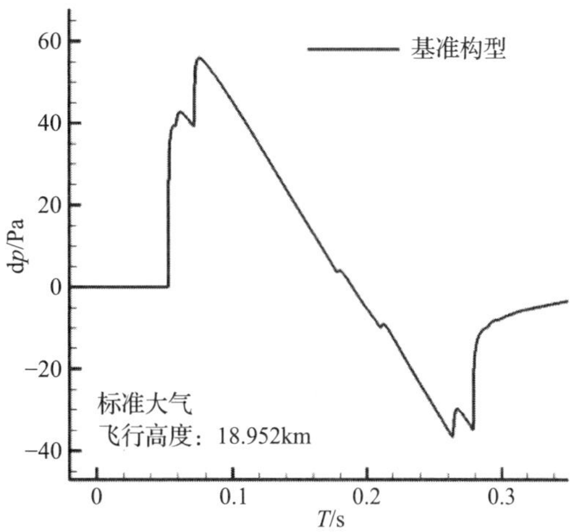

图 6－15　基准构型远场波形示意

在基准构型上，截取飞机头部使截面沿飞机纵向的最大高度为 1. 2m，并在其前部添加静音锥。

6. 2. 1. 2　单级机头静音锥研究

（1）长度影响规律研究

在基准构型飞机头部截断前部分别添加 0. 025 倍、0. 05 倍、0. 10 倍、0. 15 倍和 0. 20 倍飞机长度的静音锥，如图 6－16 所示。静音锥由圆柱段和锥角为 45°的圆锥段构成。上述五个构型在机身下方三倍机身长度处的近场波形与基准构型的对比如图 6－17 所示（BL 为机身长度，“静音锥 BL0. 025 构型”指在机头添加 0. 025 倍机身长度静音锥的构型）。从图 6－17 中可以看出随长度增加，近场波形有效长度也随之增加，静音锥激波后的膨胀会随着圆柱段长度的增加而增强，而机头截断处的激波强度变化不大。

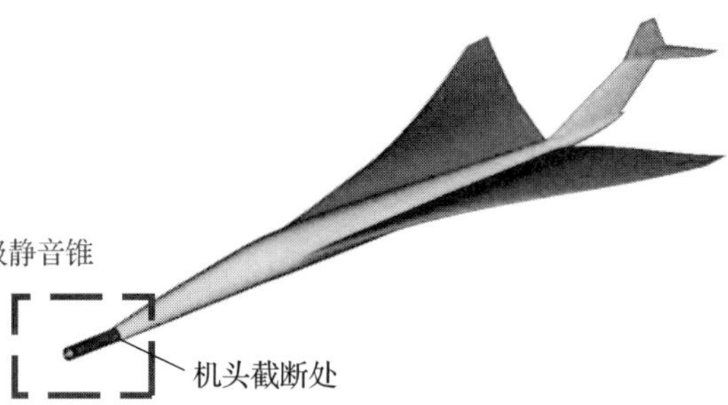

图 6－16　单级静音锥构型示意（0. 05 倍机身长度，锥角为 45°）

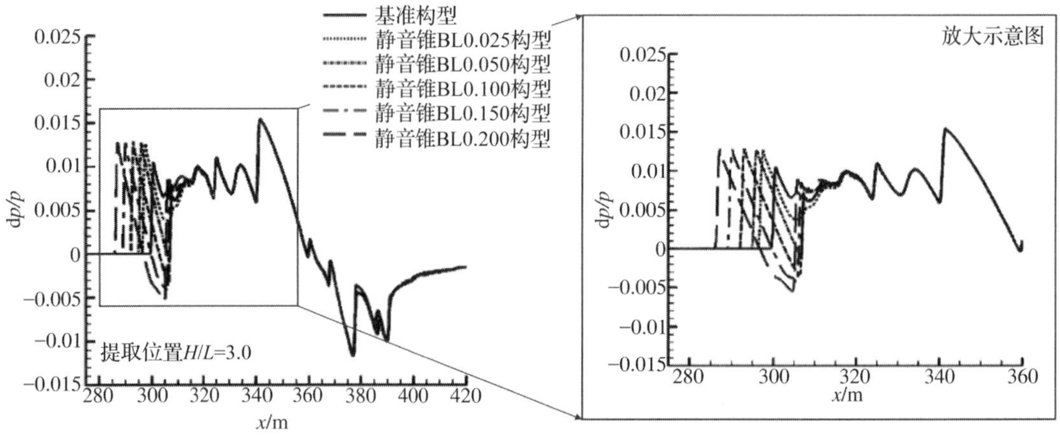

图6－17　近场波形随静音锥长度变化示意（$Ma=2.0$，$\alpha=5.12°$）

基于广义 Burgers 方程，获得上述构型的远场波形，如图6－18所示。整体来看，波形差异主要为静音锥产生的波系，机翼及之后部件对应的波形差异较小。这五个构型静音锥激波与机头截断激波在传播过程中均没有发生合并。将静音锥激波起点和终点的压强差定义为“一次超压值”，将截断机头对应激波起点和终点的压强差定义为“二次超压值”。图6－19给出了飞机正下方的感觉声压级随长度变化示意。通过对比二次超压值与感觉声压级大小，两者呈现出正相关关系，即二次超压值越小，远场的声爆强度越低。当静音锥长度为0.05倍飞机长度（即临界长度）时，感觉声压级达到了最小（94.86PLdB），相比于基准构型（98.90PLdB）降低了4.04dB。从不同周向角下的声爆强度（见图6－20）可以看出，相比于基准构型，感觉声压级平均降低了3.61dB，声爆强度得到了有效抑制。

气动性能对比如表6－2所示（阻力系数中1cts＝0.0001）。相比于基准构型，随静音锥长度增加，升力系数略微减小，阻力明显增加。图6－21和图6－22分别对比了上下表面超压云图，以及近场对称面的超压云图，可以看出阻力增加的主要部件为静音锥。基准构型机头产生了贴体斜激波，而静音锥构型较大的锥角导致脱体弓形激波产生，进而增加了激波阻力。此外，静音锥构型的浸湿面积增加，一定程度上增加了摩擦阻力。

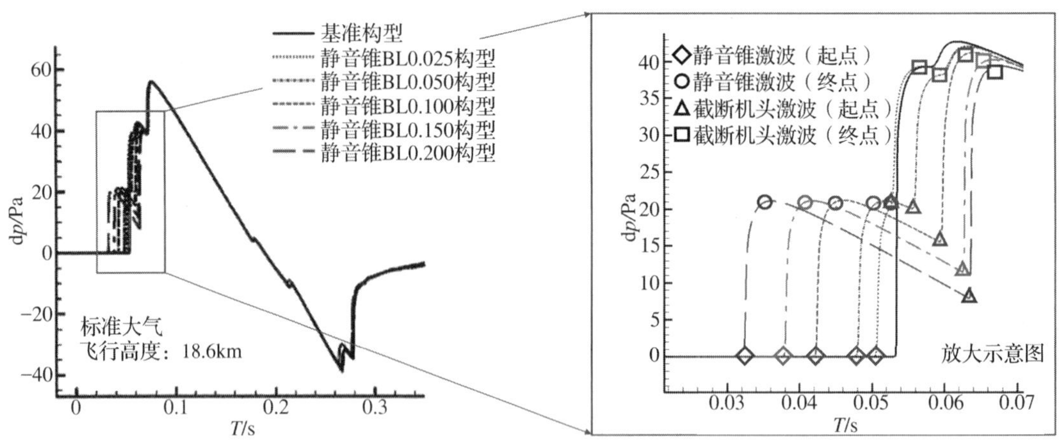

图6－18　远场波形随静音锥长度变化示意（标准大气，飞行高度18.6km）

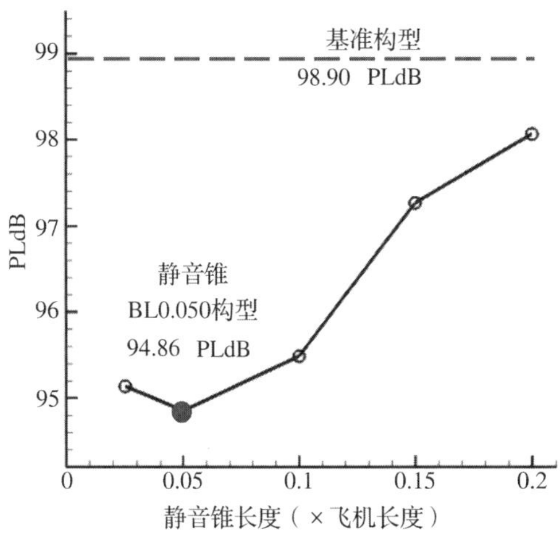

图 6－19　飞机感觉声压级随静音锥长度变化

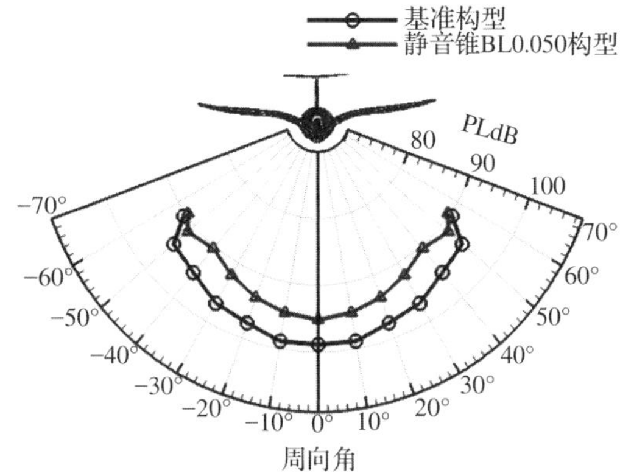

图 6－20　飞机感觉声压级随周向角变化

表 6－2　不同长度的单级静音锥与基准构型的气动性能对比

构型	升力系数	阻力系数/cts
基准构型	0. 1260	88. 83
静音锥 BL0. 025 构型	0. 1254	109. 45
静音锥 BL0. 050 构型	0. 1253	110. 47
静音锥 BL0. 100 构型	0. 1252	111. 21
静音锥 BL0. 150 构型	0. 1252	111. 47
静音锥 BL0. 200 构型	0. 1252	111. 62

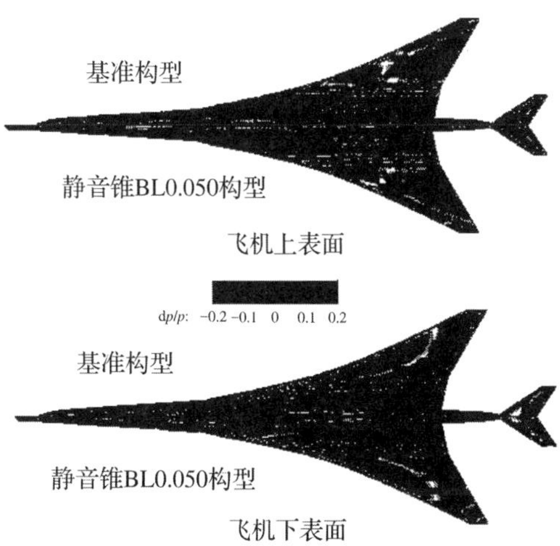

图 6－21　上下表面超压云图

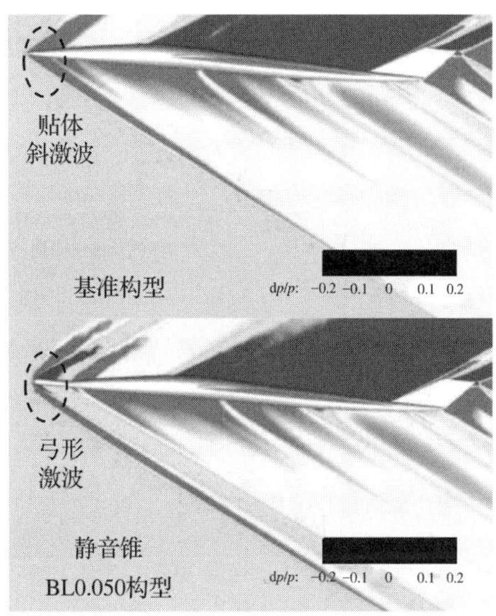

图 6－22　对称面处的超压云图

（2）头部形状影响规律研究

在长度影响规律研究的基础上，选取远场声爆最小的静音锥 BL0. 050 构型，保持静音锥长度不发生变化，选取了锥角 15°、锥角 30°、锥角 45°、圆头、等熵压缩面，以及拉伸的等熵压缩面（沿轴向拉伸成原来的两倍）头部的静音锥，研究其对声爆强度抑制效果的影响。几何外形如图 6 – 23 所示。其中，等熵压缩面头部按照锥形流理论设计。为了实现等熵流动，等熵压缩面头部按照与自由来流的夹角为 0°添加在截断机头之前。

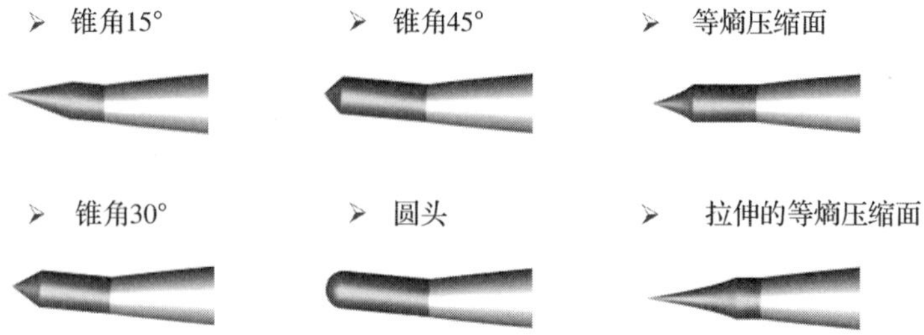

图 6 – 23　不同头部形状的单级静音锥几何外形示意

提取飞机正下方三倍机身长度处的近场波形如图 6 – 24 所示。对于锥形头部，随锥角增加，静音锥对气流阻碍作用越强，静音锥激波越强，而圆柱段长度增加，增加了膨胀距离。锥角 30°、圆头和等熵压缩面对应的静音锥产生激波的峰值十分相近，而经过拉伸的等熵压缩面对应的静音锥产生的激波最弱，且膨胀最小。从远场波形对比（见图 6 – 25）可以看出锥角 45°和圆头对应的静音锥激波与截断机头激波没有发生合并，且锥角 45°的静音锥激波后的膨胀较圆头更强。

表 6 – 3 对比了这几种构型的感觉声压级和升阻力系数，圆头构型能够较好地权衡声爆性能与气动性能，尽管增加了全机的阻力，但能够将声爆抑制到 94. 69PLdB，较基准构型声爆强度降低了 4. 21dB。对于锥角构型，随着锥角的增加，声爆强度虽然得到有效的抑制，但同时会大幅增加全机的阻力。

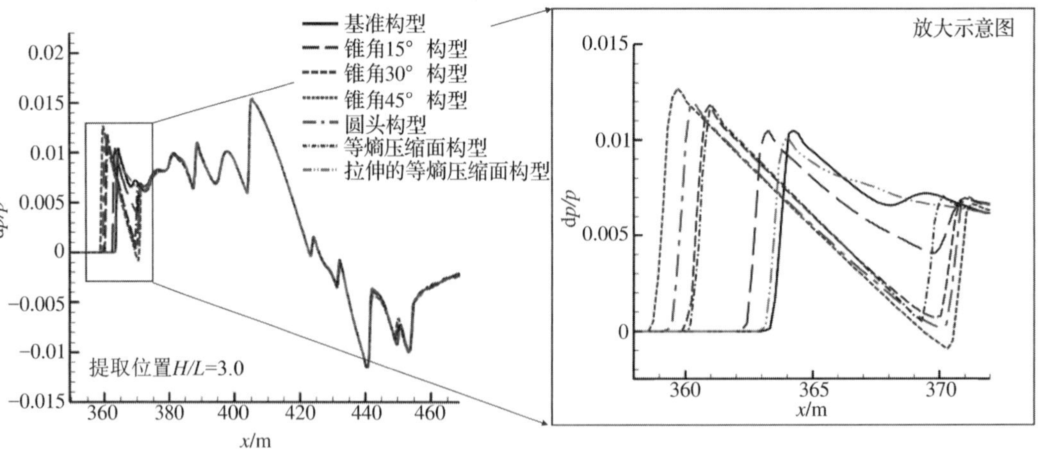

图 6 – 24　不同头部形状的单级静音锥与基准构型的近场波形对比（$Ma=2.0$，$\alpha=5.12°$）

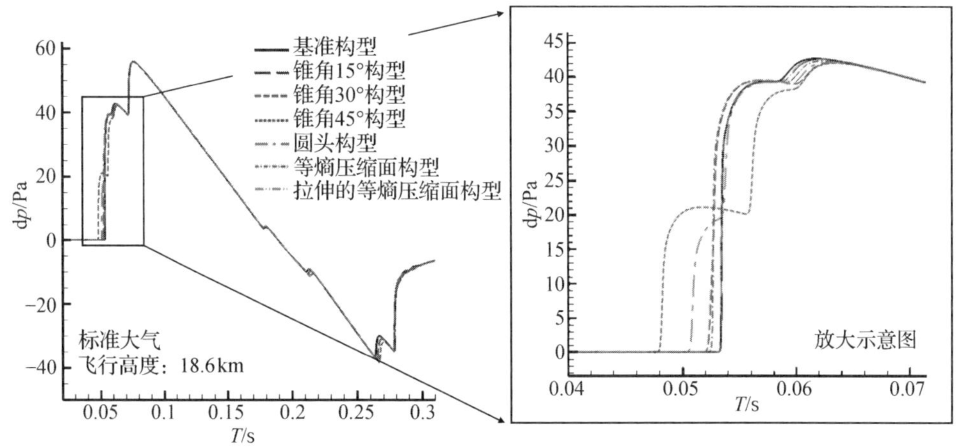

图 6－25　不同头部形状的单级静音锥与基准构型的远场波形对比

表 6－3　不同头部形状的单级静音锥构型与基准构型的声爆强度及气动性能对比

构型	声爆强度/PLdB	升力系数	阻力系数/cts
基准构型	98.90	0.1260	88.83
锥角 15°构型	99.08	0.1260	90.71
锥角 30°构型	96.34	0.1257	100.95
锥角 45°构型	94.86	0.1253	110.47
圆头构型	94.69	0.1256	103.79
等熵压缩面构型	98.52	0.1257	100.46
拉伸的等熵压缩面构型	99.07	0.1260	90.84

由上述分析中，对于本节研究的单级静音锥的几种构型，可以看出气动性能与声爆性能之间存在弱矛盾。从声爆角度，阻止静音锥产生的激波与截断机头处的激波合并能够有效抑制远场声爆波形头激波强度。为了防止合并，单级静音锥产生的激波强度不能太小，即要求静音锥头部对气流的扰动不能太小。这种条件下，相比于基准构型机头的贴体斜激波，静音锥头部一般会产生脱体的弓形激波，进而增加了全机的阻力。

6.2.1.3　两级机头静音锥研究

（1）静音锥第一级和第二级产生激波强度关系研究

本研究以添加了两级静音锥的构型为研究对象（记为 config#0 构型），其中两级静音锥的参数如表 6－4 所示。飞机正下方三倍机身长度处近场波形以及远场波形分别如图 6－26（a）和（b）所示。图 6－27 展示了第一级和第二级静音锥产生激波在传播到地面过程中的演化过程。可以看出，第一级静音锥产生的激波较第二级弱，在距离地面 14.6km 处就已经被第二级静音锥激波赶上，两者发生了合并。因此，为防止静音锥产生的激波系发生合并，应使第一级静音锥产生的激波比第二级强。

表 6－4　两级静音锥 config#0 构型几何参数

第一级静音锥		第二级静音锥	
几何参数	大小	几何参数	大小
圆锥段锥角/（°）	45	圆锥段锥角/（°）	45
圆柱段直径/m	0.6	圆柱段直径/m	1.2
圆柱段长度/m	0.12BL	圆柱段长度/m	0.05BL

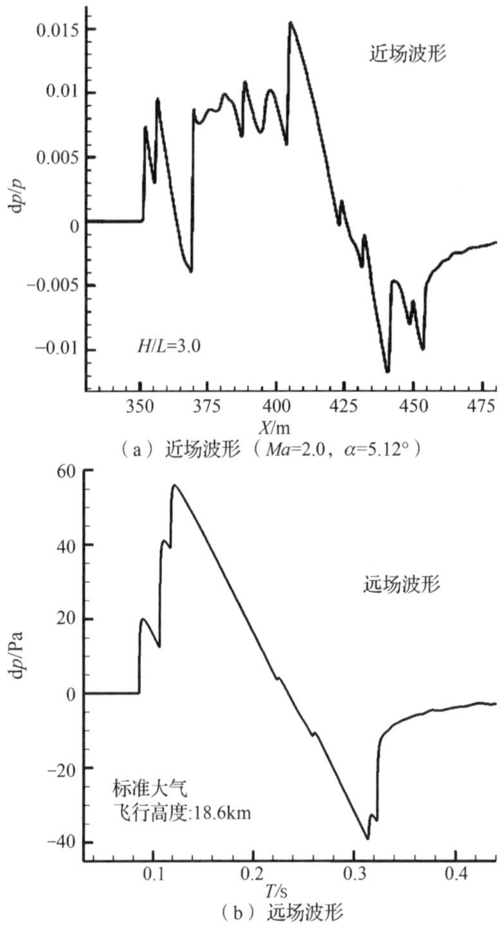

图 6－26　config#0 构型近远场波形示意

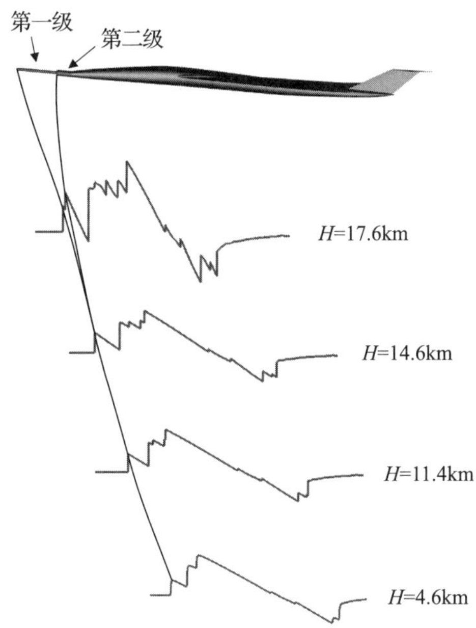

图 6－27　config#0 构型波形演化示意

增加两级静音锥圆柱段的长度，并保证锥角与直径不发生变化，获得了两级静音锥构型 config#1，其几何参数如表 6－5 所示。

表 6－5　两级静音锥构型 config#1 几何参数

第一级静音锥		第二级静音锥	
几何参数	大小	几何参数	大小
圆锥段锥角/（°）	45	圆锥段锥角/（°）	45
圆柱段直径/m	0.6	圆柱段直径/m	1.2
圆柱段长度/m	0.30BL	圆柱段长度/m	0.20BL

飞机正下方三倍机身长度处近场波形以及远场波形分别如图 6 – 28（a）和（b）所示。图 6 – 29 展示了第一级和第二级静音锥产生激波在传播到地面过程中的演化过程。在飞机正下方三倍机身长度处，第一级和第二级静音锥产生的激波形态分明，即每级静音锥激波之后都有较强的膨胀区域。在传播过程中，两道激波没有合并，远场波形中形态也十分分明，两级静音锥激波之间也存在较强的膨胀。config#0 和 config#1 构型的远场声爆强度分别为 97. 20PLdB 和 97. 89PLdB，相比于基准构型降低了 1. 70dB 和 1. 01dB。config#0 构型静音锥两道激波发生合并，而 config#1 构型远场波形中静音锥两道激波的二次超压值较大，影响了声爆抑制效果。因此，为了有效抑制地面声爆强度，每级静音锥的长度不宜过短或过长，过短会导致静音锥激波合并，过长会使二次超压值较大，影响抑制效果。

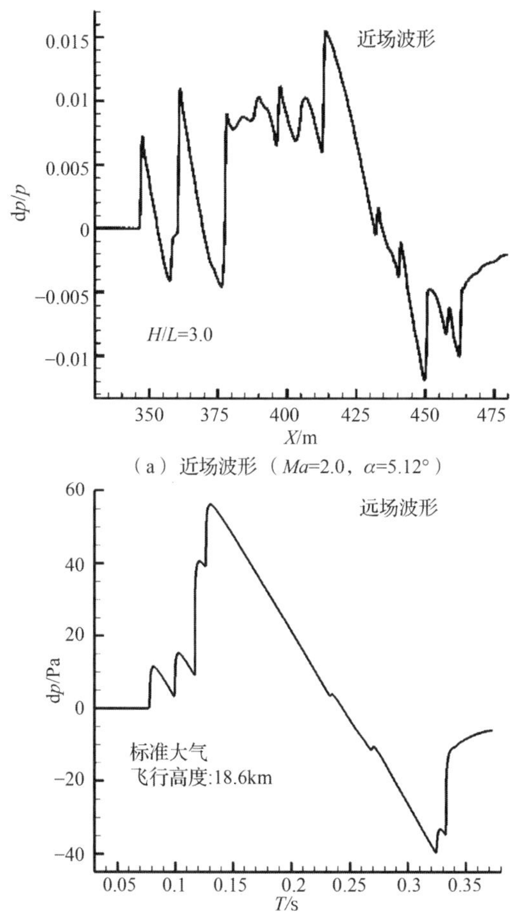

（a）近场波形（Ma=2.0、α=5.12°）

（b）远场波形

图 6 – 28　config#1 构型近远场波形示意

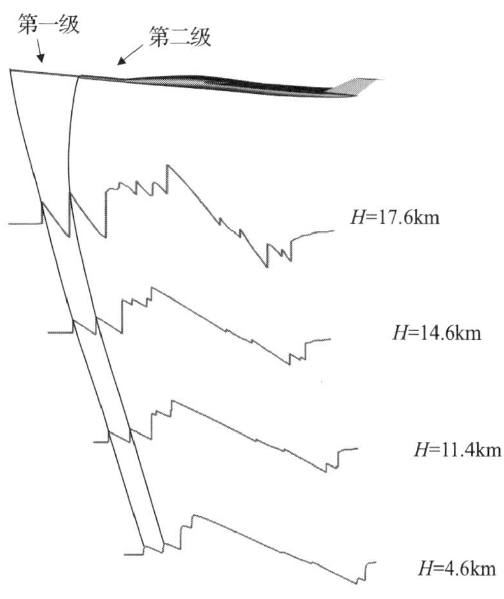

图 6 – 29　config#1 构型波形演化示意

（2）静音锥第二级和截断机头处产生激波强度关系研究

本研究以两级静音的 config#2 构型为研究对象，其中两级静音锥的参数如表 6 – 6 所示。

表 6-6　两级静音锥 config#2 构型几何参数

第一级静音锥		第二级静音锥	
几何参数	大小	几何参数	大小
圆锥段锥角/（°）	45	圆锥段锥角/（°）	45
圆柱段直径/m	0.72	圆柱段长度/m	1.2
圆柱段长度/m	0.14BL	圆柱段长度/m	0.05BL

飞机正下方三倍机身长度处近场波形以及远场波形分别如图 6-30（a）和（b）所示。图 6-31 展示了第一级和第二级静音锥产生激波在传播到地面过程中的演化过程。近场波形中第一级和第二级激波强度比较接近，传播过程中没有发生合并现象，而传播到靠近地面位置处，第二级静音锥激波与截断机头激波合并。尽管发生合并，但第一级静音锥激波的二次超压值比较小，远场波形感觉声压级为 95.28dB，声爆强度得到了有效抑制。由于第二级静音锥激波与截断机头产生的激波合并位置十分靠近地面，因此可以通过固定第二级静音锥锥角，调整其产生的激波后膨胀区域长度，阻止这两道激波合并。

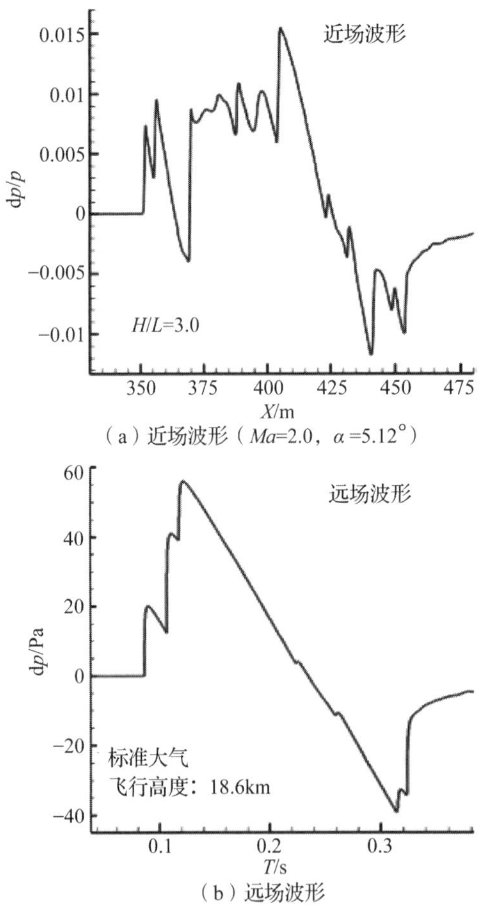

（a）近场波形（Ma=2.0，α=5.12°）

（b）远场波形

图 6-30　config#2 构型近远场波形示意

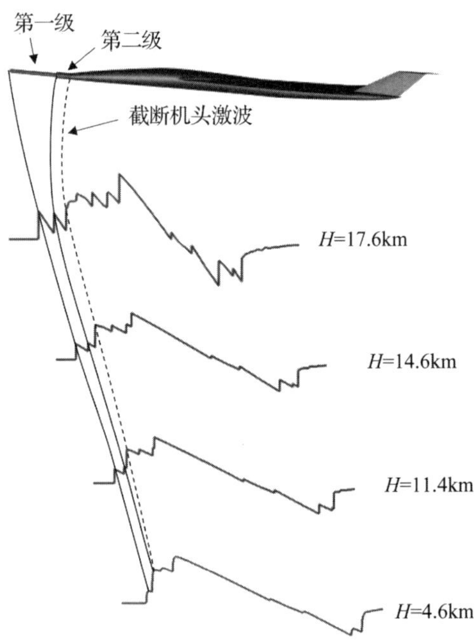

图 6-31　config#2 构型波形演化示意

为了获得最佳第二级静音锥长度，设计其长度分别为机身长度的0.05倍、0.08倍、0.12倍和0.15倍。飞机正下方三倍机身长度处的近场波形及远场波形对比分别如图6-32和图6-33所示。这些构型与基准构型以及45°锥角的单级静音锥感觉声压级对比如图6-34所示。

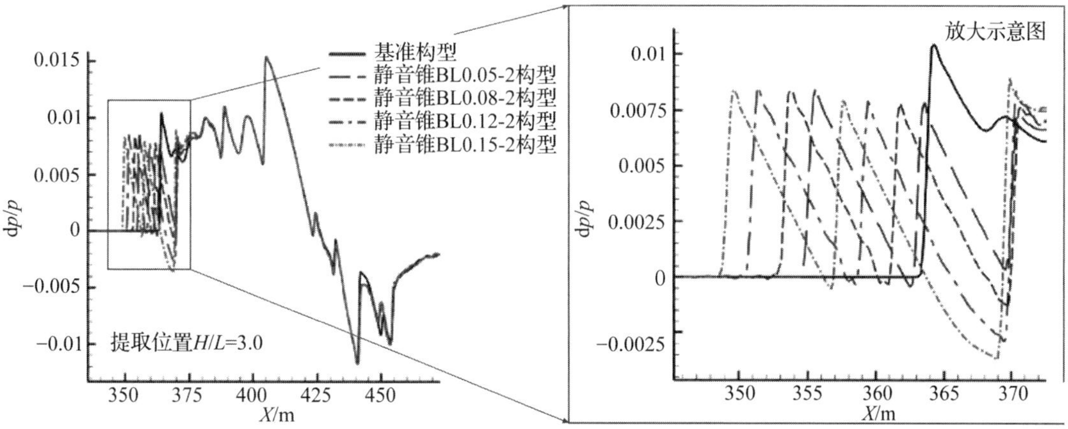

图6-32 近场波形随第二级静音锥长度变化示意（$Ma=2.0$，$\alpha=5.12°$）

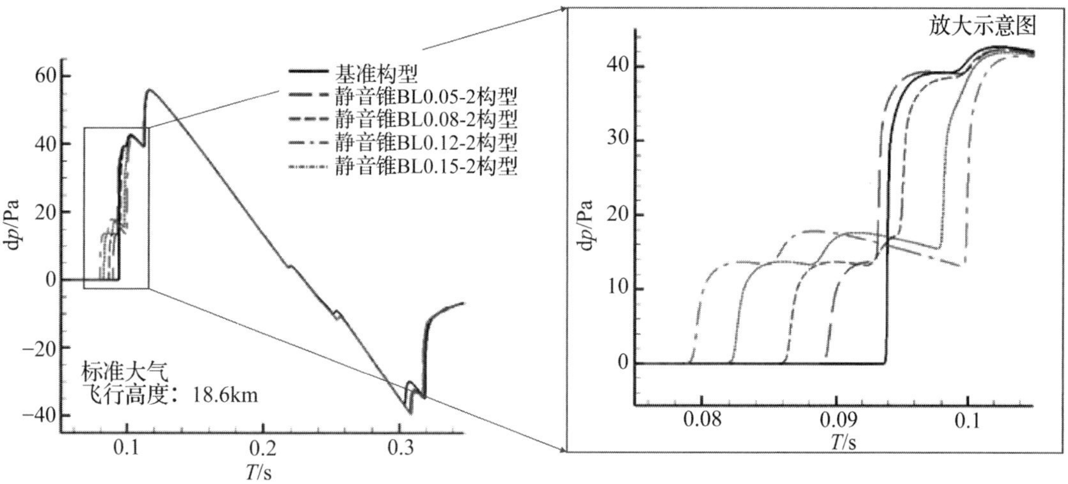

图6-33 远场波形随第二级静音锥长度变化示意（标准大气，高度18.6km）

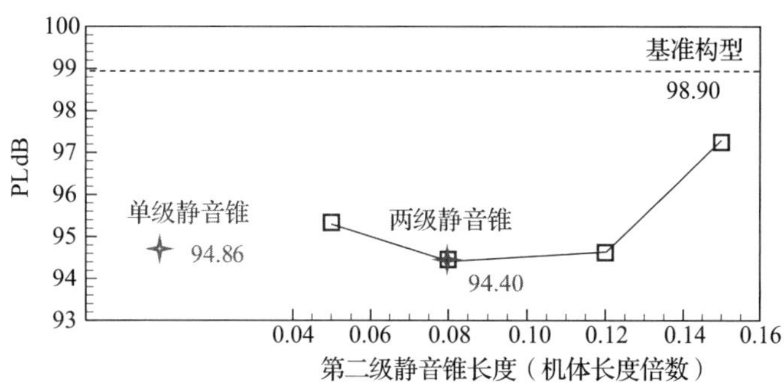

图6-34 单级静音锥构型、两级静音锥构型以及基准构型的感觉声压级对比

近场波形中，随第二级静音锥长度增加，膨胀区域也随之增加，截断机头处激波强度会略微有所增加。从远场波形看，当长度为 0.05 倍机身长度时，第二级静音锥激波与截断机头激波发生了合并；当长度为 0.08 倍机身长度时，两级静音锥激波的形态呈现出圆滑状，是感觉声压级最低的主要原因。

因此，对于两级静音锥，相比于截断机头激波，静音锥第二级产生激波的强度不应太小，且其膨胀区域长度不宜太小，能够阻止激波合并。

6.2.2 考虑喷流影响的后体激波抑制技术

声爆的前段激波主要源自机头和机翼的前缘激波；而后段激波的成因更加复杂，机身尾端、机翼后缘、尾翼、发动机短舱等结构部件使得后体流场存在复杂的激波/膨胀波干扰（见图 6 – 35），对后段激波的形成产生重要影响。同时，发动机喷流与飞机后体之间的复杂流动、落压比、尾喷羽流等复杂效应进一步加剧问题的复杂程度，导致激波厚度、位置发生变化。后体流动导致的激波干扰等复杂流动现象给声爆的精确预测及有效控制带来了极大的挑战。

图 6 – 35　尾喷羽流 – 后体激波干扰流场

20 世纪 60 年代，研究者意识到发动机喷流对后体声爆有显著影响，尝试通过解析和试验的方法预测喷流轮廓及其对飞机声爆的影响。Englert 发展了一种基于线化势流方程的喷流初始轮廓评估方法。Putnam 测量了距离模型一倍喷管直径处的压力，用于评估羽流特征。

喷管形式、喷流压比及船尾角对于尾喷羽流形状和后体激波干扰形式具有重要影响，进而影响后体声爆特征。Castner 分析了大长宽比的二维喷管对于尾激波的影响，认为喷流压比变化使得尾喷羽流呈现欠膨胀和过膨胀的流动特征会对声爆带来明显的影响，欠膨胀对声爆有抑制作用。Bui 对简化的轴对称喷管模型进行了 CFD 模拟，发现轴对称喷管的尾喷羽流对尾激波的形式具有影响；欠膨胀喷流使发动机喷流边界变宽，增大了激波角，使唇口激波提前与船尾膨胀波相互作用，从而抑制喷管船尾段膨胀波；指出推力矢量使喷流向下偏转，与欠膨胀喷流产生的效果相似。Castner 比较了二维喷管和轴对称喷管对声爆的影响，认为轴对称喷管对声爆的影响要大于二维喷管，喷流压比给羽流特征带来影响，从而影响声爆特征。NASA 开展了“升力与喷管对后体激波变化效果研究项目”，通过 F – 15B 飞机飞行试验研究了升力分布与发动机喷管面积比对后体激波的影响。

Castner 的 CFD 计算分析了喷管船尾角对声爆的影响，推力系数随落压比增加没有显著损失，而喷管有无船尾角可带来明显的激波形式改变，可以开展船尾角和喷管落压比协同优化以抑制声爆。Castner 采用 CFD 开展了机翼/喷流干扰研究，模型包括简化机翼后缘吹气、简化的翼身组合体模型 + 喷流模型、三角翼翼身组合体 + 四发简化模型等，指出高度欠膨胀喷管在机翼后缘产生大范围羽流和激波，激波与膨胀波发生干涉，抑制了机翼产生的膨胀波，并指出通过设计喷管形状，可以在降低声爆的同时仍然获得较好的推力性能。在喷流与后体激波干扰方面，Castner 通过 CFD 研究了不同角度的楔形翼产生的激波与喷流干扰，发现楔形翼使喷流边界发生偏转，楔形翼前缘弓形激波增强，说明喷流对楔形翼压力的影响与固壁相似。为了更好理解后体部件与喷流干扰的复杂现象，NASA 在 2016 年开展了喷流激波干扰风洞试验（见图 6－36），通过模拟尾翼、机翼、后体等不同尺寸的部件，研究了后体部件尺寸、位置、激波强度对声爆的影响，指出激波穿过喷流区发生偏转，角度随落压比增加而增大。

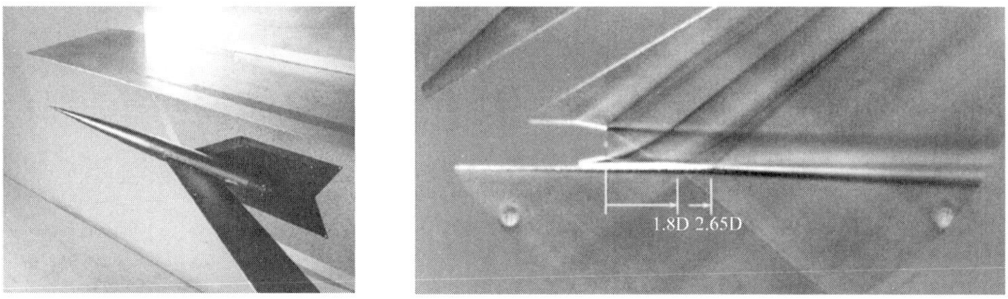

（a）喷流声爆遮挡翼　　（b）流场纹影

图 6－36　喷流声爆屏蔽方法

目前国外对单独喷管以及喷管与简单后体部件的喷流－激波干扰声爆问题开展了较多风洞试验与数值模拟研究，认为喷管形式、船尾角等对于羽流特征和激波干扰形式具有重要影响，从而影响声爆特征；喷流适当压比条件下的欠膨胀喷流可以抑制后体激波干扰。但对于后体部件几何参数、安装位置对喷流－激波干扰流场的影响以及伴随的气动特性变化还没有形成深刻的认识，仍须开展大量研究。

后体声爆的抑制技术包括流动控制技术和优化设计。Goethert 提出，矢量喷流能够抑制后体声爆。Ordaz 将梯度优化方法应用于后机身修形，基于面积律通过截面积补偿的形式对后体声爆进行优化。Wintzer 研究了收敛－扩张喷管和塞式喷管在巡航和加力状态下喷流－激波干扰以及后体平板对其屏蔽效果。对于没有后体平板提供屏蔽的情况，与无动力状态相比，塞式喷管只能降低一点声爆。近年来，国内在声爆抑制技术及低声爆气动布局方面开展了研究，基本上都是基于超声速面积律以及现代优化设计方法对简化模型进行的低声爆优化。

后体声爆的流动机理认识、预测精度和抑制技术距离工程应用仍然存在不小的差距。对于前体激波的产生与抑制，国内外的大量研究表明，已经能够实现声爆幅值的精确预测，结合声爆最小化理论、多目标优化及静音锥等手段能够有效指导低声爆设计工作的开展，实现飞行器前体声爆的有效抑制。而对于后体声爆，由于机身、机翼、尾翼和发动机短舱外流场相互干扰直接影响噪声水平和声爆强度，飞机后机身（尤其是推进系统）的设计还存在较大的发展空间。

6.2.2.1 后体声爆优化

对基础布局开展低声爆优化，基础布局与优化布局的外形对比如图 6 - 37 所示。由图 6 - 38 可知，基础布局机翼前缘和后缘激波在近场即发生合并，形成最强的一道激波。机

（a）基础布局

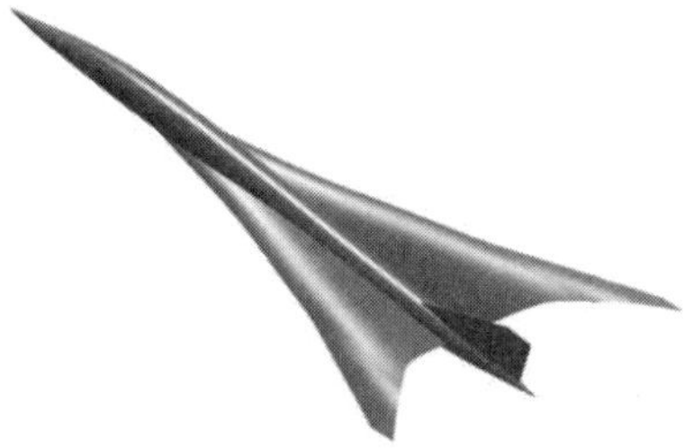

（b）优化布局

图 6 - 37　基础布局与优化布局外形对比

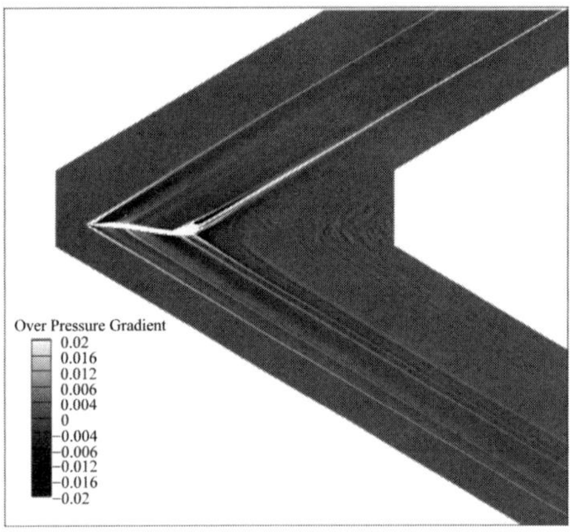

（a）基础布局对称面超压梯度云图

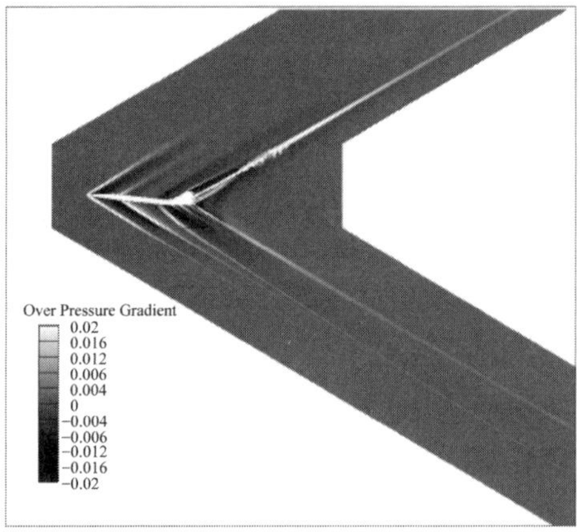

（b）优化布局对称面超压梯度云图

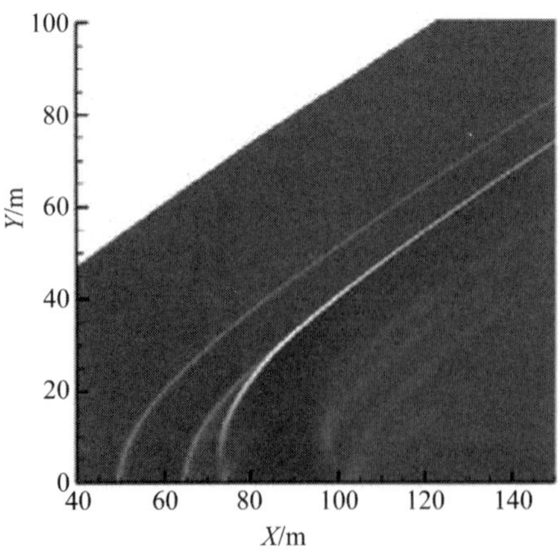

（c）基础布局超压梯度云图（H=30m）

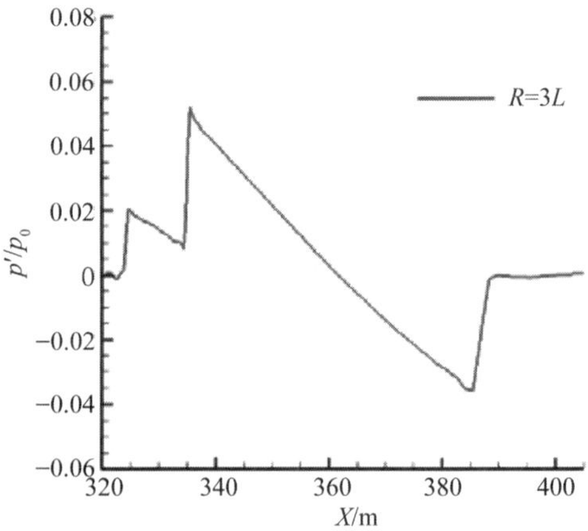

（d）基础布局声爆近场超压（ϕ=0°，H/L=3.0）

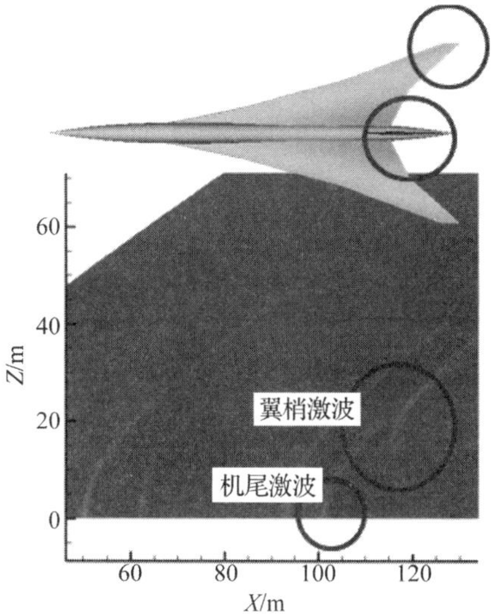

（e）优化布局超压梯度云图（H=30m）

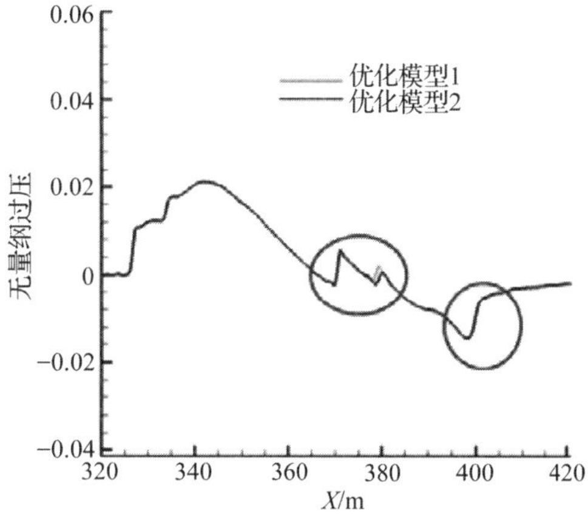

（f）基础布局声爆近场超压（ϕ=0°，H/L=3.0）

图 6－38　基础布局与优化布局近场声爆特性对比

头激波和机翼激波到达地面之前发生合并，形成典型的 N 型波。优化布局机翼前缘、后缘激波强度显著减弱，在传播过程中机翼前缘激波与机头激波发生合并形成前体激波，翼稍处激波没有与机尾激波合并，到达对称面时强度减弱，形成后体激波。从近场超压可以看到，后体激波强度较弱，在向远场发展的过程中通过一系列弱压缩波实现压力恢复，极大降低了后体声爆水平。X－59 低声爆验证机采用小 T 尾方案，如图 6－39 所示，同样是通过若干压缩波实现压力恢复。

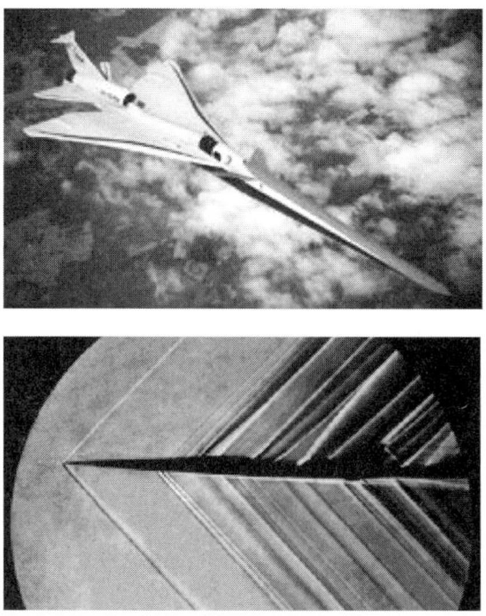

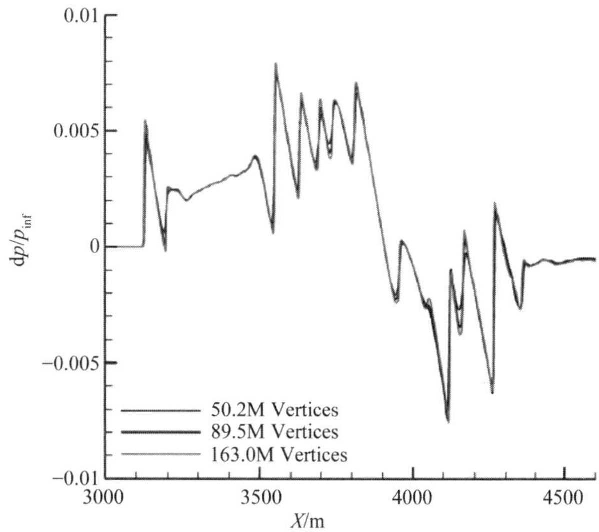

图 6－39　X－59 基本布局与空间激波结构

6.2.2.2　喷流声爆抑制

采用 AIAA 第三届声爆预测专题会议标准模型 Biconvex 对数值方法和网格生成方法进

行了验证，如图 6－40 所示，该模型由带前锥的喷管和简化平尾组成。整个计算域网格数量为 3700 万个。马赫数为 1.6，雷诺数为 1.16×10^{7}，参考长度为 0.569m，喷流落压比 NPR＝8.0。图 6－41 给出了距离模型中心线 0.381m，方位角分别为 0°、15°、30°处采用两种湍流模型计算得到的近场超压与试验结果的对比。可以看到，两个湍流模型的结果与试验结果符合性很好，准确预测了喷流条件下后体激波位置和幅值。图 6－42 给出了对称面超压梯度，可以看到，来流在喷管船尾区域发生膨胀，喷管下唇口激波与喷流产生的激波合并，形成后体第一道较强的激波，后体第二道激波主要来自平尾后缘激波。喷流区以上的激波在经过喷流区域时发生折射。

图 6－40　Biconvex 标准模型

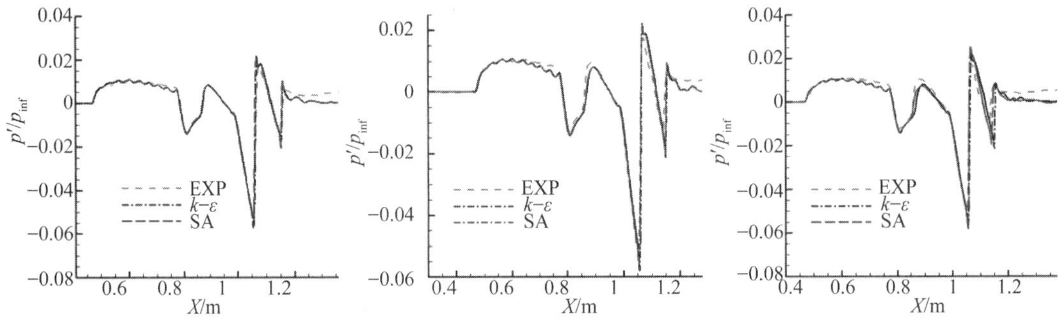

（a）ϕ=0°　　（b）ϕ=15°　　（c）ϕ=30°

图 6－41　Biconvex 标准模型不同方位角近场超压（H＝0.381m）

基于 Biconvex 模型，进行了平尾位置以及安装角变化对后体声爆特性影响的数值模拟研究，马赫数 Ma＝1.6、2.0。图 6－43 给出了 Ma＝2.0，NPR＝8 时，平尾位置与安装角变化对近场超压影响的比较。

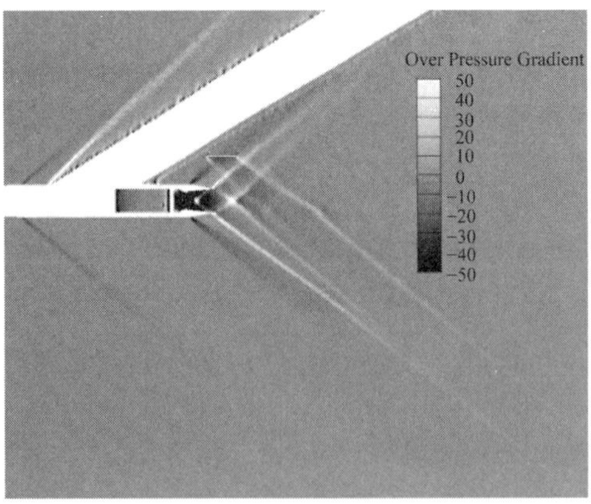

图 6－42　对称面超压梯度云图

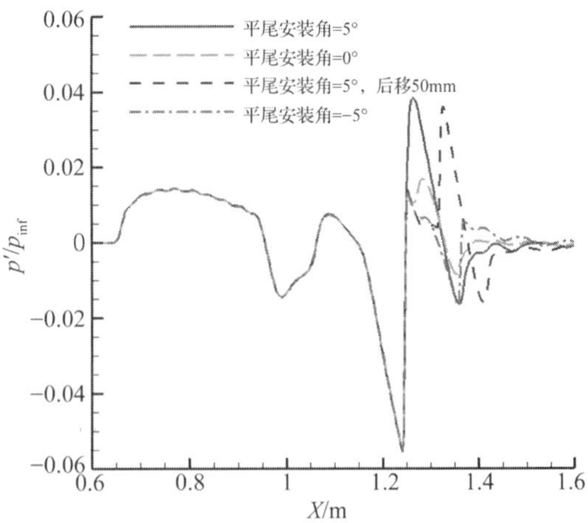

图 6－43　平尾安装角对近场超压影响（H＝0.381m）

图6-44给出了上述计算状态对称面超压梯度。当 $Ma=1.6$，NPR=8时，-5°安装角的平尾后缘激波增强；5°安装角的平尾前缘激波增强，后缘激波减弱，前缘激波与喷流区激波提前合并；将5°安装角平尾向后平移50mm后，近场处平尾前缘激波没有与喷流区激波合并，到达地面时仍然是两道独立的激波。当 $Ma=1.6$，NPR=14时，5°安装角平尾前缘激波穿过喷流区时与喷流区激波合并，后缘激波强度减弱；向后移动50mm，平尾前缘激波与喷流区激波在近场发生合并。$Ma=2.0$，NPR=8流场与 $Ma=1.6$，NPR=8相似：-5°安装角的平尾后缘激波增强；5°安装角的平尾前缘激波增强，后缘激波减弱，前缘激波与喷流区激波提前合并；将5°安装角平尾向后平移50mm后，近场处平尾前缘激波没有与喷流区激波合并，到达地面时仍然是两道独立的激波。

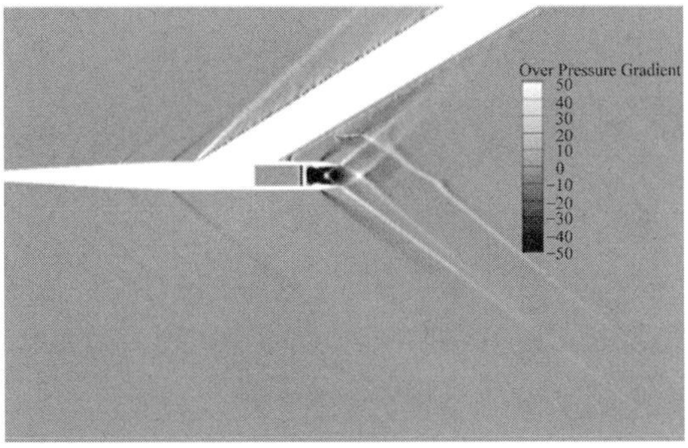

（a）安装角-5°，NPR=8

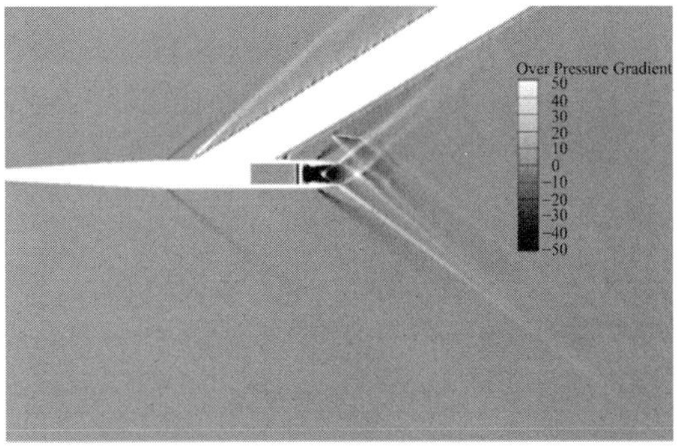

（b）安装角5°，NPR=8

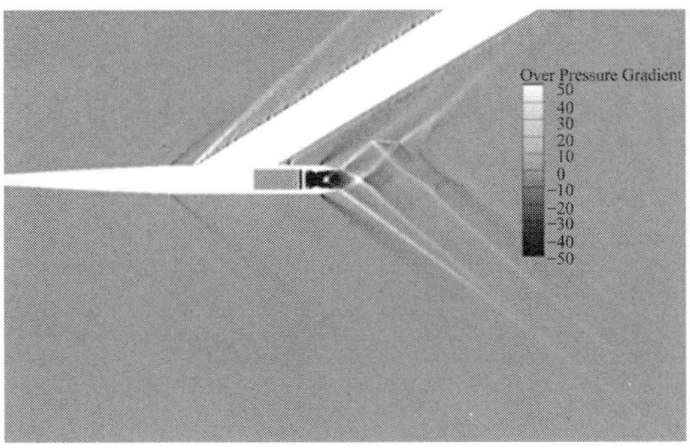

（c）安装角5°，平尾后移50mm，NPR=8

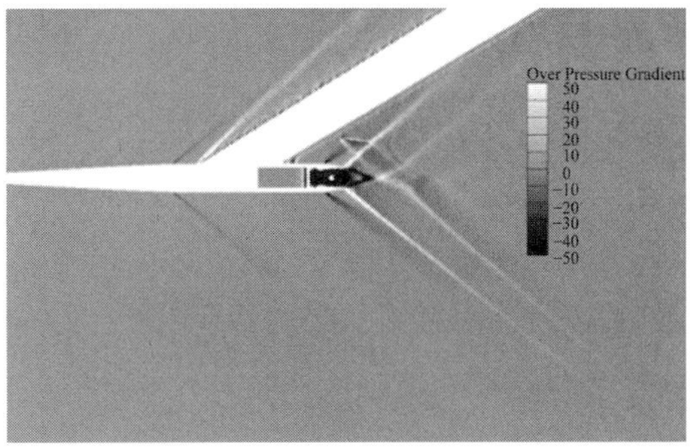

（d）安装角5°，NPR=14

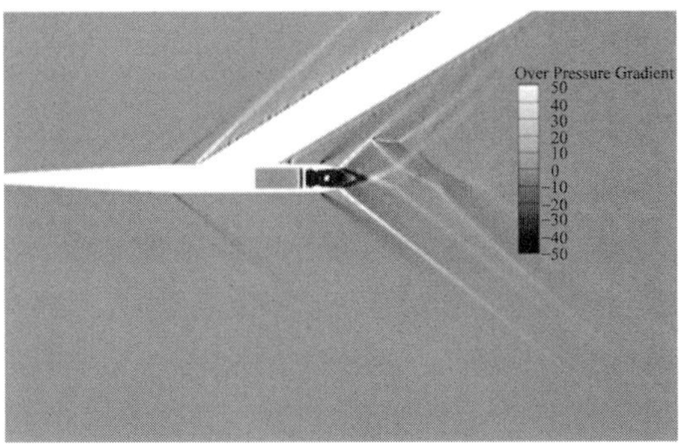

（e）安装角5°，后移50mm，NPR=14

图6-44　Biconvex平尾位置、安装角位置变化模型对称面超压梯度云图（$Ma=1.6$）

从喷管下方向后延伸出的遮挡段能够有效遮挡喷管和喷流产生的激波，抑制激波向下方传播。X－59 也采用了相同的方式，降低了喷流声爆水平，如图 6－45 所示。

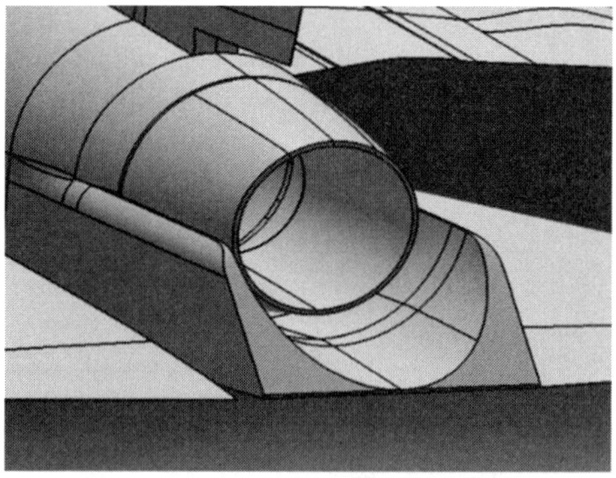

图 6－45　X－59 喷流声爆遮挡段

6.3　超声速民机低声爆布局设计

根据国内外超声速民机概念方案的发展态势，较大的吨位对降低声爆强度提出了更为严苛的挑战。因此，对大型超声速民机低声爆布局的探索研究十分必要。

6.3.1　基础布局

对标参考文献[66]所给的 Tupolev 图－144 几何外形数据和总体参数，设计了类图－144外形，并作为超声速民机低声爆布局设计的基础布局，外形三视图及巡航状态的参数分别如图 6－46 和表 6－7 所示。

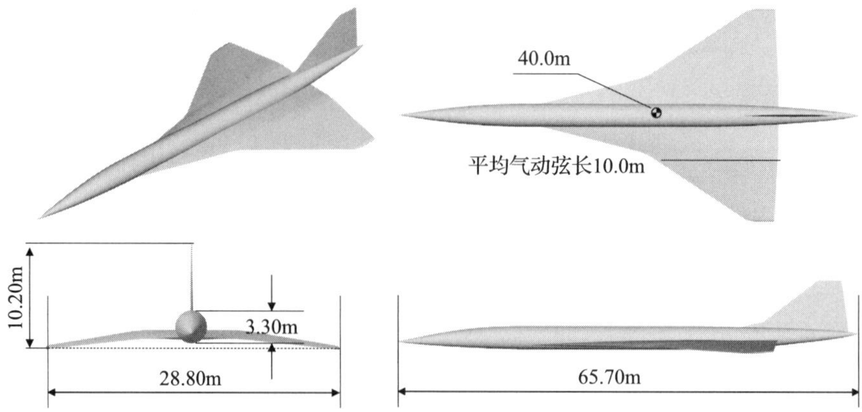

图 6－46　基准构型三视图

表 6－7　基准构型的巡航状态参数

设计参数	设计值	设计参数	设计值
半模参考面积/m^2	253.5	参考长度/m	10
高度/m	18592.8	升力系数	0.126
雷诺数	4.64×10^7	马赫数	2.0

6.3.1.1　气动特性评估

生成了网格量接近 2000 万个的结构化网格（见图 6-47），第一层网格高度为 2×10^{-6}m，增长率为 1.05。

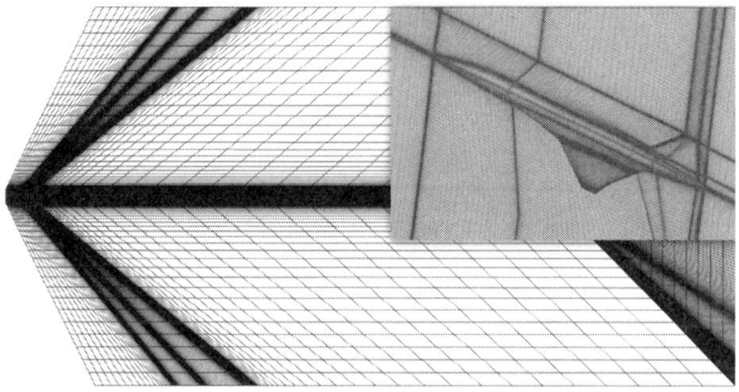

图 6-47　用于气动评估结构化网格

采用基于结构化网格的流动求解器 PMNS3DR 程序来进行流动模拟。采用 S-A 湍流模型，无黏通量采用 AUSM+_up 格式和 Van Leer 限制器，黏性通量采用中心格式，时间离散采用上下三角分解对称高斯-塞德尔（lower upper-symmetric Gauss-Seidel，LU-SGS）隐式推进方法，残值监控为平均密度残值。采用定升力评估（升力系数 0.126），结果表明巡航迎角为 6.0°，全机阻力系数 143.84cts，升阻比 8.76。图 6-48 为飞机表面压力云图及机翼展向剖面处的压力分布。由于翼尖存在扭转，因此翼尖前缘上表面出现了部分高压区。同时，由于迎角较大，机头下表面部分也产生相当大的高压区。机翼上表面向后发展的膨胀波对垂尾影响较大，在垂尾表面形成了低压区。

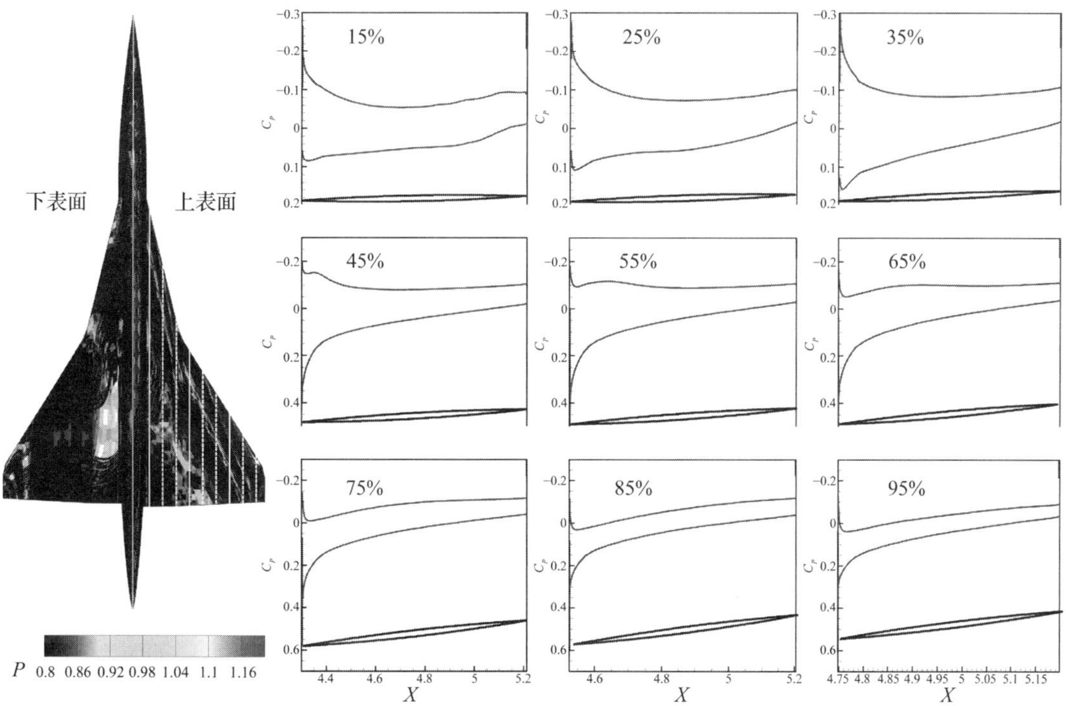

图 6-48　基准构型表面的压力分布云图及机翼剖面压力分布

基准构型的气动力系数曲线如图 6 - 49 所示。由图可知，在迎角为 0° ~ 10°的范围内，升力系数与力矩系数随迎角呈线性变化，当迎角为 6°时，全机升阻比取得最大值 8. 75。

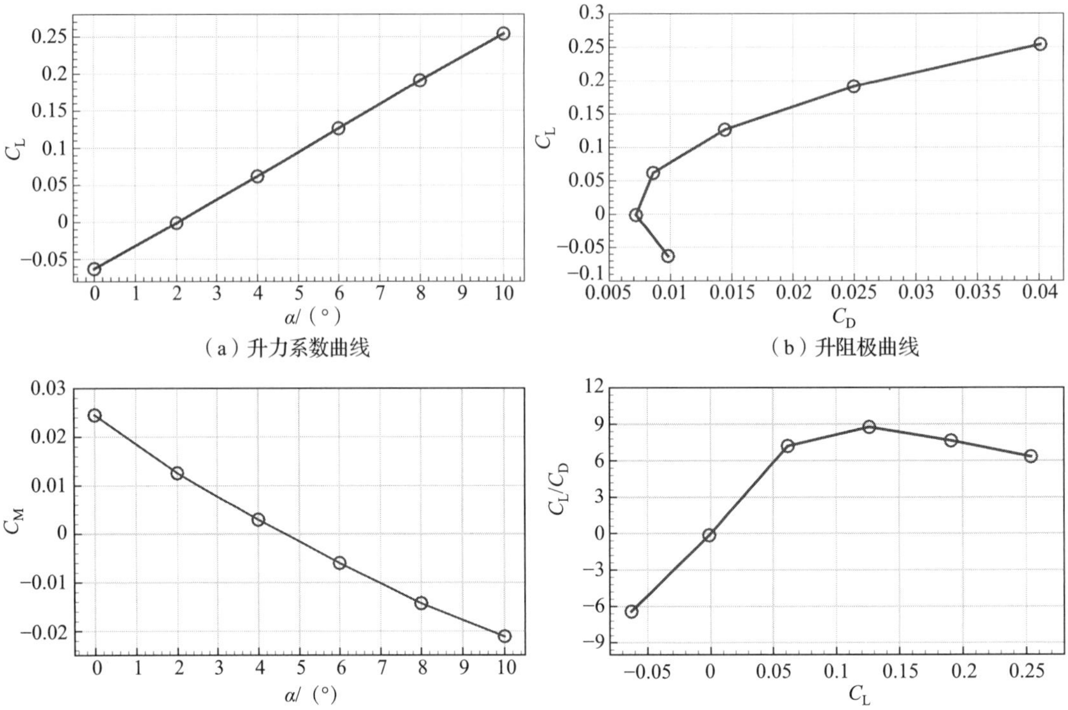

（a）升力系数曲线　（b）升阻极曲线

（c）力矩系数曲线　（d）升阻比曲线

图 6 - 49　基准构型气动力系数曲线

6. 3. 1. 2　声爆特性评估

针对基准构型的声爆评估，生成了密、中等、稀三套结构化网格，网格量分别为（11，504，832）cells、（23，285，696）cells、（44，124，416）cells。在生成网格之前，先将几何模型绕机头（0，0，0）向下旋转 6. 0°（由 6. 3. 1. 1 节中密度网格确定的巡航迎角），同时在网格线离开物面后尽可能快地沿马赫锥方向排列。

采用 PMNS3DR 程序对三套结构化网格进行流动求解，求解时采用 Euler 方程，空间离散格式为 AUSM + _ up，限制器为 Minmod 限制器，时间推进采用隐式的 LU - SGS 迭代。在飞机正下方和侧向 30°方向上距离飞机飞行航迹三倍机身长度位置，提取三套网格计算近场声爆信号，其对比结果如图 6 - 50 所示。基于三套网格计算的近场声爆波形基本一致，且随着网格量的增加，波系捕捉精度逐渐提高，近场声爆波形尖角处细节逐渐清晰，且有收敛趋势。在接下来的声爆评估中，采用密网格的流场计算结果进行进一步分析。

采用远场声爆预测程序 bBoom，通过求解广义 Burgers 方程，将获得的近场声爆波形传播到远场。以基准构型正下方和侧向 PHI = 30°方向为研究对象，研究了不同近场提取位置对远场声爆预测结果的影响。在远场传播过程中，传播条件为标准大气，巡航高度为 18. 60km，地面反射因子为 1. 9，传播中的采样频率为 800kHz，无量纲空间推进步长为

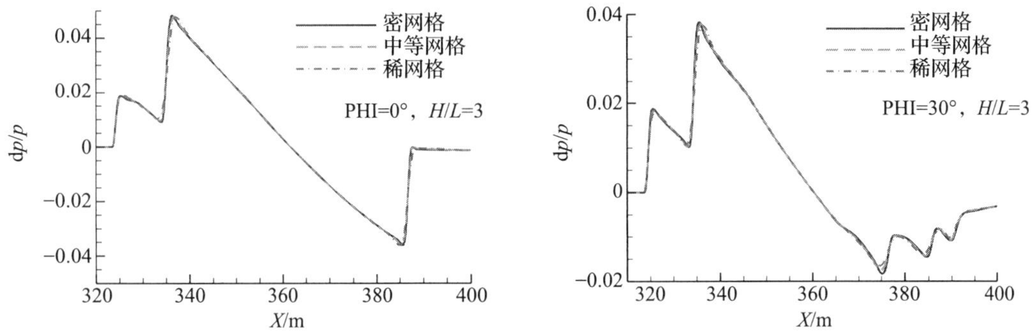

（a）飞机航迹正下方　　（b）飞机航迹侧向30°

图 6－50　不同网格计算得到飞机航迹下方三倍机身长度位置处的近场声爆信号（$Ma=2.0$，$\alpha=6.5797°$）

0.05。图 6－51 为在两个方向上由不同近场位置传播到远场的声爆波形对比及感觉声压级（PLdB）对比情况。由图可知，从三倍和五倍机身长度位置传播到远场的波形差异较小。因此，在接下来的远场声爆评估中，近场位置选择为离航迹线三倍机身长度处。

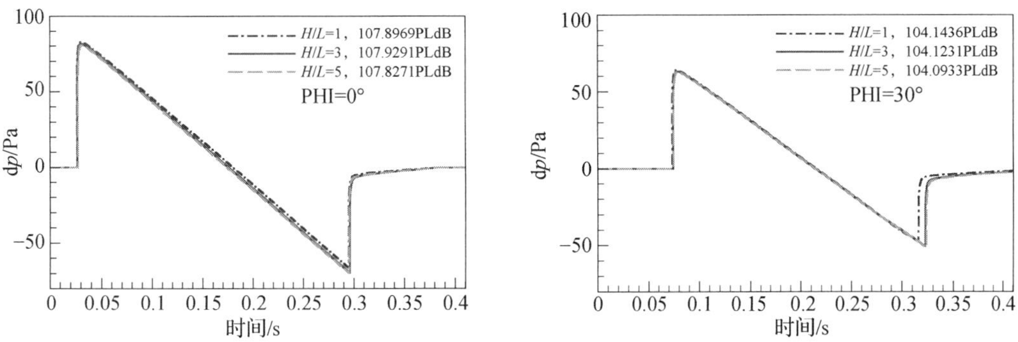

（a）飞机航迹正下方　　（b）飞机航迹正下方

图 6－51　从不同的近场位置传播到远场的波形（高度为 18.60km，标准大气）

在巡航状态下，声爆传播的侧向截止角度为 54.5°，即在侧向角度大于 54.5°时初级声爆无法传播到地面。地面受声爆影响的范围（声爆毯）大约 80km，如图 6－52 所示。声爆毯上声爆强度分布如图 6－53 所示，由图可知飞机正下方的声爆强度最大，达到了 107.93PLdB。随着侧向角度的增大，地面声爆强度逐渐减弱，截止角度处的声爆强度降低为 93.54PLdB。图 6－54 给出了几个典型方向上的地面声爆波形。由图可知，在PHI =

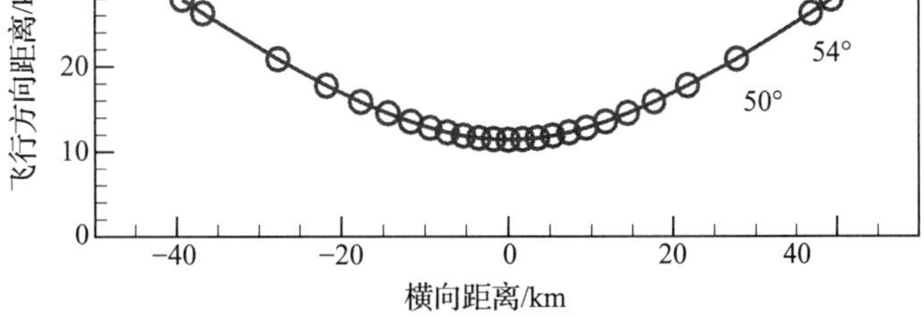

图 6－52　地面声爆毯范围（约 80km）

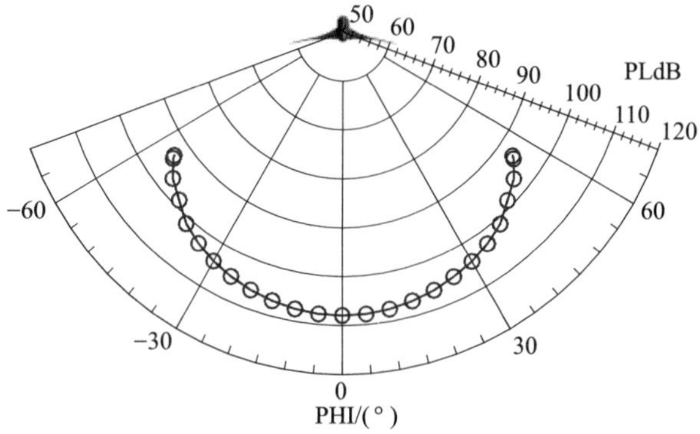

图 6－53　声爆毯上感觉声压级分布

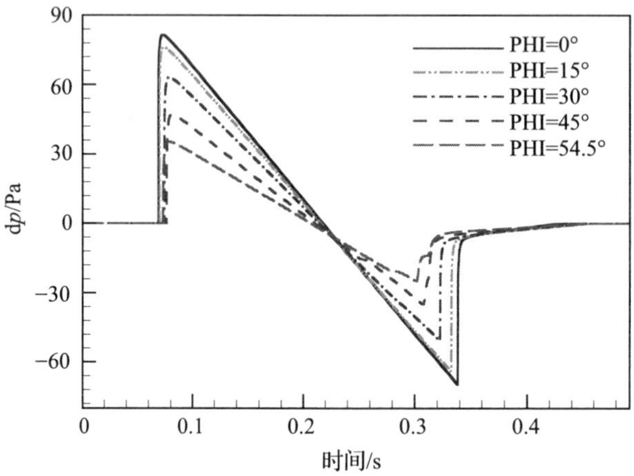

图 6－54　不同传播方向的远场波形

{0°，15°，30°} 的方向上，地面形成了典型的 N 型波，前后激波的上升时间很短，进而导致主观声压级较大。而在 PHI = {45°，54.5°} 的方向上，后激波的强度较弱，存在较长的上升时间，且一定程度上保留了近场波形特征。

表 6－8 给出了不同传播方向上地面声爆的主观评价指标的对比，其中包括了 A 计权声暴露级（ASEL）、C 计权声暴露级（CSEL）和感觉声压级（PLdB）。随着声爆传播的侧向角度变化，ASEL 和 CSEL 与 PLdB 声压级的变化规律相似。

表 6－8　基准构型不同传播方向上预测的远场波形的主观声压级

PHI/（°）	ASEL	CSEL	PLdB	PHI/（°）	ASEL	CSEL	PLdB
0	93.0614	106.8664	107.9291	30	89.6451	104.1908	104.1231
5	92.9314	106.7718	107.8324	35	88.4944	103.3614	102.7597
10	92.6430	106.5401	107.4776	40	86.9748	102.3358	101.1653
15	92.1766	106.1540	106.8848	45	84.5544	100.8088	98.6257
20	91.5257	105.6436	106.1436	50	82.5455	99.3055	96.6385
25	90.6368	104.9382	105.1644	54.5	79.4812	97.7576	93.5359

6.3.2 低声爆布局设计

前期研究表明，直接在基准构型上开展设计，要实现较好的声爆性能是极为困难的。因此，参考同吨位超声速民机方案，将机身从 65.7m 适当加长至 72m，采用箭形翼和钝前缘的超声速翼型以及 T 尾布局形式，得到了初始构型 config#0。该构型的几何外形如图 6-55 所示，机翼为两段后掠的箭形翼，机翼内段上反较大，外段上反较小，翼尖具有负扭转，机翼外形呈“海鸥”形，机翼的平均气动弦长为 22.6m，半模参考面积为 300.6m^2。机头略微下俯，机身弯度呈 S 形。基准构型的力矩参考点位于 x = 51m 处。

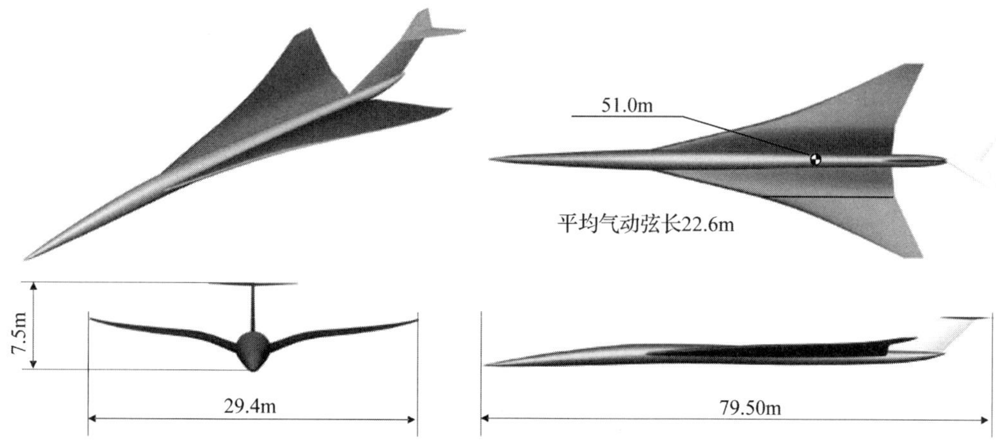

图 6-55 config#0 构型的几何外形

图 6-56 给出了初始构型 config#0 的气动力曲线。在巡航点 C_L = 0.106 时，零升阻力系数为 68.9cts，摩擦阻力系数为 42.0cts，零升波阻系数为 26.9cts，升阻比为 9.54。

采用 FA-Boom 程序计算巡航点的正下方三倍机身长度位置处超压分布，并采用 bBoom 程序传播到地面。如图 6-57（a）所示，config#0 构型的近场超压信号主要由一道头激波、机翼激波和两道尾激波组成，每一道激波强度都非常大，波形的波瓣面积大，传播到地面时已经基本形成 N 型波。如图 6-57（b）所示，地面声爆的头激波超压幅值超

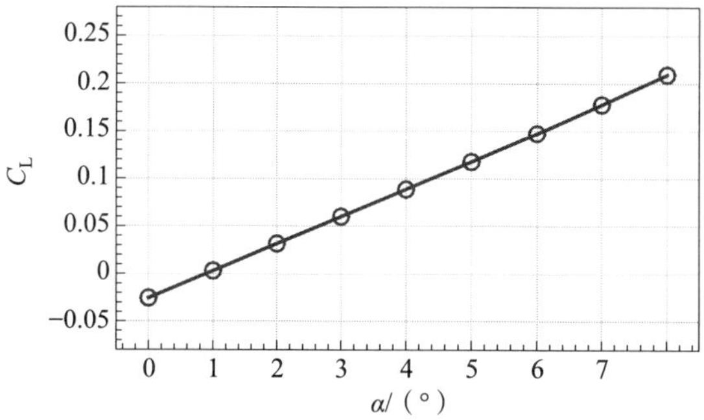

（a）升力系数曲线

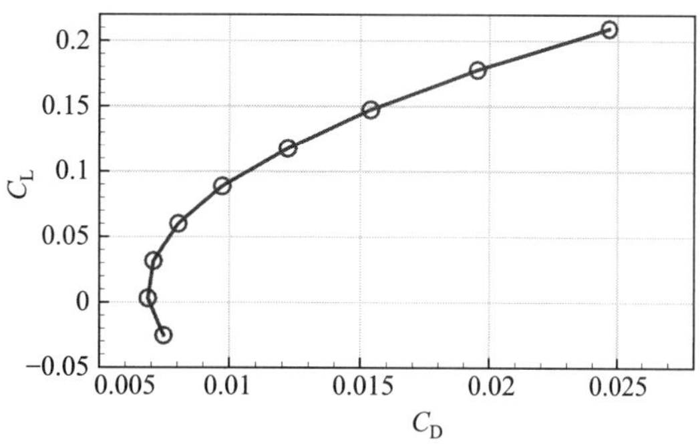

（b）升阻极曲线

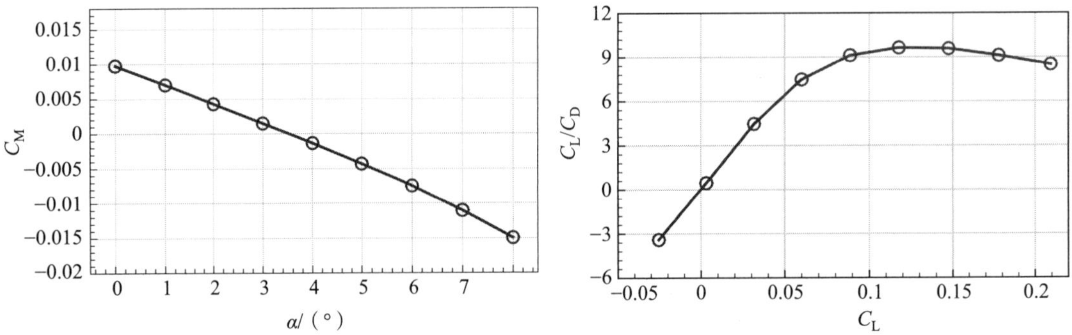

（c）力矩系数曲线　　（d）升阻比曲线

图 6－56　config#0 构型的气动力曲线

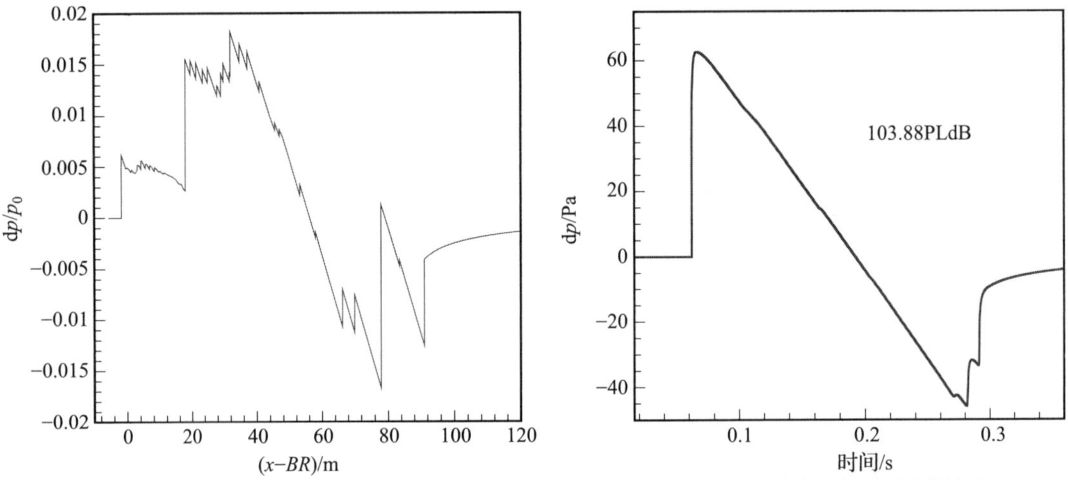

（a）正下方H/L=3.0的近场超压信号　　（b）远场地面声爆波形

注：图（a）横坐标 $X-BR$ 表示将横坐标进行了平移，平移量为 $-BR$，其中 B 在式（6－2）中已定义，R 为近场提取位置与飞机之间的距离。

图 6－57　config#0 构型近远场声爆波形（巡航升力系数 $C_L=0.106$）

过 60Pa，且波形陡峭；而由于采用了 T 尾布局，尾激波的波形呈现出两道阶跃的形状，整体强度低于一道阶跃的波形。config#0 构型的地面声爆强度为 103.88PLdB。

采用本章 6.1 节提出的低声爆布局设计方法对 config#0 构型开展设计，以下主要介绍各环节设计结果与分析。

6.3.2.1　低声爆设计过程

（1）采用 JSGD 反设计方法进行全机修形设计

表 6－9 给出了 JSGD 反设计方法生成反设计目标 F 函数的输入参数。在获得的低声爆目标 F 函数和目标等效截面积分布后，采用 FFD 方法对全机进行参数化，并开展反设计匹配。通过改变机身形状和机翼后掠，使全机的等效截面积分布与目标分布匹配。设计构型 config#1 等效截面积分布与目标的对比如图 6－58 所示，可见设计结果基本达到了目标。图 6－59 给出了

采用 JSGD 方法设计前后外形的对比，由于基准构型在机身段的等效截面积值比目标小，因此设计外形的机身明显变粗。机翼后掠略有增大，使全机轴向升力分布更均匀。

表 6－9　JSGD 反设计方法生成反设计目标 F 函数的输入参数

参数	数值	参数	数值
巡航重量 W/t	125	钝头系数 y_f/m	2
巡航马赫数 Ma	2.0	F 函数斜率 k	0.00065
巡航高度 H/m	18592.3	头尾激波比 p_f/p_r	0.7
有效长度 l_e/m	66		

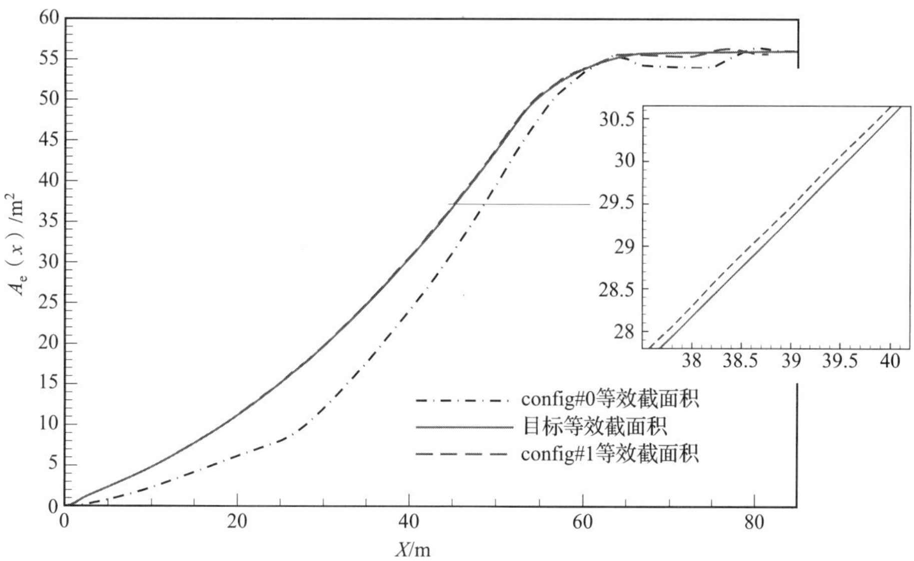

图 6－58　初始构型 config#0、设计构型 config#1 和反设计目标的等效截面积分布对比

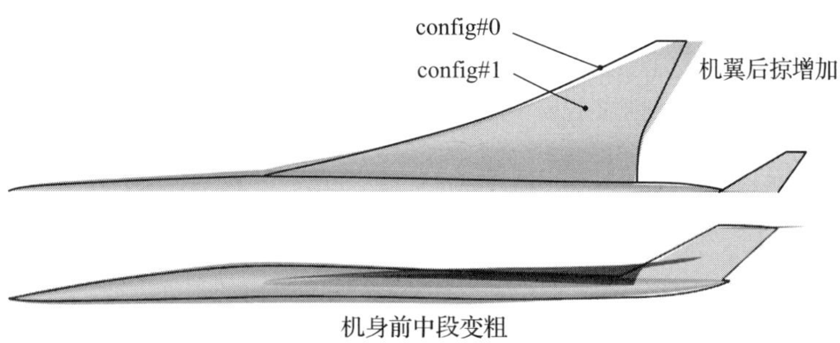

图 6－59　初始构型 config#0 和设计构型 config#1 的外形对比

飞机正下方三倍机身长度位置处，初始构型 config#0 和设计构型 config#1 的近场超压信号对比如图 6－60 所示。采用 JSGD 方法设计后，前体区域强烈的机头激波和机翼激波被接近于平台状的波形替代，后体仍然保持了两道激波的波形。显然，平台状的超压波形在大气传播中的非线性合并效应远远弱于初始构型 config#0 的两道陡峭激波。由于 JSGD 反设计可信度较低，对机翼位置处的分析结果与实际存在偏差，因此在 $x=40$m 附近，有

一道较强的激波。如图 6 - 61 所示，设计构型 config#1 的前体信号已不再呈现为 N 型波，而是由两道更弱的激波组成，后体的波形最大负压幅值也被削减。远场波形中的噪声高频分量被削弱，设计构型 config#1 的感觉声压级为 98.84PLdB，比基准构型降低了 5.04PLdB。

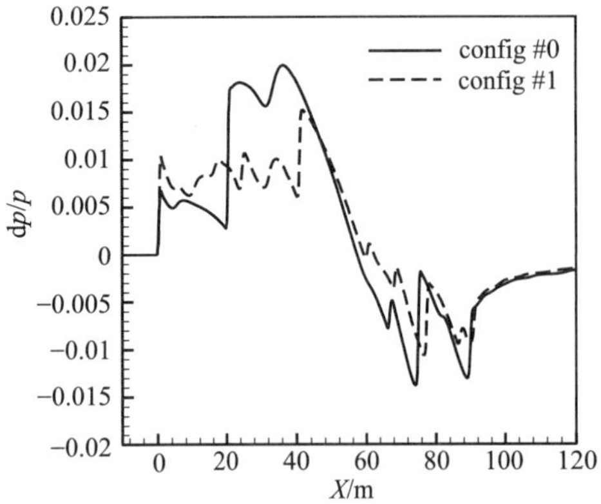

图 6 - 60　初始构型 config#0 和设计构型 config#1 近场场超压分布对比（$H/L = 3.0$）

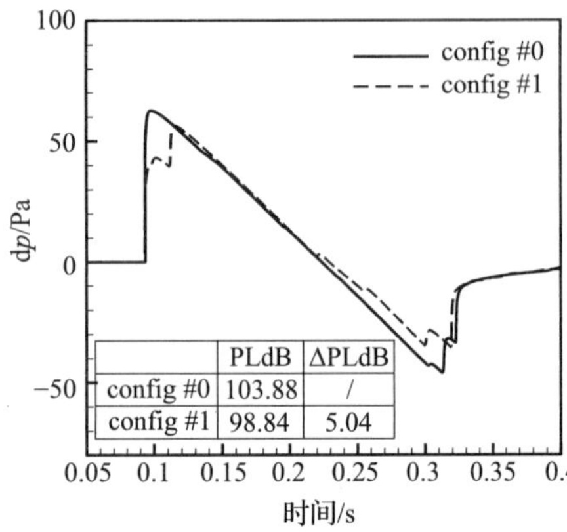

图 6 - 61　初始构型 config#0 和设计构型 config#1 地面声爆波形和感觉声压级对比

虽然采用经典的 JSGD 反设计方法获得了具有初步低声爆特性的布局方案，也显著降低了地面感觉声压级，但是其远场波形的头激波仍然相当强烈，是整个波形中影响感觉声压级的最主要高频分量，因此还需要对它进行进一步削弱。

（2）采用 PNFO 反设计方法进行机身修形设计

在 config#1 构型的基础上，采用 PNFO 反设计方法，对机身外形进行更精细的修形设计。根据 config#1 构型的正下方三倍机身长度位置处的近场超压分布，选取关键点将其参数化。如图 6 - 62 所示，通过 20 个关键点描述主要的激波和膨胀波位置。由于对机身修形主要影响前体区域的超压分布，参数化近场超压分布处在后体区域（$x > 72$m）的控制点在优化目标分布时固定不动。图 6 - 63 给出了在目标分布优化中参数化近场超压的上下

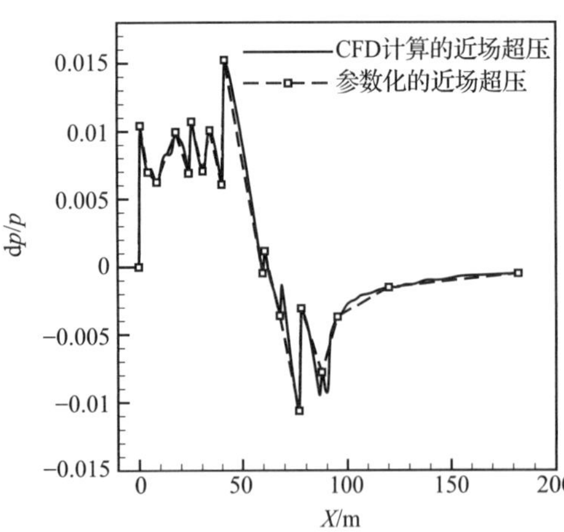

图 6 - 62　config#1 构型的近场超压分布和参数化后的超压分布（$H/L = 3.0$）

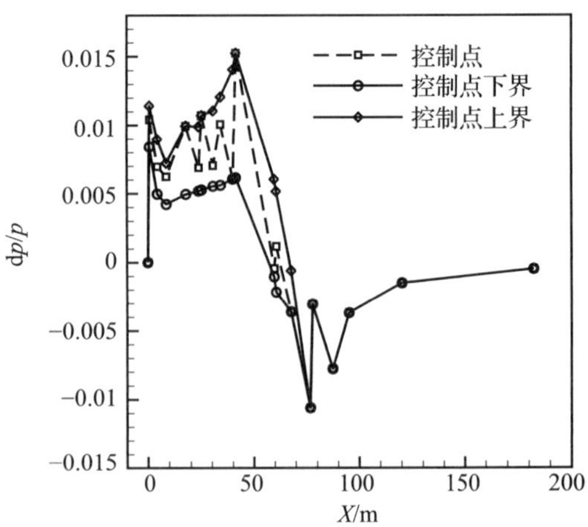

图 6 - 63　用于优化参数化近场超压分布的变量上下界

界，在前体区域，变量上下界包住了基准构型的参数化超压分布；而在后体区域，控制点被固定，保持与基准相同，用于优化的变量实际上为 13 个。

采用 config#1 构型正下方三倍机身长度位置处的近场信号计算转换等效截面积分布 A_{ec}，在确定优化目标分布时，需要保证客舱段的截面相对 config#1 构型收缩不超过 5%。针对该外形，根据客舱关键站位的最小尺寸要求，约束关键站位 $x=14$m，$x=25.5$m 和 $x=47$m 处的 A_{ec} 值分别大于 4.66m^2、11.48m^2、32.56m^2；同时约束转换等效截面积末端值等于基准末端值 65.01m^2，以满足升力要求。根据上述变量和约束的定义，以地面感觉声压级为优化目标，开展参数化近场超压分布的优化。优化解对应的地面感觉声压级为 93.67PLdB，该优化的近场超压分布被选作第一轮 PNFO 反设计的目标近场超压分布。经过一轮外迭代设计后，获得低声爆构型。

采用 RANS 方程对低声爆构型的近场流场进行数值模拟。飞机正下方三倍机身长度处，低声爆构型与目标的近场超压分布对比如图 6-64 所示，可以看出低声爆构型在前体区域基本实现了第一轮给出的目标分布。然而，由于机身形状变化仍影响了后体区域的流场，使扰动信号发生改变。从图 6-65 可见，config#1 构型最后一个波瓣由两道距离较近但并未合并的膨胀波组成，而低声爆构型最后一个波瓣强度较大且已基本合并。因而，第一次外迭代设计结果在前体区域达到了给定的目标分布，但后体区域与目标分布有一定的偏差。

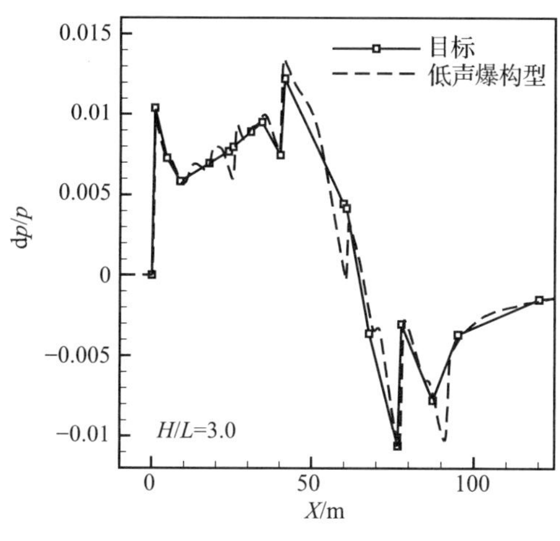

图 6-64　低声爆构型与目标近场超压分布对比（经过 PNFO 反设计方法一轮外迭代）

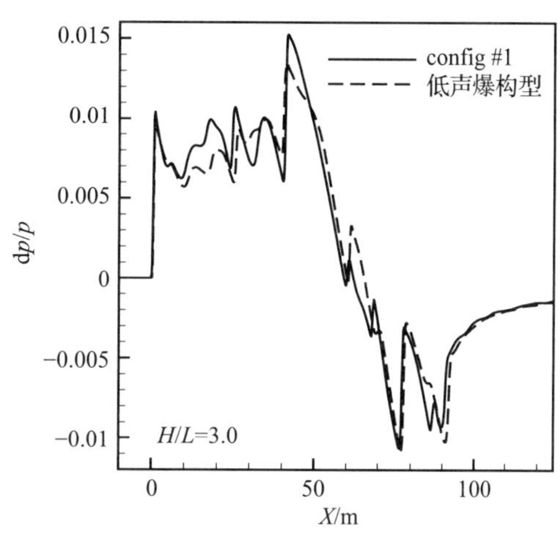

图 6-65　低声爆构型与 config#1 构型近场超压分布对比

采用远场声爆预测程序 bBoom，计算低声爆构型的地面声爆信号，并将其与基准构型和 config#1 构型的地面声爆信号对比，如图 6-66 所示。上述三种构型的声爆信号大气传播演变历程如图 6-67 所示。基准构型的地面声爆信号为典型的 N 型波，头尾激波超压和斜率都非常大。经过 JSGD 反设计，config#1 构型的前体波形为两道激波，且头激波压强阶跃的幅值约为 40Pa，显著低于基准构型（约 80Pa）；后体信号也由强度较弱的两道激波组成，强度也远低于基准构型的尾激波强度。低声爆构型的地面信号也是多波系形态，前体信号被进一步修形，初始激波的阶跃强度相比 config#1 构型进一步降低，削弱了影响地面感觉声压级的波形高频分量。低声爆构型的地面感觉声压级为 96.82PLdB，

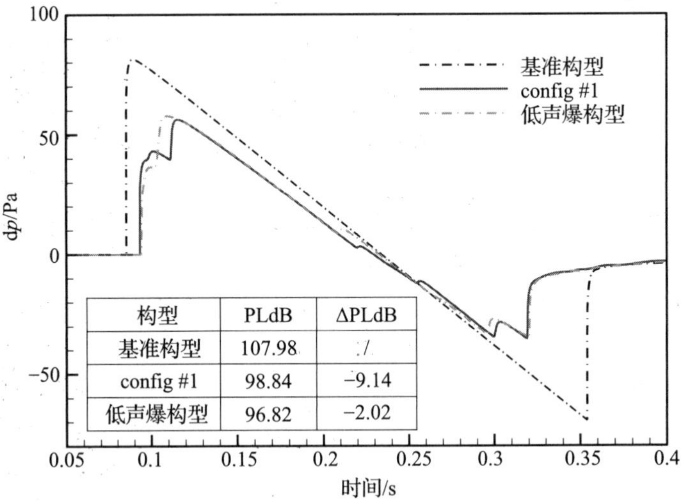

图 6 – 66　基准构型、config#1 构型与低声爆构型的地面声爆波形及感觉声压级对比

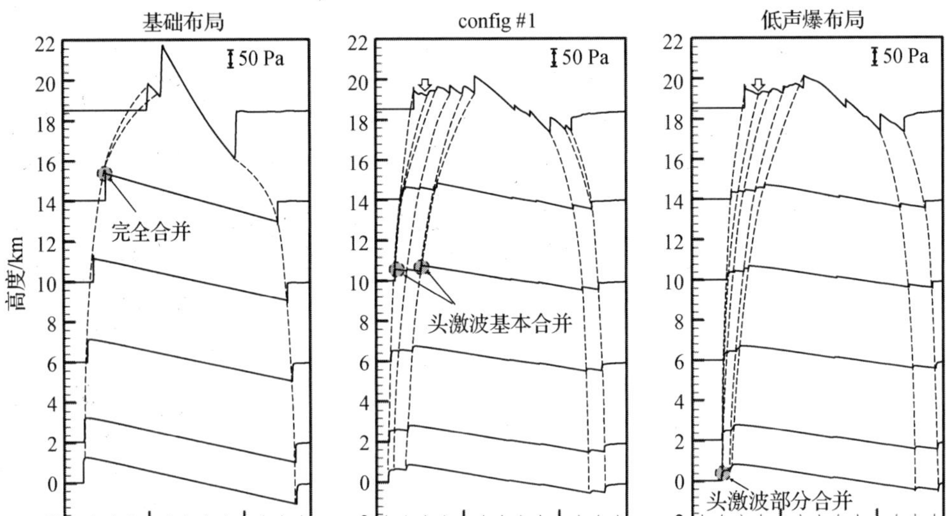

图 6 – 67　基准构型、config#1 构型与低声爆构型声爆信号的传播演变历程

比 config#1 构型降低 2. 02PLdB。最后，图 6 – 68 给出了超声速民机低声爆布局设计的迭代历程。

6. 3. 2. 2　气动特性评估

根据基准构型的评估结果，生成了网格量为 2000 万个的结构化网格，采用 RANS 方程对低声爆布局的气动性能进行评估。其中，湍流模型、时间/空间离散方法与评估基准构型时设置的参数一致。在巡航状态下，基准构型与低声爆构型的气动性能对比如表 6 – 10 所示。可以看出，相比于基准构型，低声爆构型的巡航迎角降低至 5°，且升阻比提高了 0. 82。

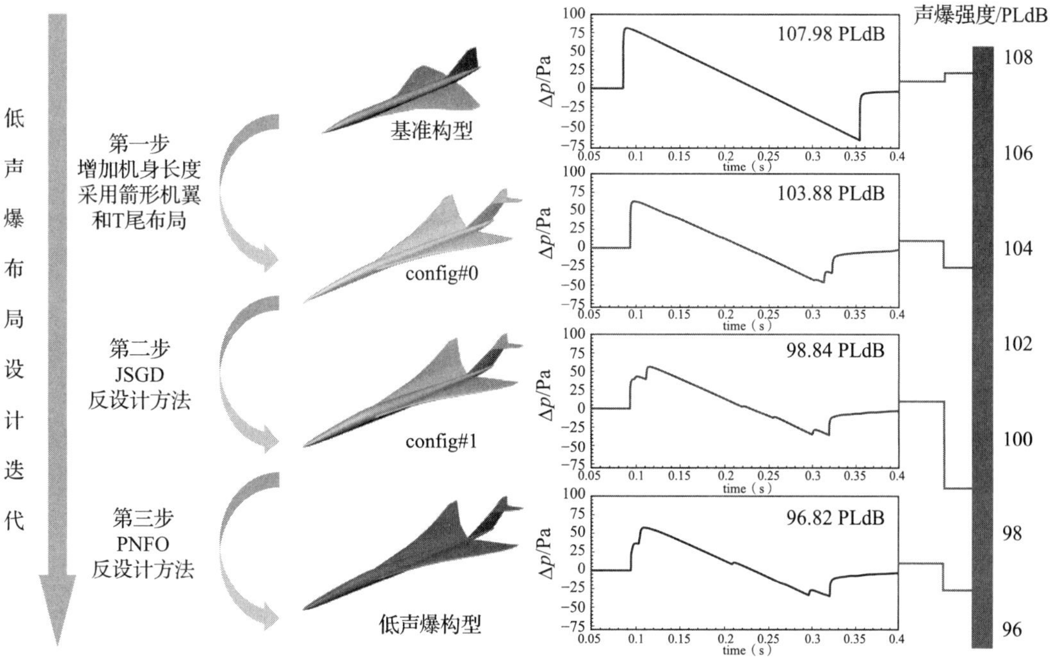

图 6－68　大型超声速民机低声爆布局设计的迭代历程

表 6－10　基准构型与低声爆构型巡航状态的气动性能对比

构型	升力系数 C_L	迎角/（°）	阻力系数 C_D/cts			升阻比
			压差阻力系数 $C_{D,\mathrm{p}}$	摩擦阻力系数 $C_{D,\mathrm{v}}$	总阻力系数 $C_{D,\mathrm{t}}$	
基准构型	0.126（参考面积 253.5 m^2）	6.0	99.88	43.96	143.84	8.76
低声爆构型	0.106（参考面积 300.6 m^2）	5.0	68.84	41.81	110.65	9.58

图 6－69 给出了迎角 0°～10°范围内的气动力系数曲线，可以看出当迎角在 5°附近时，升阻比达到了最大。

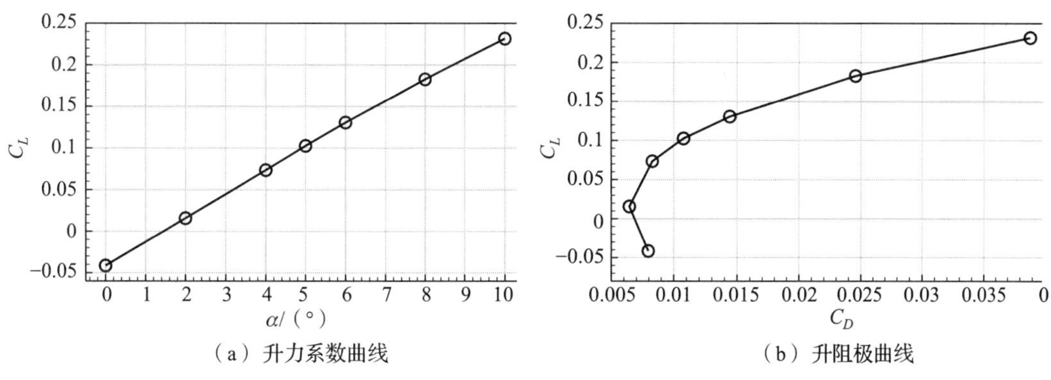

（a）升力系数曲线　　（b）升阻极曲线

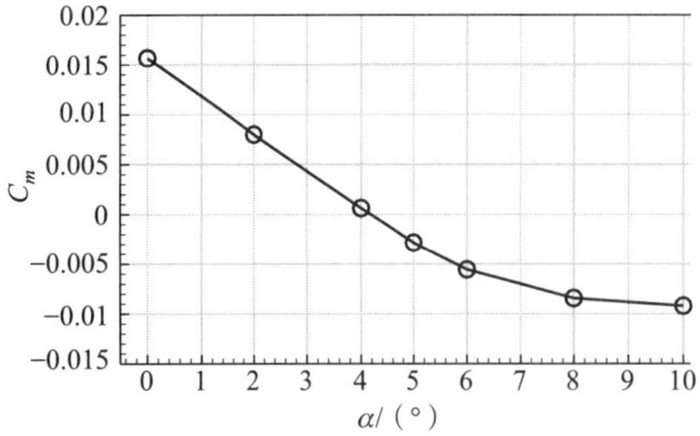

（c）力矩系数曲线

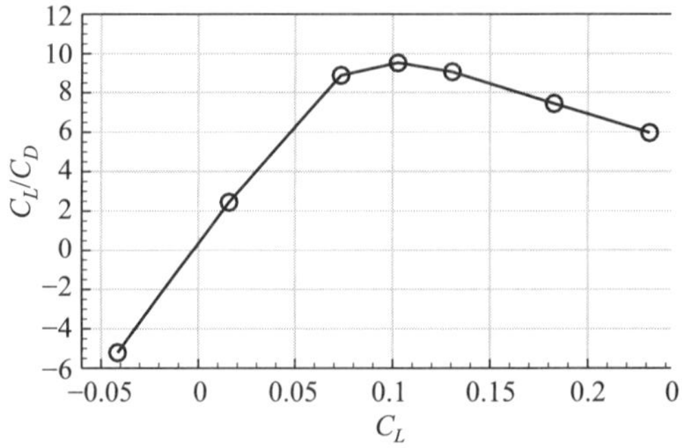

（d）升阻比曲线

图 6－69　低声爆构型气动力系数曲线

6.3.2.3　低声爆构型的客舱布置

图 6－70 给出了低声爆构型初步的客舱内部布置示意，采用了三舱布局，每段客舱的位置及长度根据机身横截面宽度确定，全机可搭载 122 名乘客。其中，商务舱、超级经济舱和经济舱每排分别有 2 座、4 座和 4 座。

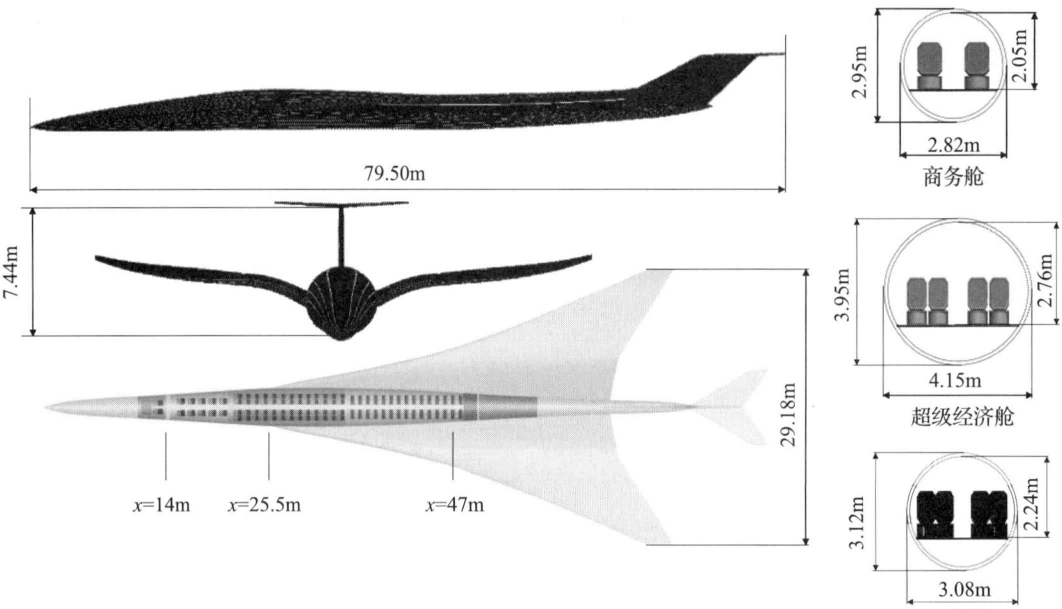

图 6－70　低声爆构型的客舱布置示意

LARM 作为我国首次公开发布的自研超声速民机低声爆布局模型（见图 6－71），对于我国超声速民机技术发展具有里程碑意义。模型发布后，可为后续开展超声速民机概念方案设计，以及声爆预测与评价、适航与绿色环保要求等相关理论、方法与技术的发展提供参考。超声速民机低声爆研究共用模型（LARM）数据下载地址如图 6－72 所示。

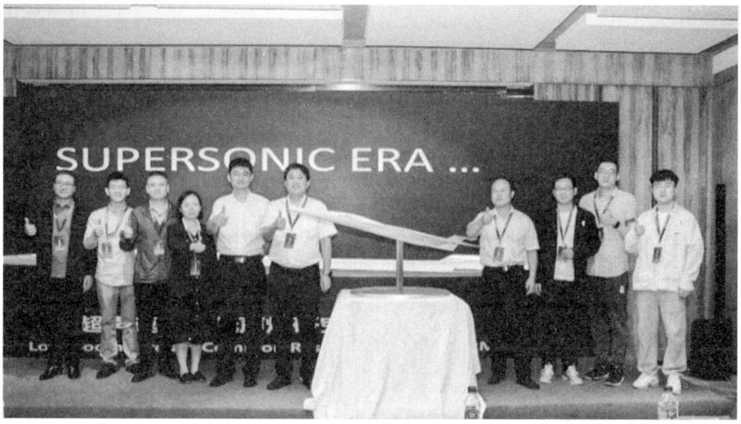

图 6－71　超声速民机低声爆研究共用模型 LARM 发布

图 6－72　超声速民机低声爆研究共用模型（LARM）数据下载地址

6.4　本章小结

本章首先介绍了低声爆反设计方法和优化设计方法，并给出了低声爆反设计/优化设计框架。JSGD 声爆最小化理论是低声爆设计方法的基础，JSGD 反设计方法效率高，但是精度不足；混合可信度方法能够兼顾设计效率和精度，而基于 PNFO 的混合可信度反设计方法能够考虑升力和客舱容积约束，且生成的目标分布更合理；基于代理模型的优化设计方法在降低声爆的同时能够更好地考虑操稳和飞行品质等更多工程目标与约束，是未来发展的重要方向之一。然后，本章介绍了机头静音锥技术以及考虑后体喷流影响的声爆抑制技术，研究了静音锥长度和头部形状等因素对头激波的影响，并对喷流落压比对后体激波/膨胀波系的影响开展了分析。最后，本章还给出了一种 140t、120 座级的大型超声速民机低声爆布局的设计过程。结果表明，综合使用 JSGD 和 PNFO 反设计方法能够有效降低声爆强度。经过设计，巡航状态下低声爆构型的声爆强度较基准构型下降了 11. 16PLdB，且气动性能有所提升。

参考文献

[1] Han Z H, Qiao J L, Zhang L W, et al. Recent progress of efficient low – boom design and optimization methods [J]. Progress in Aerospace Sciences, 2024, 146: 101007.

[2] Ferri A. Airplane configurations for low sonic boom [R]. Washington, DC: NASA SP – 255, 1970.

[3] Henne P A, Howe D C, Wolz R R. Supersonic Aircraft with Spike for Controlling and Reducing Sonic Boom [P]. US Patent US6698684, 2003.

[4] Potapkin A V, Moskvichev D Y. Sonic boom generated by a slender body aerodynamically shaded by a disk spike [J]. Shock Waves, 2018, 28 (6): 1239 – 1249.

[5] 张力文, 韩忠华, 宋文萍. 一种基于吹吸气流动控制的超声速飞机声爆抑制方法: CN112550678A [P]. 2021 – 03 – 26.

[6] Ye L Q, Ye Z Y, Ye K, et al. A low – boom and low – drag design method for supersonic aircraft and its applications on airfoils [J]. Advances in Aerodynamics, 2021, 3: 1 – 27.

[7] Li W, Geiselhart K. Integration of low – fidelity MDO and CFD – based redesign of low – boom supersonic transports [J]. AIAA Journal, 2021, 59 (10): 3923 – 3936.

[8] Ding Y L, Han Z H, Qiao J L, et al. Inverse design method for low – boom supersonic transport with lift constraint [J]. AIAA Journal, 2023, 61 (7): 2840 – 2953.

[9] Kirz J. Surrogate based shape optimization of a low boom fuselage wing configuration [C]. AIAA Aviation 2019 Forum, 2019.

[10] Plotkin K, Haering E, Murray J D, et al. Ground data collection of shaped sonic boom experiment aircraft pressure signatures [C] // 43rd AIAA Aerospace Sciences Meeting and Exhibit, 2005.

[11] Honda M, Yoshida K. D – SEND#2 flight demonstration for low sonic boom design technology [C] // 29th Congress of the International Council of the Aeronautical Sciences, 2016.

[12] Ordaz I, Geiselhart K A, Fenbert J W. Conceptual design of low – boom aircraft with flight trim requirement [J]. Journal of Aircraft, 2015, 52 (3): 932 – 939.

[13] Li W, Geiselhart K. Multidisciplinary design optimization of low – boom supersonic aircraft with mission constraints [J]. AIAA Journal, 2021, 59 (1): 165 – 179.

[14] Li W, Geiselhart K. Multi – objective, Multidisciplinary optimization of low – boom supersonic transports using multi – fidelity models [J]. AIAA Journal, 2022, 59 (5): 1137 – 1151.

[15] Ordaz I, Li W. Using CFD surface solutions to shape sonic boom signatures propagated from off – body pressure [C] // 31st AIAA Applied Aerodynamics Conference, 2013.

[16] Jones L B. Lower bounds for sonic bangs [J]. The Aeronautical Journal, 1961, 65 (606): 433 – 436.

[17] Jones L B. Lower bounds for sonic bangs in the far field [J]. The Aeronautical Quarterly,

1967, 18 (1): 1 -21.

[18] Jones L B. Lower bounds for the pressure jump of the bow shock of a supersonic transport [J]. The Aeronautical Quarterly, 1970, 21 (1): 1 -17.

[19] Seebass R. Minimum sonic boom shock strengths and overpressures [J]. Nature, 1969, 221 (5181): 651.

[20] Seebass R, George A R. Sonic - boom minimization [J]. The Journal of the Acoustical Society of America, 1972, 51 (2C): 686 -694.

[21] George A R, Seebass R. Sonic boom minimization including both front and rear shocks [J]. AIAA Journal, 1971, 9 (10): 2091 -2093.

[22] Darden C M. Sonic - boom minimization with nose - bluntness relaxation [R]. NASA TP - 1348, 1979.

[23] 韩忠华, 钱战森, 乔建领. 声爆预测与低声爆设计方法 [M]. 北京: 科学出版社, 2022.

[24] Maglieri D J, Bobbitt P J, Plotkin K J, et al. Sonic boom six decades of research: NASA SP -622 [R]. Hampton, VA: NASA, 2014.

[25] Plotkin k, Rallabhandi S, Li W. Generalized formulation and extension of sonic boom minimization theory for front and aft shaping [C] // AIAA -2009 -1052, Reston, VA: AIAA, 2009.

[26] Haas A, Kroo I. A multi - shock inverse design method for low - boom supersonic aircraft [C] // AIAA -2010 -0843. Reston, VA: AIAA, 2010.

[27] Li W, Shields E, Geiselhart K. Mixed - fidelity approach for design of low - boom supersonic aircraft [J]. J. Aircr. , 2011, 48 (4): 1131 -1135.

[28] Li W, Shields E. Generation of parametric equivalent - area targets for design of low - boom supersonic concepts [C] // 49th AIAA Aerospace Sciences Meeting Including the New Horizons Forum and Aerospace Exposition, 2011.

[29] Ding Y L, Han Z H, Qiao J L, et al. Inverse design method for low - boom supersonic transport with lift constraint [J]. AIAA Journal, 2023, 61 (7): 2840 -2853.

[30] Palacios F, Alonso J, Colonno M, et al. Adjoint - based method for supersonic aircraft design using equivalent - area distributions [C] // AIAA -2012 -0269, Reston, VA: AIAA, 2012.

[31] Li W, Rallabhandi S K. Inverse design of low - boom supersonic concepts using reversed equivalent - area targets [J]. Journal of Aircraft, 2014, 51 (1): 29 -36.

[32] Sevant N E, Bloor M I G, Wilson M J. Aerodynamic design of a flying wing using response surface methodology [J]. Journal of Aircraft, 2000, 37 (4): 562 -569.

[33] 韩忠华. Kriging 模型及代理优化算法研究新进展 [J]. 航空学报, 2016, 37 (11): 3197 -3225.

[34] Han Z H. SurroOpt: a generic surrogate - based optimization code for aerodynamic and multidisciplinary design [C] // Proceedings of ICAS 2016, Daejeon, Korea, Vol. 1, ICAS 2016 -0281: 1 -10.

[35] Han Z H, Goertz S, Zimmermann R. Improving variable - fidelity surrogate modeling via gradient - enhanced kriging and a generalized hybrid bridge function [J]. Aerospace Science And Technology, 2013, 25 (1): 177 - 189.

[36] Han Z H, Xu C Z, Zhang L, et al. Efficient aerodynamic shape optimization using variable - fidelity surrogate models and multilevel computational grids [J]. Chinese Journal of Aeronautics, 2019, 33 (1): 31 - 47.

[37] Kulfan B M, Bussoletti J E. Fundamental parametric geometry representations for aircraft component shapes [C] // 11th AIAA/ISSMO Multidisciplinary Analysis and Optimization Conference. 2006: 6948.

[38] Sederberg T W, Parry S R. Free - form deform of solid geometric models [J]. Computer Graphics, 1986, 20 (4): 151 - 160.

[39] Henne P, Howe D, Wolz R, et al. Supersonic aircraft with spike for controlling and reducing sonic boom: US, US6698684 B1 [P]. 2014.

[40] Howe D, Simmons III F, Freund D. Development of the Gulfstream Quiet Spike™ for sonic boom minimization [C] // 46th AIAA Aerospace Sciences Meeting and Exhibit, 2008.

[41] Howe D. Improved sonic boom minimization with extendable nose spike [C] // 43rd AIAA Aerospace Sciences Meeting and Exhibit, 2005.

[42] Cowart R, Grindle T. An overview of the Gulfstream/NASA Quiet Spike™ flight test program [C] // 46th AIAA Aerospace Sciences Meeting and Exhibit, 2008.

[43] Simmons III F, Freund D. Morphing concept for quiet supersonic jet boom mitigation [C] // 43rd AIAA Aerospace Sciences Meeting and Exhibit, 2005.

[44] Smolka J, Cowert R, Molzahn L. Flight testing of the Gulfstream Quiet Spike™ on a NASA F - 15B [R]. NASA TD2007003280.

[45] Cliff S, Denison M, Shayan Moni - Yekta, et al. Wind tunnel model design for the study of plume effects on sonic boom for isolated exhaust nozzles [C] // AIAA Paper 2016 - 2035, Reston, VA: AIAA, 2016.

[46] Englert G W. Operational method of determining initial contour and pressure field about a supersonic jet [R]. NASA TN D - 279, 1960.

[47] Putnam L E, Capone F J. Experimental determination of equivalent solid bodies to represent jets exhausting into a Mach 2. 20 external stream [R]. NASA TN D - 5553, 1969.

[48] Castner R S. Analysis of plume effects on sonic boom signature for isolated nozzle configurations [C]. AIAA Paper 2008 - 3729, 2008.

[49] Bui T. CFD Analysis of the nozzle jet plume effects on sonic boom signature [C]. AIAA Paper 2009 - 1054, 2009.

[50] Castner R S. Slot nozzle effects for reduced sonic boom on a generic supersonic wing section [C]. AIAA Paper 2010 - 1386, 2010.

[51] Castner R S. Analysis of exhaust plume effects on sonic boom for a 59 - degree wing body model [C]. AIAA - 2011 - 917, Jan. 2011.

[52] Castner R S. Exhaust plume effects on sonic boom for a delta wing and swept wing – body model [C]. AIAA Paper 2012 – 1033, 2012.

[53] Castner R S, Elmiligui A, Cliff S. Exhaust nozzle plume and shock wave interaction [C]. AIAA Paper 2013 – 0012.

[54] Durston D A, Cliff S E, Denison M, et al. Nozzle plume shock interaction sonic boom test results from the NASA Ames 9 – by 7 – foot supersonic wind tunnel [C]. AIAA Paper 2017 – 0041.

[55] Goethert B H. Fundamental research on advanced techniques for sonic boom supression [J]. The Journal of the Acoustical Society of America, 1973, 54 (6): 1766.

[56] Ordaz I, Li W. Adaptive aft signature shaping of a low – boom supersonic aircraft using off – body pressures [C]. AIAA Paper 2012 – 0020, 2012.

[57] Wintzer M, Castner R, Geiselhart K. Airframe – nozzle – plume interaction in the context of low sonic boom design [C]. AIAA Paper 2015 – 1045.

[58] 沈沉，周华. 细长杆降低超声速客机气动噪声的数值分析 [J]. 空气动力学报，2012，30 (1)：39 – 45.

[59] 李占科，彭中良，徐合良. 静音锥对超声速客机声爆水平的影响 [J]. 航空工程进展，2013，4 (3)：346 – 351.

[60] 冯晓强，李占科，宋笔锋. 超声速客机低声爆布局反设计技术研究 [J]. 航空学报，2011，32 (11)：1980 – 1986.

[61] 郝璇，苏诚，刘芳，等. 超声速飞行器低声爆气动布局优化设计研究 [J]. 空气动力学学报，2018，36 (2)：327 – 333.

[62] 乔建领，韩忠华，宋文萍. 基于代理模型的高效全局低声爆优化设计方法 [J]. 航空学报，2018，39 (5)：67 – 80.

[63] 黄江涛，张绎典，高正红，等. 基于流场/声爆耦合伴随方程的超声速公务机声爆优化 [J]. 航空学报，2019，40 (5)：122505.

[64] Durston D A, Wolter J D, Shea P R, et al. X – 59 sonic boom test results from the NASA Glenn 8 – by 6 – foot supersonic wind tunnel [C]. AIAA Paper 2023 – 4317, 2023.

[65] http: //www. tu144sst. com.

[66] Daniel G, Baize. 1995 NASA high – speed research program sonic boom workshop: volume ii – configuration design, analysis and testing [R]. NASA/CP – 1999 – 209520, 1999.

[67] 韩忠华. 旋翼绕流的高效数值计算方法及主动流动控制研究 [D]. 西安：西北工业大学，2007.

[68] Qiao J L, Han Z H, Ding Y L, et al. Sonic boom prediction method for supersonic transports based on augmented burgers equation [J]. Acta Aerodynamica Sinica, 2019, 37 (4): 663 – 674.

[69] Qiao J L, Han Z H, Song W P, et al. Development of sonic boom prediction code for supersonic transports based on augmented Burgers equation [C]. Reston (VA): AIAA, 2019. Report No.: 2019 – 3571.

[70] 丁玉临. 超声速民机低声爆布局设计方法 [D]. 西安：西北工业大学，2023.

[71] Morgenstern J, Norstrud N, Sokhey J, et al. Advanced concept studies for supersonic commercial transports entering service in the 2018 to 2020 period phase I final report [R]: NASA/CR-2013-217820. Hampton VA: NASA, 2013.

[72] Kenji Y. Supersonic drag reduction technology in the scaled supersonic experimental airplane project by JAXA [J]. Progress in Aerospace Sciences, 2009, 45: 124-146.

[73] Ding Y L, Han Z H, Qiao J L, et al. Fast method and an integrated code for sonic boom prediction of supersonic commercial aircraft [C] // ICAS Congress, 2021.

第 7 章　声爆主观响应评价

声爆适航标准将成为影响超声速民机能否商业化运行、超声速民机产品发展路线的决定性因素。声爆适航评价指标及其限值是声爆适航标准的重要组成部分，声爆主观响应评价通过试验室试验和飞行试验的方式，研究采用不同指标进行声爆主观响应评价的准确性，从中筛选出一套用于评价声爆主观响应的指标体系，并形成各指标的限制值，对推进声爆适航标准制定工作具有重要意义。

7.1　声爆主观响应评价方法

超声速民机被限制超声速巡航的一个重要原因在于其飞行过程中在地面产生的声爆强度是不可接受的。超声速飞行能否被接受、声爆强度能否被接受，最终要取决于人类和建筑等因素对声爆的容忍和接受程度。因此，需要建立一种声爆强度的评价方法，这种方法需要尽可能正确地描述人类接收到声爆信号后对信号本身的响度、烦躁和惊吓程度的反应，这是一种基于人类生理心理特性的主观评价方法，一般被称为声爆主观响应评价。声爆主观响应评价是人类对声爆主观感受的客观评价。

声爆主观响应评价是非常重要的，因为它对商业超声速飞行的操作性和经济性方法具有较大的影响。如果允许基于最小声爆考虑设计的飞机飞越陆地航线，那么这种飞机的经济可行性将会大大提高。实现最小声爆的设计包括调整飞机的升力和体积分布，从而改变声爆形状，将声爆信号减到最小，能够减少主观的惊吓程度，并减弱室内效应，如墙壁和窗户的振动和嘎吱声。降低响度和包括震击等其他效应，可以通过修改声爆波形来实现，实现手段包括减少其中的高频分量部分，并降低波前和波后的冲击强度。通过评价 N 型波的上升时间、持续时间和峰值过压改变对主观感受的影响，来解释修改声爆波形的好处。对于恒定的峰值过压，可以通过增加上升时间来大幅度降低响度。同时，使用对称信号代替 N 型波信号来降低响度，这种对称信号采用两个压力上升段而非一个达到峰值过压。这种方法降低了第一段过压的上升，并允许较慢的速度增长到最大过压值。以这种方式形成的声爆波形的高频能量比相同上升时间和最大过压值的 N 型波小得多，而且噪声水平也更小。

声爆响应主观评价方法的建立，能够在实施超声速飞行声爆真人感受试验前、在相当的程度上证明超声速飞行在声爆层面上是否可被接受，初步估计真人的感受和试验风险程度，能够对超声速低声爆气动布局的设计进行评价，为低声爆布局优化设计提供判定指标，并成为超声速飞行能否突破法规限制的重要依据。

7.1.1　室外声爆主观响应评价方法

7.1.1.1　常用噪声主观评价指标

声爆的主观响应评价方法，是指对于一个给定的地面声爆信号，通过一套固定的处理计算流程，将声爆信号的响度表示为一个包含人类生理心理影响要素的数值，数值的大小尽可能贴近人类听到该声爆信号主观感受的程度。目前声爆主观响应评价主要采用以响度为主的噪声评价指标，包括 A 计权声级、C 计权声级和感知响度级 PLdB。

A 声级是声级计计权中的一种，是当今噪声评判的主要标准。A 声级是模拟 40 方（phon）等响曲线而设计的 A 计权网络声压级，使接收的噪声通过时对人耳不敏感的低频有较大的衰减，高频稍有放大。A 计权网络测得的噪声值较接近于人耳感觉，且易于测量。因此国内外常用 A 声级评价环境噪声，并作为制定和执行相关法律和法规的指标。

另一种常用的噪声评判标准是 C 声级。C 声级是模拟 100 方（phon）等响曲线而设计的 C 计权网络声压级，和 A 声级相比，C 声级对中频（125 ~ 500Hz）、低频（16 ~ 63Hz）声压级的削减较少，对高频（≥1000Hz）不做放大处理反而稍有削减。C 声级只作为可听声范围的总声压级的读数来使用，有时只是为了粗略判断噪声的频率特性，才在测量 A 声级的同时附带测量 C 声级。

如果 C 声级与 A 声级大小相近，表示该噪声特性是高频特性；如果 C 声级稍大于 A 声级，表示该噪声为中频特性；如果 C 声级远大于 A 声级，则表示该噪声为低频特性，同一噪声测得的 C 声级和 A 声级之间的差值不应大于 20dB，否则，这个噪声可能存在低频噪声污染，建议进行频谱分析（常采用 NR 曲线、NC 曲线、RC 曲线等进行频谱分析）。

Mark Ⅶ感觉响度级（perceived level，PL）由 Stevens 提出，其发展的噪声感觉声压级评价方法很好地反映了人类对于噪声的主观评价，尤其能够准确反映人类对声爆信号的响度主观评价。Mark Ⅶ噪声感觉声压级综合了 25 个试验曲线得到平均值，并整合成为一系列基于频率的响度等响度曲线。感觉声压级采用 1/3 倍频程的中心频率 3150Hz 作为标准参考声音，取该频率处 32dB 的声音作为响度基本单位宋（Sone）的定义。感觉响度级随声压的 2/3 次方增长，因此每声压级增加 9dB，响度翻倍。这组等响度曲线被扩展至最低，最低为 1Hz，这很好地贴合声爆这类短暂冲击信号中低频分量占主导的特性，因此感觉声压级能够很好地反映声爆信号的主观响应。

7.1.1.2 感觉响度级

感觉响度级以时域表示的地面声爆信号作为输入，输出为一个表征声爆信号主观响应的数值，这一过程主要包含的流程如图 7 - 1 所示。

整个主观响应评价计算流程中，时域地面声爆信号需要经过快速傅里叶变换（fast Fourier transform，FFT）将信号变换到频域中，得到频域的声爆信号。频谱需要转化为能量谱，再根据 1/3 倍频程划分频率范围带，确定每条谱带的频率谱密度。将 1/3 倍频程谱功率加入 A/C 计权声级的权重，并进行功率叠加，可得到计权声级；感知声压级根据试验得到的声功率等响度（宋）曲线，将 1/3 倍频程谱各个频带的功率转化为响度，并根据特定算法得到原声爆信号的响度。

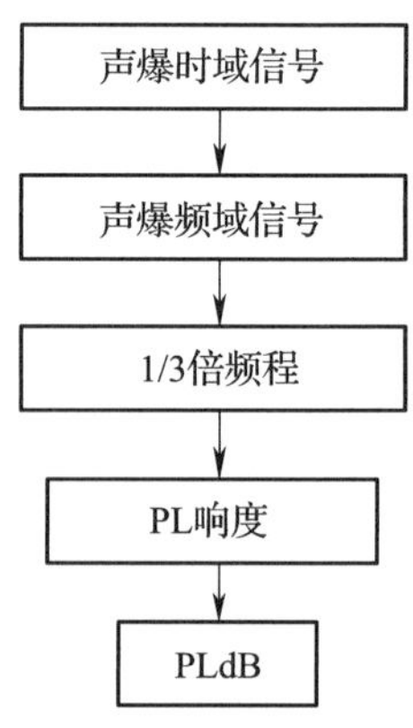

图 7 - 1　声爆主观响应评价方法计算流程

（1）计算 1/3 倍频程

在声频分析领域，经常要分析声频信号的频谱，这时最常用的是倍频程功率谱和 1/3 倍频程功率谱。所谓倍频程功率谱，是将声频分为一个个的频段，然后分别计算每个频段内的功率谱。相邻频段的宽度为二比一的关系。1/3 倍频程是将倍频程再细分为三段。表 7－1 给出了国际电工委员会（IEC）推荐的频段划分方法。

表 7－1　1/3 倍频程频率划分方法

谱带编号	1/3 倍频程 中心频率/Hz	谱带频率 下限/Hz	谱带频率 上限/Hz
14	25	22	28
15	31.5	28	35
16	40	35	44
17	50	44	57
18	63	57	71
19	80	71	88
20	100	88	113
21	125	113	141
22	160	141	176
23	200	176	225
24	250	225	283
25	315	283	353
26	400	353	440
27	500	440	565
28	630	565	707
29	800	707	880
30	1000	880	1130
31	1250	1130	1414
32	1600	1414	1760
33	2000	1760	2250
34	2500	2250	2825
35	3150	2825	3530
36	4000	3530	4400
37	5000	4400	5650

表 7-1（续）

谱带编号	1/3 倍频程 中心频率/Hz	谱带频率 下限/Hz	谱带频率 上限/Hz
38	6300	5650	7070
39	8000	7070	8800
40	10000	8800	11300
41	12500	11300	14140
42	16000	14140	17600
43	20000	17600	22500

对于定义在任意时域的信号 $x(t)$，如果此信号满足绝对可积条件，即满足要求

$$\int_{-\infty}^{\infty} |x(t)|\mathrm{d}t < \infty \tag{7-1}$$

那么此信号可以应用傅里叶变换

$$X(f) = \int_{-\infty}^{\infty} x(t)\mathrm{e}^{-\mathrm{j}2\pi ft}\mathrm{d}t \tag{7-2}$$

此信号的能量定义为

$$E = \int_{-\infty}^{\infty} |x(t)|^2\mathrm{d}t \tag{7-3}$$

由帕塞瓦尔（Parseval）等式可知有如下等式

$$\int_{-\infty}^{\infty} |x(t)|^2\mathrm{d}t = \int_{-\infty}^{\infty} |X(f)|^2\mathrm{d}f \tag{7-4}$$

对于给定频率区间 $[f_1, f_2]$，此频率区间的能量可由式（7-5）求得

$$E_{1,2} = \int_{f_1}^{f_2} |X(f)|^2\mathrm{d}f \tag{7-5}$$

选定频率区间为1/3倍频程的各个谱带中的频率上限和下限，即可求得该声爆信号的声能量谱在指定频率范围内的声能量。

（2）转化为感觉声压级

图7-2给出了感觉声压级中等声压级曲线和感知响度随频率的变化关系，可以看出，对于相同声压级的声音，在中频率（3000～7000Hz）的主观响应最高，这代表了人类对于这一频率范围内的声音是最敏感的；在频率小于400Hz后，曲线急剧下降，这表示在低频范围，响度随频率减

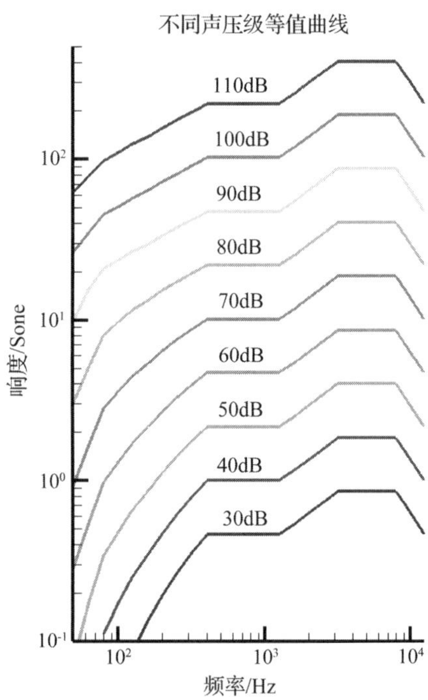

图7-2 不同频率下的感知响度级声压与响度（Sone）的关系

小而下降的速度很快，人类对低频声音的敏感度是逐渐降低的；需要注意的是，即便低频范围内的等声压级响度是低的，但由于声爆信号中的低频成分声压级很大，其对信号的响度贡献是不能忽略的。

（3）计算总响度和感觉响度级

感觉声压级在计算 1/3 倍频程内的各个频段的响度总和时，认为其中响度最大的频段贡献最大，同时考虑不同频段信号之间的响度屏蔽效应，在计算总响度时会采用修正系数来考虑这一屏蔽效应，修正系数 F 在不同最大响度取值如图 7－3 所示。

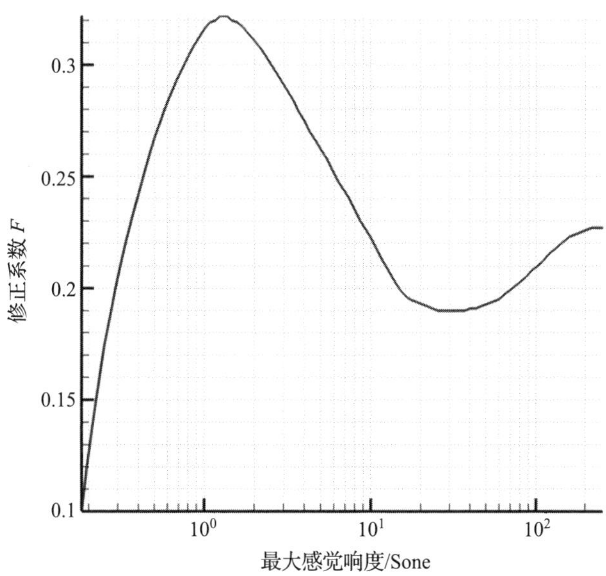

图 7－3　修正系数 F 与最大响度的关系

感觉声压级的计算方法为：第一步，将时域声爆信号经过快速傅里叶变化，得到频域声爆信号；第二步，将声爆信号的频谱转化为 1/3 倍频程谱；第三步，按照图 7－2 中的频率、声压级和响度的关系曲线，得到每个谱带的响度 S，并得到最大响度S_{max}；第四步，根据最大响度查询修正系数 F，并按如下方式计算声爆信号的总响度

$$S_{total} = S_{max} + F(\Sigma S - S_{max}) \tag{7-6}$$

最后再将总响度转化为声压级

$$\text{PLdB} = 32 + 9\log_2(S_t) \tag{7-7}$$

即可得到的以分贝（dB）为单位的感知声压级。

7.1.2　室内声爆主观评价方法

人对声爆经过建筑物的反应方式，以及这种反应如何影响人们对陆上超声速飞行的接受程度值得关注。人对经过建筑物的声爆的相关因素分析如图 7－4 所示。图中位于上方的示意图代表了人们所处的两种不同的情况。一种情况下，人在户外，直接被声爆覆盖；另一种情况下，激波冲击建筑物和建筑物内的人。其中，建筑物充当滤波器，使得建筑内部的声爆接收者接收到具有滤波效果的激励。图 7－4 底部给出了声爆传播到室内的路径，同时声爆可能通过空气或地面引起振动。一般认为，在大多数情况下，空气直接传播路径更为重要，因此在图中被指定为主要路径，地面传播路径被认为是次要的。建筑物的振动特别是在窗户振动的情况下，可以被观察者通过直接接触建筑物或视觉上直接感知到。人也可以感受到振动引起的噪声，例如窗户的咔嗒声，或者在极端情况下，观察到建筑物的表面破坏。

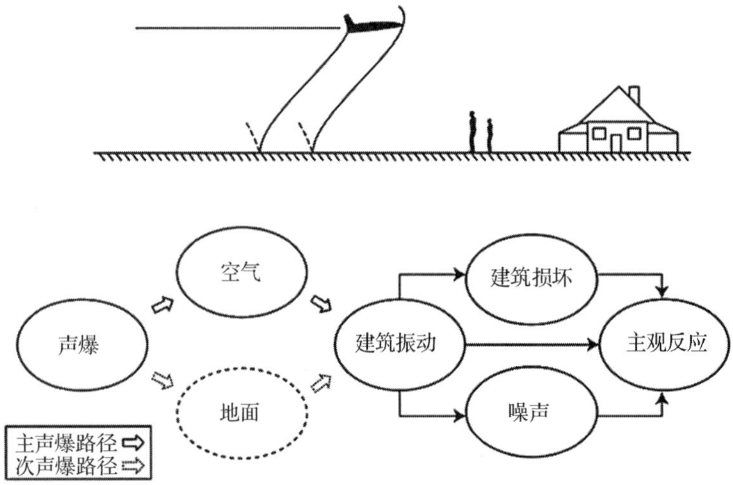

图 7－4　人对经过建筑的声爆的相关因素分析

基于上述分析，室内声爆的主观响应评价与室外声爆的主观响应评价是不同的。Loubeau 等研究并评估了用于预测人类对室内声爆感知的噪声指标。该研究选择了 25 个指标来分析来自 NASA 兰利研究中心和 JAXA 试验室研究的声爆波形和人类反应，目标是确定能够准确预测人类对声爆感知的指标，特别是在室内环境中。

根据分析结果，以下噪声指标与人类反应呈高度线性相关：PL、ASEL、BSEL、ESEL、L_{ASmax}、L_{AFmax}、PNL 和 ISBAP。这些指标在不同研究中均表现出较高的相关性，可用于预测人类对声爆的感知。其中，ISBAP 的表达式为

$$\mathrm{ISABP} = \mathrm{PL} + 0.4201 \times (\mathrm{CSEL} - \mathrm{ASEL}) \tag{7-8}$$

需要注意的是，上述关于室内和室外声爆主观评价指标研究的结果和结论，均基于各自的试验分析结果，目前负责研究声爆适航标准的国际工作组尚未对室内和室外声爆主观评价指标达成一致。

7.2　声爆主观响应评价试验设备

为了研究人对声爆的主观响应评价，研究人员需要获得较为逼真的声爆环境。最直接的方法是让被试人员直接听取飞机超声速飞行时产生的声爆，但是飞行试验的成本很高，风险大，且飞行条件的不确定性使得试验过程难以复制，结果难于对比，因此需要研发设备专用于模拟声波信号。声爆具有低频分量大、持续时间短和声音强度大的特点，这不同于一般的航空噪声，因此国内外相关科研机构研制了不同用途的声爆模拟设备，以开展声爆主观响应评价试验。

7.2.1　美国国家航空航天局声爆模拟室

美国国家航空航天局兰利研究中心的声爆模拟室于 1991 年诞生。这个房间是气密的，它能生成 1.10Hz 的低频波形。因此，它能够产生用户指定的 N 型波和其他声爆形状，其上升时间低至 0.5ms，峰值超压高达 191Pa。兰利研究中心模拟室的设计基于先前描述的预失真方案，还应用了新的先进电子和计算机技术（即采用数字滤波器而不是模拟滤波器），克服了之前的一些缺陷，对设计进行了一些改进。它有 20cm 厚的混凝土砌块墙、13cm 厚的混凝土天花板，以及 10cm 厚的地板（见图 7－5）。隔声门是泡沫填充结构，并有边缘密封，以保持房间尽可能密封。房间内部尺寸高 1.52m，深 0.96m，宽 1.07m，容积为 $1.6m^3$。为了减少声学共振的影响，地板铺有地毯，内墙和天花板覆盖有 10cm 厚的隔声泡沫。这使体积减小到大约 $1.1m^3$。其中一面墙上有一扇 2.5cm 厚的有机玻璃小窗户。窗户边缘和电线布线孔用填缝材料密封，以保持房间密封。模拟器门包含 8 个扬声器、4 个 38cm 低频单元和 4 个 18cm 中波段单元。扬声器由多孔金属屏幕保护，以防损坏。

图 7－5　美国国家航空航天局兰利研究中心声爆模拟室

声爆产生和监测系统的主要组成元素如图 7－6 所示。输入信号来源于计算机驱动的 24 位数模转换器，然后经过低通滤波以去除信号中的数字化频率。交叉网络（交叉频率设置为 420Hz）分离信号的高频和低频分量，以便输入到高频和低频扬声器系统。每组 4 个扬声器并联，由一个额定功率为 200W 的直流耦合放大器供电，驱动 8Ω 负载。放大器能够产生超过 1000W 的功率以减小这种扬声器的负载，并为声爆测试提供需要的低占空比信号。

由于被试人员需要进行主观反应测试，因此峰值声压级为 140dB，A 加权限度为95dB(A)。室内装有 2 个麦克风（见图 7－6），2 个声级计用于监测声级。如前所述，为了获得所需的信号形状，将预失真的声爆信号输入试验箱。期望形状不同的信号、预失真的声

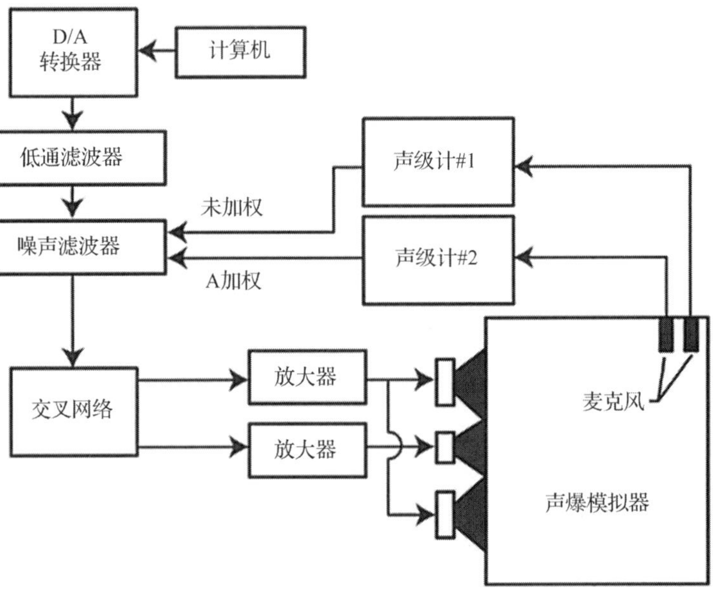

图 7－6　声爆产生和监测系统

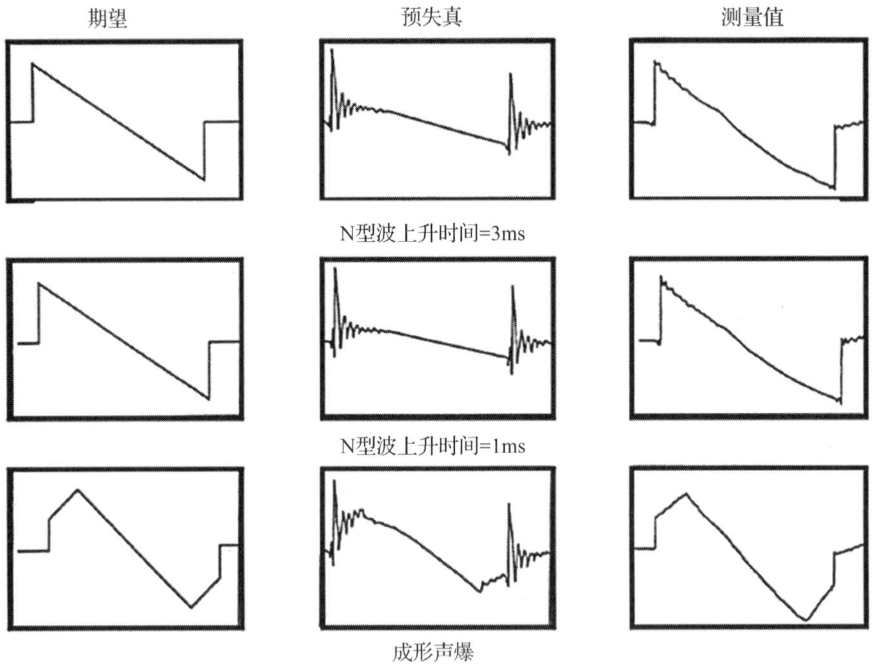

图 7－7　期望、预失真和测量的声爆信号示例

爆信号和测量的声爆信号形状如图 7－7 所示。显然，为此设计的数字宽带均衡滤波器工作效果很好。

声爆模拟室的测试之一是进行等响度测试，即对不同的上升时间和峰值超压的声爆信号主观响应评价结果进行分析，形成等响度曲线，并与相关研究的结果进行对比。图 7－8 显示的对比结果很好，因此声爆模拟室的试验结果都是可信的。

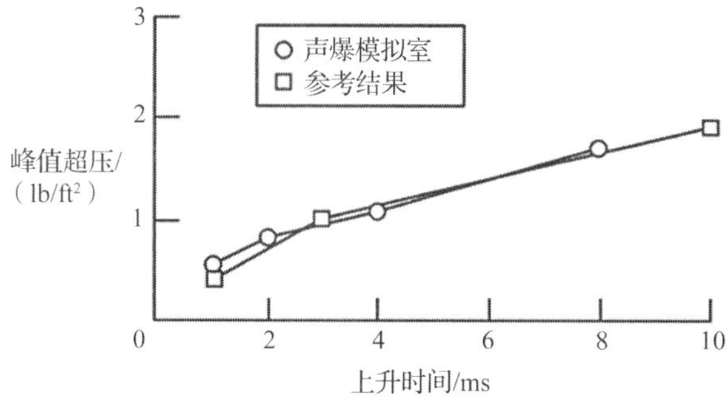

图 7－8　等响度曲线的比较

7.2.2　美国国家航空航天局室内声爆模拟器

上述声爆模拟器用于模拟室外声爆，针对在未来能够飞越陆地的超声速民机的背景下研究人们对建筑物内声爆的反应的重要性，Klos 在 NASA 兰利研究中心开发了室内声爆模拟器，如图 7－9 所示。室内声爆模拟器的设计包括两部分：一部分为房间外部的两个扬声器阵列，采用低频扬声器和中频扬声器组合作为一个基本单元，共 52 个单元，用于模拟原始声爆信号；另一部分为在窗户旁边安装两个扬声器来模拟窗户发出的嘎吱声，一个扬声器安装在天花板风扇上。此外，还可以在房间的架子上放置两个可移动的卫星扬声器，用于模拟各种杂物的声音。天花板高度处安装了两个扬声器，用于播放墙壁和门窗响声。室内卫星扬声器和低音炮的可用带宽为 80Hz～20kHz。整个音响系统中的扬声器和声频处理器都可以独立控制，以实现对 112 个扬声器的独立控制。这些设备的设计采用了专业音响设备，具有 3Hz 的交流耦合滤波器，用于引入低于此截止频率的信号衰减和延迟。

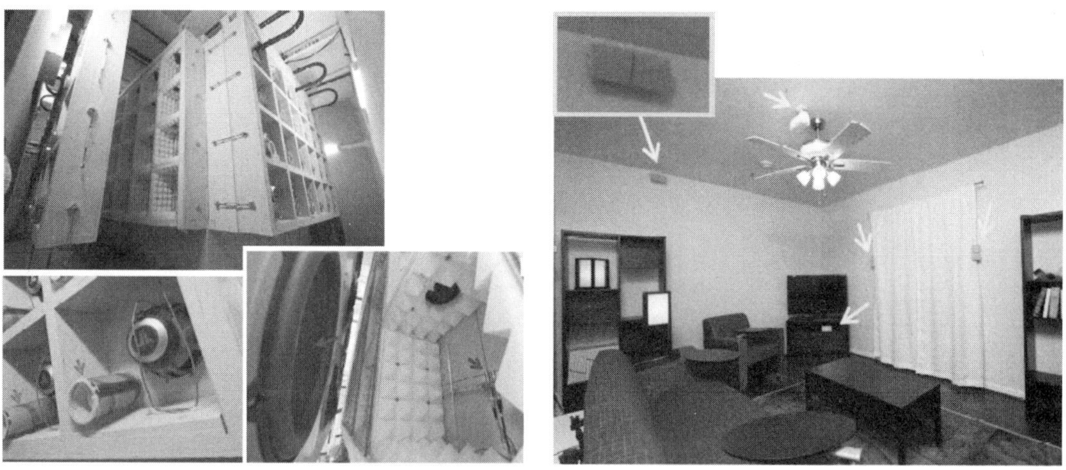

（a）模拟器外部　　（b）模拟器内部

图 7－9　NASA 兰利研究中心开发的室内声爆模拟器

在阵列均衡方面，通过预失真合成声波并通过阵列进行播放。此外，通过对 73 个声波对的感知级别误差进行计算，可以评估外部模拟的准确性，并发现对于不同感知级别的声波，误差范围在 -0.7 ~ +0.6PL 之间。外部阵列可以产生的最大声压级受到次低音的能力限制，次低音炮振膜的允许位移限制了在机械谐振频率以下的声压级，而传递给线圈的功率限制了更高频率的声压级。因此，外部阵列的频率相关最大声压级和操作范围在图 7-10 中显示。这些内容涵盖了外部阵列的均衡、声压级限制和操作特性。

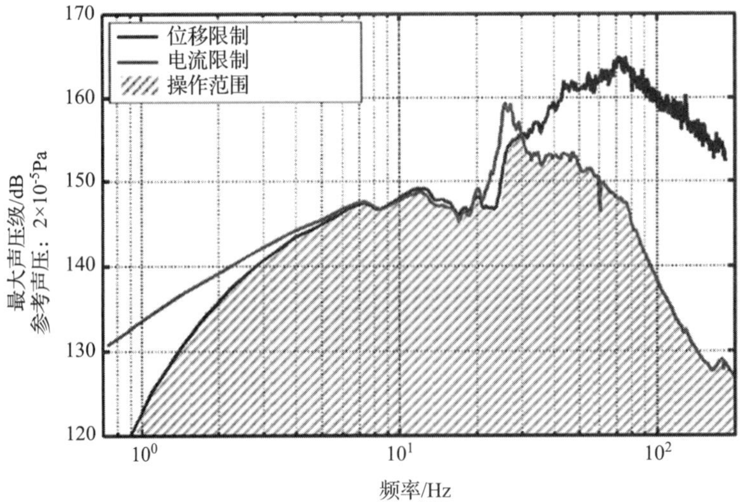

图 7-10　阵列的频率相关最大声压级和操作范围

在试验过程中，让被试人员进入到室内声爆模拟器中，通过阵列在室内环境中模拟出声爆信号，让被试人员对声爆信号的响度进行评价，试验现场如图 7-11 所示，其中展示了试验中被试人员的位置和布置、试验环境和测试条件。

图 7-11　被试人员在测试空间场景

7.2.3　美国国家航空航天局声爆耳机回放与评价试验设施

为了研究声爆引起的建筑结构声音的主观响应评价，NASA 在小型消声室内构建了一个耳机回放系统用以模拟声爆引起的建筑结构声音，试验设施位于 NASA 兰利研究中心的一间小型消声室内，在结构上与建筑的其他部分隔离，为头戴式耳机测试创造了一个安静的环境，如图 7 - 12 所示。试验设施的耳机回放系统是一个使用服务器计算机进行自动播放和提示被试人员的系统。被试人员使用计算机客户进行试验评价结果记录，实时发送回服务器。这个耳机回放系统具有从 10Hz 到 10kHz 的准确声音再现能力，足以准确播放嘎吱声。信号经过低通滤波以消除高频环境噪声和与动态范围限制相关的噪声。虽然该系统无法再现所有声爆的低频能量，但其频率范围比大多数耳机系统更广，并逼真地再现可听范围内的频率。

图 7 - 12　NASA 兰利研究中心小型消声室声爆结构声爆耳机回放系统

7.2.4　日本宇宙航空研究开发机构声爆模拟器

为了研究人对声爆主观响应评价，日本宇宙航空研究开发机构（JAXA）研制了一个使用扬声器阵列模拟声爆的声爆模拟器，如图 7 - 13 所示。声爆模拟器的内部经过声学处理，使其能够增强声波吸收效果。声爆模拟器内部长 1.2m，宽 0.9m，高 1.7m。在两面侧墙上共安装了 8 个低频扬声器和 4 个中高频扬声器。

声爆模拟器中安装了墙壁和窗户，用于模拟简易室内条件下的声爆信号。这些墙壁和窗户可以根据研究需要，更换成不同种类的。当拆除墙壁和窗户时，声爆模拟器内部模拟的就是室外声爆信号，如图 7 - 14 所示。

7.2.5　中国航空研究院声爆模拟与评价试验设备

针对声爆持续时间短、低频分量多和瞬时声压级高等明显区别于传统航空噪声的特点，中国航空研究院开发了专用的声爆模拟与评价试验设备（见图 7 - 15），用于开展声爆主观响应评价研究。该系统具备优秀的低频频响特性和最大允许瞬时声压级，可覆盖

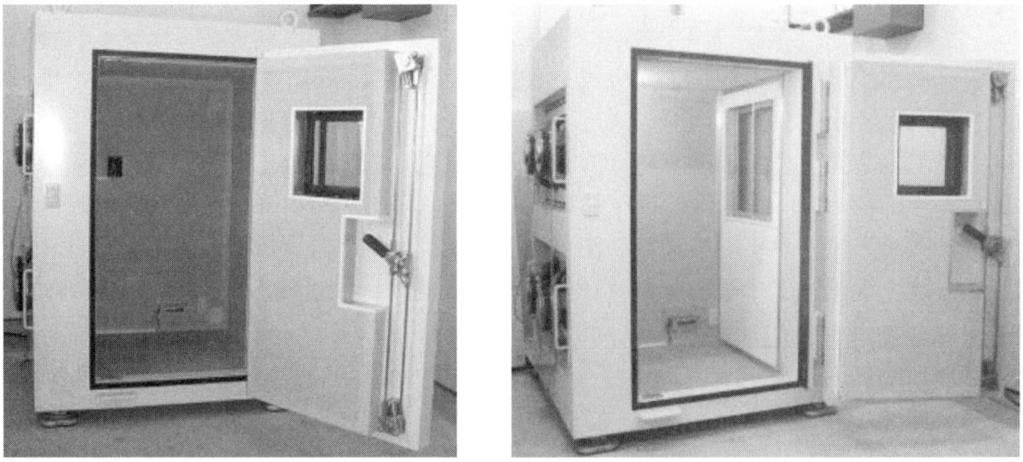

（a）无墙壁和窗户的模拟器　　（b）安装墙壁和窗户的模拟器

图 7－13　JAXA 声爆模拟器

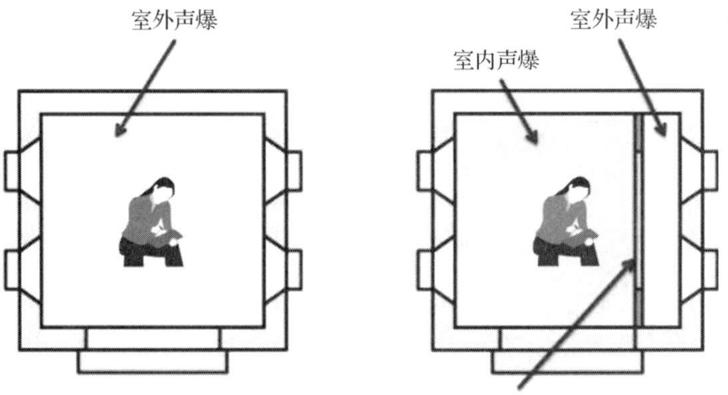

图 7－14　被试人员暴露于室内声爆和室外声爆示意

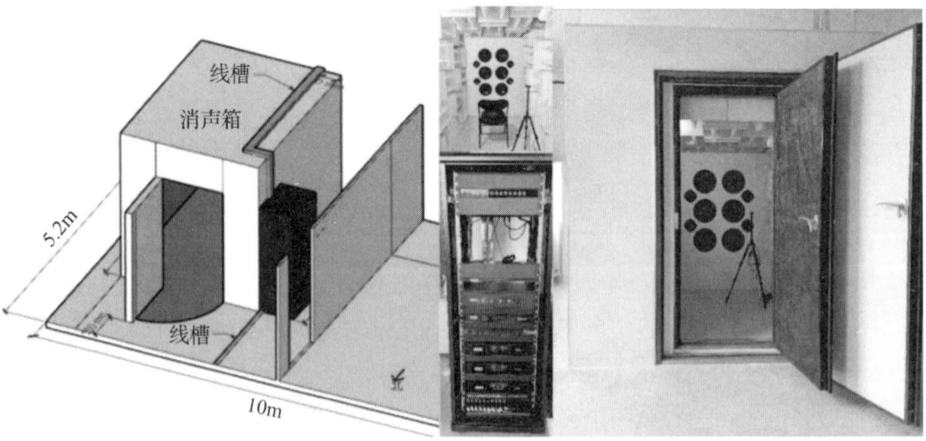

（a）概念设计图　　（b）实物图

图 7－15　声爆模拟与评价试验设备

绝大多数类型的声爆，能逼真还原各类超声速飞行器的声爆信号。声环境子系统主要用于声爆回放过程的隔声和消声。声爆信号的强度往往很高，因此隔声部分可高效地阻隔声爆信号传出试验环境。同时，为了实现被试人员良好的听感，并尽可能接近实际声爆的声环境特征，声环境对消声和混响特性做了很好的平衡。声爆信号采集子系统用于采集测试声环境中实际发生的声爆信号，监控回放系统是否发生了预期的声爆信号，同时可以通过采集标准声源在声环境中产生的声信号，了解整个系统的主要性能与特性。控制与数据分析子系统是整个系统的中枢，控制并执行全部试验流程，包括调整声爆回放子系统的声特性，设置试验安全的声压级限门，分析回放声信号的时域历程和频谱、功率谱和声计权值等声学特征量，等等。经过多轮校准调试，本系统具备了安全可靠的声爆信号高保真复现能力。

与此同时，利用该系统的声爆主观响应评价试验（见图7-16）正逐步展开。被试人员听取由声爆回放系统复现的声爆信号，通过填写调查问卷的形式评价每个声爆信号是否令人感到烦躁和惊恐、能否接受等。根据评价结果，分析不同生理和社会特征的人群在一天中不同时间段、不同接收声爆次数、不同周遭环境等条件下对不同声爆的接受程度，挖掘试验数据背后能够代表声爆主观响应的可量化指标，识别声爆被接受的边界，从而建立声爆强度的客观水平与人们对声爆强度的主观感受的关联。

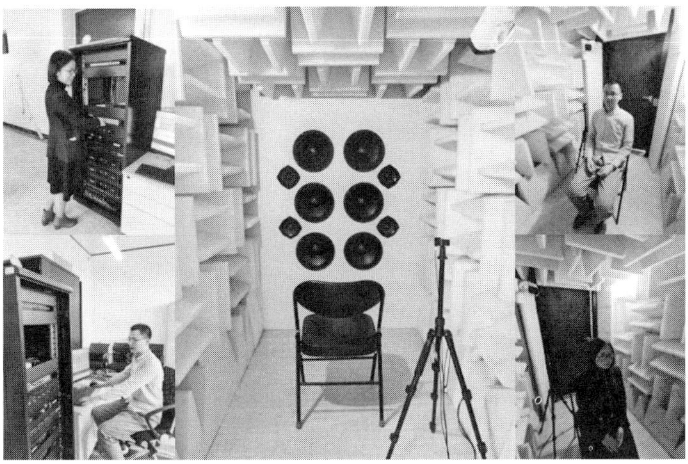

图7-16　声爆主观响应评价试验

7.3　声爆主观响应评价试验

从试验形式角度，针对声爆主观响应评价主要包含试验室级别和试飞社区试验级别。试验室级别的声爆信号相对是理想的，同时主流的声爆模拟试验设备均采用扬声器阵列或耳机等可重复性强且成本低的形式，可以针对声爆波形和其他声学参数对主观响应评价和评价指标构建进行较为系统的研究。飞行试验采用真实飞机在人口密集的社区之上进行超声速飞行，多用于研究社区成员对真实环境下声爆的主观感受和评价，以及可接受程度等因素，能够较真实地反映未来超声速民机商业运行时公众对地面声爆的响应，其获得的试验结果也是适航当局制定声爆适航标准的重要输入。

7.3.1 试验室级别试验

7.3.1.1 室外声爆主观响应评价试验

Leatherwood 等采用 NASA 声爆模拟器研究了人对室内声爆的主观响应评价。研究对象包含了 16 名男性和 16 名女性。研究声爆信号包含 N 型波和两段上升波，波形和对应波形参数如图 7－17 和表 7－2 所示。试验方法是将试验声爆信号和一个标准信号形成信号对，让被试人员评价信号对中，哪个信号的响度更大，并计算对每个声爆信号的各评价指标值，研究主观评价试验结果和评价指标的关系。

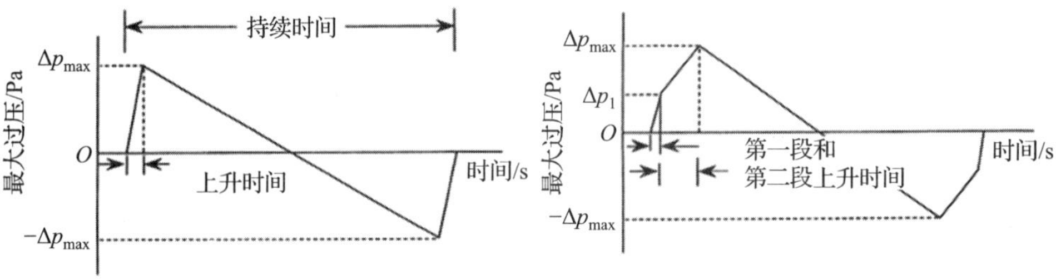

（a）Ⅳ型波　　（b）两段上升波

图 7－17　N 型波和两段上升波及参数定义

表 7－2　N 型波和两段上升波的参数表

声爆类型	上升时间/ms	最大过压/Pa					
		1	2	3	4	5	6
N 型波	1	16.3	20.6	25.8	33.0	41.2	52.1
	2	22.5	28.2	35.9	44.5	56.5	70.8
	4	27.3	34.0	43.1	54.5	68.4	86.1
	8	38.8	48.8	61.2	77.5	97.1	123.4
两段上升波	2	39.7	49.8	63.1	78.5	96.6	145.0
	2	69.4	87.6	108.1	131.1	156.0	177.5

图 7－18 展示了响应评价超过标准信号的百分比与 4 个评价指标的关系，不同曲线代表了不同波形或上升时间的评价百分比。一个能够正确反映人对声爆主观响应评价的指标，应该能够使具有不同波形、上升时间和最大过压的声爆信号得到相同的评价。从曲线特征上看，曲线重合度越高，指标对试验声爆信号主观响应的表征就越好。基于这一判断标准，感觉响度级 PL 是最为理想的声爆主观响应评价指标，而最大过压能够在一定程度反映响度的变化，但曲线分散度非常大，不是一个能够正确反映人对声爆响应评价的指标。

中国航空研究院基于自主研制的声爆模拟与评价试验设备，开展了与 NASA 声爆模拟器相似的验证性试验。试验研究了 N 型波上升时间、最大过压和两段上升波形对声爆响度评价的影响，分析不同噪声指标（最大过压、A 计权、C 计权和 PLdB）对声爆响度评价结果描述的一致性。试验采取听音试验的方法，试验对象在消声隔声的环境中收听声爆信号，通过对比的方式，记录试验对象对声爆信号的主观评价，试验现场如图 7－19 所示。

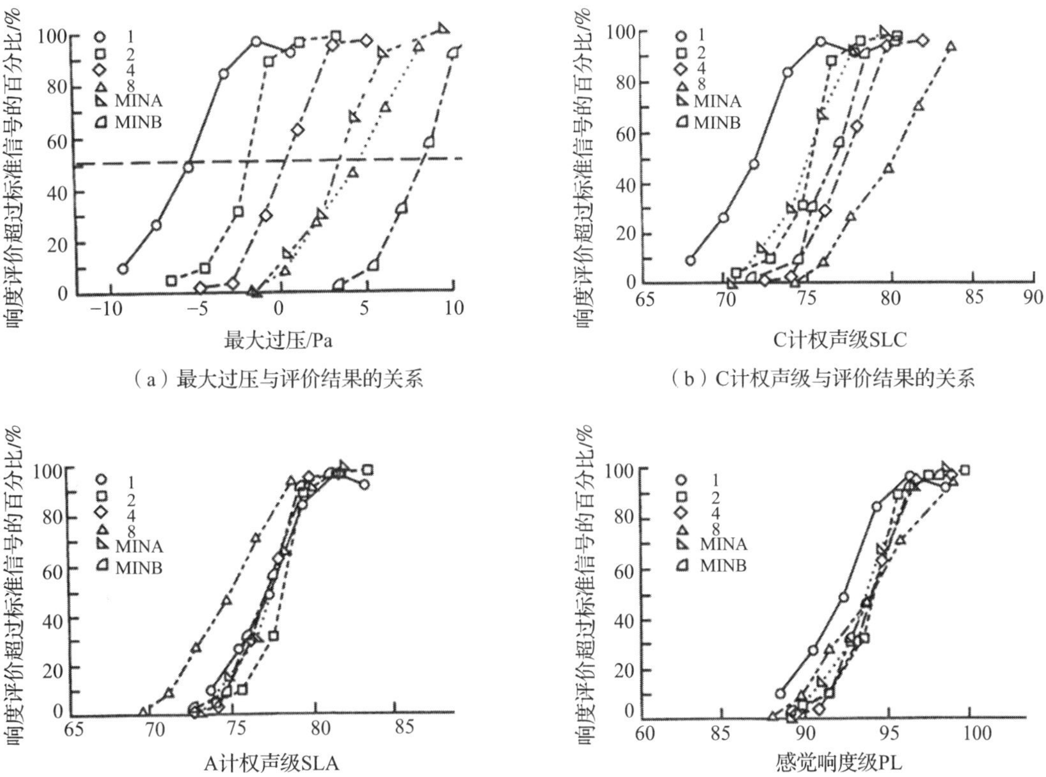

（a）最大过压与评价结果的关系　（b）C计权声级与评价结果的关系

（c）A计权声级与评价结果的关系　（d）感觉响度级与评价结果的关系

MINA—两段上升波第一段；MINB—两段上升波第二段

图7－18　响应评价超过标准信号的百分比与4个评价指标的关系图

图7－19　被试人员进行主观评价试验过程

被试人员共21人，包括不同年龄段和性别的人。试验采用问卷形式收集被试人员的主观评价结果，试验信号同样采用对比法，即确定一个标准声爆信号，将试验声爆信号分别与标准声爆信号对比，让试验对象评价试验声爆信号和标准信号哪个声音更大。

试验结果见图 7 – 20。在最大过压在一定程度上反映人对声爆信号的主观响应评价，但一致性很差，最大过压并不是能够准确表示声爆响度的指标；感知响度级的一致性较好，是能够较准确地表示声爆响度的指标。对比 NASA 声爆模拟器的结果，在感知响度级对评价百分比的差异方面，NASA 的结果显示 1ms N 型波的曲线偏离其他曲线，而中国航空研究院的结果显示 8ms N 型波的曲线偏离其他曲线，这一方面原因可能是双方设备未经过一致性验证，另一方面原因是参与试验的被试人员对相同声爆信号的敏感程度不同，导致评价结果的差异。

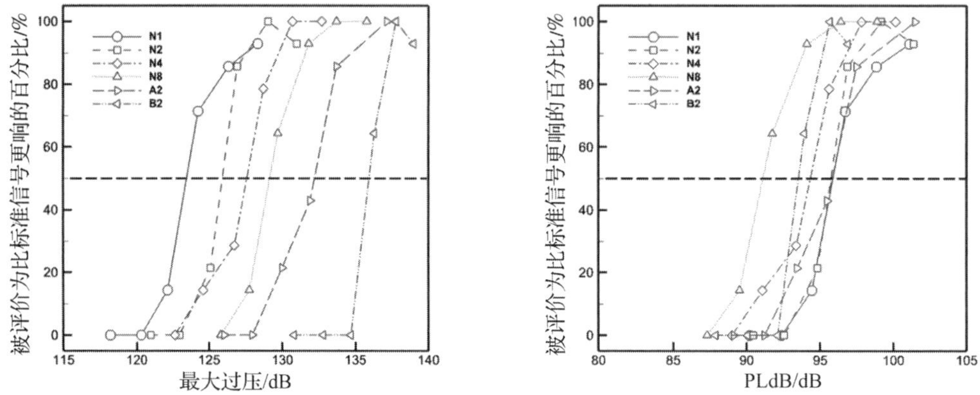

（a）最大过压与评价结果的关系　　（b）感觉响度级与评价结果的关系

图 7 – 20　响应评价超过标准信号的百分比与最大过压和感觉响度级的关系

7.3.1.2　室内声爆主观响应评价试验

Loubeau 和 Naka 等采用 NASA 室内声爆模拟器和 JAXA 声爆模拟器开展了室内声爆主观评价试验研究。被试人员一个接一个地进入模拟器，评价声爆。这些试验的数据被用于评价声爆的人类感知，以及验证不同组织之间结果的一致性。

NASA 室内声爆研究是在 NASA 兰利研究中心的声爆模拟器中进行的。研究对象对 135 个声爆进行了评价，包括预测的地面声爆波形和经典 N 型波，以及不对称和对称波形，声级从 70dB 到 90dB 不等。被试人员对每个声爆的响度进行评分，相对于一个设定值为 100dB 的参考声爆（数量估计方法），对这些响度评分的对数（以 10 为底）进行了计算，对每个声爆计算了 40 名被试人员的对数响度值的平均值。

JAXA 室内部分的研究是在 JAXA 位于日本东京的声爆模拟器中进行的。研究中测量了室内和室外配置下的声爆。研究对象对 30 个声爆信号进行了评价，其中 15 个是室外声爆，另外 15 个是与室外声爆相关的室内声爆。研究对象对每个声爆的烦扰程度进行了评分，评分采用了一个离散的五级类别刻度，范围从“一点也不烦人”到“极其烦人”，对应数值为 0 ~ 4。研究中使用日语进行所有测试程序，包括指导和类别刻度的副词和形容词。

根据 JAXA 研究结果，室内声爆的主观评价结果显示，大多数响度水平指标，包括 ASEL、ESEL、PL 和 PNL 等，与在室内声爆的主观响应评价存在高度相关性，如图 7 – 21 所示。

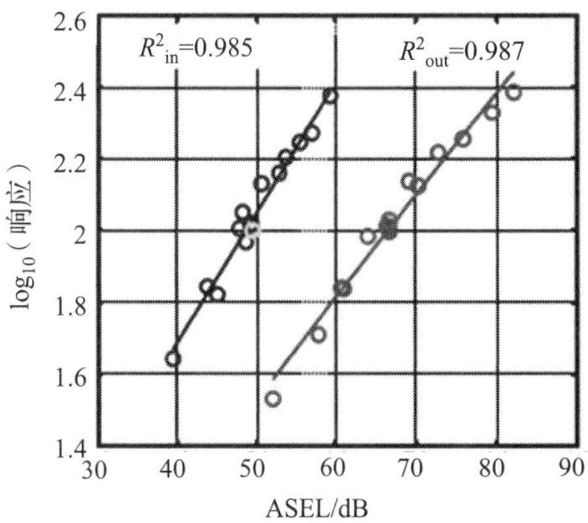

（a）ASEL与评价结果的关系

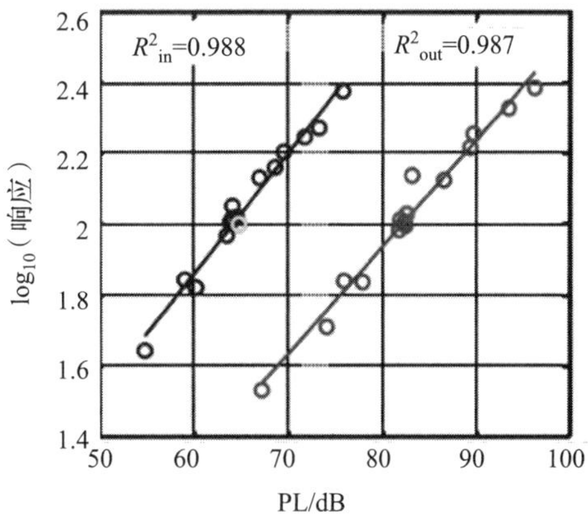

（b）PL与评价结果的关系

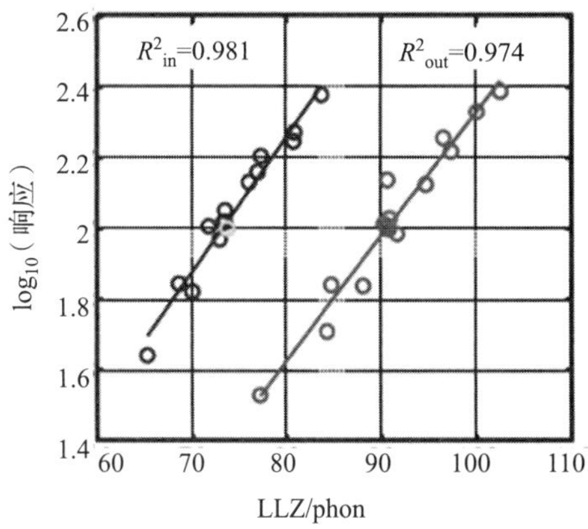

（c）LLZ与评价结果的关系

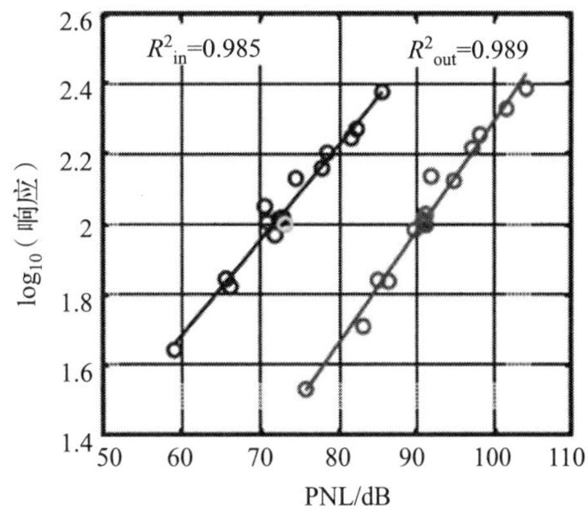

（d）PNL与评价结果的关系

图 7－21　评价指标和被试人员评价结果的相关性

综合 NASA 和 JAXA 的研究结果，线性相关性通过计算每个数据集中的噪声指标与人类反应数据之间的相关性来联系噪声指标与人类反应。相关系数 R^2 被用来描述指标的表现，研究人员对三个数据集中的每个声爆计算了 25 个噪声指标，结果如表 7－3 所示。计算了这些指标和人主观评价数据的线性相关性，根据线性相关结果部分，共有 14 个噪声指标通过验证，其中有 8 个指标在所有研究中的 R^2 值均超过 0.6。这些指标是 PL、ASEL、BSEL、ESEL、L_{ASmax}、L_{AFmax}、PNL 和 ISBAP。这些指标被认为是适合用于预测人类对室内和室外声爆的反应的。这一结果证实了室外指标可以用于预测室内环境中人类的反应。

表 7－3　不同指标与人类对声爆的反应数据之间的相关系数（R^2）

指标	NASA 室内试验	NASA 室外试验	JAXA 室外试验	JAXA 室内试验
	试验声爆 140 个	试验声爆 135 个	试验声爆 30 个	试验声爆 15 个
最大过压	0.58	0.61	0.70	0.69
PL	0.84	0.87	0.95	0.74
ASEL	0.82	0.85	0.96	0.65
BSEL	0.86	0.68	0.96	0.84
CSEL	0.84	0.28	0.85	0.88

表 7-3（续）

指标	NASA 室内试验	NASA 室外试验	JAXA 室外试验	JAXA 室内试验
	试验声爆 140 个	试验声爆 135 个	试验声爆 30 个	试验声爆 15 个
DSEL	0.87	0.50	0.90	0.91
ESEL	0.85	0.80	0.97	0.78
ZSEL	0.64	0.10	0.36	0.74
$L_{AS_{max}}$	0.82	0.84	0.96	0.65
$L_{AF_{max}}$	0.77	0.82	0.95	0.65
$L_{CS_{max}}$	0.83	0.28	0.85	0.88
$L_{CF_{max}}$	0.81	0.29	0.85	0.89
PNL	0.76	0.85	0.94	0.71
ISBAP	0.89	0.66	0.95	0.85

7.3.1.3 声爆引起的建筑噪声主观响应评价试验

Loubeau 等在 NASA 兰利研究中心的一间小型消声室中开展了一项关于声爆引起的建筑噪声主观响应评价试验，被试人员通过高保真耳机听取声音并进行评价。在这些研究中进行了三项试验。第一项试验中，被试人员在没有室内声爆的情况下听取声爆引起的建筑噪声。第二项和第三项试验中，被试人员听取了室内声爆及其引起的建筑噪声的混合声音。这些试验旨在研究声爆及其引起的建筑噪声是否比单独的声爆更令人讨厌，以及在何种声爆引起的建筑噪声水平下可能会出现增加的讨厌感。

试验声音来源包括从实地测量、试验室测量和模拟中获取的声爆和嘎吱声音，然后将这些声爆和声爆引起的建筑噪声混合在一起，以模拟家庭建筑受声爆影响的声音环境。这些声爆引起建筑噪声是通过受到实际声爆的作用或在建筑结构和物体加载直接机械冲击的形式，在住宅建筑（见图 7-22）和湾流声学测试设施（见图 7-23）中进行双耳采集设备录制的。图 7-24 是一个典型声爆引起建筑噪声的功率谱密度。

图 7-22 录制声爆和其引起建筑噪声的住宅建筑，位于爱德华空军基地附近

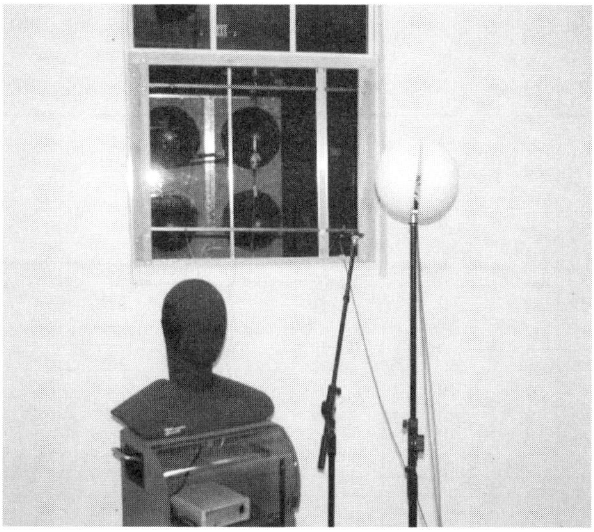

图 7－23　湾流声学测试设施采集声爆引起的窗户噪声

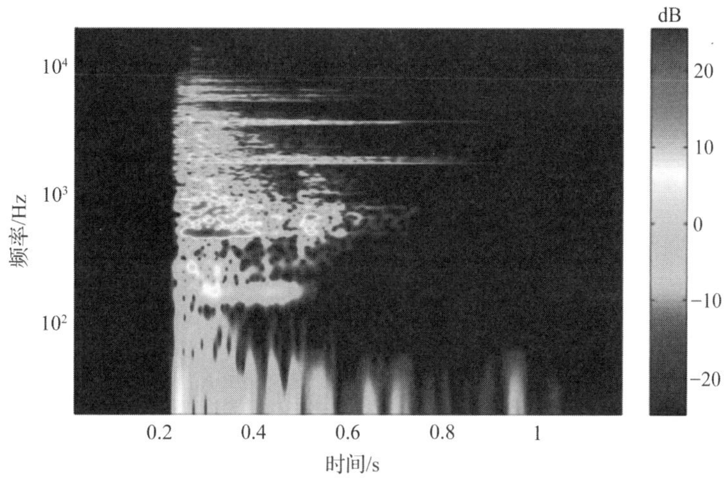

图 7－24　声爆引起建筑噪声的功率谱密度

在第一项试验中，研究人员进行了三种主观测试以研究声爆引起建筑噪声的主观响应。首先是成对比较测试，将其中九种声爆引起的建筑噪声按照让人讨厌程度进行排序，结果显示来自小物体（如墙艺术和酒杯）的声爆引起建筑噪声比来自较大结构（如门窗）的声爆引起建筑噪声的负面评价更小，结果如表 7－4 所示。然后是类别线标度测试，其中提供了 40 种声爆引起的建筑噪声供被试人员评价讨厌程度，结果如图 7－25 所示。尽管所有声音的感觉响度级别基本相同，但评价结果显示，不同声爆引起建筑噪声的讨厌程度存在显著差异。最后是语义差异测试，探讨了九种声爆引起的建筑噪声在各种主观语义上的响应，如表 7－5 所示，分析表明惊吓、复杂、持续和粗糙是与讨厌感最相关的主观因素。这三项测试表明，相同响度级别的声爆引起的建筑噪声之间存在讨厌感差异，表明人类对这些声爆的响应评价反映了对响度级别之外的敏感性，而这些因素在响度水平中没有考虑到。因此，响度级指标不足以描述对声爆引起的建筑噪声的响应评价，可能需要考虑其他因素，如时间变化性和复杂性。

表 7-4　成对比较测试中对九种声爆引起的建筑噪声进行评价的得分和总得分

声爆引起的建筑噪声	1	2	3	4	5	6	7	8	9	总得分
1. 墙壁艺术品	0.50	0.29	0.35	0.13	0.10	0.17	0.00	0.04	0.10	1.68
2. 球形蜡烛	0.71	0.50	0.42	0.33	0.33	0.29	0.19	0.17	0.19	3.13
3. 红酒杯	0.65	0.58	0.50	0.44	0.52	0.38	0.33	0.31	0.33	4.04
4. 窗户 1	0.88	0.67	0.56	0.50	0.40	0.44	0.27	0.35	0.31	4.38
5. 门	0.90	0.67	0.48	0.60	0.50	0.50	0.31	0.40	0.27	4.63
6. 车库门	0.83	0.71	0.63	0.56	0.50	0.50	0.50	0.40	0.38	5.01
7. 卧室门	1.00	0.81	0.67	0.73	0.69	0.50	0.50	0.44	0.46	5.80
8. 天花板风扇	0.96	0.83	0.69	0.65	0.60	0.60	0.56	0.50	0.46	5.85
9. 窗户 2	0.90	0.81	0.67	0.69	0.73	0.63	0.54	0.54	0.50	6.01

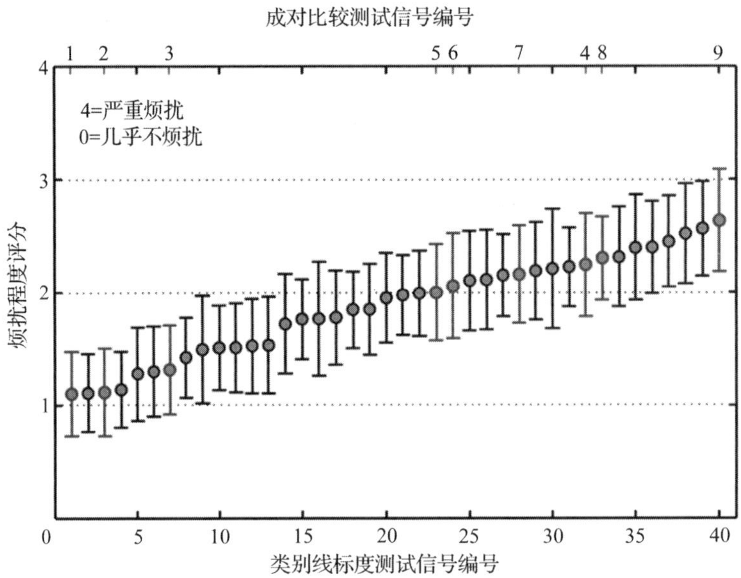

图 7-25　类别线标度测试中的平均烦扰程度和 95% 置信区间

表 7-5　两次语义差别测试中，烦扰与其他语义的相关性

语义对	与烦扰语义的相关性系数	
	语义测试 1	语义测试 2
渐进—突然	0.65	0.72
平静—焦躁	0.82	0.90
简单—复杂	0.92	0.92
浅—深	0.71	0.57

表 7－5（续）

语义对	与烦扰语义的相关性系数	
	语义测试 1	语义测试 2
安全—危险	0.78	0.84
软—硬	0.83	0.67
熟悉—陌生	0.65	0.72
简短—持续	0.97	0.77
安静—吵闹	0.88	0.83
远离—接近	0.10	0.50
低音—高音	0.22	0.76
持续—重复	0.88	0.04
平滑—粗糙	0.93	0.90
舒缓—惊吓	0.89	0.84
孤立—包围	0.91	0.74
缓慢—迅速	0.76	0.76
迟钝—尖锐	0.71	0.21
稳定—振动	0.91	0.82
轻—重	0.81	0.57

在第二项试验中，研究人员研究了在相同感觉响度级声爆作用下，不同响度声爆引起的建筑噪声与人主观评价烦扰度的关系。图 7－26 为在室内录制的声爆信号叠加 5 种声爆引起的建筑噪声与声爆引起的建筑噪声的相对响度的关系图，不同声爆引起的建筑噪声响度之间存在显著的烦扰度差异，随着声爆引起的建筑噪声相对响度的增加，烦扰度增加，在考虑实际声爆作用下，声爆引起的建筑噪声是不可忽略的因素。在第三项试验中，与第

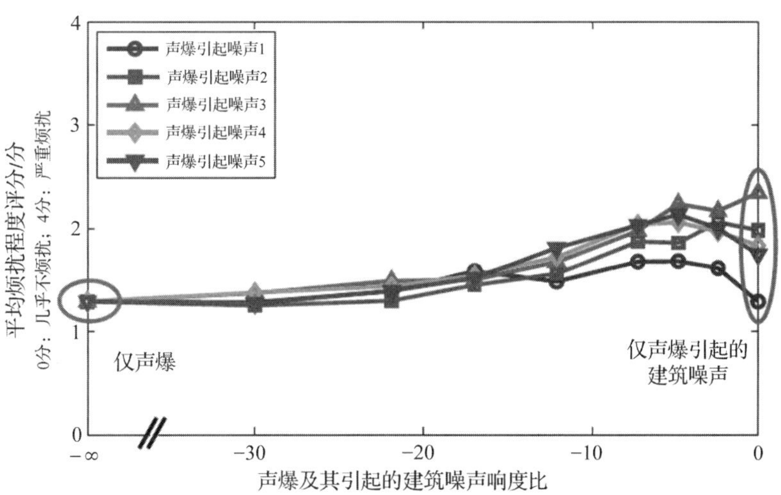

图 7－26　在室内录制的声爆信号和不同响度声爆引起的建筑噪声叠加噪声与平均烦扰度的关系

二项试验相对应，研究人员研究了在不同感觉响度级声爆作用下，声爆引起建筑噪声对人主观评价烦扰度的关系，如图 7－27 所示。与第二项试验对比，某些声爆与声爆引起的建筑噪声的叠加噪声比单独声爆更令人烦扰，同时这一现象是与感觉响度级 PL 无关的。

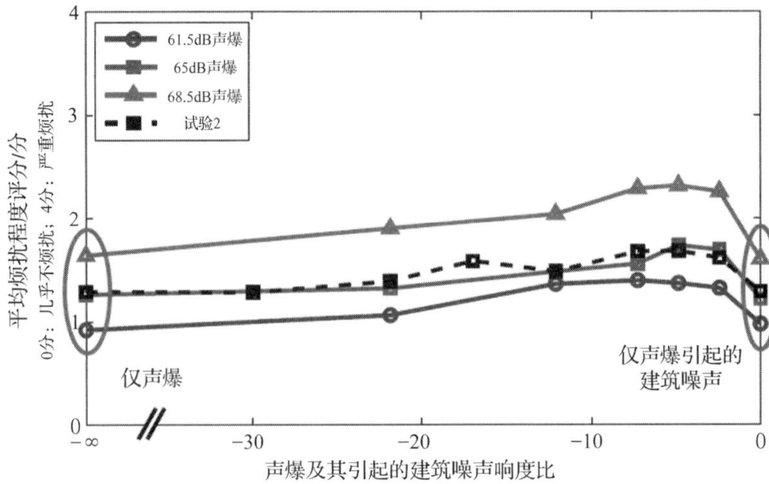

图 7－27　采用不同响度声爆信号和第二项试验中声爆引起的建筑噪声 1 所叠加噪声与平均烦扰度的关系

7.3.2　超声速飞行社区响应试验

相关研究表明，响度和烦扰程度在确定声爆接受度方面起着重要作用。然而，Von Gierke 和 Nixon 指出，声爆的可接受性还必须包括对常规商业超声速飞行的生理反应、心理反应和社会反应。他们还指出，根据美国、英国和法国过去声爆飞行计划的研究结果进行综合分析，可接受的声爆水平估计在 0.49～3.66kg/m^{2}之间，但是目前还没有确切的社区可接受声爆暴露水平。此外，他们指出，由于声爆外部激励、周围环境、反应行为和社会心理等因素存在广泛变化，一系列可接受水平的指标（即指标体系）可能比单一的指标更为恰当。

7.3.2.1　早期超声速飞行社区响应试验

在超声速 SR－71 飞机常规空军训练飞行的过程中，研究人员针对美国六大城市地区（亚特兰大、达拉斯、丹佛、芝加哥、明尼阿波利斯和洛杉矶）进行了关于声爆可接受程度的社区反应调查。SR－71 的飞越平均每三天出现 1～3 次，声爆的平均峰值过压小于 9.76kg/m^2。个人主观评价工作分成三个阶段：飞行试验完成了约 5000 次声爆暴露之前、500 次声爆暴露期间和 100 次声爆暴露之后。暴露于声爆之后的调查是在声爆停止 4～5 个月后进行的。虽然方法的不同限制了比较，但一些发现与以前的社区研究一致。受访者对声爆持消极态度，并且随着每天声爆次数的增加，消极态度迅速增加。声爆被排在最不受欢迎的声音列表首位。抱怨者中的 99% 拥有自己的房子，他们认为声爆破坏了他们的家。

1966—1967 年期间，研究人员在爱德华兹空军基地进行了一项声爆社区响应调查研究，研究对比了 793 人在比平时更多的声爆活动下，声爆到来之前和声爆期间对暴露于声爆中的态度。在试验之前，每天 4～8 次平均过压水平为 5.86kg/m² 的声爆。在试验过程的 1 个月时间中，测试的 289 个声爆的平均峰值过压水平为 8.30kg/m²。超过 50% 的受访者在一年多的时间里每天暴露于声爆中的次数在 4～8 次。当一个人每天都有规律地暴露在声爆下时，他们会对暴露于声爆中做出一些适应，因为 60% 的人在测试前有规律地暴露在声爆之下，使得他们更容易接受声爆。

7.3.2.2　高速研究计划

NASA 高速研究计划（high speed research program，HSRP）要求重新审查和评估以前的声爆社区飞越结果，以确定陆上超声速飞行的可行性，并更新公众声爆评价数据库。该项研究分别于 1992—1993 年在内华达州内利斯空军基地和 1995 年在加利福尼亚州爱德华兹空军基地，调查附近社区对超声速飞行训练/测试操作造成声爆的反应和评价。图 7－28 给出了超声速飞行带来的烦扰与社区调查情况的对比。

图 7－28 用两种指标，即每天的声爆次数及过压和昼夜平均 C 加权声音覆盖水平，计算出受不同程度 N 型波声爆影响的人口百分比。图 7－28 中还绘制了“听力、生物声学和生物力学委员会”（CHABA）曲线，随后被美国国家标准协会（ANSI）采用，该曲线对住宅区的高能脉冲声进行了评估。通过图 7－28 中绘制的数据可以看出，早期美国超声速民机的巡航声爆水平设计目标为 7.32kg/m²，每天 1～8 次的声爆预计将导致 10%～30% 的人口因其感到高度烦扰。然而，在 1.46～2.44kg/m² 的、频次在每天 1～8 次的声爆水平上，因感到烦扰的人数减少到 1%～5%。

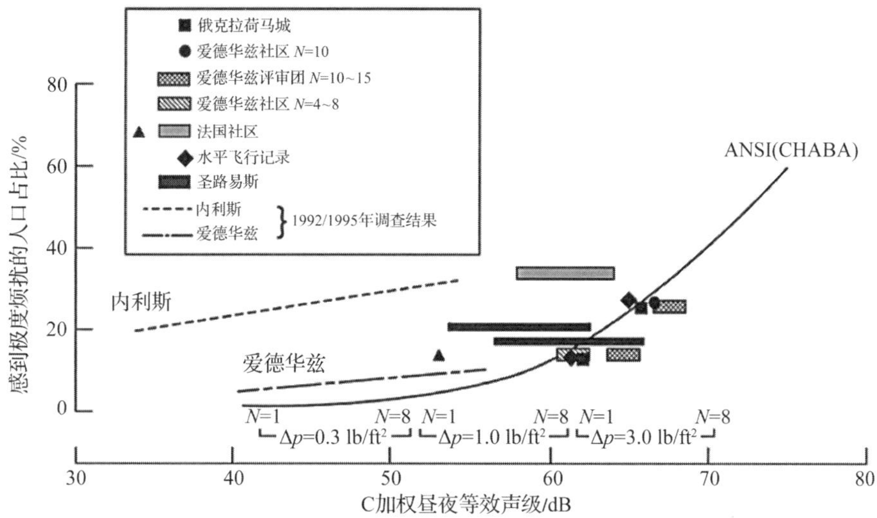

图 7－28　预测超声速飞行带来的烦扰与社区调查情况的对比（N 为每天的声爆次数）

选择的 C 加权指标对上升时间不敏感，主要受过压大小和信号持续时间的控制。因此，它不能解释不同类型的脉冲声音之间的差异。对于声爆，它不能识别出相同过压和周期但激波上升时间较长的成形信号产生的响度的降低。使用声爆模拟器的研究表明，感觉响度级是评价室外和可能在室内观察到的 N 型波和具有特定设计形状信号声爆响度的更好的指标。图 7－29 显示了 CSEL 加权声音覆盖水平和 PLdB 对上升时间和信号形状的敏感性。

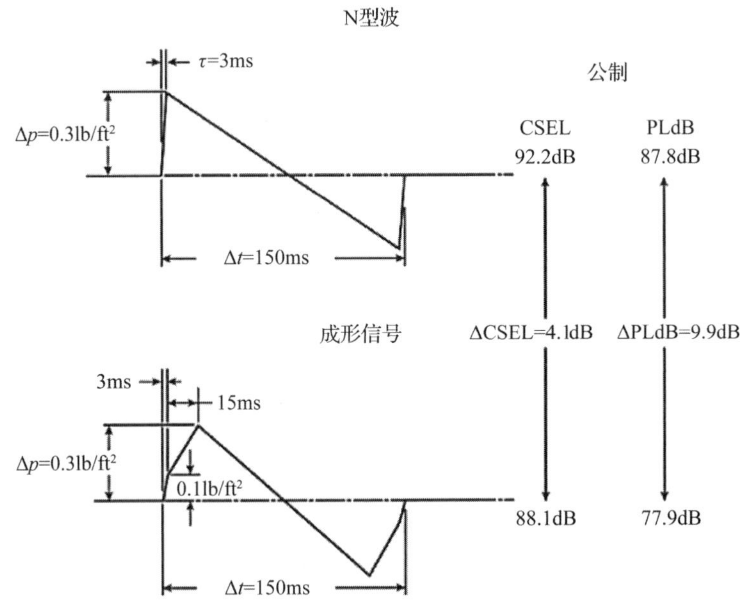

图 7－29　比较的 CSEL 和 PLdB 响度噪声指标的一个 N 型波和成形信号声爆信号

图 7－29 展示了具有相同过压 1.46kg/m^{2}和周期 150ms 的两个超声速民机概念方案的巡航声爆信号。上面的信号是激波上升时间为 3ms 的 N 型波，下面的信号是二段上升声爆信号，0.49kg/m^{2}的初始激波上升时间为 3ms，随后上升至 1.46kg/m^2 的最大过压为 15ms。每个信号的右侧是对应信号的 CSEL 和 PLdB。CSEL 指标表明，成形信号 88.1dB 的响度比 N 型波 92.2dB 低 4.1dB。另一方面，PLdB 指标显示，成形信号 77.9dB 的响度比 N 型波 87.8dB 安静 9.9dB。很明显，CSEL 指标并不能反映激波上升时间增加的成形信号的响度降低。因此，在相同的过压和持续时间下，图 7－29 中具有特定设计形状信号的信号总是比 N 型波信号更容易接受。

NASA 高速研究计划调查了一个综合的社会对声爆的响应评价，涉及 14 个社区，这些社区多年来经常受到声爆的影响，共完成 1573 次社区居民调查。暴露于声爆中最少的社区在平均出现一次声爆在 20 天左右，且 100 天内少于 1 次超过 9.76kg/m^{2}的声爆。暴露于声爆中最严重的社区平均每天有 2 次声爆，每周约有 1 次声爆超过 9.76kg/m^2。该超声速飞行声爆调查研究中的平均每天声爆量约为 0.6 次，最大过压的算术平均值约为 3.42kg/m^2。爱德华兹地区测试的反应与先前的结果一致，该飞行测试采用可控制的超声速飞行操作，而且该声爆主要是研究性质的，测试结果落在 ANSI/CHABA 曲线上。内利斯地区的测试结果表明反应更严重，远远高于 ANSI/CHABA 曲线。

内利斯地区和爱德华兹地区的声爆调查显示，声爆有三个方面最令人不安，即让人受到惊吓、被建筑结构的嘎吱声和振动烦扰，以及担心建筑物可能被破坏。这一发现与先前的社区飞越调查结果一致，如图 7－30 所示。受访者表示，这种振动不仅限于听到嘎吱声，还包括房屋的振动。超过一半的受惊吓受访者表示，与他们第一次听到声爆的时候相比，后续再次听到声爆并没有减轻他们的惊吓程度。担心建筑物可能会受到破坏的人比到目前为止财产已经受到声爆损害的人要多。

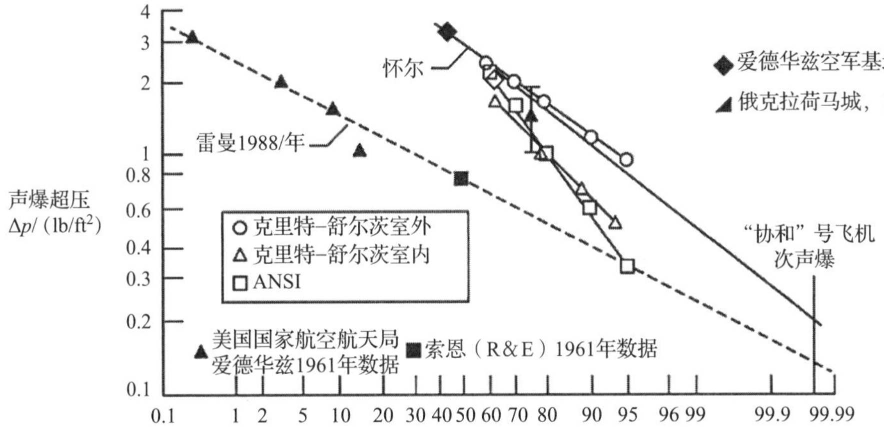

图 7－30　预测的声爆接受度

7.3.2.3　波形和声爆感知与响应项目

怀尔试验室开展了波形和声爆感知和响应（waveforms and sonic boom perception and response，WSPR）项目，用于测试和证明收集公众对声爆主观响应数据的技术适用性和有效性。该项目针对本次飞行试验专门制造了低声爆特征的飞机，是一个未来对更多社区进行更广泛测试的阶段测试。该项目由怀尔试验室牵头，成员包括宾夕法尼亚州立大学、利乐科技公司和湾流航空航天公司。社区声爆响应试验于 2011 年 11 月在加州进行，WSPR 团队获得了足够的身体和心理数据用以评估数据收集技术和分析方法的有效性。

该项目针对飞行轨迹规划和地面声爆分布进行设计，如图 7－31 所示。通过 GPS 探空仪提供俯冲机动飞行的当时大气参数。GPS 探空仪在 F－18 每次起飞前约 2h 工作，以获取和利用本地大气数据进行飞前规划和计算低声爆俯冲机动航点。这些天气信息用于调整F－18 航点，使用 PCBoom 进行声爆预测并设计了飞行试验产生的地面声爆分布，使得在 EAFB 基地住宅社区实现所需强度的地面声爆，并避免在人口密集区域产生不可避免的聚焦声爆。图 7－32 展示了其中一次社区响应飞行试验中采集的声爆信号。

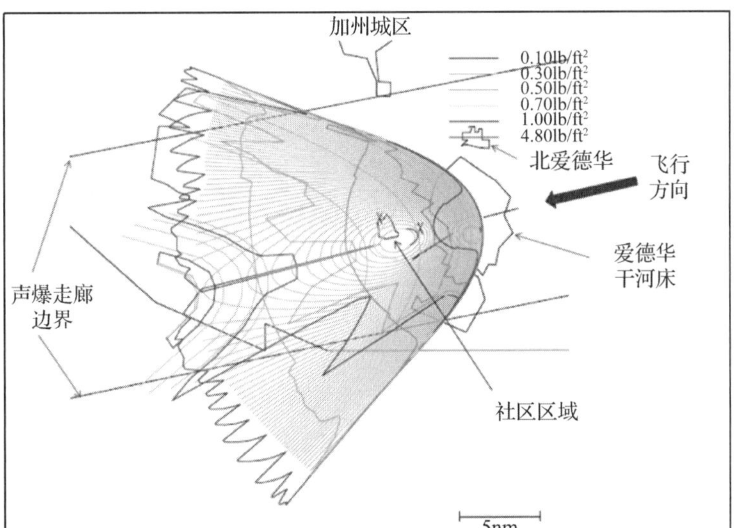

图 7－31　飞行航迹设计和数值仿真得到的地面声爆强度分布

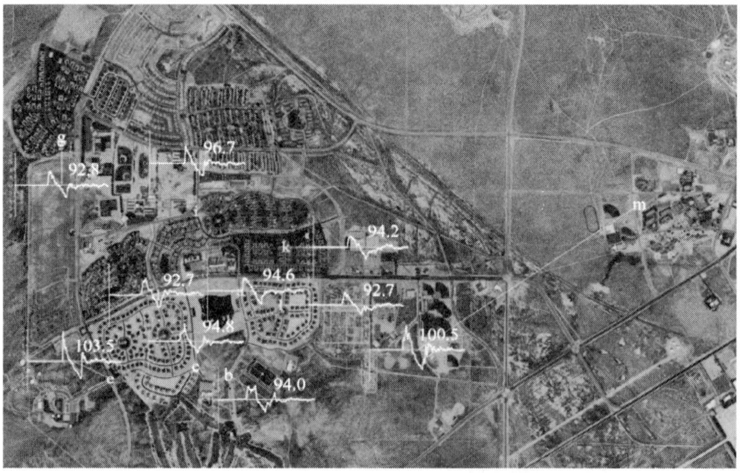

图 7－32　某次社区响应飞行试验中采集的声爆信号

声爆主观响应评价试验设计的主要控制变量为累积每日噪声暴露。设计中还考虑了其他变量，如飞行操作模式、事件间隔、天气等因素。试验设计确定了三个目标声爆水平，分别为 6.22Pa、15.80Pa 和 25.37Pa，分别对应低、中和高水平声爆。这些水平基于 NASA 在 2006 年对低强度声爆人类反应的实地测试数据。试验设计还包括了 34.95Pa 和 44.52Pa 范围内的声爆，以便与先前研究进行比较。在试验执行过程中，进行了大量的准备活动以降低风险并确保成功进行试验，包括了预测试试验，如客观测试和主观评价设备的测试。

在主观数据收集方面，使用了三种调查类型，包括通过电话进行的背景调查，以及通过网络、纸质问卷和手机设备进行的每日和单次事件调查，通过这些调查模式收集的数据为分析提供了有效的数据。在被试人员方面，被试人员总人数为 60 人，其中有 55 名被试人员在试验开始时符合资格，最终有 52 名被试人员完成了单次事件和每日总结主观评价调查。

根据基本调查结果，调查显示参与者认为街道交通、雷声和商用飞机的噪声最不令人讨厌，而狗叫声和军用飞机的噪声较为讨厌，超声速声爆最为讨厌。此外，调查显示 95% 的受访者认为人们总体上和自己本人可以适应噪声，60% 的受访者表示他们可以适应最大声音，但也有 25% 的受访者对适应最大声音表示持中度不同意见。在电话调查中，39 名受访者认为他们的社区很安静，19 名认为一般，而剩下的 2 名认为社区很吵闹。受访者倾向于认为声爆非常响亮和令人吃惊，对振动和建筑嘎吱声的感受较少，而由于声爆而导致对话受到干扰的情况也较少见。

单次声爆中的高度烦扰百分比与噪声指标之间存在相关性。在 ±10min 的响应窗口数据集中，对单次声爆的高度烦扰百分比与一系列噪声指标进行了相关性分析，以确定最能预测单次事件高度烦扰响应潜力的客观指标。使用的噪声评级包括 ASEL、CSEL、ZSEL、PL、PNL、LLZF 和 LLZD。相关性系数（R^2）数值如表 7－6 所示，这些数值显示 CSEL 具有最高的相关性，R^2 为 0.9627。

表 7 – 6　单次声爆中的高度烦躁与噪声指标相关性

噪声指标	相关性系数 R^2
CSEL	0. 9627
PL	0. 9538
PNL	0. 9195
ASEL	0. 9195
ZSEL	0. 8890
LLZD	0. 8712
LLZF	0. 8262

研究人员使用回归模型来构建每日累积噪声指标对高度烦扰百分比（%）的关系。回归分析旨在评估参与者对给定噪声水平的高度烦扰的可能性。研究人员通过线性回归模型和逻辑回归模型拟合三个每日累积噪声指标和高度烦扰百分比的关系。逻辑回归模型将高度烦扰的对数概率建模为所选指标的函数，从而可以预测从任何指标值开始的高度烦扰的概率。线性回归结果如图 7 – 33 所示，逻辑回归分析结果如图 7 – 34 所示。结果表明，

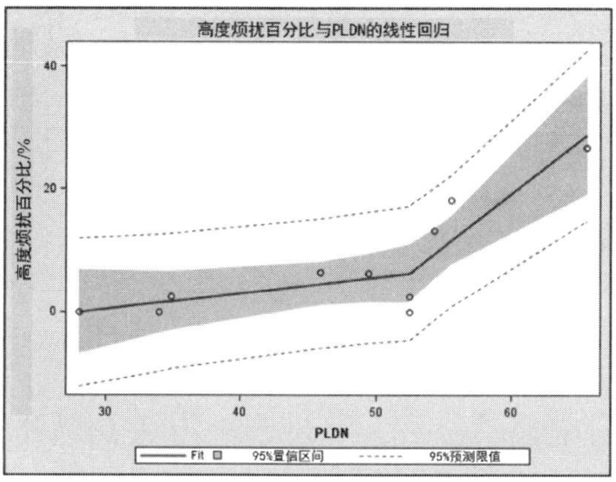

(a)高度烦扰比例与每日累积PLDN的线性回归

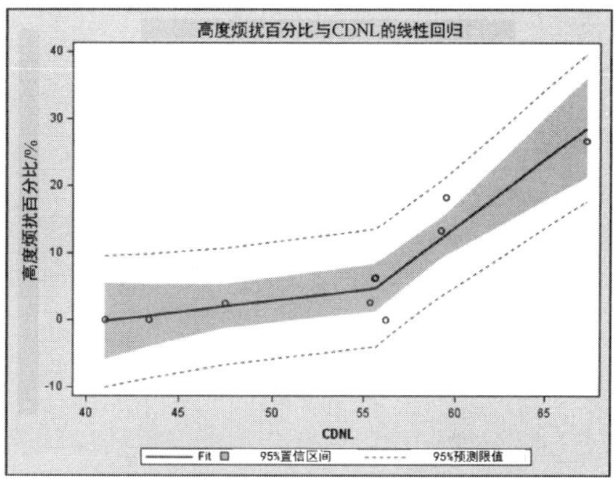

(b)高度烦扰比例与每日累积CDNL的线性回归

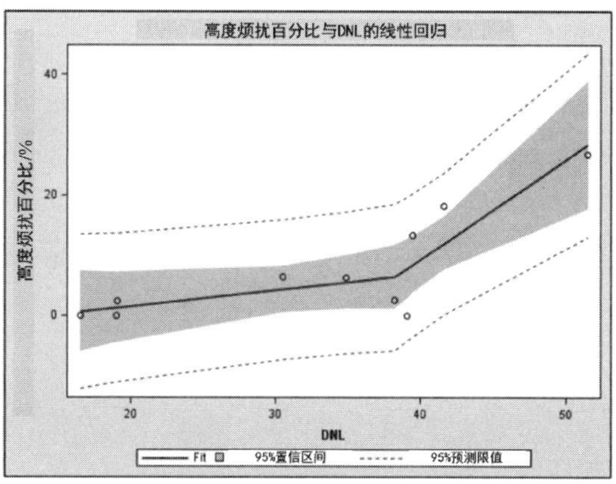

(c)高度烦扰比例与每日累积DNL的线性回归

图 7 – 33　3 个每日累积噪声指标与高度烦扰百分比的线性回归

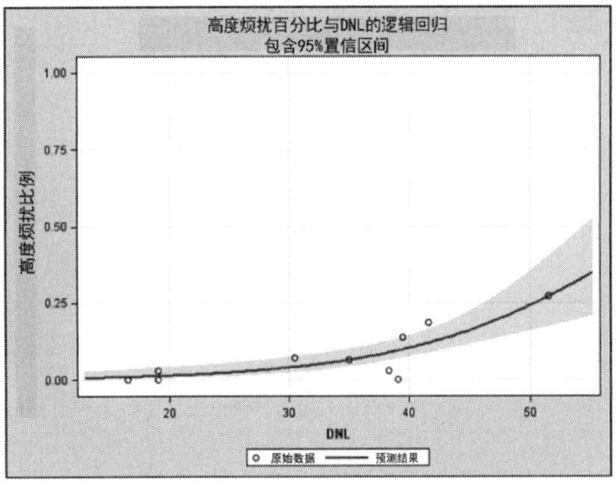

(a)高度烦扰比例与每日累积DNL的逻辑回归

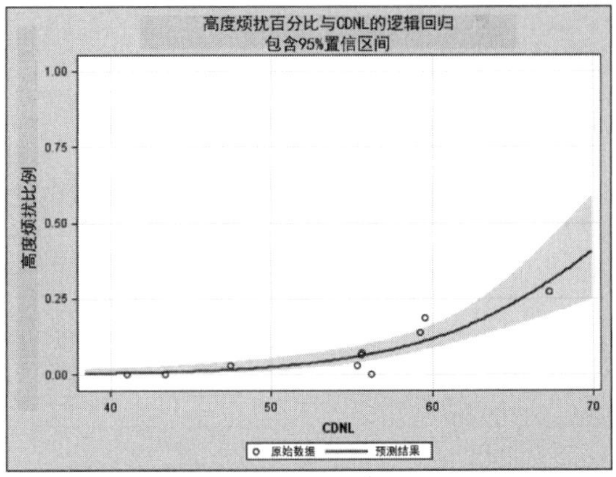

(b)高度烦扰比例与每日累积CDNL的逻辑回归

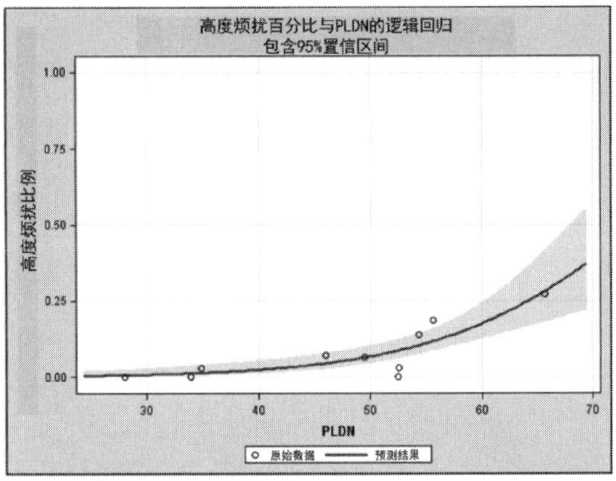

(c)高度烦扰比例与每日累积PLDN的逻辑回归

图 7－34　3 个每日累积噪声指标与高度烦扰百分比的逻辑回归

分段线性回归模型的拟合准确度更高，试验数据更多地落在 95% 置信区间，表 7－7 的相关性系数也证明了这一结论，线性回归模型更适用于每日累积噪声指标对高度烦扰百分比的拟合以及预测。

表 7－7　线性回归和逻辑回归的相关性系数

指标	线性回归相关性系数	逻辑回归伪相关性系数
PLDN	0. 8329	0. 0681
CDNL	0. 8911	0. 0760
DNL	0. 7984	0. 0651

7.4　本章小结

本章介绍了声爆主观响应评价方面研究现状和主要研究结论。介绍了室外声爆主观响应评价方法，包括 A 计权声级、C 计权声级和感觉响度级（PL）等室外声爆主观评价方法和 ISBAP 的室内声爆主观评价方法，并详细描述了其计算方法。选取了国内外典型的声爆主观响应评价试验设备进行简要介绍，并从室外声爆、室内声爆和声爆引起的额外噪声三个方面，详细介绍了相关试验研究的过程和主要结论。最后，介绍了几个主要的超声速飞行社区响应试验的结论。

总结国内外研究结果，对采用何种指标/指标体系作为评价声爆主观响应的指标尚未有定论，目前重点关注的指标有 PL、PSBAP 和 BSEL 等。评价指标限制值同样尚未形成一致性结论。声爆主观响应评价研究尚需在试验设施开发、系统性评价试验、试验数据共享和分析等方面开展。

参考文献

[1] GB/T 3785. 1—2023，电声学 声级计 第 1 部分：规范［S］.

[2] Stevens S S. Perceived Level of Noise by Mark Ⅶ and Decibels（E）［J］. Journal of the Acoustical Society of America，1972，51（2B）. DOI：10. 1121/1. 1912880.

[3] Hubbard H H，Mayes W H. Sonic Boom Effects on People and Structures［J］. 1967.

[4] Loubeau A，Naka Y，Cook B G，et al. A New Evaluation of Noise Metrics for Sonic Booms Using Existing Data［C］//Recent Developments in Nonlinear Acoustics：International Symposium on Nonlinear Acoustics Including the International Sonic Boom Forum. AIP Publishing LLC，2015：090015. DOI：10. 1063/1. 4934481.

[5] Leatherwood J D，Shepherd K P，Sullivan B M. A New Simulator for Assessing Subjective Effects of Sonic Booms［J］. RDNV，1991.

[6] Klos J. Overview of an Indoor Sonic Boom Simulator at NASA Langley Research Center［J］. 2012.

[7] Loubeau A，Sullivan B M，Klos J，et al. Laboratory Headphone Studies of Human Response to Low－Amplitude Sonic Booms and Rattle Heard Indoors［R］. 2013.

[8] Naka Y. Subjective evaluation of loudness of sonic booms indoors and outdoors［J］. Acoustical Science and Technology，2013，34（3）：225－228. DOI：10. 1250/ast. 34. 225.

[9] Gierke H E V，Nixon C W. Human Response to Sonic Boom in the Laboratory and the Community［J］. Journal of the Acoustical Society of America，1972，51（J）：766－782.

[10] Tracor Inc. Public Reactions to Sonic Booms［R］. NASA CR－1665，1970.

[11] National Sonic Boom Evaluation Office. Sonic Boom Experiments at Edwards Air Force Base［R］. NSBEO－1－67 Contract AF 49（638）－1758，Standford Res. Inst. July 28，1967.

[12] Borsky P N. Community Reactions to Sonic Booms in the Oklahoma City Area［R］. National Opinion Res. Ctr.，AMRL Rept. TR－65－37，Repts. Ⅰ and Ⅱ，1965.

[13] National Research Council. U. S. Supersonic Commercial Aircraft – Assessing NASA′s High Speed Research Program［R］. Nat. Acad. Press，Washington，DC，1997.

[14] Fields，James M. Reactions of Residents to Long－Term Sonic Boom Noise Environments

[R]. NASA CR 201704, 1997.

[15] Hubbard, Harvey H, Shepherd, et al. Comparisons of Methods for Predicting Community Annoyance Due to Sonic Booms [R]. NASA TM 110289, 1996.

[16] Brown, David, Sutherland L C. Sonic Boom (Human Response and Atmospheric Effects) Outdoor - To - Indoor Response [R]. Proceedings of the First Annual High - Speed Research Workshop, NASA CP 10087, Part 3, 1992: 1345 - 1363.

[17] Page J , Hodgdon K K , Rosenberger J L , et al. Waveforms and Sonic Boom Perception and Response (WSPR) Program Final Report, Low Boom Community Response Program Pilot Test Design, Execution and Analysis [J]. 2014.

[18] Page J , Plotkin K J , Wilmer C. PC Boom Version 6.6 Technical Reference and User Manual [J]. 2010.

[19] Sullivan B M , Klos J , Buehrle R D , et al. Human Response to low - intensity Sonic Booms Heard Indoors and Outdoors [J]. Journal of the Acoustical Society of America, 2006, 120 (5): 3121. DOI: 10. 1121/1. 4787647.

第8章 展　望

随着新一代超声速民机投入商业应用的脚步越来越近，未来国际民航市场格局即将发生新一轮历史性变革。美国 Boom 公司的 XB－1 验证机于 2024 年 3 月完成了首飞，是“协和”号退役以来首个以超声速民机为背景完成首发的验证飞行器；国际民航组织正在紧锣密鼓地开展超声速民机适航标准的制定，预计将在 2028—2031 年期间完成；NASA 于 2023 年 8 月发布的《2023 年航空战略实施规划》中，将民用高速飞机创新作为六大战略重点之一，该战略重点的构想是实现可行的、经济可承受和完全可持续的陆地上空民用高速空中运输（$Ma=1\sim5$），近期主要关注建立可接受的声爆噪声水平的标准，并预计 2035 年之前确定超声速民机取证标准，基于此，X－59 验证机预计将于 2025 年底首飞，完成包线扩展试飞和声学验证试飞等。

相比之下，我国在超声速民机领域起步要远远晚于欧美航空强国，近年来虽然在国内科研工作者的努力下，已将高可信度声爆预测、低阻力低声爆优化设计、声爆风洞试验等一系列瓶颈技术的技术水平大幅提升，但其技术成熟度尚不足以支撑工程型号研制。此外，国内对于声爆产生、传播和抑制的机理认识尚不清晰，缺乏可用于声爆预测、风洞试验、低声爆设计等技术持续发展的共用研究模型与可信数据，针对超声速民机噪声适航标准和市场准入政策的研究几乎为空白。总体来看，距离支撑我国新一代超声速民机产品研制还有较大差距，未来国内进一步开展超声速民机研究也应优先从以下几方面问题重点切入。

8.1 超声速民机低声爆设计与试验技术持续发展

（1）声爆预测技术

目前超声速民机声爆数值预测技术已经比较成熟，从快速数值预测到高精度数值预测，在定常巡航、机动飞行和近地面大气湍流等方面均有较为完整和成熟的数值预测方法，国内外已发展了具备不同精度和功能的声爆数值预测工具和软件，部分预测工具和软件已提供给主机厂商开展超声速民机概念方案研究和设计。

从声爆数值预测技术的发展来看，应当进一步提升声爆数值预测工具的整合以及在工业中的应用。发展实时声爆快速数值预测工具，实现实时预测整条航线上声爆影响域内的声爆强度，协助监管方和运营方开展对超声速民机声爆强度的实时监控。

目前超声速近场声爆高精度预测技术方面，虽然基于二阶精度有限体积法框架的近场声爆预测取得了成功，但由于其二阶精度格式限制，仍存在网格质量依赖较高的问题。近年来，高阶格式因具备数值耗散低、分辨率高、求解效率高等天然属性受到了广泛关注，如间断伽辽金有限元、通量重构法、重构修正法等，并且此类高阶格式普遍具有良好的紧致性，非常适用于非结构网格开展高效高分辨率的混合激波捕捉，同时也能有效降低对网格生成的需求。截至目前，高精度格式已经广泛应用于可压缩流场求解，但用于近场声爆预测的研究还相对较少。基于高阶格式特点，有望实现近场声爆复杂波系结构更精确的捕捉，从而获取高保真的近场波形。因此，还需要进一步探明高阶格式在声爆近场精确预测中的应用研究。

远场声爆高精度预测技术方面，应当开展从近场到远场的声爆一体化高精度数值预测方法研究，改进近场和远场预测边界依赖人工经验的问题。建议重点开展以下几方面工作：

①发展全飞行剖面、全声爆毯的高可信度远场声爆预测方法。目前方法针对超声速民机巡航、加减速状态下的初级声爆进行了较好预测，但还需要发展实际飞行中转弯等情形下的声爆预测方法，以及考虑地面反射和大气折射的次级声爆预测方法。

②发展考虑真实地形地貌高可信度远场声爆预测方法。目前预测方法主要假设地面为平面，是一种较为理想的情形，而在真实情况下，需要考虑建筑物、平原/山地等地形地貌对声爆波的衍射、绕射及反射作用，提高地表特定区（比如建筑物内）的声爆预测精度。

③发展考虑更多真实大气效应的声爆传播方法。目前常用的声爆传播模型主要为广义 Burgers 方程，该方程是在小扰动、弱激波假设下建立的一维传播模型，在声爆毯侧向截止区等强三维效应区，其预测可信度仍有待提高，未来可发展基于三维 N－S 方程或 Euler 方程的传播模拟方法。此外，在近地大气湍流效应方面，应当引入基于实际测量的大气湍流参数，同时考虑各向异性湍流效应，以增加大气湍流模型的真实性。

（2）声爆抑制机理探索和低声爆设计技术

经过近 60 年的发展，超声速民机低声爆设计技术研究取得了长足进步，但现有布局方案的声爆水平与期望指标（如 NASA 制定的 70dB 标准）仍存在较大差距，进一步降低声爆面临的技术瓶颈，亟须发展新的抑制原理。已有研究表明，交替出现的激波和膨胀波，在特定条件下会出现相对位置保持不变的现象（称为“波系冻结效应”），为抑制声爆提供了一种新的思路。然而，其内在机理尚不明晰，用于指导低声爆设计的理论和方法也未建立。针对发展新一代超声速民机对降低声爆的迫切需求，需要持续发展描述声爆远距离传播的 N－S 方程空间推进数值模拟方法，揭示大气分子弛豫、热黏吸收等效应对激波/膨胀波系演化的影响机理，提出一种能够在传播中始终保持波系冻结的声爆抑制新原理，并开展超声速风洞试验验证研究，为突破现有低声爆设计技术瓶颈提供关键理论和方法支撑。

在低声爆设计技术方面，建议从以下几方面开展研究。

①发展面向全机构型的大规模设计变量的正逆向混合优化设计方法。采用声爆最小化理论生成理想目标分布，将其融入直接数值优化设计中，指导优化搜索方向。研究融入深度学习的优化设计方法，加速布局设计的迭代与收敛。

②发展面向全声爆毯的低声爆设计方法。传统观念认为正下方传播距离最短、声爆强度最大，因此现有方法一般仅对航迹正下方进行声爆最小化设计。最新研究发现，针对航迹正下方声爆进行低声爆设计后，侧向声爆反而更强，可能导致声爆依然不能达标。

③发展考虑商业可行因素的超声速民机低声爆设计方法。要想实现未来超声速民机的商业运营，声爆仅仅是其中一个重要，但不是最重要的因素。低声爆设计应满足复杂工程约束及飞行任务需求，如最大起飞重量、起降时的低速性能、稳定性等。

④发展声爆强约束下的超声速民机多学科优化设计方法。在声爆预测和低声爆设计方法逐渐成熟后，发展多学科优化设计方法是国际上该领域学者的共识。其中气弹变形与进排气效应需要重点考虑。

（3）先进声爆试验技术

作为空气动力学三大研究手段之一，开展先进风洞试验技术研究具有重要意义。未来超声速民机声爆风洞试验相关工作可从以下几方面开展：

①加强风洞精细化试验测量手段。目前已发展的无反射测压轨、空间平均、参考车次等手段结合高可信度的 CFD 计算评估使风洞试验的精细化测量得到了较大的改善。但是，实际试验过程中仍缺少高精度、高灵敏度的数据采集设备，且声爆压力测量仍以接触式测量技术为主，测量设备本身对流场存在一定干扰，因此未来非接触式压力测量技术有望应用于风洞试验中。随着非接触式压力测量技术的不断发展以及测量精度的提高，未来将非接触式压力测量技术与深度神经网络方法相结合，有望进一步提高声爆风洞试验测试精度。此外，受制于支杆对流场的干扰，怎样避免支撑部件对模型，尤其是后体部分的波系干扰也是一个极具挑战性的难题。

②实现弹道靶等新型地面试验技术的应用。常规风洞试验中始终无法完全消除支撑干扰对声爆近场压力测量结果带来的影响，而弹道靶是一种实现气动试验模型在静止气体中自由飞行的空气动力学地面试验设备，利用弹道靶等新型地面试验技术或是未来声爆试验测量中值得探索的方向。

③目前在风洞试验中进行声爆近场压力测量主要针对巡航稳定马赫数开展，随着变马赫数风洞试验技术日渐成熟，未来可开展超声速加/减速飞行下近场声爆风洞试验研究，更深入理解机动飞行时近场声爆特性。另外，由于常规风洞试验中始终无法完全消除支撑干扰对声爆近场压力测量结果带来的影响，未来弹道靶等新型地面试验技术或是值得探索的方向。

④利用人工智能、概率模型等手段结合声爆风洞试验数据发展快速预测或不确定性量化评估与修正技术。可利用风洞试验获得的大量高可信度数据，结合人工智能领域的技术手段，基于迁移学习技术将 Whitham 理论等低保真度的工程估算数据迁移至高保真度的风洞试验数据，实现不同工况条件下气动/声爆数据的快速准确预测；此外，针对声爆测量过程中风洞流场的空间非均匀性和时间非定常性发展的参考车次方法和空间平均技术存在耦合效应难以量化、局部误差导致数据不光滑等问题，可结合概率模型方法对声爆试验进行数据分析，将复杂风洞环境中各种不确定因素所造成的干扰参数化，用概率模型表达其不确定性，可避免参考车次试验带来的不利因素，用更少的数据得到更为准确的结果。

另一方面，通过飞行试验进行航空器真实飞行条件下的声爆测量是进行声爆问题研究的重要手段，可与理论分析、数值计算、风洞试验等相辅相成，推进超声速航空器技术的快速发展。但声爆飞行试验的方案复杂，技术投入高，其本身也需要技术探索和试验验证，技术发展和资源建设是一个长期的过程，后续发展建议注重以下几个方面：

①紧扣当前声爆问题和超声速航空器技术探索的需求，进行声爆飞行试验平台和飞行测量平台的研制技术研究，建设声爆飞行试验平台和飞行试验资源。

②开展全传播路径声爆测量关键技术攻关，开发技术自主可控的地面大型声爆测量阵列设施和空中声爆测量设施，填补国内在声爆探针、机载支杆传声器装置等关键设施空白，形成航空器声爆全传播路径实测的能力。

③基于现有超声速飞行器平台进行改造或设计研制低成本演示验证模型，开展多状态的声爆飞行实测，积累飞行试验数据库，为低声爆设计技术探索、声爆预测工具开发乃至新一代超声速航空器设计探索等提供支撑。

④开展超声速民用航空器适航审定飞行试验技术研究，进行声爆相关的行业标准和适航标准制定研究。

（4）声爆主观响应评价方法

超声速民机声爆主观响应评价研究是当下超声速民机研究的重点，其对超声速民机声爆/航路噪声适航标准制定工作的重要性不言而喻。西方强国正在加快推进超声速民机商业化飞行进程，声爆/航路噪声适航标准相关研究不仅影响着超声速民机产品本身的发展，还影响着未来超声速民机的商业运行方式。需要开展声爆响度主观评价研究，以国际公认的声爆响度主观评价的感觉响度级方法为理论基础，通过数值仿真、声学实验室测试及社区飞行测试等方法将声爆信号转化为量化指标，以准确反映人类对声爆响度的主观听感，进而对超声速民机低声爆气动布局设计的声爆水平进行评价，为超声速飞行能否突破现有法规限制、声爆适航标准的建立提供依据。

总结国内外针对声爆主观响应的评价研究，对采用哪些指标作为评价声爆主观响应的指标尚未有定论，重点关注的指标包括 PL、PSBAP 和 BSEL 等。从国际研究现状角度，尚且需要开展系统性的声爆主观响应评价试验，以获得足以充分确定指标的试验数据。从我国研究现状角度，初步研究结果显示，我国公众对声爆的主观响应评价可能不同于国外公众的，故急需开展相关试验研究，进一步完善试验室级别声爆模拟与评价试验设施，开展更大规模的、具有中国代表性的声爆主观评价试验，同时积极参与国际工作组的研讨工作。除了确定声爆主观响应评价指标，确定指标的限制值是另一项重要研究工作。指标限制值决定了多大量级的超声速民机能够投入商业化运行，及其在人口稠密地区附近的飞行操作方式，进而影响超声速民机的高速旅行特性究竟能发挥到何种程度。从飞行操作方式角度，欧美等国的航线多为跨大洋飞行，而我国的航线大多需要飞越陆地，尤其是中欧航线，途经人口稠密地区的可能性更高，指标的限制值理应更低，即对声爆的限制更严格。因此，需要开展声爆社区响应试飞试验，超声速民机方案建议采用基于技术先进的、设计成熟且能被行业普遍认可的设计方案，从公众响应等方面研究声爆评价指标的限制值。

8.2 超声速民机共用研究模型与可信数据

气动验证模型是现代飞行器研究和型号研发过程中必不可少的重要空气动力学研究基础之一。当前飞机气动设计主要包含三大手段，即飞行试验、风洞试验和数值仿真，这三大手段实现于不同的物理和尺度空间，因此存在严重的数据相关性问题。型号飞机因其保密属性，不能公开共享，所以出现了气动验证模型，其作用既是一座桥梁，连接三大气动研究手段，又是一把标尺，验证各手段的精准程度。同时，现代飞行器的高性能和绿色航空的需求又赋予气动验证模型新的使命，即成为新技术和新构型创新的共用载体或基准构型。

针对下一代超声速民机，国外陆续发布了若干个超声速民机气动验证模型（SEEB-ALR、DWB、LM1021、AXIE、C25F、C25P、JWB、BICONVEX、C608），系统地开展了大量验证确认计算研究，积累了丰富的数据，支撑了国外声爆预测技术快速发展；国内近期也公开发布了超声速民机低声爆研究共用模型（LARM），陆续组织相关单位开展了声爆预测工具的验证确认计算研究，但模型数量和数据相对较少。可见，目前国内气动验证模型还不足以满足新一代超声速民机发展需求，后续可系列化研发耦合层流技术的超声速民机气动验证模型、耦合动力装置的超声速民机气动验证模型、耦合流动控制技术的超声速民机气动验证模型等。同时，基于发展系列化超声速民机共用研究模型，组织优势单位系统开展验证确认计算研究，积累丰富的仿真/试验数据库，支撑超声速民机声爆预测技术、声爆风洞测试技术发展，为新一代超声速民机发展奠定技术基础。

8.3 超声速民机适航标准

安全与绿色是航空业的永恒主题，超声速民机在满足人们快速出行需求的同时，必须坚守安全基线和绿色底色，在飞机设计之初，就须考虑适航与环保要求。

适航标准的制定是民机取证的核心问题。针对超声速民机的适航标准未来应当趋向宽松抑或严格，目前国际上未有定论；国内相关研究工作滞后，尚不具备适航验证的手段和技术条件，已有的测试手段和技术是否适用于超声速民机也是未知数。相关研究工作的空白使我国在超声速民机市场准入的政策、法规制定方面几乎没有话语权。其中一个典型案例是声爆问题。近年来，NASA 联合多个国家开展超声速飞行社区测试工作，通过收集大量的声爆地面响应数据，为国际民航组织制定新的超声速民机适航标准提供依据，而我国相关技术基础基本处于空白状态。即便目前中国航空研究院已代表中国在国际航空研究理事会（IFAR）平台框架下参加了该项活动，但很难参与到实质性的适航标准研究中。建议后续开展以下几方面工作。

①在超声速民机适航要求方面，需要将等效安全，即与亚声速飞机相比，超声速民机安全性水平不降低作为前提，开展适航要求的制定与符合性表明工作。可以在亚声速民机适航规章基础上，针对超声速民机的新颖独特设计，制定专用条件作为审定基础，并逐步形成面向超声速民机的专门的审定规章。在这一过程中，需要重点考虑超声速民机独有运行程序与环境的影响，并开展专门的安全性分析，支撑规章的制定。

②在超声速民机环保要求方面，基于机场以及亚声速飞机的环保要求，发动机排放要求与起降噪声要求将很快确定。更为关键的是二氧化碳排放要求与航路噪声要求，前者不仅仅影响气候变暖，也是重要的经济性指标，直接影响商业成功；而航路噪声要求，最为主要的是如何有效处理超声速飞行与人们“可接受”声爆噪声水平之间的关联，这需要在运行程序、降噪技术、测试程序、声爆数据处理与社区反应等方面加强研究，支撑最终的航路噪声标准与符合性方法的制定。

③中国作为航空业大国之一，始终保持着国内标准与国际标准的高度一致性，同时一直致力于同世界各国共同制定超声速民机的适航与环保要求。在参与国际标准制定的过程中，需要工业方与审定当局的共同参与，在超声速民机这一新兴航空器上，中国是有可能基于我国航空工业的进步，通过“一个型号，一部规章”的方式，支撑我国民航争夺国际标准制定的话语权。